中国农业科学院研究生"十四五"规划教材
Sponsored by the 14th Five-Year Plan for Graduate Textbook Construction of Chinese Academy of Agricultural Sciences

农业水资源概论

李 平 齐学斌 张建丰 李 涛 樊向阳 编著

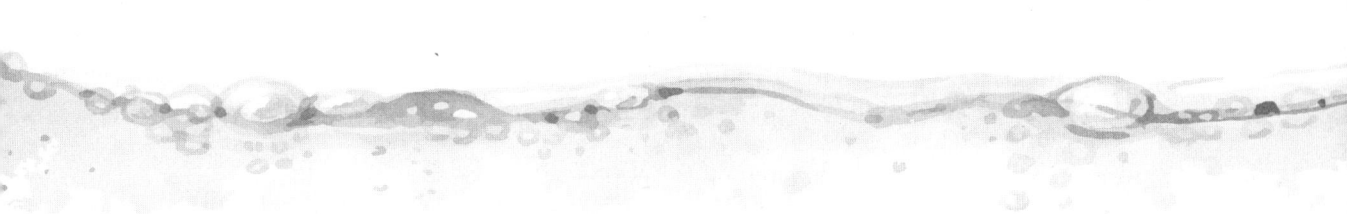

中国农业科学技术出版社

图书在版编目(CIP)数据

农业水资源概论 / 李平等编著. --北京：中国农业科学技术出版社，2025.8. --ISBN 978-7-5116-7322-0

Ⅰ. S279.2

中国国家版本馆 CIP 数据核字第 20259B7R52 号

内容简介

《农业水资源概论》是为农业水土工程、水文水资源工程、水利工程、资源与环境工程等相关专业编写的理论和实验教材。全书共 10 章，分别为绪论、农业水利与农业水资源利用、农业水利工程基本知识、土壤水分运动过程模拟、地下水资源管理技术与方法、农业水资源优化配置技术、土壤理化指标测定实验、土壤水分扩散实验、田间水分转化实验、地下水渗流模拟实验。

本书兼顾工程学科的理论性和实践性特点，从基本概念、理论到实验方法，给出了理论公式的推导过程，增加了对相关理论和概念的讨论，力求做到理论正确、概念准确、通俗易懂，兼顾可操作性和应用基础研究特点。

本书可作为农业水土工程专业的研究生等高层次人才培养的教材，也可作为研究人员、相关专业师生和工程技术人员开展研究的参考书。

责任编辑	闫庆健　周丽丽
责任校对	王　彦
责任印制	姜义伟　王思文

出 版 者	中国农业科学技术出版社
	北京市中关村南大街 12 号　　邮编：100081
电　　话	（010）82106632（编辑室）　　（010）82106624（发行部）
	（010）82109709（读者服务部）
网　　址	https://castp.caas.cn
经 销 者	各地新华书店
印 刷 者	北京中科印刷有限公司
开　　本	185 mm×260 mm　1/16
印　　张	25.5
字　　数	517 千字
版　　次	2025 年 8 月第 1 版　2025 年 8 月第 1 次印刷
定　　价	98.00 元

◀ 版权所有·翻印必究 ▶

序 | Foreword

尺寸教材，悠悠国事。教育是国之大计、党之大计，教材作为教育的核心载体，承载着传播知识、塑造灵魂、培育新人的重要使命，体现着一个国家、一个民族的价值观念体系。习近平总书记指出，要抓好教材体系建设，要坚持不懈用新时代中国特色社会主义思想铸魂育人，实施新时代立德树人工程，为做好新时代教材工作提供了根本遵循。党的二十大报告提出"加强教材建设和管理"，进一步凸显了教材工作在党和国家事业发展全局中的重要地位。《教育强国建设规划纲要（2024—2035年）》提出"打造培根铸魂、启智增慧的高质量教材"，为新时代教材建设指明了方向，赋予了新的历史使命。

中国农业科学院是全国综合性农业科学研究的最高学术机构，是我国国家级科研机构举办研究生教育的先行院所之一，是教育强国、科技强国、人才强国和农业强国建设的重要支撑力量。中国农业科学院深入贯彻党和国家关于教材工作的重大方针政策，不断深化研究生教育改革，成立研究生教材建设指导委员会，加强课程和教材建设，进一步将科研资源优势转化为学科建设、人才培养、特色办学优势。2023年初，中国农业科学院发布首个研究生教材建设规划，通过组织编写、出版一批价值导向正确、教育理念先进、符合新农科教情学情，在相关领域具有一定原创性以及推广前景的高质量教材，在全国研究生教材领域发出农科声音，贡献农科智慧，彰显农科特色。

中国农业科学院首批规划教材以优势特色学科、优秀师资队伍、重大科研成果为依托，汇聚近200位院内外专家与教师共同编写，包括中国农业科学院12位院士在内的100余位院内外专家参与评审指导。本次教材建设全面把握教育的政治属性、人民属性、战略属性，坚持立德树人、价值引领，深入推进习近平新时代中国特色社会主义思想进教材，心怀"国之大者"，强化教材育人理念，将"大国三农"情怀、生态文明、优秀传统文化等有机融入教材；坚持守正创新，推动学科专业发展新成就、科研项目新成果进教材，充分反映学科专业的最新知识及科研进展；坚持实践导向，注重理论联系实际，提供丰富的真实典型案例、企业实践案例，推动科研成果与产业实践有机衔接，强化实践操作环节。愿通过这一系列教材，贡献农业科研国家队的集体智慧，推进中国特色农科研究生高质量教材体系建设，厚植广大农科学子的"三农"情怀，助力培养造就大批"一懂两爱"拔尖创新人才。

新时代，新起点，中国农业科学院将以首批规划教材出版为契机，在推进乡村全面振兴的新征程上，聚焦"四个面向""两个一流"，进一步完善科教协同育人机制，一体推进教育发展、科技创新、人才培养，为强国建设、民族复兴伟业作出新的更大贡献。

中国科学院院士
中国农业科学院院长 黄三文

2025 年 8 月

前言 Preface

在人类文明的长河中，农业始终是赖以生存和发展的基础产业。而水资源作为农业的命脉，其重要性不言而喻。随着全球人口的增长和经济社会的发展，农业水资源面临着前所未有的挑战。农业水资源的有效管理和合理利用，直接关系到国家粮食安全、生态环境保护以及社会经济的可持续发展。

我国作为人口大国和农业大国，农业水资源的合理利用和保护尤为关键。截至目前，我国农业用水总量占全国用水总量的61.6%，而灌溉在农业生产过程中始终占据着重要地位，其效率和可持续性对于保障国家粮食安全、促进农业可持续发展具有重要意义。随着工业化、城市化进程加快，水资源"农转非"现象日益突出，水短缺、水污染和农业用水生产率偏低等问题相互交织，如何优化配置农业水资源，提高其利用效率，减少浪费和污染，成为了我们必须直面的问题。

《农业水资源概论》一书的编写正是基于上述的背景和需求，得到中国农业科学院基本科研业务费院级统筹项目"中国农业科学院研究生课程体系优化及教材建设研究"（编号：Y2023XK17，Y2024XK13）资助。本书旨在为农业水利工程及相关专业的学生、教师、研究人员和农业水资源管理者提供一个全面、系统的农业水资源知识体系。通过深入探讨农业水资源的重要性、分布与储量、合理利用、节水技术、实验方法及其与生态环境的关系等方面内容，力图使读者全面了解农业水资源的现状与面临的挑战，提升对农业水资源保护和可持续利用的认识和技能。

全书共10章。第1章为绪论，第2章为农业水利与农业水资源利用，第3章为农业水利工程基本知识，第4章为土壤水分运动过程模拟，第5章为地下水资源管理技术与方法，第6章为农业水资源优化配置技术，第7章为土壤理化指标测定实验，第8章为土壤水分扩散实验，第9章为田间水分转化实验，第10章为地下水渗流模拟实验。本书作为农业院校农业水利工程专业的公共选修课读物，在编写过程中，着重考虑了农业院校教学要求、特点和学生的学习兴趣，通过图文并茂，理论与实践相结合，加之拓展阅读内容的补充，使同学们在学习中产生兴趣，在兴趣中提升学习效果。

　　成书过程中，作者参阅并引用了大量的教材、专著和论文，在此对已列举和未列举的全体文献的著者表示衷心的感谢。囿于作者水平，书中疏漏及不足之处在所难免，敬请广大读者批评指正。

编著者

2024 年 3 月

目录 Contents

第1章 绪 论 …………………………………………………… (1)

1.1 水循环与水资源重要性 ………………………………… (1)
1.1.1 水资源的基本含义 ………………………………… (1)
1.1.2 水资源特性与水循环 ……………………………… (2)
1.1.3 水资源的重要性 …………………………………… (3)

1.2 我国水资源概况 ………………………………………… (4)
1.2.1 我国水资源量 ……………………………………… (4)
1.2.2 我国水资源特点 …………………………………… (11)
1.2.3 我国水资源质量状况 ……………………………… (12)
1.2.4 我国水资源开发利用 ……………………………… (14)
1.2.5 中国水资源面临的挑战 …………………………… (20)

1.3 我国农业水资源利用现状 ……………………………… (22)
1.3.1 农业水资源开发利用特点 ………………………… (22)
1.3.2 农业水资源面临的问题 …………………………… (23)

第2章 农业水利与农业水资源利用 ……………………………… (25)

2.1 农业水利概述 …………………………………………… (25)
2.1.1 农业水利的定义 …………………………………… (25)
2.1.2 农业水利的主要内容 ……………………………… (27)

2.2 农业水利工程的分类与组成 …………………………… (28)
2.2.1 农业水利工程的分类 ……………………………… (28)
2.2.2 农业水利工程的主要特征 ………………………… (29)
2.2.3 农业水利工程的组成 ……………………………… (30)

2.3 农业水利重要意义与发展现状 ……………………………… (32)
　　2.3.1 农业水利的重要意义 …………………………………… (32)
　　2.3.2 农业水利的发展现状 …………………………………… (33)
　　2.3.3 农业水利的发展趋势 …………………………………… (35)
2.4 农业水资源利用新技术 ……………………………………… (37)
　　2.4.1 农业水资源高效利用的重要意义 ……………………… (37)
　　2.4.2 农业水资源高效利用新技术分类 ……………………… (38)
　　2.4.3 主要农作物的水资源高效利用技术 …………………… (67)

第3章 农业水利工程基本知识 …………………………… (76)

3.1 水文学与水力学 ……………………………………………… (76)
　　3.1.1 水文学 …………………………………………………… (76)
　　3.1.2 水力学 …………………………………………………… (77)
　　3.1.3 水文循环 ………………………………………………… (81)
　　3.1.4 基本研究方法 …………………………………………… (83)
3.2 工程地质学 …………………………………………………… (84)
　　3.2.1 工程地质学的主要任务 ………………………………… (84)
　　3.2.2 岩石的分类和性质 ……………………………………… (85)
3.3 土力学 ………………………………………………………… (86)
　　3.3.1 土力学发展史 …………………………………………… (86)
　　3.3.2 土壤分类 ………………………………………………… (86)
　　3.3.3 土壤结构 ………………………………………………… (88)
　　3.3.4 土壤特性 ………………………………………………… (89)
3.4 水利工程材料 ………………………………………………… (89)
　　3.4.1 一般性质 ………………………………………………… (89)
　　3.4.2 主要工程材料 …………………………………………… (91)
3.5 农业灌溉工程 ………………………………………………… (93)
　　3.5.1 灌溉水源工程分类与要求 ……………………………… (93)
　　3.5.2 灌溉渠系的规划 ………………………………………… (99)
　　3.5.3 灌溉渠系设计与流量计算 ……………………………… (103)
　　3.5.4 田间工程规划 …………………………………………… (108)

第4章 土壤水分运动过程模拟 (110)

4.1 土壤和水的基本概念 (110)
4.1.1 土壤的基本物理性质 (110)
4.1.2 土壤水的基本物理性质 (113)
4.1.3 土水势的基本物理性质 (115)

4.2 土壤水分运动参数 (118)
4.2.1 土壤容水度和给水度 (118)
4.2.2 非饱和土壤导水率 (120)
4.2.3 渗透系数 (130)
4.2.4 土壤水分特征曲线 (136)
4.2.5 土壤水分扩散度 (138)

4.3 土壤水分的入渗 (138)
4.3.1 土壤水分入渗过程描述 (138)
4.3.2 土壤水分水平入渗过程模拟 (143)
4.3.3 土壤水分垂直入渗过程模拟 (147)

4.4 蒸发条件下的土壤水分运动 (155)
4.4.1 蒸发条件下的土壤水分运动描述 (155)
4.4.2 定水位条件下均质土壤的稳定蒸发 (157)
4.4.3 蒸发条件下土壤水分的非稳定运动 (161)

第5章 地下水资源管理技术与方法 (165)

5.1 概述 (165)
5.1.1 地下水资源管理内涵 (165)
5.1.2 地下水资源管理主要内容 (165)

5.2 地下水资源管理技术与方法 (166)
5.2.1 GIS 技术与地下水资源评价 (166)
5.2.2 集对分析法与地下水环境质量评价 (167)
5.2.3 地下水 CFC 定年方法及应用 (168)
5.2.4 粒子群算法与地下水水质评价 (168)
5.2.5 遗传神经网络模型与地下水质量评价 (170)

5.2.6 体视化技术与地下水勘查评价 …………………………… (171)
5.2.7 突变理论与地下水环境风险评价 …………………………… (172)
5.2.8 地下水勘查物探新技术 …………………………… (173)
5.2.9 地下水脆弱性评价方法 …………………………… (175)
5.2.10 重力卫星与陆地水循环 …………………………… (179)

5.3 地下水模拟技术 …………………………………………… (180)
 5.3.1 MODFLOW 模型 …………………………………… (180)
 5.3.2 地理信息系统 ……………………………………… (181)
 5.3.3 遗传算法模型 ……………………………………… (182)
 5.3.4 小波随机耦合模型 ………………………………… (183)
 5.3.5 小生境混合遗传算法 ……………………………… (183)

5.4 地下水回灌补源与人工调蓄 ……………………………… (184)
 5.4.1 地下水人工回灌补源技术 ………………………… (184)
 5.4.2 地下水人工补给方法 ……………………………… (185)

5.5 地下水监测技术 …………………………………………… (185)
 5.5.1 监测井技术 ………………………………………… (186)
 5.5.2 无线传输技术方法 ………………………………… (187)
 5.5.3 地球物理方法 ……………………………………… (188)
 5.5.4 动态可视化技术 …………………………………… (188)

5.6 地下水修复技术 …………………………………………… (188)
 5.6.1 地下水铅污染修复技术 …………………………… (188)
 5.6.2 地下水硝酸盐修复技术 …………………………… (190)
 5.6.3 石油烃污染地下水原位修复技术 ………………… (192)
 5.6.4 环境同位素技术 …………………………………… (195)

第6章 农业水资源优化配置技术 …………………………… (198)

6.1 水资源配置的内涵 ………………………………………… (198)
 6.1.1 水资源配置的基本定义 …………………………… (198)
 6.1.2 水资源配置的基本原则 …………………………… (199)
 6.1.3 基准年供需分析 …………………………………… (200)
 6.1.4 规划水平年供需分析 ……………………………… (201)
 6.1.5 推荐方案评价 ……………………………………… (203)

6.1.6 特殊干旱期应急对策 ………………………………………………… (204)

6.2 农业水资源优化配置概述 …………………………………………………… (206)
6.2.1 农业水资源定义与特点 ………………………………………………… (206)
6.2.2 我国农业水资源配置面临的挑战 ……………………………………… (207)
6.2.3 农业水资源配置的内容 ………………………………………………… (208)
6.2.4 未来研究重点 …………………………………………………………… (209)

6.3 农业水资源优化配置任务与分类 …………………………………………… (211)
6.3.1 水资源可持续利用总体原则 …………………………………………… (211)
6.3.2 农业水资源优化配置基本任务 ………………………………………… (212)
6.3.3 山丘区农业水资源优化配置 …………………………………………… (212)
6.3.4 平原区农业水资源优化配置 …………………………………………… (214)
6.3.5 非常规水资源化利用技术 ……………………………………………… (219)

第7章 土壤理化指标测定实验 …………………………………………………… (224)

7.1 土壤给水度测定实验 ………………………………………………………… (224)
7.1.1 实验目的 ………………………………………………………………… (224)
7.1.2 实验方法和步骤 ………………………………………………………… (224)
7.1.3 数据处理和分析 ………………………………………………………… (226)
7.1.4 实验注意事项 …………………………………………………………… (226)

7.2 土壤密度、孔隙度测定实验 ………………………………………………… (227)
7.2.1 实验目的 ………………………………………………………………… (227)
7.2.2 土水势的测量方法 ……………………………………………………… (227)
7.2.3 实验仪器设备和方法 …………………………………………………… (231)
7.2.4 数据处理和分析 ………………………………………………………… (235)
7.2.5 实验注意事项 …………………………………………………………… (236)

7.3 土壤毛细水测定实验 ………………………………………………………… (237)
7.3.1 实验目的 ………………………………………………………………… (237)
7.3.2 实验原理 ………………………………………………………………… (237)
7.3.3 实验仪器和设备 ………………………………………………………… (239)
7.3.4 实验方法和步骤 ………………………………………………………… (239)
7.3.5 数据处理和分析 ………………………………………………………… (240)
7.3.6 实验注意事项 …………………………………………………………… (241)

7.4 恒定水头渗透实验 ……………………………………………………（241）

7.4.1 实验目的 ………………………………………………（241）
7.4.2 实验仪器和设备 ………………………………………（241）
7.4.3 实验方法和步骤 ………………………………………（242）
7.4.4 数据处理和分析 ………………………………………（243）
7.4.5 实验注意事项 …………………………………………（244）

7.5 变水头渗透实验 ……………………………………………………（244）

7.5.1 实验目的 ………………………………………………（244）
7.5.2 实验原理 ………………………………………………（245）
7.5.3 实验仪器和设备 ………………………………………（248）
7.5.4 实验方法和步骤 ………………………………………（249）
7.5.5 数据处理和分析 ………………………………………（250）
7.5.6 实验注意事项 …………………………………………（251）

第8章 土壤水分扩散实验 ……………………………………………（253）

8.1 土壤垂直渗吸实验 …………………………………………………（253）

8.1.1 实验目的 ………………………………………………（253）
8.1.2 实验设备和仪器 ………………………………………（253）
8.1.3 实验方法和步骤 ………………………………………（258）
8.1.4 数据处理和分析 ………………………………………（259）
8.1.5 实验注意事项 …………………………………………（260）

8.2 非饱和土壤水分水平扩散实验 ……………………………………（261）

8.2.1 实验目的 ………………………………………………（261）
8.2.2 实验计算实例 …………………………………………（261）
8.2.3 实验仪器和设备 ………………………………………（263）
8.2.4 实验方法和步骤 ………………………………………（264）
8.2.5 数据处理和结果分析 …………………………………（265）
8.2.6 实验注意事项 …………………………………………（268）

8.3 垂直土柱入渗实验 …………………………………………………（268）

8.3.1 实验目的 ………………………………………………（268）
8.3.2 实验仪器和设备 ………………………………………（268）
8.3.3 实验方法和步骤 ………………………………………（269）

8.3.4 数据处理和分析 ………………………………………………… (270)
8.3.5 实验注意事项 ………………………………………………… (272)

第9章 田间水分转化实验 ………………………………………… (274)

9.1 盘式入渗实验 …………………………………………………… (274)
9.1.1 实验目的 ……………………………………………………… (274)
9.1.2 实验原理 ……………………………………………………… (274)
9.1.3 实验仪器和设备 ……………………………………………… (277)
9.1.4 实验方法和步骤 ……………………………………………… (278)
9.1.5 数据处理和分析 ……………………………………………… (279)
9.1.6 实验注意事项 ………………………………………………… (281)

9.2 双环入渗实验 …………………………………………………… (281)
9.2.1 实验目的 ……………………………………………………… (281)
9.2.2 实验原理 ……………………………………………………… (281)
9.2.3 实验仪器和设备 ……………………………………………… (282)
9.2.4 实验方法和步骤 ……………………………………………… (284)
9.2.5 数据处理和分析 ……………………………………………… (286)
9.2.6 实验注意事项 ………………………………………………… (287)

9.3 降雨入渗实验 …………………………………………………… (288)
9.3.1 实验目的 ……………………………………………………… (288)
9.3.2 降水与入渗 …………………………………………………… (288)
9.3.3 实验仪器和设备 ……………………………………………… (294)
9.3.4 实验方法和步骤 ……………………………………………… (297)
9.3.5 数据处理和分析 ……………………………………………… (300)
9.3.6 实验注意事项 ………………………………………………… (302)

9.4 沟灌入渗实验 …………………………………………………… (302)
9.4.1 实验目的 ……………………………………………………… (302)
9.4.2 实验原理 ……………………………………………………… (302)
9.4.3 实验仪器和设备 ……………………………………………… (305)
9.4.4 实验方法和步骤 ……………………………………………… (306)
9.4.5 数据处理和分析 ……………………………………………… (309)
9.4.6 实验注意事项 ………………………………………………… (310)

9.5 土壤蒸发实验 ……………………………………………………… (310)
9.5.1 实验目的 ………………………………………………… (310)
9.5.2 实验仪器和设备 …………………………………………… (311)
9.5.3 实验方法和步骤 …………………………………………… (312)
9.5.4 数据处理和分析 …………………………………………… (313)
9.5.5 实验注意事项 ……………………………………………… (315)

9.6 水位测定实验 ……………………………………………………… (315)
9.6.1 实验目的 ………………………………………………… (315)
9.6.2 实验原理 ………………………………………………… (316)
9.6.3 实验仪器和设备 …………………………………………… (321)
9.6.4 实验方法和步骤 …………………………………………… (323)
9.6.5 数据处理和分析 …………………………………………… (324)
9.6.6 实验注意事项 ……………………………………………… (327)

第10章 地下水渗流模拟实验 ……………………………………… (329)

10.1 渗流的电模拟实验 ………………………………………………… (329)
10.1.1 实验目的 ………………………………………………… (329)
10.1.2 实验原理 ………………………………………………… (329)
10.1.3 实验仪器和设备 ………………………………………… (340)
10.1.4 实验方法和步骤 ………………………………………… (342)
10.1.5 数据处理和分析 ………………………………………… (343)
10.1.6 实验注意事项 …………………………………………… (344)

10.2 地下水非均匀渗流模拟实验 ……………………………………… (345)
10.2.1 实验目的 ………………………………………………… (345)
10.2.2 实验原理 ………………………………………………… (345)
10.2.3 实验仪器和设备 ………………………………………… (351)
10.2.4 实验方法和步骤 ………………………………………… (351)
10.2.5 数据处理和分析 ………………………………………… (353)
10.2.6 实验注意事项 …………………………………………… (355)

10.3 有压渗流模拟实验 ………………………………………………… (355)
10.3.1 实验目的 ………………………………………………… (355)
10.3.2 实验原理 ………………………………………………… (355)

10.3.3 实验仪器和设备 ……………………………………………………… (366)
10.3.4 实验方法和步骤 ……………………………………………………… (366)
10.3.5 数据处理和分析 ……………………………………………………… (368)
10.3.6 实验注意事项 ………………………………………………………… (370)

10.4 潜水完整井渗流模拟实验 …………………………………………………… (370)
10.4.1 实验目的 ……………………………………………………………… (370)
10.4.2 实验原理 ……………………………………………………………… (370)
10.4.3 实验仪器和设备 ……………………………………………………… (377)
10.4.4 实验方法和步骤 ……………………………………………………… (380)
10.4.5 数据处理和分析 ……………………………………………………… (380)
10.4.6 实验注意事项 ………………………………………………………… (383)

10.5 承压井渗流模拟实验 …………………………………………………………… (383)
10.5.1 实验目的 ……………………………………………………………… (383)
10.5.2 实验原理 ……………………………………………………………… (383)
10.5.3 实验仪器和设备 ……………………………………………………… (385)
10.5.4 实验方法和步骤 ……………………………………………………… (385)
10.5.5 数据处理和分析 ……………………………………………………… (385)
10.5.6 实验注意事项 ………………………………………………………… (387)

主要参考文献 ……………………………………………………………………………… (389)

第 1 章
绪　论

本章学习要点

1. 认识并掌握水循环过程和水资源对农业生产的重要性。
2. 掌握我国水资源概况和面临的挑战。
3. 掌握我国农业水资源开发利用的特点和面临的主要挑战。

1.1 水循环与水资源重要性

1.1.1 水资源的基本含义

水是人类赖以生存和发展的珍贵资源。全球水资源的总量约为 13.86 亿 km^3，其中海洋水占 96.5%，淡水仅占 2.5%，其中大部分淡水被固定在两极冰盖和高山冰川中，约占 68.7%，30.9% 的淡水蓄存在地下含水层和永久冻土层中，而湖泊、河流、土壤中所容纳的淡水只占 0.32%。随着全球气候变化加剧、人口增长、工业化进程和粮食需求增加等，全球水资源危机愈加严峻。

我国人均水资源占有量约 2 200 m^3，不足世界人均水资源占有量的 1/4，列世界第 110 位，已被联合国列为 13 个贫水国家之一。不仅如此，我国水资源时空分布不均匀，淮河流域及其以北地区的面积占全国的 63.5%，但水资源仅占全国水资源总量的 19%，长江流域及其以南地区集中了全国水资源量的 81%，而该地区国土面积仅占全国的 36.5%，由此形成了南方耕地少、水量有余，北方耕地多、水量不足的局面。此外，水资源的年内、年际分配严重不均，大部分地区 60%~80% 的降水量集中在夏秋汛期，洪涝、干旱灾害频繁。同时，由于管理不当，造成了诸如河道断流、土壤盐碱化、地面沉降和海水入侵等危及工农业生产安全与可持续发展的重大问题。因此，水资源的合理开发与利用对解决水资源供需矛盾和保证农业的可持续发展具有十分重要的意义。

近年来,"水资源"一词广泛流行,但对其正确涵义却存在着不同的见解。2012 年,联合国教育科学及文化组织和世界气象组织出版的《国际水文学名词术语(第三版)》中有关水资源的定义为:"水资源是指可利用或有可能被利用的水源,这种水源应当有足够的数量和合适的质量,并在某一地点为满足某种用途而得以利用。"水资源是"可利用或有可能被利用的",是指:①水质符合人类利用的要求;②在当代技术经济条件下,通过工程措施或净化处理可能利用的水。南极的冰山、深层地下水、净化代价过高的海水,一般均不作为水资源。因此,水资源量具有相对的动态性。

总体上讲,全球可以利用的淡水足以为人类所使用。但受历史、文化、政治、经济等各方面因素的制约,人口分布与可利用水资源分布之间的关系不甚协调。水资源的开发利用就是要规划者想方设法找到最合理的方案与措施来满足人类对水资源的需求,同时防止或减少洪涝灾害。因此,只有根据"自然水"与"社会水"两方面的情况,以及工程措施与非工程措施的可能性,才可能对水资源做出准确评价。水文学或物理学意义上的"水",并不能完全等同于水资源学中的"水资源"。所谓"社会水"是指实际存在的或人们预估要发生的社会对水的要求,它不以自然水客体为转移,是人类主观意识的反映。然而,地球上水的数量基本上是恒定的,水资源更是有限的。因此,要改变对水资源"取之不尽、用之不竭"的观念,要从传统的"以需定供"转为"以供定需",从根本上解决水资源的供需矛盾。

1.1.2 水资源特性与水循环

地球表面各种形式的水体是不断相互转化的,水以气态、液态和固态的形式在陆地、海洋和大气间不断循环的过程就是水循环。地球表面的水通过形态转化在地表及其邻近空间(对流层和地下浅层)迁移。降水、蒸发和径流是水循环过程的 3 个最重要的环节,这 3 个环节构成的水循环决定着全球的水量平衡,也决定着一个地区的水资源总量。水循环还可以分为海陆间循环、陆上内循环和海上内循环 3 种形式。

1.1.2.1 循环性

地球上存在着复杂的、大体以年为周期的水循环。水循环的内因是:固态水、液态水和气态水随温度不同而转移交换。水循环的外因是:太阳的辐射和地球的引力作用。水资源当年的耗用或流失,又可以被来年的大气降水所补给,形成了资源消耗和补给间的循环性。

1.1.2.2 再生性

从宏观上看,所有物质资源在自然界中都是循环地运动着的,只是转化再生的快慢程度不同而已。非再生资源指要经过漫长的地质年代才能形成的资源,如煤、石油等。

再生资源指在较短的周期内可以形成的资源，如水。

1.1.2.3 有限性

就特定区域一定时段（年）而言，年降水量有或大、或小的变化，但总是个有限值，因而就决定了区域年水资源量的有限性。水资源的超量开发消耗，或动用区域地表水、地下水的静态储量，必然造成超量部分难以恢复，甚至不可恢复，从而破坏自然生态环境的平衡。就多年均衡意义来讲，水资源的平均年耗用量不得超过区域的多年平均资源量。无限的水循环和有限的大气降水补给，决定了区域水资源量的可再生性和有限性。

1.1.2.4 两重性

水的两重性是指水利与水害。水利是指可利用水来灌溉、航运、供水、发电、养殖以及改良环境和旅游等，为人类造福；水害是指洪灾、涝灾、水污染等，给人类带来损失和灾害。因此，应将兴水利和除水害结合起来，合理、有效地利用水资源。

1.1.2.5 多用性

水资源是具有多种用途的自然资源。主要用途如水力发电、农田灌溉、工业与民用给水、航运、水产养殖、环境改良与旅游等。

1.1.3 水资源的重要性

水是生态环境四大要素（水、空气、土壤、阳光）之一，是自然界万物赖以生存的基本物质。在组成人体的成分中，水就占有 2/3。据医学研究，当一个人失水 20% 时，将导致死亡。在整个人类历史上，水是最宝贵的资源之一，没有水，地球上就没有生命。世界上几乎所有古代文明都是在沿河及其冲积平原上建立和发展起来的，水是人类生活及经济建设不可缺少的自然资源，人类对水的需求与人类本身的存在一样历史悠久。水资源具有维持人类生命的作用，是生命的源泉；具有维持工农业生产的作用，是农业的命脉、工业的血液；具有维持良好环境的作用，是构成优美环境的基本要素。

水资源是不可替代的资源，水资源的不可替代性是由水的物质特性所决定的。水的汽化热和热容量是所有物质中最高的，水的热传导能力在所有液体（除水银外）中是最高的，水的表面张力在所有液体中是最大的，具有不可压缩性，水是植物光合作用的原料。因此，水是人类及一切生物赖以生存的不可缺少的重要物质。

水资源具有普遍的社会性，世界各国国民经济的各部门和人民生活都离不开水。科学技术发展到今天，虽然人类已经能人工合成胰岛素，研发出化学纤维、人造血管、人造心脏，发展了人工智能、克隆技术等，但是从实用意义上来说，却还不能人工造水，因此水资源是没有其他任何物质可以替代的资源。

综上所述，水资源是人类及一切生物赖以生存和社会经济发展的物质基础，是一种具有多种用途、不可替代的可再生和有限的自然资源。传统的水资源开发利用模式导致了水资源日益贫乏和水环境污染日益严重等重要问题。这种严峻的现实正在制约着社会经济的发展、影响着社会安定和威胁着人类的生存,因此必须有效地保护水资源。

1.2 我国水资源概况

1.2.1 我国水资源量

1.2.1.1 降水量

2022 年,全国平均年降水量为 631.5mm,比多年平均值偏少 2.0%。比 2021 年减少 8.7%。从水资源分区看,5 个水资源一级区降水量比多年平均值偏多,其中辽河区、松花江区、珠江区分别偏多 28.9%、11.7% 和 11.1%;5 个水资源一级区降水量比多年平均值偏少,其中长江区偏少 10.3%。与 2021 年比较,仅珠江区降水量增加 26.1%;其他 9 个水资源一级区降水量减少,其中海河区、淮河区分别减少 33.9% 和 26.1%。2022 年水资源一级区降水量见表 1.2.1。从行政分区看,12 个省(自治区、直辖市)降水量比多年平均值偏多,其中,辽宁、吉林、山东 3 个省偏多 30% 以上;19 个省(自治区、直辖市)比多年平均值偏少,其中重庆、江苏、河南 3 个省(直辖市)偏少近 20%。2022 年省级行政区降水量见表 1.2.2(数据来源于《2022 年中国水资源公报》)。

表 1.2.1   2022 年我国水资源一级区降水量

水资源一级区	降水量/mm	与 2021 年比较/%	与多年平均值比较/%
全国	631.5	-8.7	-2.0
北方 6 区	340.6	-16.0	3.4
南方 4 区	1 145.8	-4.3	-4.6
松花江区	560.0	-11.6	11.7
辽河区	688.0	-5.2	28.9
海河区	554.4	-33.9	5.2
黄河区	465.8	-16.1	3.0
淮河区	783.1	-26.1	-6.6
长江区	969.6	-15.9	-10.3
其中:太湖流域	1 098.8	-22.6	-8.9
东南诸河区	1 649.8	-5.6	-1.9
珠江区	1 729.3	26.1	11.1
西南诸河区	994.2	-4.0	-8.9
西北诸河区	154.5	-10.4	-6.4

表 1.2.2 2022 年我国省级行政区降水量

省级行政区	降水量/mm	与2021年比较/%	与多年平均值比较/%
全国	631.5	−8.7	−2.0
北京	482.1	−47.8	−15.3
天津	584.7	−40.6	3.1
河北	508.1	−35.7	−2.4
山西	592.5	−19.2	16.0
内蒙古	271.8	−20.9	−1.0
辽宁	914.6	−2.0	35.7
吉林	820.7	15.5	34.9
黑龙江	578.8	−10.6	8.8
上海	1 072.8	−27.2	−4.4
江苏	813.3	−31.7	−19.2
浙江	1 567.0	−21.4	−3.4
安徽	979.8	−24.1	−16.8
福建	1 712.4	15.9	0.9
江西	1 599.3	0.7	−2.8
山东	878.0	−10.4	30.5
河南	621.7	−44.9	−19.1
湖北	987.2	−22.2	−15.2
湖南	1 305.3	−12.4	−10.2
广东	2 114.3	48.8	18.3
广西	1 696.7	22.7	9.8
海南	2 068.6	10.0	13.8
重庆	945.2	−32.7	−19.4
四川	842.7	−16.1	−12.4
贵州	1 016.6	−17.2	−12.3
云南	1 173.8	4.4	−7.0
西藏	538.7	−6.9	−7.5

(续表)

省级行政区	降水量/mm	与2021年比较/%	与多年平均值比较/%
陕西	671.1	-29.7	2.2
甘肃	253.6	-12.1	-9.1
青海	341.1	-4.3	7.8
宁夏	253.7	-7.3	-12.2
新疆	141.3	-12.6	-10.4

注：统计数据未含我国台湾、香港和澳门地区。

1.2.1.2 地表水资源量

2022年，全国地表水资源量为25 984.4亿 m^3，折合年径流深为274.7mm，比多年平均值偏少2.2%，比2021年减少8.2%。从水资源分区看，5个水资源一级区地表水资源量比多年平均值偏多，其中辽河区、松花江区分别偏多75.5%和25.3%；5个水资源一级区地表水资源量比多年平均值偏少，其中长江区、淮河区、西南诸河区分别偏少13.2%、10.8%和10.2%。与2021年比较，3个水资源一级区地表水资源量增加，其中珠江区增加49.0%；7个水资源一级区地表水资源量减少，其中海河区、淮河区、黄河区分别减少57.2%、42.3%和32.8%。2022年水资源一级区地表水资源量见表1.2.3。

从行政分区看，12个省（自治区、直辖市）地表水资源量比多年平均值偏多，其中山东、吉林、辽宁3个省偏多70%以上；19个省（自治区、直辖市）偏少，其中江苏、河南2个省偏少40%以上。2022年省级行政区地表水资源量见表1.2.4。

全国入海水量为15 793.2亿 m^3，其中辽河区378.8亿 m^3，海河区138.0亿 m^3，黄河区260.9亿 m^3，淮河区454.7亿 m^3，长江区7 859.0亿 m^3，东南诸河区1 762.1亿 m^3，珠江区4 939.6亿 m^3。与多年平均值相比，全国入海水量偏少4.8%。与2021年相比，全国入海水量减少1 032.4亿 m^3，除珠江区、辽河区入海水量分别增加1 892.6亿 m^3、98.0亿 m^3 外，其他水资源一级区均有不同程度的减少，其中长江区、淮河区入海水量分别减少2 224.0亿 m^3 和467.6亿 m^3。

表1.2.3 2022年我国水资源一级区地表水资源量

水资源一级区	地表水资源量/亿 m^3	与2021年比较/%	与多年平均值比较/%
全国	25 984.4	-8.2	-2.2
北方6区	4 988.3	-20.5	16.2

(续表)

水资源一级区	地表水资源量/亿 m³	与2021年比较/%	与多年平均值比较/%
南方4区	20 996.1	-4.7	-5.7
松花江区	1 565.6	-23.4	25.3
辽河区	690.3	18.0	75.5
海河区	202.6	-57.2	18.2
黄河区	577.6	-32.8	-1.0
淮河区	614.6	-42.3	-10.8
长江区	8 485.6	-23.4	-13.2
其中：太湖流域	141.6	-43.5	-19.0
东南诸河区	1 940.5	-2.0	-3.4
珠江区	5 404.0	49.0	14.3
西南诸河区	5 166.0	-3.5	-10.2
西北诸河区	1 337.6	7.2	10.8

表 1.2.4 2022 年我国省级行政区地表水资源量

省级行政区	地表水资源量/亿 m³	与2021年比较/%	与多年平均值比较/%
全国	25 984.4	-8.2	-2.2
北京	7.4	-76.6	-23.2
天津	11.0	-63.9	8.4
河北	88.5	-61.1	-2.0
山西	108.2	-30.6	39.2
内蒙古	365.9	-53.6	-1.1
辽宁	513.8	11.7	74.2
吉林	625.2	64.5	82.3
黑龙江	771.4	-24.4	15.6
上海	27.6	-39.6	2.4
江苏	142.5	-67.8	-50.9
浙江	918.0	-30.6	-4.4
安徽	476.7	-40.3	-27.8
福建	1 173.1	54.9	-1.6

(续表)

省级行政区	地表水资源量/亿 m³	与2021年比较/%	与多年平均值比较/%
江西	1 533.6	9.5	−1.2
山东	391.1	2.4	97.4
河南	172.2	−69.1	−40.5
湖北	690.1	−41.0	−30.2
湖南	1 677.2	−6.0	−0.6
广东	2 213.3	82.7	20.7
广西	2 207.6	43.3	16.2
海南	356.1	6.3	13.6
重庆	373.5	−50.3	−32.6
四川	2 207.8	−24.5	−13.9
贵州	912.4	−16.4	−12.4
云南	1 742.8	7.9	−18.6
西藏	4 139.7	−6.1	−6.5
陕西	330.6	−59.2	−14.0
甘肃	221.6	−17.4	−14.6
青海	707.5	−14.2	12.8
宁夏	7.1	−5.2	−21.9
新疆	871.0	13.4	10.1

注：统计数据未含我国台湾、香港和澳门地区。

1.2.1.3 地下水资源量

2022年，全国地下水资源量（矿化度≤2g/L）为7 924.4亿 m³，比多年平均值偏少1.1%，比2021年减少3.3%。其中，平原区地下水资源量为1 774.1亿 m³，山丘区地下水资源量为6 396.1亿 m³，平原区与山丘区之间的重复计算量为245.8亿 m³。

全国平原浅层地下水总补给量为1 847.3亿 m³，比2021年减少13.4%。南方4区平原浅层地下水计算面积占全国平原区面积的9%，地下水总补给量为347.4亿 m³；北方6区计算面积占91%，地下水总补给量为1 499.9亿 m³。其中，松花江区313.3亿 m³，辽河区132.9亿 m³，海河区205.7亿 m³，黄河区170.0亿 m³，淮河区270.9亿 m³，西北诸河区407.0亿 m³。在北方6区平原地下水总补给量中，降水入渗补给量、地表水体入渗补给量、山前侧渗补给量和井灌回归补给量分别占53.8%、34.3%、7.0%和4.9%。松花江区、辽河区、海河区、黄河区和淮河区平原以降水入渗补给量为主，占总补给量的50%~80%；而西北诸河区平原以地表水体入渗补给量为主，占总补给量的72%左右。

1.2.1.4 水资源总量

2022年，全国水资源总量为27 088.1亿 m³，比多年平均值偏少1.9%，比2021年减少8.6%。其中，地表水资源量为25 984.4亿 m³，地下水资源量为7 924.4亿 m³，地下水与地表水资源不重复量为1 103.7亿 m³。全国水资源总量占降水总量的45.3%，平均单位面积产水量为28.6万 m³/km²。2022年水资源一级区水资源总量见表1.2.5。2022年省级行政区水资源总量见表1.2.6。

表1.2.5　2022年我国水资源一级区水资源总量

水资源一级区	降水量/mm	地表水资源量/亿 m³	地下水资源量/亿 m³	地下水与地表水资源不重复量/亿 m³	水资源总量/亿 m³
全国	631.5	25 984.4	7 924.4	1 103.7	27 088.1
北方6区	340.6	4 988.3	2 647.4	967.2	5 955.5
南方4区	1 145.8	20 996.1	5 277.0	136.5	21 132.6
松花江区	560.0	1 565.6	550.4	241.9	1 807.6
辽河区	688.0	690.3	240.5	108.2	798.4
海河区	554.4	202.6	283.5	180.8	383.5
黄河区	465.8	577.6	391.3	123.1	700.7
淮河区	783.1	614.6	400.4	217.2	831.8
长江区	969.6	8 485.6	2 310.2	105.0	8 590.5
其中：太湖流域	1 098.8	141.6	42.0	15.6	157.1
东南诸河区	1 649.8	1 940.5	465.1	12.5	1 953.0
珠江区	1 729.3	5 404.0	1 245.3	19.0	5 423.0
西南诸河区	994.2	5 166.0	1 256.4	0.0	5 166.0
西北诸河区	154.5	1 337.6	781.3	96.0	1 433.6

表1.2.6　2022年我国省级行政区水资源总量

水资源一级区	降水量/mm	地表水资源量/亿 m³	地下水资源量/亿 m³	地下水与地表水资源不重复量/亿 m³	水资源总量/亿 m³
全国	631.5	25 984.4	7 924.4	1 103.7	27 088.1
北京	482.1	7.4	26.8	16.4	23.7
天津	584.7	11.0	6.8	5.6	16.6

(续表)

水资源一级区	降水量/mm	地表水资源量/亿 m³	地下水资源量/亿 m³	地下水与地表水资源不重复量/亿 m³	水资源总量/亿 m³
河北	508.1	88.5	152.8	99.5	188.0
山西	592.5	108.2	112.6	45.3	153.5
内蒙古	271.8	365.9	223.1	143.3	509.2
辽宁	914.6	513.8	154.3	47.9	561.7
吉林	820.7	625.2	192.6	79.9	705.1
黑龙江	578.8	771.4	307.1	147.0	918.5
上海	1 072.8	27.6	8.4	5.5	33.1
江苏	813.3	142.5	102.7	50.4	192.8
浙江	1 567.0	918.0	208.3	16.3	934.3
安徽	979.8	476.7	159.0	68.5	545.2
福建	1 712.4	1 173.1	303.7	1.6	1 174.7
江西	1 599.3	1 533.6	363.7	22.6	1 556.2
山东	878.0	391.1	225.4	117.9	508.9
河南	621.7	172.2	140.4	77.2	249.4
湖北	987.2	690.1	258.1	24.2	714.2
湖南	1 305.3	1 677.2	416.2	6.6	1 683.8
广东	2 114.3	2 213.3	546.2	10.3	2 223.6
广西	1 696.7	2 207.6	436.9	0.9	2 208.5
海南	2 068.6	356.1	100.3	7.7	363.8
重庆	945.2	373.5	82.6	0.0	373.5
四川	842.7	2 207.8	547.2	1.4	2 209.2
贵州	1 016.6	912.4	246.5	0.0	912.4
云南	1 173.8	1 742.8	602.6	0.0	1 742.8
西藏	538.7	4 139.7	928.1	0.0	4 139.7
陕西	671.1	330.6	139.9	35.1	365.8
甘肃	253.6	221.6	112.7	9.4	231.0

(续表)

水资源一级区	降水量/mm	地表水资源量/亿 m³	地下水资源量/亿 m³	地下水与地表水资源不重复量/亿 m³	水资源总量/亿 m³
青海	341.1	707.5	319.8	18.2	725.7
宁夏	253.7	7.1	15.3	1.8	8.9
新疆	141.3	871.0	484.3	43.1	914.1

注：统计数据未含我国台湾、香港和澳门地区。

1.2.2 我国水资源特点

1.2.2.1 人均、亩均水资源占有量少

我国是一个水资源贫乏的国家。虽然水资源的总量丰富，居世界第六，但人均占有年径流量仅为 2 200 m³ 左右，不到世界平均值的 1/4，约为日本的 1/2，美国的 1/5。我国每亩①耕地平均占有年径流量仅有 1 750 m³，约为世界亩均占有量的 3/4。水资源地区分布不均衡，如海河流域人均占有水量仅有 430 m³，为全国人均占有水量的 16%。

1.2.2.2 水资源分布不均衡

水资源的分布与人口、耕地分布以及经济发展不相适应。南方 4 区面积占全国面积的 36.5%，耕地面积占全国的 36.0%，人口占全国的 54.4%，但水资源总量却占全国的 81.0%。辽河、海河、黄河、淮河 4 个流域的总面积占全国的 18.7%，相当于南方 4 区总面积的一半，耕地占全国的 45.2%，人口占全国的 38.4%，但其水资源总量却只相当于南方 4 区的 12%。

海河流域、辽河流域、淮河流域和黄河中下游拥有丰富的土地和矿产资源，经济较发达，具有进一步发展经济的巨大潜力。从长远看，这些流域水资源供不应求的矛盾今后将会更加突出。广大内陆河地区水资源贫乏，在经济有较大发展后，水资源不足的问题也将日益加重。

1.2.2.3 年内、年际降水不均匀

年内、年际降水不均匀的不利影响使水旱灾害频繁，年内分布集中，年际变化大，枯水年和枯水季节的缺水矛盾更加突出。例如，华北、东北、西北和西南地区，汛期 6—9 月的降水量占全年降水总量的 70%~80%，春季往往发生春旱。南方各省汛期（一般 4—7 月）降水过于集中，不但总水量不能充分利用，而且往往会造成洪涝灾害。

---

① 1 亩 ≈ 667 m²；15 亩 = 1 hm²。全书同。

1.2.3 我国水资源质量状况

1.2.3.1 地表水环境质量

2022年，全国地表水监测的3 629个国控断面中，Ⅰ~Ⅲ类水质断面占87.9%，比2021年上升3.0%；劣Ⅴ类水质断面占0.7%，比2021年下降0.5%。主要污染指标为化学需氧量、高锰酸盐指数和总磷。

2022年，长江、黄河、珠江、松花江、淮河、海河、辽河七大流域和浙闽片河流、西北诸河、西南诸河主要江河监测的3 115个国控断面中，Ⅰ~Ⅲ类水质断面占90.2%，比2021年上升3.2%；劣Ⅴ类水质断面占0.4%，比2021年下降0.5%。主要污染指标为化学需氧量、高锰酸盐指数和总磷。长江流域、珠江流域、浙闽片河流、西北诸河和西南诸河水质为优，黄河流域、淮河流域和辽河流域水质良好，松花江流域和海河流域水质为轻度污染。

1.2.3.2 地下水环境质量

2022年，全国地下水监测的1 890个环境质量考核点位中，Ⅰ~Ⅲ类水质点位占77.6%，Ⅴ类占22.4%，主要污染指标为铁、硫酸盐和氯化物。

1.2.3.3 农田灌溉水环境质量

2022年，灌溉规模达到10万亩及以上的农田灌区监测的1 765个灌溉用水断面（点位）中，1 635个断面（点位）达标，占92.6%，主要污染指标为悬浮物、粪大肠菌群和pH值。

1.2.3.4 废水污染物排放情况

（1）化学需氧量排放情况

2022年，在《排放源统计调查制度》确定的统计调查范围内，全国化学需氧量排放量为2 595.9万t。其中，工业源（含非重点）废水中化学需氧量排放量为36.9万t，占1.42%；农业源化学需氧量排放量为1 785.7万t，占68.79%；生活源污水中化学需氧量排放量为772.2万t，占29.75%；集中式污染治理设施废水（含渗滤液）中化学需氧量排放量为1.1万t，占0.04%。2022年全国及分源化学需氧量排放情况见表1.2.7。

表1.2.7　2022年全国及分源化学需氧量排放情况

项目	合计	工业源	农业源	生活源	集中式污染治理设施
排放量/万t	2 595.9	36.9	1 785.7	772.2	1.1
占比/%	—	1.42	68.79	29.75	0.04

（2）氨氮排放情况

2022年，在《排放源统计调查制度》确定的统计调查范围内，全国氨氮排放量为

82.0万t。其中，工业源（含非重点）废水中氨氮排放量为1.4万t，占1.7%；农业源氨氮排放量为28.1万t，占34.2%；生活源污水中氨氮排放量为52.5万t，占64.0%；集中式污染治理设施废水（含渗滤液）中氨氮排放量为0.1万t，占0.1%。2022年全国及分源氨氮排放情况见表1.2.8。

表1.2.8　2022年全国及分源氨氮排放情况

项目	合计	工业源	农业源	生活源	集中式污染治理设施
排放量/万吨	82.0	1.4	28.1	52.5	0.1
占比/%	—	1.7	34.2	64.0	0.1

（3）总氮排放情况

2022年，在《排放源统计调查制度》确定的统计调查范围内，全国总氮排放量为317.2万t。其中，工业源（含非重点）废水中总氮排放量为9.1万t，占2.87%；农业源总氮排放量为174.4万t，占54.98%；生活源污水中总氮排放量为133.5万t，占42.09%；集中式污染治理设施废水（含渗滤液）中总氮排放量为0.2万t，占0.06%。2022年全国及分源总氮排放情况见表1.2.9。

表1.2.9　2022年全国及分源总氮排放情况

项目	合计	工业源	农业源	生活源	集中式污染治理设施
排放量/万吨	317.2	9.1	174.4	133.5	0.2
占比/%	—	2.87	54.98	42.09	0.06

（4）总磷排放情况

2022年，在《排放源统计调查制度》确定的统计调查范围内，全国总磷排放量为34.6万t。其中，工业源（含非重点）废水中总磷排放量为0.2万t，占0.58%；农业源总磷排放量为27.7万t，占80.06%；生活源污水中总磷排放量为6.6万t，占19.08%；集中式污染治理设施废水（含渗滤液）中总磷排放量为0.1万t，占0.08%。2022年全国及分源总磷排放情况见表1.2.10。

表1.2.10　2022年全国及分源总磷排放情况

项目	合计	工业源	农业源	生活源	集中式污染治理设施
排放量/万吨	34.6	0.2	27.7	6.6	0.1
占比/%	—	0.58	80.06	19.08	0.08

（5）其他污染物排放情况

2022年，在《排放源统计调查制度》确定的统计调查范围内，全国废水中石油类排放量为1 557.6t，挥发酚排放量为45.2t，氰化物排放量为22.3t，重金属排放量为48.1t。2022年全国废水中其他污染物排放情况见表1.2.11。

表1.2.11　2022年全国废水中其他污染物排放情况　　　单位：t

排放源	石油类	挥发酚	氰化物	重金属
工业源	1 557.6	45.0	22.30	45.1
集中式污染治理设施	—	0.2	0.02	3.0
合计	1 557.6	45.2	22.30	48.1

1.2.4　我国水资源开发利用

1.2.4.1　供水量

2022年，全国供水总量为5 998.2亿 m^3，占当年水资源总量的22.2%。其中，地表水源供水量为4 994.2亿 m^3，占供水总量的83.3%；地下水源供水量为828.2亿 m^3，占供水总量的13.8%；其他（非常规）水源供水量为175.8亿 m^3，占供水总量的2.9%。与2021年相比，供水总量增加78.0亿 m^3，其中，地表水源供水量增加66.1亿 m^3，地下水源供水量减少25.6亿 m^3，其他（非常规）水源供水量增加37.5亿 m^3。在地下水源供水量中，浅层地下水占97.6%，深层地下水占2.4%。在其他（非常规）水源供水量中，再生水、集蓄雨水利用率分别占84.9%、6.0%。

在地表水源供水量中，蓄水工程供水量占32.1%，引水工程供水量占29.1%，提水工程供水量占33.8%，水资源一级区间调水量占5.0%。全国跨水资源一级区调水主要分布在黄河下游向其左、右两侧的海河区和淮河区的调水，以及长江中下游向海河区、淮河区和黄河区的调水。2022年水资源一级区间跨流域调水量见表1.2.12。

1997年以来全国供水总量总体呈缓慢上升趋势，2013年后变化相对平稳。其中，地表水源和其他（非常规）水源供水量总体呈持续增加态势，地下水源供水量从缓慢增加转向持续减少态势。在地表水源中，跨水资源一级区调水量总体呈持续增加态势；在地下水源中，深层地下水供水量呈持续减少态势。地表水源及其他（非常规）水源供水量占供水总量的比例逐渐增加，地下水源供水量占供水总量的比例有所减少。

第1章 绪 论

表 1.2.12 2022年我国水资源一级区间跨流域调水量　　　单位：亿 m^3

调出区	调入区						调出水量合计
	海河区	黄河区	淮河区	长江区	珠江区	西北诸河区	
海河区		0.05					0.05
黄河区	40.75		34.50			3.75	79.00
淮河区				8.03			8.03
长江区	62.67	1.45	87.02		0.69		151.83
东南诸河区			9.23				9.23
珠江区				0.47			0.47
西南诸河区				0.60	0.12		0.72
调入水量合计	103.42	1.50	121.52	18.33	0.81	3.75	249.33

1.2.4.2　用水量

2022年，全国用水总量为5 998.2亿 m^3。其中，生活用水量为905.7亿 m^3，占用水总量的15.1%；工业用水量为968.4亿 m^3[其中直流火（核）电冷却用水量为482.7亿 m^3]，占用水总量的16.2%；农业用水量为3 781.3亿 m^3，占用水总量的63.0%；人工生态环境补水量为342.8亿 m^3，占用水总量的5.7%。与2021年相比，用水总量增加78.0亿 m^3，其中，生活用水量减少3.7亿 m^3，工业用水量减少81.2亿 m^3，农业用水量增加137.0亿 m^3，人工生态环境补水量增加25.9亿 m^3。2022年水资源一级区用水量见表1.2.13，2022年省级行政区用水量见表1.2.14。

按居民生活用水、生产用水、人工生态环境补水划分，2022年全国城乡居民生活用水量占用水总量的10.8%，生产用水量占83.5%，人工生态环境补水量占5.7%。在生产用水中，第一产业用水量占用水总量的63.0%，第二产业用水量占16.8%，第三产业用水量占3.7%。

1.2.4.3　用水消耗量

2022年，全国用水消耗总量为3 310.2亿 m^3，耗水率55.2%。其中，农业用水消耗量为2 516.8亿 m^3，占耗水总量的76.0%，耗水率66.6%；工业用水消耗量为215.0亿 m^3，占耗水总量的6.5%，耗水率22.2%；生活用水消耗量为358.4亿 m^3，占耗水总量的10.8%，耗水率39.6%；人工生态环境补水耗水量为220.0亿 m^3，占耗水总量的6.7%，耗水率64.2%。

1.2.4.4　用水指标

2022年，全国人均综合用水量为425m^3，万元国内生产总值（当年价）用水量为49.6m^3。耕地实际灌溉亩均用水量为364m^3，农田灌溉水有效利用系数为0.572，万元工业增加值（当年价）用水量为24.1m^3，人均生活用水量为176L/天，人均城乡居民生活用水量为125L/天。2022年水资源一级区、省级行政区主要用水指标分别见表1.2.15和表1.2.16。

表 1.2.13　2022 年我国水资源一级区供水量和用水量

单位：亿 m³

水资源一级区	供水量				用水量						
	地表水源	地下水源	其他（非常规）水源	供水总量	生活	工业	其中：火（核）直流电	农业	人工生态环境补水	用水总量
全国	4 994.2	828.2	175.8	5 998.2	905.7	968.4	482.7	3 781.3	342.8	5 998.2
北方 6 区	1 805.6	768.0	110.6	2 684.2	308.8	204.3	14.6	1 955.0	216.1	2 684.2
南方 4 区	3 188.6	60.2	65.2	3 314.0	596.9	764.1	468.0	1 826.3	126.7	3 314.0
松花江区	280.8	145.8	5.4	432.0	27.7	23.5	9.3	360.1	20.7	432.0
辽河区	85.3	94.4	8.9	188.6	31.4	17.7	0.2	127.8	11.7	188.6
海河区	204.4	128.0	38.3	370.7	69.9	38.9	0.3	186.9	75.0	370.7
黄河区	262.4	107.5	21.7	391.6	55.8	43.0	0.0	258.9	33.9	391.6
淮河区	482.8	128.4	27.9	639.1	100.5	64.7	4.8	433.5	40.4	639.1
长江区	2 068.2	38.0	37.4	2 143.6	341.0	592.2	409.1	1 127.4	83.0	2 143.6
其中：太湖流域	337.4	0.0	8.7	346.1	60.6	207.0	169.3	68.6	9.9	346.1
东南诸河区	273.5	2.8	8.8	285.1	69.7	51.4	10.5	145.4	18.6	285.1
珠江区	745.1	16.1	17.9	779.1	173.5	115.0	48.4	467.5	23.2	779.1
西南诸河区	101.8	3.2	1.1	106.2	12.7	5.5	0.0	86.0	1.9	106.2
西北诸河区	490.0	163.8	8.4	662.2	23.5	16.5	0.1	587.7	34.5	662.2

表 1.2.14　2022年我国省级行政区供水量和用水量

单位：亿 m³

水资源一级区	供水量				用水量					
	地表水源	地下水源	其他（非常规）水源	供水总量	生活	工业	其中：直流火（核）电	农业	人工生态环境补水	用水总量
全国	4 994.2	828.2	175.8	5 998.2	905.7	968.4	482.7	3 781.3	342.8	5 998.2
北京	15.8	12.2	12.1	40.0	18.6	2.4	0.0	2.6	16.4	40.0
天津	24.8	2.7	6.0	33.6	7.2	4.6	0.0	10.0	11.7	33.6
河北	95.8	72.2	14.4	182.4	27.8	16.3	0.3	100.4	37.9	182.4
山西	38.2	27.5	6.4	72.1	15.1	11.6	0.0	40.5	4.9	72.1
内蒙古	95.8	88.7	6.9	191.5	11.3	13.2	0.0	143.4	23.5	191.5
辽宁	73.8	45.0	7.2	126.0	26.4	15.0	0.1	75.2	9.4	126.0
吉林	70.3	31.5	2.7	104.5	12.8	8.7	2.4	76.6	6.4	104.5
黑龙江	193.8	111.3	2.6	307.7	15.4	14.6	6.9	273.8	3.9	307.7
上海	104.7	0.0	0.9	105.7	23.8	63.0	53.9	17.2	1.6	105.7
江苏	595.0	2.8	14.0	611.8	65.6	245.5	200.7	285.8	14.9	611.8
浙江	162.7	0.2	5.0	167.8	52.5	35.4	1.0	73.4	6.6	167.8
安徽	269.0	24.1	7.4	300.5	36.1	78.9	48.9	175.7	9.8	300.5
福建	159.5	2.9	5.4	167.9	31.8	24.4	9.6	97.2	14.5	167.9
江西	260.6	6.1	3.0	269.8	29.2	42.2	20.5	194.5	3.8	269.8
山东	130.3	69.3	17.3	217.0	41.3	33.1	0.0	122.7	19.9	217.0
河南	118.0	99.4	10.6	228.0	43.6	21.3	0.7	135.5	27.6	228.0

(续表)

水资源一级区	供水量				用水量					用水总量
	地表水源	地下水源	其他(非常规)水源	供水总量	生活	工业	其中:直流火(核)电	农业	人工生态环境补水	
湖北	343.4	5.0	4.7	353.1	51.7	80.9	45.5	195.7	24.7	353.1
湖南	319.7	6.8	4.5	331.0	45.9	50.9	36.4	220.0	14.2	331.0
广东	383.5	6.5	11.7	401.7	116.7	73.4	29.4	198.7	12.9	401.7
广西	253.7	6.6	3.8	264.0	36.1	31.6	18.9	190.0	6.3	264.0
海南	43.8	1.2	0.6	45.6	9.1	1.4	0.0	33.9	1.2	45.6
重庆	65.8	0.5	2.5	68.8	22.4	17.1	7.2	27.5	1.8	68.8
四川	242.0	5.9	3.6	251.6	57.8	21.2	0.0	164.8	7.8	251.6
贵州	94.0	1.1	1.2	96.3	20.3	11.2	0.0	63.1	1.7	96.3
云南	156.1	3.3	4.0	163.4	27.6	14.2	0.2	111.5	10.0	163.4
西藏	29.0	2.7	0.1	31.8	3.3	1.1	0.0	27.1	0.4	31.8
陕西	60.7	28.9	5.3	94.9	20.2	10.7	0.0	57.5	6.5	94.9
甘肃	85.2	24.3	3.4	112.9	10.3	6.3	0.0	82.3	13.9	112.9
青海	18.5	5.1	0.8	24.5	2.9	2.7	0.0	17.1	1.8	24.5
宁夏	60.1	4.9	1.3	66.3	3.7	4.5	0.0	53.6	4.5	66.3
新疆	430.7	129.5	6.2	566.4	19.0	10.9	0.1	513.9	22.5	566.4

注:统计数据未含我国台湾、香港和澳门地区。

表 1.2.15　2022 年我国水资源一级区主要用水指标

水资源一级区	人均综合用水量/m³	万元国内生产总值用水量/m³	耕地实际灌溉亩均用水量/m³	人均生活用水量/(L/天)	人均城乡居民生活用水量/(L/天)	万元工业增加值用水量/m³
全国	425	49.6	364	176	125	24.1
松花江区	794	145.3	413	139	105	28.3
辽河区	357	55.2	190	163	115	15.4
海河区	247	29.3	164	127	93	11.2
黄河区	319	41.4	269	124	91	10.9
淮河区	311	39.4	244	134	102	12.2
长江区	457	49.1	452	199	137	42.2
其中：太湖流域	513	29.4	503	246	154	50.4
东南诸河区	312	26.3	468	209	139	12.5
珠江区	373	44.2	677	227	161	19.3
西南诸河区	506	94.1	395	166	120	27.8
西北诸河区	1 936	273.5	495	188	153	18.8

表 1.2.16　2022 年我国省级行政区主要用水指标

省级行政区	人均综合用水量/m³	万元国内生产总值用水量/m³	耕地实际灌溉亩均用水量/m³	农田灌溉水有效利用系数	人均生活用水量/(L/天)	人均城乡居民生活用水量/(L/天)	万元工业增加值用水量/m³
全国	425	49.6	364	0.572	176	125	24.1
北京	183	9.6	124	0.751	233	145	4.8
天津	245	20.6	247	0.722	145	100	8.5
河北	245	43.1	153	0.677	103	80	11.1
山西	207	28.1	170	0.563	119	91	9.1
内蒙古	798	82.7	211	0.574	129	91	13.6
辽宁	299	43.5	350	0.592	172	120	14.7
吉林	443	80.0	284	0.604	149	110	23.4
黑龙江	989	193.5	415	0.611	136	103	34.2
上海	426	23.7	573	0.739	263	160	58.4
江苏	719	49.8	476	0.620	211	140	50.5
浙江	256	21.6	381	0.609	219	140	12.3

(续表)

省级行政区	人均综合用水量/m^3	万元国内生产总值用水量/m^3	耕地实际灌溉亩均用水量/m^3	农田灌溉水有效利用系数	人均生活用水量/(L/天)	人均城乡居民生活用水量/(L/天)	万元工业增加值用水量/m^3
安徽	491	66.7	282	0.564	162	125	57.2
福建	401	31.6	597	0.565	208	141	12.4
江西	597	84.1	720	0.530	177	132	35.9
山东	213	24.8	150	0.648	111	84	11.5
河南	231	37.2	172	0.625	121	93	10.9
湖北	605	65.7	406	0.537	243	148	46.1
湖南	501	68.0	510	0.553	190	136	33.9
广东	317	31.1	719	0.532	252	171	15.4
广西	524	100.4	776	0.521	196	154	46.7
海南	445	66.9	745	0.575	243	178	17.9
重庆	214	23.6	313	0.511	191	142	20.7
四川	300	44.3	373	0.497	189	143	12.9
贵州	250	47.8	399	0.494	144	113	20.3
云南	348	56.4	336	0.510	161	114	19.8
西藏	871	149.1	513	0.457	246	141	54.8
陕西	240	29.0	267	0.583	140	101	8.1
甘肃	453	100.8	397	0.578	114	93	19.2
青海	412	67.8	447	0.506	133	92	21.9
宁夏	913	130.8	524	0.570	139	83	21.3
新疆	2 189	319.3	530	0.579	201	169	18.2

注：统计数据未含我国台湾、香港和澳门地区。

1.2.5 中国水资源面临的挑战

1.2.5.1 管理体制不顺，发展机制不活

长期以来，我国水资源管理比较混乱，水权分散，形成"多龙治水"的局面。例如，气象部门监测大气降水，水利部门负责地表水，地矿部门负责评价和开采地下水，城建部门的自来水公司负责城市用水，环保部门负责污水排放和处理，再加上众多厂矿企业的自备水源，致使水资源开发利用各行其是。实际上大气降水、地表水、地下水、土壤水及废水、污水都不是孤立存在的，而是有机联系的统一而相互转化的整体。简单地以水体存在方式或利用途径人为地分权管理，必然使水资源的评价计算不准确，开发

利用不合理。

1.2.5.2 水资源供需矛盾突出

随着我国经济发展和生活水平的提高，对水的需求量大大增加。目前，如果按照正常情况和不超采地下水来评价，我国年缺水量300亿~400亿 m^3。全国668座城市中有400多座缺水，日缺水量1 600万 m^3，每年影响工业产值2 300亿元。全国一般年份农田受旱面积为1亿~3亿亩，年均减产粮食280多亿千克，若遇干旱年则损失更大。全国约有3亿农村人口喝不上符合标准的饮用水。据预测，我国用水高峰将在2030年前后出现。届时，全国用水总量为7 000亿~8 000亿 m^3/年，人均综合用水量为400~500 m^3。经分析，全国实际可以利用的水资源为8 000亿~9 500亿 m^3，需水量已接近可利用水量的极限。

1.2.5.3 水资源浪费加剧了供需矛盾

在水资源紧缺的同时，用水浪费严重，水资源利用效率较低。全国工业万元产值用水量91 m^3，是发达国家的10倍以上；水的重复利用率仅为40%，而发达国家已达75%~85%；农业灌溉水有效利用系数只有0.57左右，而发达国家为0.7~0.8；我国城市生活用水浪费也很严重，仅供水管网跑、冒、滴、漏损失就达20%以上，家庭用水浪费现象也十分普遍。

1.2.5.4 水环境污染严重，有效利用量减少

在水资源供需矛盾日益尖锐的情况下，江河湖泊水环境又遭污染，犹如雪上加霜，供水形势更加严峻。2022年，全国地表水监测的3 629个国控断面中，劣Ⅴ类水质断面占0.7%，全国地下水监测的1 890个环境质量考核点位中，Ⅰ~Ⅳ类水质点位占77.6%，Ⅴ类占22.4%。

1.2.5.5 洪涝灾害频繁，防洪安全仍缺乏保障

20世纪90年代的10年中，我国有6年发生大水，而局部地区的洪水每年都会发生，洪涝灾害每年造成至少上千亿元的经济损失。1998年发生特大洪水以后，中央和地方加大了防洪投入，重点堤防的工程状况有了较大改善，长江、黄河等大江大河的防洪形势有了明显改观。但从总体上看，目前我国江河的防洪工程系统还没有达到已经审批的规划标准。同时，堤线越来越长、堤防越来越高，洪水蓄泄空间越来越小，致使许多江河在同样流量情况下，洪水位不断抬高，造成加高加修堤防与抬高洪水位的恶性循环，防洪负担和防洪风险也不断加重。洪涝灾害仍然是中华民族的心腹之患。

1.2.5.6 水资源开发过度，环境问题严重

当有限的地表水源不能满足人类迅速增长的需水要求时，地下水便自然成为有效的补充水源。在地表水源严重不足的干旱、半干旱地区，地下水是主要的，甚至是唯一的

水源。我国有不少于 2 亿亩农田缺乏地表水源，需要用地下水灌溉；有约 7 亿亩农田，地表水源保证率不高，需要地下水补充；约有 10 亿亩以上的缺水草场，需要用地下水灌溉和供给畜牧饮用水。但在上述一些缺水地区，对地下水长期地过量开采，导致地下水位区域性下降和降落漏斗的形成及持续发展，不断产生一些新的水文地质、工程地质及环境地质问题。

同时，由于自然条件的限制和长期人类活动的结果，我国森林覆盖率低，水土流失严重。据统计，全国水土流失面积 356 万 km^2，占国土面积的 37%，每年流失的土壤总量达 50 亿 t。严重的水土流失，导致土地退化、草场沙化、生态恶化，造成河道、湖泊泥沙淤积，形成"悬河"和"悬湖"，加剧了江河下游地区的洪涝灾害。

1.3 我国农业水资源利用现状

1.3.1 农业水资源开发利用特点

农业水资源泛指自然水资源中可用于农业生产的部分，一般包括降水、地表水、地下水和土壤水。随着国民经济的发展和科学技术水平的提高，污水、微咸水、农田排水乃至咸水与海水等劣质水经适当处理后亦可用于农业生产，此时也可作为农业水资源的组成部分。在我国现行水资源评价中不包括对土壤水资源的评价，但对农作物而言，直接利用的是土壤水资源，其他水资源只有转化为土壤水时才能被作物吸收利用。因此，土壤水资源是农业水资源的重要组成部分。农业水资源开发利用特点包括以下几个方面。

①规划涉及范围广，分散性强。大型灌区都在 30 万亩以上，涉及多个不同县市或乡镇，地域面积大，分布范围广，需要优化水资源配置与灌溉排水线路，以实现水资源高效利用与洪、涝、渍、碱、旱、污综合治理。

②灌排工程种类多。如蓄水设施（大、中、小水库及塘堰，河网、机井和地下水库等），引水设施（有坝引水和无坝引水），提水设施，各级渠道及平交、立交和配水等建筑物，以及把各种水源转化为土壤水的多种田间工程和水源设施。

③系统内水源类型多。如河流水、水库水、当地径流、地下水、灌溉回归水、跨流域引水、城市污水、微咸水等。不同水源的供水可靠性也不同，具有随机性和开发利用的不确定性。

④供水对象多，供水过程复杂，与降水有关。不仅年内有变化，而且年际之间也不同。

⑤蓄水设施多，调节性能和连接方式比较复杂。连接方式上有串联、并联、混联，在渠库连接关系上又有相互独立、渠上库、渠下库以及可以反调节或补偿调节等多种类型。

⑥规划内容多。既涉及农业、交通、国土开发等多学科内容，又包含灌区水资源利用总体规划、土地规划、作物种植计划、灌水技术规划、工程布局、规模、实施顺序等。

⑦涉及部门和行政单位多。如何协调水利、农业、国土、环保、发改委等多个部门之间的关系，成为农业水资源规划中最为复杂的问题之一。

1.3.2 农业水资源面临的问题

①灌溉工程老化，灌排系统不配套，已严重威胁21世纪国家粮食安全。灌区是我国重大的公益性基础设施工程，是国家粮食安全的压舱石。但是，现有大中型灌区工程设施大多建于20世纪50—70年代，标准低、配套差、管理不畅，由于长期投入不足，呈现"先天不足、后天失调、周身是病、发展艰难"的严峻局面。据统计，全国约400个大型灌区中有220个大型灌区老化失修，效益不能充分发挥；111座大型水库不同程度地存在险情；在调查的373座渠首建筑物中，严重老化损坏的占70%，失效的占16%，报废的占10%，完好的仅占4%。

②我国的农业发展与区域水资源承载力不相适应。例如，一方面国家斥巨资建设南水北调工程，以缓解北方的水资源短缺；另一方面又通过"北粮南运"把水资源运回南方。而且，在一些水资源短缺地区，农业的过度开发导致农业用水量大，加之用水效率低，进一步加重了区域水资源短缺，引发了突出的生态环境问题。如华北平原，由于灌溉发展和农业熟制变化，在农业产能大幅度提高的同时，出现了严重的地下水水位下降，形成世界上面积最大的地下水漏斗区；西北内陆干旱区塔里木河、石羊河、黑河等流域，农业开发规模超过了水资源承载力，导致流域下游土地沙化、沙进人退、绿洲萎缩；东北西辽河流域大规模抽取地下水发展浅埋滴灌，引起地下水水位大幅下降、草地退化和土地沙化；东北三江平原大面积改种水稻，导致地下水水位下降和湿地萎缩。这些都对农业可持续发展和人类生存环境形成了严峻的挑战。

③水资源短缺与水资源利用效率不高共存。据调查，农业灌溉用水约占全国总用水量的73%，全国每年农业缺水300亿m^3，每年约670万hm^2耕地得不到灌溉，2021年我国灌溉水有效利用系数仅为0.568，单方灌溉水的产粮数大约是1.58kg，远低于发达国家的水平。"十四五"期间，全国456处大型灌区，列入国家更新改造规划的仅124处，不到全部大型灌区的1/3；而且资金投入强度远远不能满足灌区续建配套和现代化改造的实际需求。灌区发展滞后已成为保障国家粮食安全和农业可持续发展的短板。

④农业面源污染治理迫在眉睫。我国耕地面积不到世界的1/10，但氮肥使用量却占世界的近30%。而流域内农田氮肥利用率平均只有35%，每年超过1 500万t的废氮流失到农田之外。太湖农业面源污染排放的总磷和总氮分别占太湖地区排放总量的84%和83%。

⑤现行体制和政策难以满足农业节水的客观要求。现行灌区"等""靠""要"思想

根深蒂固，传统工程水利成分很重，技术含量低，缺少水权划分与水权交易制度，只管水利而缺少农业生产等其他部门的参与，导致灌区人满为患、经营艰难、财政收入低下，极不利于节水增收，严重影响了灌区可持续发展。

⑥地下水超采导致生态环境恶化。目前，全国井灌区漏斗区的数量超400个，总面积达到62万 km^2，主要分布在华北平原（黄淮海平原）、西北地区、东北地区和江淮地区。这些漏斗区主要是以城市和农村井灌区为中心形成的，其中华北平原的漏斗区面积最大，近7万 km^2。

拓展阅读

世界水利发展简史

中国水利名人——大禹

思考题

1. 我国水资源分布的特点是什么？近10年我国水资源总量有什么变化趋势？
2. 目前我国水资源质量总体状况如何？近10年水资源质量总体状况有什么变化趋势？
3. 我国水资源开发利用面临的主要挑战有哪些？
4. 我国农业水资源面临的主要挑战有哪些？
5. 简述《节约用水条例》中涉及农业水资源利用相关的内容。
6. 简述《节约用水条例》的出台对于推动农业水资源可持续利用的意义。
7. 简述农业水资源可持续利用与国家粮食安全的关系。
8. 你最推崇的水利名人是谁？推崇的原因有哪些？

第 2 章
农业水利与农业水资源利用

本章学习要点

1. 认识并掌握农业水利基本概念。
2. 认识并掌握农业水利工程分类与组成。
3. 认识并掌握农业水利工程对于农业水资源配置实现的意义。
4. 认识并掌握农业水资源利用技术及其分类。
5. 认识农业水利研究的方法及其发展趋势。

2.1 农业水利概述

2.1.1 农业水利的定义

中华民族的发展史是一部与水旱灾害斗争的治水史。夏商时期，黄河流域就出现了"沟洫"，即兼作灌溉排水的渠道；公元前 6 世纪，楚国兴建了芍陂，利用洼地建筑长约 50km 的水库；公元前 4 世纪，魏国西门豹治邺时，创建了引漳十二渠；公元前 3 世纪，李冰在四川兴建了我国古代最大的灌溉工程——都江堰（图 2.1.1）；隋、唐、宋时期，农田水利进入巩固发展阶段，太湖下游兴建圩田、水网，黄河中下游地区大面积放淤，同时水利法规渐趋完备，唐有《水部式》，宋有《农田水利约束》等；元、明、清时期，农田水利进一步发展，明天启年间，《农政全书》问世，书中记载了我国农田水利史；《泰西水法》为我国介绍西方水利技术的最早述著，19 世纪末，西方灌溉与排水技术在中国开始应用，20 世纪 30 年代，陕西省建成泾惠、渭惠、梅惠等大型自流灌区。

1949 年，中华人民共和国成立后，我国开展了大规模的水利建设，兴建了大量的水利基础设施。据统计，2003 年末全国水库从 1949 年初的 20 多座增加到 85 153 座，全部水库总库容5 658亿 m³。累计加固新修堤防27.87万 km，全部堤防保护耕地面积65 813万亩，初步形成了七大江河的防洪工程体系。全国供水能力从1 000多亿立方米增加到5 800多亿立方米，其中城市供水量达到470亿 m³，供水普及率达到96.8%。万亩以上灌区5 729处，万亩以上灌区有效灌溉面积37 866万亩。农田有效灌溉面积从2.4亿亩发展到约8.4亿亩，节水灌溉面积2.9亿亩，基本形成全国农田灌溉总体格局。水土流失治理面积89.71万 km²。

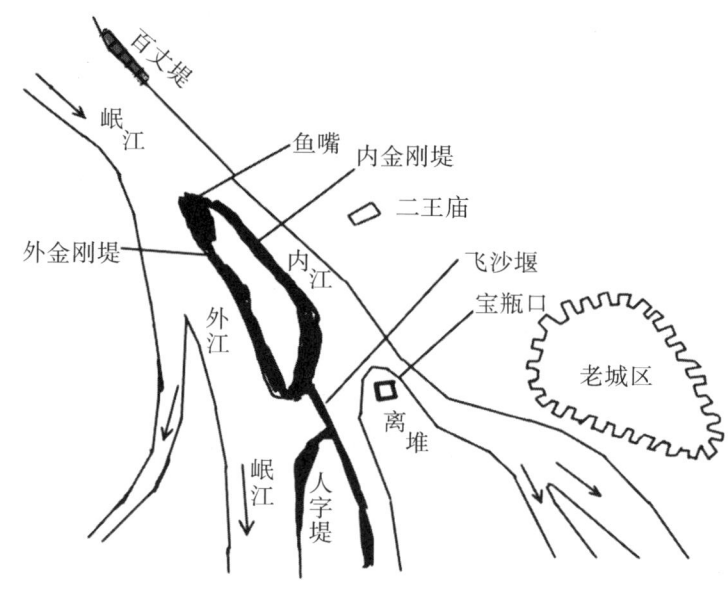

图 2.1.1　都江堰水利枢纽示意图

我国农业水利取得了巨大成就，对我国的粮食生产和国民经济发展、社会进步发挥了巨大作用。当前，为了进一步保障我国人口、资源、环境的协调发展，保障农业稳定增长和经济社会可持续发展，国家对农村水利提出了更高的要求：满足粮食稳定增长及其他农产品需求；加快中西部农村水利建设；加快农村和乡镇供水工程建设；加强综合治理，改善水环境。

农业水利是指为提高农业综合生产能力和改善农村生态环境与农民生活条件服务的水利措施。它是农业和农村基础设施的重要组成部分，也是民生水利的工作重点和主要内容，具有显著的公益性和公共产品属性。我国的农村水利建设项目主要由各级政府投资或补助引导进行项目建设，项目建设内容不仅涉及农村饮水安全、小型农田水利建设、灌区改造、节水灌溉、牧区水利等方面，还涉及病险水库除险加固、水土保持生态建设、农村水电建设等领域。根据国家有关政策及相关发展目标和任务要求，当前以及今后一段时期，农村饮水安全工程建设、大中型灌区节水改造、小型农田水利建设等将成为我国农村水利建设国家投资项目的重点领域和主要方向。

农业水利是为发展农业生产、确保农村饮水安全、改善农村水环境质量等服务的水利事业，其基本任务是通过水利工程技术措施和非工程措施，改变不利于农业生产发展、农民生活、农村生态环境的自然条件，为农业高产稳产、农民生活、农村经济和农村生态环境提供高效服务。当前的主要目标是：让农村居民都喝上符合卫生标准的饮用水；农业生产条件进一步改善；农村水生态、水环境恶化趋势得到有效遏制，使"塘变深、水变清、岸变绿"，坡耕地基本得到治理，沙化、退化草原普遍实行轮牧、休牧，农村人居环境得到改善；建立较为完善的农村水利建设和管理机制，促进实现"乡风文明"和"管理民主"；沿海发达地区初步实现农村水利现代化，为新农村建设提供坚实的基础条件，为其他地区积累经验、做好示范。

农业水利要通过工程措施和非工程措施才能发挥效能。农业水利工程措施主要包括堤、坝、水闸、涵洞、渡槽、沟渠、井、水泵站、管道、鱼道、码头、电厂等的建设，以及河道整治、水土保持、污水处理、水产养殖、旅游和环境保护中与水有关的工程措施；农业水利非工程措施特别是防洪的非工程措施包括洪泛区管理、灾前准备及应急计划、洪水预警、灾害救援、防汛抢险、洪水保险等，可提高人类对洪水的适应能力，减轻洪水灾害损失。

从事农业水利活动的各项工作称为农业水利事业，主要包括防洪、灌溉、排水、村镇供水、农村小水电、水土保持、农村水资源及生态环境保护与管理等。农业水利的历史随着人类社会的发展而发展，随着人类社会的进步而进步，现代农业水利事业的发展趋势是充分应用现当代科学技术，加强农业水利管理，充分发挥水利工程的经济效益、社会效益和环境效益，实现水资源的可持续发展。

2.1.2 农业水利的主要内容

农业水利工程就是为消除水害和开发利用水资源而修建的工程。

我国水利历史悠久，传统的农业水利一般指狭义的农业水利，主要指防治旱、涝、渍灾害，对农田实施灌溉、排水等以服务于粮食生产为目的的人工措施。其主要特点是：以发展农业灌溉为主要目标，目标单一，竭力开发水资源，甚至超过生态承载能力，严重破坏生态环境；单纯依靠工程措施满足供给要求，且重建设轻管理，重经济轻制度，重骨干工程轻配套建设；管理体制实行计划分配、行政分割；注重经济可行、技术可能，忽略环境生态要求；缺乏社会监督和用水户的参与；水利工程散、乱、杂，缺乏统一的规划。

现代农业水利，为适应新时期乡村城镇化和经济发展的要求，农业水利工程不仅要注重功能上的配套，还要兼顾农业生产、农民生活、农村经济和农村生态环境。如今农村物质积累越来越多、农业经济越来越发达、农村城市化步伐加快，农业水利需要努力提高工程建设标准，为农村经济发展和社会进步提供更好的防洪排涝保障；在物质生活更加丰富、人文环境更加自由的氛围下，农业水利工程的作用已经不再局限于灌溉排水，也需要起到美化环境的作用；注重管理软件和管理硬件的建设，从水利机制入手，加强工程管理，从根本上扭转重建设轻管理的弊端；努力提高水资源的利用效率，注重生态环境的保护，坚持走农业水利可持续发展之路；同时需要注意高科技在水利管理和水利测量中的应用，从而使水利工程管理迈向精准化和现代化。农业水利在不同时期具有不同的目标和发展重点，传统农业水利重视工程建设和经济效益，现代农业水利重视综合发展、统筹环境保护，坚持可持续发展道路。由此可见，全面建设小康社会，加快农业农村现代化目标的提出，赋予了农业水利更加艰巨而又紧迫的任务，新时期的农业水利需要更加注重人与水的和谐发展、工程的永续发展、技术的科学发展。

2.2 农业水利工程的分类与组成

2.2.1 农业水利工程的分类

2.2.1.1 按工程项目的任务或服务对象分类

①防止洪水灾害的防洪工程。

②防止旱灾、涝灾、渍害，为农业生产服务的灌溉和排水工程。

③将水能转化为电能的水力发电工程。

④改善和创建航运条件的航道和港口工程。

⑤为工业和生活用水服务，处理与排除污水及雨水相关的城镇供水和排水工程。

⑥防止水土流失和水质污染，维护生态平衡的水土保持工程和环境水利工程。

⑦保护和增进渔业生产的渔业水利工程。

⑧围海造田，满足工农业生产或交通运输需要的海涂围垦工程等。

⑨综合利用水利工程。同时为防洪、灌溉、发电、航运等多种目标服务的水利工程。

2.2.1.2 按工程对水的作用分类

①蓄水工程，指水库和塘坝，按大、中、小型水库和塘坝分别统计。

②引水工程，指从河道、湖泊等地表水体自流引水的工程，按大、中、小型规模分别统计。

③提水工程，指利用扬水泵站从河道、湖泊等地表水体提水的工程，按大、中、小型规模分别统计。

④调水工程，指水资源一级区或独立流域之间的跨流域调水工程，蓄、引、提工程中均不包括调水工程的配套工程。

⑤地下水源工程，指利用地下水的水井工程，按浅层地下水和深层承压水分别统计。

2.2.2 农业水利工程的主要特征

农业水利工程与其他工程相比，具有如下特点。

①有很强的系统性和综合性。单项农业水利工程是同一流域、同一地区内各项水利工程的有机组成部分，这些工程既相辅相成，又相互制约；单项农业水利工程自身往往是综合性的，各服务目标之间既紧密联系，又相互矛盾。农业水利工程为综合性工程，规划设计农业水利工程必须从全局出发，系统地、综合地进行分析研究，才能得到最为科学合理的方案。

②有显著的生态环境效应。农业水利工程不仅通过其建设任务对所在地区的经济和社会发展产生影响，而且对江河、湖泊以及附近地区的自然面貌、生态环境、自然景观，甚至对区域气候，都将产生不同程度的影响。这种影响有利有弊，规划设计时必须对这种影响进行充分评估，努力发挥农业水利工程的积极作用，消除其负面影响。

③工作条件复杂。农业水利工程中各种水工建筑物都是在难以确切把握的气象、水文、地质等自然条件下进行施工和运行的，它们又多承受水的推力、浮力、渗透力、冲刷力等的作用，工作条件较其他建筑物更为复杂。

④农业水利工程的效益具有随机性。每年水文状况不同，农业水利工程效益与气象条件的变化有密切联系。农业水利工程规划是流域规划或地区水利规划的组成部分，而一项农业水利工程的兴建，对其周围地区的环境将产生很大的影响，既有兴利除害的一面，又有淹没、浸没、移民、迁建等不利的一面。为此，制定农业水利工程规划，必须从流域或地区的全局出发，统筹兼顾，以期减少不利影响，收到经济、社会和环境的最佳效果。

⑤农业水利工程一般规模大，技术复杂，工期较长，投资多。兴建时必须按照基本建设程序和有关标准进行。

⑥群众性强，需要广大农民参与。农业水利遍及全国各地，与所有农民的生产、生活都有密切关系，是一项群众性的事业，每年都要发动近亿劳动力从事已建成工程的清淤维护岁修、水毁工程修复和新工程的兴建。群众性、互助合作性是农业水利工程的重要特点之一。

⑦公益性较强，需要政府扶持。农业水利既有农业灌溉、水产养殖和生活供水等兴利功能，也有防洪、除涝、降渍、治碱等除害减灾功能，既可以为花卉、蔬菜、果园、养鱼等高附加值产业服务，又承担着大田作物灌排，保证国家粮食安全的任务。

⑧具有垄断性，需要政府加强宏观管理。按受益农户多少区分，小型农业水利可分为两大类：一类是农户自用的微型工程，如水窖、水池、浅井等；另一类是几十户、成百上千个农户共用、规模相对较大、具有农村公共工程性质的泵站、水库、引水渠等。受地形、水资源等条件限制，多数公共工程具有天然垄断性。农田灌溉所用水资源，属

国家或集体所有，是公共资源。所有生活在当地的农户都有公平用水的权利。用水权是农民生存权的组成部分，为农民生存条件服务的公用水源和公用设施不适合让私人垄断。

⑨建设项目工程点多、面广、量大。最初的农村小型水利工程修建，是因局部有灌溉、排水或者防洪排涝的需求，从而进行小区域建设，而未统筹考虑流域或行政单位的情况，缺乏整体规划或远景布局，使工程呈现点多、面广、线长、施工地点分散等特点，运行管理十分困难。例如，根据水利部的数据，2000年以来，中国已完成了数千个大型和中型灌区的节水改造项目，到2015年，全国已有超过1 500个大型灌区和数千个中型灌区实施了节水改造，有效灌溉面积超过8亿亩；2008—2018年，中国对数千座大型泵站进行了更新改造，提高了灌溉系统的供水能力和可靠性；2008年以来，中国建设了数百个节水灌溉示范项目，推广高效节水灌溉技术，到2015年，全国已建立节水灌溉示范面积超过1亿亩；2008年，组织实施了1 750个"民办公助"小型农业水利工程项目建设；2005—2015年，新建了4万余处农村饮水安全集中式供水工程，解决了数亿农村居民的饮水安全问题，到2015年年底，全国农村集中式供水受益人口比例达到81%；到2018年，中国已实施了数千个农业水价综合改革项目，覆盖农田面积超过2亿亩；同期，中国还实施了数千个农田水利设施建设项目，包括灌溉渠道、小型水库、塘坝等。

⑩建设项目工程类型多、涉及内容广，建设规模存在较大的差异性。农村水利建设项目，涵盖了服务"三农"的各类水利工程和设施，如水源工程、灌排渠系、各类建筑物、农村饮水安全、高效节水灌溉工程等，还包括为数众多的塘坝、堰闸、小型排灌泵站、机井、水池、水窖等各类小型农业水利工程。在建设规模上，既有大型灌区节水改造、大型泵站更新改造等规模较大的建设项目，也有小型农业水利工程、高效节水灌溉工程、雨水集蓄利用工程等小（微）型建设项目。

⑪建设项目工程的管理体制和运行机制具有明显的多样化特征。在工程管理体制方面，有专管机构管理、群管组织管理、专管与群管相结合管理、农户自行管理等多种方式；在工程运行机制方面，各类专管机构按照"减员增效、定岗定员、管养分管"的改革思路正在不断探索，逐步建立工程运行管护的新机制；小型农田水利等工程，运行管护的形式比较多，既有各类农民用水合作组织、村组集体负责并承担工程运行管护的，也有通过承包、租赁、拍卖等方式进行管护的。

⑫建设项目投资来源渠道多，建设项目资金构成成分相对复杂。从投资来源上，既有中央和地方各级政府的投入，也有工程管理单位和受益区农户的自筹投入（包括投工投劳）；从资金构成上，不同类别、不同地区的建设项目，在投资结构构成上差异性也较大，主要表现在建设项目投资安排中，中央投资的比例、地方配套的比例以及有关的投资政策要求各不相同等。

2.2.3　农业水利工程的组成

无论是治理水害还是开发水利，都需要通过一定数量的水工建筑物来实现。按照功用，水工建筑物的组成大体分为3类。

2.2.3.1 挡水建筑物

阻挡或束窄水流、壅高或调节上游水位的建筑物，一般横跨河道者称为坝，沿水流方向在河道两侧修筑者称为堤。坝是形成水库的关键性工程。近代修建的坝，大多数为采用当地土石料填筑的土石坝或用混凝土浇筑的重力坝，它依靠坝体自身的重量维持坝的稳定。当河谷狭窄时，可采用平面上呈弧线的拱坝。在缺乏足够筑坝材料时，可采用钢筋混凝土的轻型坝（俗称支墩坝），但它抵抗地震作用的能力和耐久性都较差。砌石坝是一种古老的坝，不易机械化施工，目前主要用于中小型工程。大坝设计中要解决的主要问题是坝体抵抗滑动或倾覆的稳定性、防止坝体自身的破裂和渗漏。在地震区建坝时，还要注意坝体或地基中浸水饱和的无黏性砂料、在地震时发生强度突然消失而引起滑动的可能性，即所谓"液化现象"。

2.2.3.2 泄水建筑物

能从水库安全可靠地放泄多余或需要水量的建筑物。历史上曾有不少土石坝，因洪水超过水库容量而漫顶造成溃坝。为保证土石坝的安全，必须在水利枢纽中设置河岸溢洪道，一旦水库水位超过规定水位，多余水量将经由溢洪道泄出。混凝土坝有较强的抗冲刷能力，可利用坝体过水泄洪，称溢流坝。修建泄水建筑物，关键是要解决好消能和防蚀、抗磨问题。泄出的水流一般具有较大的动能和冲刷力，为保证下游安全，常利用水流内部的撞击和摩擦消除能量，如水跃或挑流消能等。当流速大于 $10\sim15m/s$ 时，泄水建筑物行水部分的某些不规则地段可能出现所谓空蚀破坏，即由高速水流在临近边壁处出现的真空穴所造成的破坏。防止空蚀的主要方法是建筑物尽量采用流线形设计，提高压力、降低流速、采用高强材料以及向局部地区通气等。多泥沙河流或当水中夹带有石渣时，还必须解决抵抗磨损的问题。

2.2.3.3 专门水工建筑物

除上述两类常见的一般性建筑物外，为某一专门目的或为完成某一特定任务所建设的建筑物，称为专门水工建筑物。渠道是输水建筑物，多数用于灌溉和引水工程。当遇高山挡路，可盘山绕行或开凿输水隧洞穿过；如与河、沟相交，则需设渡槽或倒虹吸，此外还有同桥梁、涵洞等交叉的建筑物。水力发电站枢纽按其厂房位置和引水方式有河床式、坝后式、引水道式和地下式等。水电站建筑物主要有集中水位落差的引水系统，防止突然关闭闸门时产生过大水击压力的调压系统，水电站厂房以及尾水系统等。水流通过水电站建筑物的流速一般较小，但这些建筑物往往承受着较大的水压力，因此，许多部位要用钢结构。水库建成后大坝阻挡了船只、木筏、竹筏以及鱼类洄游等的原有通路，对航运和养殖的影响较大。为此，应专门修建过船、过筏、过鱼的船闸、筏道和鱼道。

2.3 农业水利重要意义与发展现状

2.3.1 农业水利的重要意义

中国是一个传统的农业大国，同时又是一个水旱灾害频繁的国家。农村人口占全国人口的70%左右，农业人口占产业总人口的50.1%。农业水利是农业和农村经济发展的基础设施，在改善农业生产条件、保障农业和农村经济持续稳定增长、提高农民生活水平、保护区域生态环境等方面具有不可替代的重要地位和作用。

大陆季风气候造成我国降水时空分布极不均衡，洪涝干旱灾害频繁，农业产量低而不稳。我国约一半的地区属半干旱或干旱地区，降水和水资源不足成为制约农业发展的主要因素。同时，我国人口多、耕地资源少，因此满足众多人口对粮食等农产品的需求、保证社会稳定，对农业始终是一个很大的压力。兴修农业水利，提高农业抗灾能力，改善农业生产条件，在有限的耕地上精耕细作，提高单位面积产量和产值是解决上述问题的根本出路。基本国情决定了我国农田水利重要地位的永久性，在可预见的未来相当长时间内不会有根本改变。

农业水利工程涉及闸、站、堤、河流、沟渠及水利配套设施，它分为农村蓄水设施、引水设施、输水配水设施，是农民抗御自然灾害，改善农业生产、农民生活、农村生态环境等条件的基础设施，是促进农业增产、农民增收的物质条件，保障了人民生命财产安全和社会稳定，有效促进了城乡社会经济的发展，提高了人民的生活水平，改善了生产条件和生态环境。

农业水利工程对确保国家粮食安全意义重大。我国目前的农产品主要产于灌溉耕地，加快现有灌区的持续配套和更新改造，是稳定粮食生产能力的战略举措。由于农业用水总量不可能大幅度增加，扩大灌溉面积、提高灌溉保证率，均只能依靠提高灌溉水的利用率和水分生产率。此外，高效现代农业对灌溉保证率、灌水方法与技术的要求更高，对灌溉的依赖性更强，农田水利基本建设必须与现代农业发展要求相适应。

农业水利工程对农村经济可持续发展具有重要的促进作用。我国农村经济可持续发展包含农业可持续发展、农民收入稳定增加以及生活质量的提高等具体要求。如果我国农业不能解决14亿人口的吃饭问题，不能成为支撑国民经济和社会快速发展的基础产业，那么农业的可持续发展就从根本上失去了意义。从这个角度来说，农田水利基础设施是"基础的基础"。农业能否实现可持续发展，还取决于其自身的综合竞争力，只有良好的农业基础设施条件，才能保证大幅度降低农业成本、提高农业生产效益。

在水电建设中，农村水电已经成为一支重要力量。为了帮助中西部地区人民脱贫致富，需要在水电能资源丰富的地区，大力进行水电开发建设。农村水电的发展，促进了农村经济和精神文明的发展，在农村小康社会建设中，水电担负着重要使命，有着举足轻重的作用。加快水电能资源的开发不仅对保障我国的能源安全十分重要，而且对节能减排意义重大。

总之，农村水利是发展农业生产的基础保障，有效改善了农业生产条件；农村水利是提高农民生活水平和繁荣农村经济的必要措施；农村水利对保护和改善农村生态环境起着重要作用；农村水利是促进农村社会主义精神文明与民主政治建设的重要载体。加强农田水利基本建设，提高农业综合生产能力，具有特殊意义，是促进人与自然和谐、建设生态文明的重要支撑。农田水利基本建设是灾后重建和民生工程的重要内容，是扩大内需，巩固和发展经济止滑回升的重要手段，是增强农业抗灾减灾能力、确保粮食安全的有力抓手，是发展现代农业的基础，是解决"三农"问题的基础。

2.3.2 农业水利的发展现状

中华人民共和国成立以来，我国农业水利建设取得了显著成就，为农业和国民经济的快速发展创造了条件。主要体现在：

①初步建立了比较完善的农田灌排体系。

②修建农村各类饮水工程，改善了群众生产生活条件。

③建成了一批牧区水利基础设施，为牧业发展创造了条件。

④农村水利技术水平有了明显提高。包括农田水利综合治理技术、机电灌排工程技术、渍害盐碱低产田治理技术和地下水开发利用技术等。

⑤初步建立了农村水利服务体系。

⑥初步形成了多元化的农村水利工程投资、建设与管理格局。

⑦改善了农业生产条件，促进了农村经济发展。大规模的农村水利建设增强了农业抗御水旱灾害的能力，提高了农业单产和复种指数，促进了农业种植结构的调整，繁荣了农村经济。西北、华北许多旱涝碱重灾区，经过多年治理，已变成了"米粮仓"。截至2023年，我国已建成耕地灌溉面积占全国耕地总面积的55%，生产了全国77%的粮食和90%以上的经济作物。农村水利事业为我国农业和农村经济的发展打下了坚实的基础，促进了农业持续稳定增长，解决了全国人民"吃饭"这一头等大事。此外，农村水利的发展为农业生产结构的调整创造了条件，推动了畜牧业、养殖业发展，对于农民增加收入、脱贫致富和保持社会稳定起到无可置疑的重要作用。中国以占世界9%的耕地养活了占世界22%的人口，粮食综合生产能力连续多年稳定在1.3万亿斤以上，其中农业水利工程贡献巨大。

长期以来，人们在观念上对农业水利的认识有偏差，主要表现在：

①作为防灾减灾、改造农业自然禀赋条件的基础设施建设，农业水利的服务对象是弱势产业和弱势群体，农田水利建设所需投资数额巨大，动辄数百万元、上千万元，甚

至上亿元，而灌溉排水的效果虽然十分显著，却具有很强的外部性，属社会效益、间接经济效益，在经济发展水平不高的情况下，人们更愿意把资金投放在能够产生直接经济效益的项目上，舍不得在农田水利建设上增加投入。

②农田水利设施的使用和效益发挥受气候条件影响大，风调雨顺年景，农田水利设施效益不显著，这导致人们容易忽视农田水利设施的功能和作用。

③农田水利设施的使用者多为农民，直接受益者似乎也是农民，人们常常误认为农田水利是农民自己的事，城镇化建设背景下往往对农田水利建设重视程度不够。

据《40年水利建设成就——水利统计资料》（水利部计划司，1990年）显示，截至"五五计划"结束时的1979年，全国拥有有效灌溉面积7.3亿亩，占世界灌溉面积的1/4，居世界首位；灌溉密度（灌溉面积占实际耕作面积的比例）提高到了46%；人均灌溉面积超过了世界人均水平。中华人民共和国成立后前30年，我国的农村水利设施建设水平达到如此的高度，但30年后，这个比例却依然在原地踏步。据水利部统计，改革开放30年来，我国相继建设各类水库827座。而数据显示，1949—1979年的30年间，我国共建成大、中、小（10万m^3以上）型水库8.6万座。

当前，农业水利的主要问题是：

①建设标准偏低，老化严重。现有水利工程大部分修建于20世纪50—60年代，是因局部有灌溉、排水或者防洪排涝的需求，从而进行小区域建设，而未统筹考虑流域或行政单位的情况，缺乏整体规划或远景布局，使工程呈现点多、面广、线长、施工地点分散等特点，且排灌标准很低，目前功能普遍衰减。这种状况既造成排涝能力弱，农田积水无法排出，又导致提灌能力差，不能满足灌溉需要。全国有54%的耕地缺少基本灌排条件，基本上是靠天吃饭；很多灌区工程老化失修严重，灌不进、排不出的问题突出。特别是在全球气候变暖的背景下，极端气候事件频繁，灾害损失呈加重趋势。

②保护意识淡薄，疏于管理。由于投入不足导致的只建不管、重建轻管及水利设施带病运行的问题比较普遍，水库出险、堤防坍塌、河道淤积、渠道渗漏、泵站老化、饮用水工程瘫痪等问题众多，使得众多小型水利设施功能丧失殆尽，农业自然灾害频发，严重制约了农业经济的发展，影响了农业增效、农民增收和农业现代化建设。

③重经济轻水利，投入不足。随着农业生产经营体制的变化，对农村小型水利建设的重视程度和投资投劳力度逐步弱化。实施农村税费改革以后，投资投劳数量逐年减少，农村小型水利建设步入低谷。

④农民兴办水利的积极性下降。随着社会主义市场经济体制的建立，粮价已经放开，外国的农产品已经占领了我国的部分市场，加之农民增收缓慢，种田的积极性不高，兴办农业水利工程的积极性也有所下降。

⑤农业水利工程不配套，防洪工程标准过低，存在安全隐患。农业水利工程不配套、

田不成方、沟渠不分，从农田、养殖场排出的废水未经处理直接进入灌溉渠道，造成环境的循环污染。以前修建水利工程的时候只注重灌排效果，控制区域为小范围，且大部分农村地区的防洪标准只有几年，甚至没有防洪工程。随着经济的发展、城镇化的加快和乡镇企业的进驻，农村区域发展的重要性越来越明显，一旦发生洪灾，其经济损失不可估量。所以，随着农村现代化脚步的加快和农业结构的调整，要求建设与环境、生态和产业有机结合的水利工程尤为迫切。

⑥病险水库安全和群众饮水安全问题突出。全国8万多座水库中有3.7万座是病险库，汛期随时都有可能发生严重事故，严重威胁着人民群众的生命财产安全。

⑦生态环境恶化问题突出。我国水土流失、生态恶化的趋势还没有得到根本遏制，草地退化、沙化、碱化面积仍在扩大，部分地区水资源开发利用超过水资源和水环境承载能力，出现了河道断流、湖泊干涸、湿地萎缩、绿洲消失、地下水位急剧下降、蓝藻暴发等现象，严重制约着经济社会可持续发展。

2.3.3 农业水利的发展趋势

农村水利工作要围绕"一个目标"（即农业增效、农民增收、农村稳定目标），利用"两大优势"（即水资源优势和水务一体化优势），确立"三个协调"（即安全、资源、环境协调发展），不断完善"四个体系"（即防洪保安体系、水环境保护体系、水资源配置体系和农业灌溉安全体系），发挥"五个方面作用"（即提高产业层次、提高安全可靠性、提高景观水平、提高水资源科学利用程度、提高人民生活质量）。今后，农村水利建设的重点是防洪除涝、节水灌溉、河道清淤、圩区治理以及农村水污染防治、水资源保护，推广有效益的技术项目，搞好技术示范工作。

2.3.3.1 积极推广节水灌溉技术

实施节水灌溉是促进农业结构调整的必要保障。加大农业节水力度、减少灌溉用水损失，有利于解决农业面源污染，有利于转变农业生产方式，有利于提高农业生产力，是一项革命性措施，必须摆在农村水利建设的突出位置。要加大节水设施与节水技术的推广力度，扶持节水灌溉典型，完善防渗渠系配套，合理发展喷灌、滴灌工程，有条件的地方对主干渠道逐步实现衬砌。

2.3.3.2 努力提高农田灌排标准

随着农业结构调整的不断深入，对农田灌溉、排涝、降渍水平提出了越来越高的要求，要加强对灌、排、降技术标准的研究。今后农业水利基本建设要适应农业结构调整的需要，切实提高供水保证率和农田排涝能力的标准，更好地为农业生产提供高标准的灌排服务。同时，要加强农业产业结构的规划研究，以利于农业水利配套设施发挥更好的作用。

2.3.3.3 加大农村水环境治理力度

近年来,水污染带来的水环境恶化、水质破坏问题日益严重,给水产养殖业带来了负面影响,死鱼、死虾、死蟹等现象时有发生;同时,水土流失影响了农村的生态环境。加强农村水环境治理,保护农村水资源,改善农村居民生活条件,创造良好的生态环境,显得越来越重要。

2.3.3.4 加快小城镇防洪排涝工程建设

随着农村城镇化、集镇城市化进程的推进,迫切需要解决农村小城镇防洪排涝问题,特别是从抗御突发性台风暴雨受到的灾害影响来看,农村城镇的水利设施难以适应短历时暴雨的排涝要求,甚至有的小城镇还没有形成完整的防洪除涝工程体系,一旦发生较大的洪涝灾害,必将给广大人民群众的生命财产造成损失。

2.3.3.5 提高农村供水能力

目前,农村居民饮用水和农村工业用水主要是利用地下水,出现了农村发生地质灾害的隐患,因此必须提高农村特别是小城镇的自来水供水能力,加快管网铺设,解决农村居民生活用水和工业生产用水,顺利推进地下水深井的封填工作。同时,在生产力布局上应综合考虑,加强村镇科学规划工作,修建集镇截污处理厂,解决污染源,提高污水处理能力,形成良好的环境风貌。

2.3.3.6 加快圩区治理步伐

圩区和半高田面积比较多的地区,受灾程度较大,受灾频率较高。坚持不懈地大搞圩区治理和半高田地区的防洪排涝配套工程建设,继续加高加固圩堤土方,土方已经完成的要抓紧配套,对老化失修的泵闸要进行更新改造,半高田地区要消灭"活络坝",切实提高防洪除涝能力。

2.3.3.7 强化防洪除涝工程的管理

防洪除涝工程是以社会效益为主的公益性水利工程,直接关系到人民群众的生命财产安全,关系到工农业生产的发展,因此加强管理工作非常重要。

(1)要解决工程维护运行管理经费来源。要积极争取财政支持;用足用好已出台的有关规费征收政策;对通过确权划界取得的水土资源或经营性资产,再通过出租、承包等形式获取收益。

(2)要界定工程管理性质。对公益性工程的管理单位要做到精简高效,其编制内人员经费要纳入公共财政预算;做好管养分开工作,养护工作通过企业化、市场化机制操作,减轻管理单位的财政负担。

(3)要研究制定排涝管理办法。根据当地工情、水情和种植、养殖业及工业经济特点,研究制定排涝标准,提供优质服务;由县及县级以上政府出台政策,建立财政、集体(或企业)和个人共同负担机制,解决排涝费用问题。按照能源费、工资、维修费、管理费、折旧费等核定排涝费，细化受益个人和受益单位分担比例，由管理单位向受益个人、受益单位收取排涝费。

2.3.3.8 进一步完善农村小型水利工程经营管理改革

农村水利是农业现代化不可缺少的基础设施，不具有完全市场化的竞争能力。目前，农村水利工程建设和管理中，一家一户办不好的农村水利工程的建设和管理工作，可以通过建立农民用水户协会来进行解决。要按照"谁受益、谁负担、谁投资、谁所有"的原则，明晰工程所有权，放开建设权，搞活经营权，规范管理权。小型农村水利工程具体的经营管理方式，可以根据工程类型、特点和当地经济社会环境灵活掌握，既可以由水利站直接管理，也可以通过产权转让改由私人经营，或采用经营管理权承包、租赁或聘用"能人"等方式加强经营管理。在目前情况下，政府既不能把农村水利当作"包袱"甩掉，也不能继续沿用计划经济体制下政府包揽的做法。在租赁、承包甚至产权转让的工程管理中，要切实防止掠夺性经营。同时，要加强行业管理，制定考核办法，建立奖惩制度。要加强对经营者的业务培训和技术指导，协调解决经营过程中遇到的矛盾和问题，对因农业产业结构调整及其他建设而减少溢区面积的情况进行相应收费标准的调节，以确保经营者的利益。在保护经营者合法收益的同时，应严格要求经营者按照规定缴纳会费。

2.4 农业水资源利用新技术

2.4.1 农业水资源高效利用的重要意义

随着人类对淡水需求的日益增长，水资源紧缺已经成为全球性问题。目前，灌溉农业为全球粮食增长的主要动力，全球农业是水的最大消费行业。我国农业用水约占全国总用水量的70%，由于工程配套状况和管理水平所限，灌溉用水效率仅有50%左右，因而发展节水灌溉势在必行。

节水灌溉是根据作物需水规律及当地供水条件，为了有效利用降水和灌溉水，获取农业最佳经济效益、社会效益、生态环境效益而采取的多种措施的总称。我国节水灌溉的发展与国家经济社会发展水平及宏观经济发展战略密切相关。

节水灌溉是以工程措施为主。工程节水措施通常指能提高灌溉水利用率的工程性措施，如进行渠道防渗、采用管道输水、平整土地、合理确定沟畦规格等，也可将传统地面灌溉改为喷灌、微灌。农业水资源高效利用措施是指与节水灌溉工程技术配套应用的，使农作物节水高效优质的农业技术措施，如种植结构优化技术、抗旱节水品种筛选应用技术、耕作保墒技术、覆盖保墒技术、蒸腾蒸发抑制技术、化学制剂保水技术和水肥耦合技术等。管理节水措施通常仅指灌溉管理范畴内的节水措施，如节水高效灌溉制度制定、土壤墒情监测与灌溉预报技术、灌区配水技术、灌区量水技术、灌溉自动控制技术等。

从我国目前的实际情况出发，一方面水资源较紧缺，另一方面又存在用水的严重浪费现象。不少灌区，尤其是北方灌区，由于灌水量偏大，加上管理不完善等原因，渠道渗漏严重，使灌区灌溉水有效利用率很低。由于粮食生产的极端重要性和灌溉用水量大、效率低的特殊性，努力缓解我国水资源危机，认真搞好农业水资源高效利用，大力发展节水灌溉，具有十分重要的意义。发展节水灌溉的意义不仅仅是节约灌溉用水，而且改变了传统的用水、管水方法。现代节水灌溉，特别是先进的喷灌、微灌技术，大量采用新型材料、自动控制计算机数据处理等先进科学技术和设备，能够科学有效地控制灌水质量、灌水时间、灌水量、灌水均匀程度等，大大促进了农业水利科学技术的进步，提高了灌溉的科技含量，节水灌溉已成为水利现代化的重要标志之一。

2.4.2　农业水资源高效利用新技术分类

2.4.2.1　节水灌溉工程技术

（1）渠道防渗技术

渠道的水量损失包括渠道水面蒸发损失、跑漏损失和渗漏损失3部分。渠道水面蒸发损失较小，一般不超过渠道渗漏损失量的5%，在渠道流量计算过程中一般忽略不计。跑冒滴漏损失是指闸门漏水、渠道渗水等造成的水量损失，这是由于工程施工质量不过关或用水管理不到位造成的，可以通过加强施工质量、保证渠道及时养护等管理措施来避免，在渠道流量计算时通常也不予考虑。渗漏损失是由渠道入渗渠床而流失的水量，一般把渠道的渗漏损失看作渠道的总输水损失水量。影响渠道渗漏损失的因素很多，包括渠道沿线的水文地质条件、渠道断面设计条件、水流条件和渠道运行管理等人为条件。

渠道的防渗工程技术是指减少或杜绝由渠道渗入渠床而流失水量的各种工程技术和方法。常见的防渗技术措施包括土料防渗、水泥土防渗、砌石防渗、膜料防渗、混凝土防渗、沥青混凝土防渗和暗渠防渗等。我国《渠道防渗衬砌工程技术标准》（GB/T 50600—2020）规定了上述各种渠道防渗技术措施的技术特性、防渗效果、运用条件等，设计时可参考选用适合的防渗技术。

1）土料防渗

①土料防渗的特点。土料防渗是我国沿用已久的实践经验丰富的防渗措施，是指以黏性土、黏砂混合土、灰土、三合土和四合土等为材料的防渗措施。由于黏性土料源丰富，可就地取材，并且土料防渗技术简单、造价低，还可以充分利用现有的碾压机械设备，因而在我国尤其是资金缺乏的中小型渠道上应用较多。

②土料防渗对原材料的要求。用于土料防渗的土料一般选用高、中、低液限的黏质土

和黄土。高液限土包括黏土和重黏土；中液限土包括砂壤土，轻、中、重粉质黏土，轻壤土和中壤土。在采用时必须清除含有机质多的表层土和草皮、树根等杂物；用于土料防渗的石灰要选用煅烧适度、色白质纯的新鲜的石灰或贝灰，其质量应符合 I 级生石灰的标准，石灰中氧化钙和氧化镁的总含量不应小于 75%（按干重计）。所选用的石灰最好随到随用，在施工的全过程中，包括水化、拌和、闷料、铺料和夯压过程，工期最好不要超过半个月。砂在灰土中主要起骨架作用，可以降低灰土的孔隙率，减少灰土的干缩，提高灰土的强度，所用砂宜选用天然级配的粗中粒的河砂或山砂，但要控制其含泥量，河砂及人工砂的含泥量应不大于 3%，山砂的含泥量应不大于 15%，极细砂则不宜选用。卵石与碎石在三合土、四合土或黏砂混合土中起骨架作用，能减少土的干缩，增强其抗压及防冻的能力，粒径以 10~20mm 为宜。对于施工期短、用水紧迫、渠道要提前通水的土料防渗工程，在土料中还可以掺加一定量的水泥、工业废渣等掺合料以提高灰土的早期强度和在水中的稳定性。

2）水泥土防渗

①水泥土防渗的特点。水泥土为土料、水泥和水拌和而成的材料，主要靠水泥与土料的胶结与硬化，强度类似混凝土。根据施工方法的不同，水泥土分为干硬性和塑性两种。水泥土料源丰富，可以就地取材，投资少，造价较低，还可以利用现有的拌和机、碾压机等施工设备施工。水泥土防渗较土料防渗效果要好，一般可以减少渗漏量的 80%~90%，每天每平方米的渗漏量为 $0.06 \sim 0.17 m^3$。水泥土防渗的主要缺点是水泥土早期的强度及抗冻性较差，因而适宜用于气候温和的无冻害地区。

②水泥土防渗对原材料的质量要求。用于水泥防渗的土料应为级配良好，黏粒含量宜为 8%~10%，砂、砾含量宜为 50%~80%。当黏粒含量少于 5% 时，应掺入黏土；当砂、砾少于 50% 时，应掺入砂、砾料。岩石风化料的最大粒径不得超过 50mm，且不含直径大于 5mm 的土团。土料中有机质含量不超过 2%，水溶盐总含量不大于 2.5%（以重量计），pH 值宜为 4~10，且其中不得含有树根、杂草、淤泥等，用于水泥土防渗的水泥可选用一般水工混凝土使用的水泥，常用标号为 325 和 425，有抗冻和抗冲刷要求的渠道宜使用硅酸盐水泥或普通硅酸盐水泥。

3）砌石防渗

①砌石防渗的特点。砌石防渗是我国采用最早、应用较广泛的渠道防渗措施，按材料和砌筑方法分类，有干砌卵石、干砌块石、浆砌料石、浆砌块石、浆砌石板等多种，按结构形式分类有护面式、挡土墙式 2 种。

砌石防渗抗冲流速大、耐磨能力强、防冻抗冻能力强，具有较强的稳定渠道的作用，因而在提高水资源利用率、稳定渠道和保证输水安全、防冻防冲等方面均有优势。但是由于砌石防渗不容易采用机械化施工，施工质量较难控制，而且砌石防渗一般厚度大、方量多、用工较多，故其造价不一定低于混凝土等材料的防渗，是否采用应以防渗效果好、耐久性强和造价低廉为原则，通过技术经济论证后确定。

②砌石防渗对原材料的质量要求。砌石防渗常用卵石的一般粒径大于20cm，以矩形最好，圆形、锥形次之，扁平形最次，球形的卵石由于运输不便、不易砌紧、易受水流冲动，故不宜选用。所选石料应坚硬、无裂纹、洁净、外形方正、六面平整，表面凹凸不大于10mm，厚度不小于20mm。如为石块，上下面应大致平整、无尖角薄边、块重不小于20kg，厚度不小于20cm。如为石板，应选矩形的，要求表面平整且厚度不小于3cm。对水泥的要求与水泥土防渗对水泥的要求相同，对石灰和砂料的要求与土料防渗对石灰及砂料的要求相同。

4）膜料防渗

膜料防渗就是用不透水的土工膜来减少或防止渠道渗漏损失的一种技术措施。土工膜是一种薄型、连续、柔软的防渗材料，其具有防渗性能好、适应变形能力强、耐腐蚀性强、施工简便、工期短、造价低等优点。经验表明，膜料防渗一般可减少渗漏损失90%~95%，不仅适用于各种不同形状的渠道，而且适用于可能发生沉陷和位移的渠道，每平方米膜料防渗的造价为混凝土防渗造价的1/10~1/5，为砂浆卵石防渗造价的1/10~1/4。

5）混凝土防渗

混凝土防渗是目前广泛采用的一种渠道防渗技术措施，用混凝土衬砌渠道，防止或减少渗漏损失，具有防渗效果好、耐久性好、糙率小、允许流速大、强度高、便于管理、适应性广泛的特点。混凝土防渗能减少渗漏水量的90%~95%，在正常情况下能运用50年以上。

6）沥青混凝土防渗

①沥青混凝土防渗的特点。沥青混凝土防渗是以沥青为胶结剂，与矿粉、矿物骨料经过加热、拌和、压实而成的防渗材料，具有防渗效果好、适应变形能力强、抗老化、造价低、容易修补等优点。沥青混凝土具有适当的柔性和黏附性，能适应较大的变形，发生裂缝有自愈能力，具有适应渠基土冻胀而不裂缝的能力，防冻害能力强。

②沥青混凝土防渗对原材料的质量要求。渠道防渗沥青混凝土所用沥青取决于气候条件及料源等，同时要考虑沥青混凝土在高温下的热稳定性和在低温下的可塑性等因素，一般选用60甲或100甲道路石油沥青，其质量应满足我国规定的石油沥青的技术标准。矿物骨料为石料或砂料，石料应选用碱性石料，如石灰岩、白云岩等石料，石料应尽量选用块石加工，新鲜而坚硬的碎石有助于提高沥青混凝土的强度。砂料可选用河砂、山砂、海砂或人工砂，砂料应纯净、颗粒坚硬，其含泥量不得大于2%~5%，用硫酸钠法干湿循环5次后的重量损失应小于15%。

（2）渠道防渗设计

1）防渗渠道断面形式

防渗渠道断面形式有梯形、矩形、复合形、弧形底梯形、弧形坡角梯形、"U"形、城门洞形、箱形、正反拱形和圆形等多种形式，如图2.4.1所示。

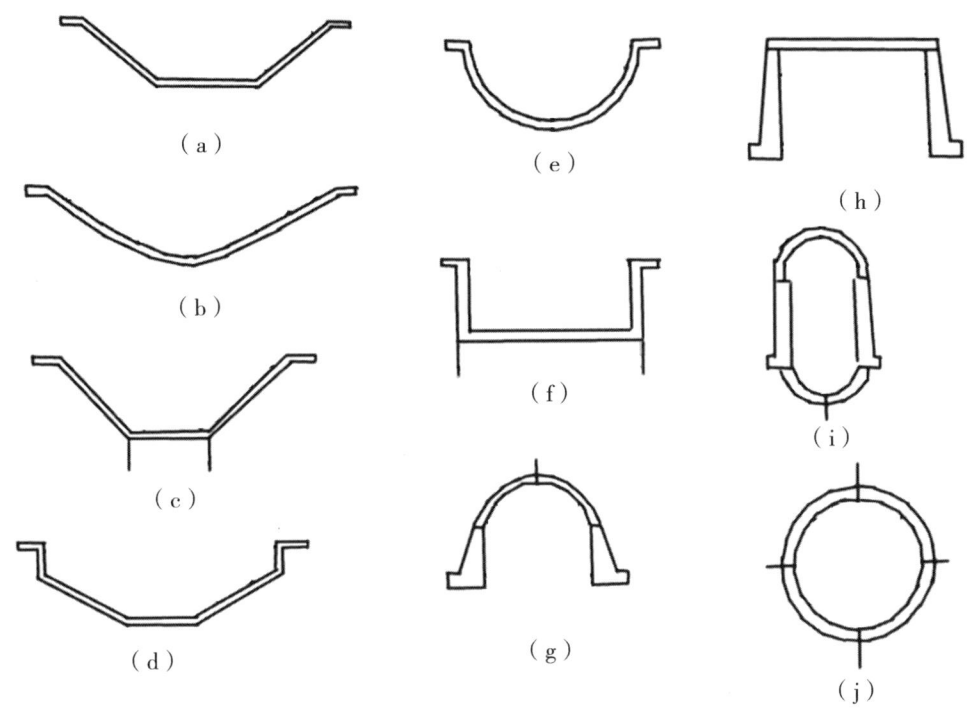

图 2.4.1　防渗渠道断面形式示意图
(a) 梯形；(b) 弧形底梯形；(c) 弧形坡角梯形；(d) 复合形；(e) "U"形；
(f) 矩形；(g) 城门洞形；(h) 箱形；(i) 正反拱；(j) 圆形

不同的断面形式各有特色，梯形断面施工简便，边坡稳定，在地形地质无特殊问题的地区可普遍选用。在北方有冻胀变形地区可以选用能够减轻冻胀变形不均匀性的断面形式，如弧形底梯形、弧形坡角梯形、"U"形等断面形式。暗渠则具有占地少、在城镇区安全性能高、水流不易被污染等优点，在冻土地区还可以避免冻胀破坏。

2）边坡系数

防渗渠道边坡系数选用得恰当与否，直接关系到防渗渠道的稳定性和安全性，需要谨慎设计，认真选择。影响边坡系数大小的因素很多，如防渗材料的种类、渠道的等级、渠道的基础情况等。防渗渠道最小边坡系数的确定可以通过边坡稳定分析计算求得，还可以通过查阅相关规范文献中的经验数值确定。

3）糙率

渠道糙率的大小主要取决于所选用的防渗材料和施工质量的好坏，如素土防渗渠道的糙率大于0.02，而混凝土防渗渠道的糙率为0.015～0.016，不平整的喷浆面糙率为0.017～0.018。规划设计时，可根据所选用的防渗技术措施的种类和防渗渠道的表面特征查阅相关文献选用适宜的糙率值。

4) 不冲、不淤流速

防渗渠道的允许不冲流速主要决定于防渗材料和施工条件，设计时可参考有关文献中我国防渗工程实践总结的经验数值确定。防渗渠道的允许不淤流速可根据水源的含泥沙量，利用经验公式计算确定。

5) 渠堤设计

渠堤超高的设计，除埋铺式膜料防渗层可以不设超高外，其余措施防渗层的超高设置依据《灌溉与排水渠系建筑物设计规范》（SL 482—2011）中的规定，主要根据渠道设计流量选用。

6) 伸缩缝设计

为适应气温变化和地基变形而引起的防渗层或保护层的变形要求，刚性材料防渗层和膜料防渗的刚性材料保护层应设置伸缩缝，因浆砌石较多的砌体较厚，气温变化引起的变形较小，并且浆砌石较多的砌筑缝隙可以消除一部分外界因素引起的变形，可以不设置伸缩缝，但为了适应软弱基础引起的较大变形应设置沉降缝。伸缩缝的间距一般在2~8m，依据防渗材料和施工情况的不同而不同。常用的填缝材料有沥青油毡、沥青砂浆、焦油塑料胶泥和聚氯乙烯胶泥，也有使用锯末水泥、木条等材料的。根据渠道规划、对防渗效果的要求、渠基有无冻胀性、湿陷性和施工条件等因素选择伸缩缝的型式，常用的形式有矩形缝、梯形缝、矩形半缝、梯形半缝和塑料止水带，如图 2.4.2 所示。

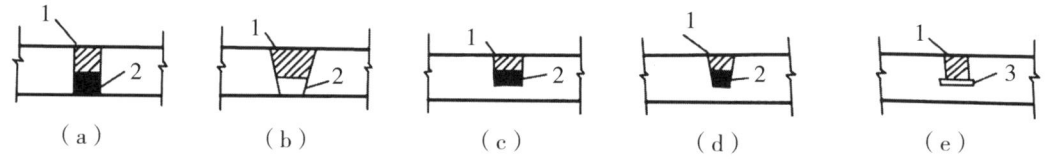

图 2.4.2 刚性材料防渗层伸缩缝形式

(a) 矩形缝；(b) 梯形缝；(c) 矩形半缝；(d) 梯形半缝；(e) 塑料止水带；
1 表示沥青砂浆；2 表示焦油塑料胶泥；3 表示塑料止水带

通过渠道防渗衬砌技术，可以大幅度提高渠系水的利用系数。例如，陕西省宝鸡峡灌区总干渠采用混凝土防渗衬砌措施后，每年减少渗漏水量为 2.4 亿~2.9 亿 m^3。内蒙古河套灌区通过渠道防渗衬砌和田间节水等综合措施，可使渠系水利用系数提高到 0.66，综合节水效果约为 12 亿 m^3；此外，渠道防渗衬砌有助于控制地下水位，防止土壤盐碱化及沼泽化。渠道防渗衬砌能够防止渠道冲刷、淤积及坍塌，保证输水安全，提高渠道输水能力，缩短输水时间，提高灌溉效率。例如，河北省石津灌区完成的渠道防渗衬砌，实测数据显示，防渗后比防渗前减少渗漏损失 53%~80%。

2.4.2.2 低压管道输水技术

低压管道输水技术是指以管道代替明渠的一种输水技术措施，通过一定的压力，将灌溉水由分水设施输送到田间。低压管道输水系统由水源与取水工程设施、输配水管网设施组成。输配水管网包括各级管道、分水设施、保护装置和其他附属设施。在面积较大的灌区，管网可由干管、分干管、支管、分支管等多级管道组成。

(1) 低压管道输水系统的类型

低压管道输水系统的类型按输配水方式可分为水泵提水输水系统和自压输水系统，水泵提水又可分为水泵直送式和蓄水池式；按管网形式可分为树状网、环状网；按管网系统固定方式可分为移动式、管渠结合式、半固定式；按结构形式可分为开敞式系统、封闭式系统和半封闭式系统。

(2) 低压管道输水管材和附属设施

低压管道输水管材和附属设施是低压管道输水灌溉系统的重要组成部分，其投资占工程总投资的70%~80%，选择合适的管材和附属设施，不仅可以节省工程造价，也是提高工程质量，使之长久发挥效益的保障。

目前管道输水工程中所用管材，主要有塑料管、混凝土管、玻璃钢管、铸铁管等。不同管材的性能不同，生产中应根据实际情况科学选用，以达到经济耐用的目的。

附属设施是指和管道配合使用的一些设施，包括放水装置、保护装置和量水设备等。放水装置应结构简单，坚固耐用，密封性能好，关闭时不渗水、不漏水，使用方便，易装卸，成本低。保护装置包括测压管、进气阀和排气阀。井灌区常用的量水设备为表，水表的量水精度高、坚固耐用、便于维修。

(3) 低压管道输水系统的优点

低压管道输水具有成本低、节水明显、管理方便等特点，是世界上应用较为普遍的节水灌溉技术之一。20世纪50年代以来，低压管道输水技术在国外就已得到广泛的应用；70年代以来，塑料管的广泛应用加速了低压管道输水技术的发展；80年代以后，随着材料科学的发展和生产工艺的改进，普遍开始使用高分子材料的管材，如硬聚氯乙烯管（最大口径可达800mm）、聚乙烯管（最大口径可达3 000mm）和玻璃钢复合管。

北方井灌区通过推广应用低压管道输水技术，总结出9项优点：①可提高水的有效利用率；②节能；③省工；④减少土渠占地；⑤灌水及时、增产增收；⑥便于交通和机耕；⑦维修管理方便，寿命长；⑧在丘陵区应用，可避免土渠弯曲线过长和被泥沙淤塞渠道；⑨调整作物种植结构，提高产值和效益。

南方灌区低压管道输水技术应用效果表明，无论是丘陵自流灌区，还是山区自流（包括水库自流）灌区，管道输水技术都取得了显著的经济效益。①节地。根据南方各地的工程实践，应用低压管道输水灌溉技术可节地2.19%。其中丘陵区节地2%，山区节地1.5%。②节水。在南方地区推广应用低压管道输水灌溉技术节水量大于北方井灌区，据调查分析，亩均节水229.27m³（加权平均），其中平原区节水约245.70m³，丘陵井灌区节水约196.67m³，山区节水约245.50m³。虽然总体上南方水资源相对丰富，但在多数丘陵山区和山区缺水却十分严重，因此，南方低压管道输水灌溉技术节水扩大灌溉面积效益主要反映在丘陵山区和山区。③增产。由于实施管道输水技术后，灌水及时，增产、增收十分明显，据大量数据统计分析，平原区增产约35kg/亩，丘陵区增产约42kg/亩，山区增产约6kg/亩，井灌区增产约30kg/亩，加权平均增产约38.67kg/亩。南方710万亩管道输水工程每年可增产约2.7亿kg。

2.4.2.3 各种灌溉方法的特点及其适用条件

良好的灌水方法不仅可以保证灌水均匀，而且可以节省用水，有利于保持土壤结构和肥力。灌水量过大会形成深层渗漏，造成用水浪费，引起地下水位上升，导致土壤恶化；灌水量不足，土壤湿润不均匀，影响作物的正常生长。因此，正确选择灌水方法是进行合理灌溉、保证作物丰产的重要环节。

灌溉方法一般按照水输送到田间的方式和湿润土壤的方式分为地面灌溉和局部灌溉两大类。

（1）地面灌溉

地面灌溉是水从地表进入田间并借重力和毛细管作用浸润土壤，所以也称为重力灌水法。这种方法是目前应用最广泛、最主要的一种方法。按其湿润土壤的方式不同又可分为畦灌、沟灌、淹灌、漫灌等。

1）畦灌

畦灌是用田埂将灌溉土地分隔成一系列小畦。灌水时，将水引入畦田后在畦田上形成很薄的水层，沿畦长方向流动，在流动过程中主要借助重力作用逐渐湿润土壤。

2）沟灌

沟灌是在作物行间开挖灌水沟，水从输水沟进入灌水沟后，在流动的过程中主要借毛细管作用湿润土壤。和畦灌比较，其明显的优点是不会破坏作物根部附近的土壤结构，能减少土壤蒸发损失。

3）淹灌

淹灌又称格田灌溉，是用田埂将灌溉土地划分成许多格田，灌水时，使格田内保持一定深度的水层，借重力作用湿润土壤，主要适用于水稻。

4）漫灌

漫灌是在田间不做任何田埂，灌水时任其在地面漫流，借重力渗入土壤。灌水均匀性差，水量浪费较大。

(2) 局部灌溉

1) 渗灌

渗灌是利用修筑在地下的专门设施（地下管道系统）将灌水引入田间耕作层，借毛细管作用自下而上湿润土壤，所以又称为地下灌溉。其优点是灌水质量好，蒸发损失少，少占耕地，便于机耕，但地表湿润差，地下管道造价高，容易淤塞，检修困难。

2) 滴灌

滴灌是由地下灌溉发展而来的，是利用一套低压塑料管道系统将水直接输送到每棵作物根部。其突出优点是省水省工、自动化程度高，但投资较高。

3) 喷灌

喷灌是用很多的喷头将水喷洒在土壤的表面。由于同时湿润的面积较大，出流速度比滴头大得多，所以显著减少了喷头堵塞。适用于果树、蔬菜、花卉等。

4) 覆膜灌溉

覆膜灌溉是利用地膜抑蒸保墒、提高田间输水效率、抑制杂草生长等优点，同时结合穴播等农艺技术，从而达到节水目的。

2.4.2.4 常用的灌溉方法

(1) 畦灌

我国北方小麦、谷子等窄行距密植粮食作物均广泛采用畦灌。

实施畦灌时，要注意提高灌水技术，要合理地选定畦田规格和控制入畦流量、放水时间。畦田的规格和入畦流量与地面坡度、土地平整情况、土壤透水性能、农业机具等有关。一般自流灌区畦长 30~100m；畦宽应根据当地农业机具宽度确定，一般为 2~4m，每亩 5~10 个畦田。入畦单宽流量一般控制在 3~6L/（m^3/h），以水量分布均匀和不冲刷土壤为原则。一般适宜的畦田坡度为 1/1000~3/1000。如地面坡度较大，土壤透水性较弱，畦田可适当加长，入畦流量适当减小；如地面坡度较小，土壤透水性较强，则要适当缩短畦长，加大入畦流量，才能使灌水均匀，并防止深层渗漏。

(2) 喷灌

喷灌是将灌溉水通过喷灌系统（或喷灌机具），形成具有一定压力的水，由喷头喷射到空中，形成水滴状态，洒落在作物表面和土壤表面，为作物生长提供必要的水分。据统计，喷灌比地面灌可提高产量 15%~25%，灌水均匀度一般可达到 80%~85%，水的有效利用率为 80% 以上，用水量比地面灌溉节省 36%~50%；喷灌可用于各种类型的土壤和作物，受地形条件的限制小；可提高工效 20~30 倍；可提高耕地利用率 7%~15%。但喷灌受风的影响大，3~4 级以上风力时应停止喷灌。喷灌的蒸发损失相对较大。喷灌系统由水源工程首部装置、输配水管道系统和喷头等组成。喷灌系统形式有管道式喷灌系统和机组式喷灌系统两种。

①水源。与一般地面灌溉系统一样,要实施喷灌首先要保证水源。在灌溉季节能保证供给所需数量和质量的水,河流、渠道、塘库、井泉等都可以,但应注意含沙量大的水源不适用于喷灌。

②水泵。喷灌和地面灌溉不同的是,要把水喷洒成细小的水滴,这就要求水流具有一定的压力(10~20m 的水头),这在多数情况下都要用水泵来加压,最常用的是离心泵。

③动力。带动水泵的动力可以根据当地条件采用柴油机、拖拉机、电动机和汽油机等,功率的大小根据水泵配套的要求而定。

④管道系统。其作用是把经过水泵加压以后的灌溉水送到田间,因此要求能承受一定的压力,通过一定的流量。管道系统常分成干管和支管两级。为了避免作物的茎叶阻挡喷头的水舌,常在支管上装有竖管,在竖管上再装喷头,使喷头高出地面一定距离。为了连接和控制管道系统,还要配置一定的弯头、三通、阀门等配套用件。

⑤喷头。喷头是喷灌的专用设备,是喷灌系统的重要部件。喷头的作用是把水泵加压以后的集中水流分散成细小的水滴并均匀地散布在田间。

(3)微灌

微灌是利用微灌设备组装成微灌系统,将有压水输送分配到田间,通过灌水以微小的流量湿润作物根部附近土壤的一种局部灌水技术。微灌系统由水源、首部枢纽、输配水管网、灌水器以及流量、压力控制部件和测量仪表等组成。微灌可以非常方便地将水施灌到每一株植物附近的土壤,维持较低的水压力满足作物生长需要。微灌的优点是省水、省工、节能,灌水器的工作压力一般为 50~150kPa;灌水均匀度高,可达 80%~90%;对土壤和地形的适应性强。但微灌系统投资一般要远高于地面灌溉,灌水器出口很小,易堵塞,对过滤系统要求高。

微灌系统形式有滴灌、微喷灌、小管出流灌和渗灌等。

1)滴灌

滴灌是利用安装在末级管道上的滴头,或与毛管制成一体的滴灌带将压力水以水滴状湿润土壤,主要借重力作用使水渗入植物根系区并使土壤经常保持最优含水状态的一种先进灌水技术。滴灌灌水器的流量为 2~12L/h。

滴灌系统由首部枢纽、管道系统和滴头 3 部分组成。滴灌系统的各个组成部分及其作用简介如下:

①水泵。水泵是从水源抽水加压的设备。滴灌系统一般要求在 100~500kPa 压力下工作,所以可采用小功率离心泵。若使用城市自来水时,需装上压力表和流量调节器等。

②过滤器。过滤器主要用于滤去灌溉水中的悬浮物,是保证整个系统不被堵塞、能

够进行正常工作的关键设备。

③肥料罐。肥料罐容积为25~100L，化肥在其中溶解后，经肥料罐上部的节流阀，均匀地注入主管道内的灌溉水中。

④输水管道。输水管道一般为聚乙烯或聚氯乙烯管，管径为25~100mm。塑料管因温度变化会产生伸缩，因此安装时应有伸缩接头。同时，还需在支管进水端安装阀门或流量调节器。

⑤毛管。灌溉水经毛管上许多滴头或细孔流入植物根部附近的土壤中。

⑥滴头。滴头是滴灌系统中的重要设备，需要的数量最多，滴头好坏直接影响灌水质量。因此，要求滴头能供给均匀和恒定的流量，调节流量简便，易于安装和拆卸，当有堵塞时，能拆开清洗。

2）微喷灌

微喷灌是利用直接安装在毛管上，或与毛管连接的微喷头将压力水以喷洒状湿润土壤。微喷头有固定式和旋转式两种。前者喷射范围小、水滴小；后者喷射范围较大、水滴也大些，故安装的间距大。微喷头的流量通常为20~250L/h。

3）小管出流灌

小管出流灌是利用4mm的小塑料管与毛管连接作为灌水器，以细流（射流）状局部湿润作物附近土壤。对于高大果树通常围绕树干修一渗水小沟，以分散水流，均匀湿润果树周围土壤，小管灌水器的流量为80~250L/h。

4）渗灌

渗灌是利用一种特别的渗水毛管埋入地表以下30~40cm，压力水通过渗水毛管管壁的毛细孔以渗流的形式湿润其周围土壤。由于它能减少土壤表面蒸发，是用水量最省的一种微灌技术。渗灌毛管的单宽流量为2~3L/h。

(4) 小畦灌水技术、间歇灌水技术、膜上灌水技术

1）小畦灌水技术

小畦灌水技术是我国北方井灌区行之有效的一种节水灌溉技术。其优点是灌水流程短、减少了沿畦长产生的深层渗漏，提高灌水均匀度和灌水效率。缺点是灌水单元缩小，整畦时费工。小畦灌溉是相对过去长畦、大畦而言的，将灌溉土地单元划小，但畦的大小也不是越小越好，而是根据一些技术指标来确定畦田的长度。一般情况下，如果地面坡度较大，土壤透水性较弱，则畦田可适当加长，入畦流量适当减小；如果地面坡度较小，土壤透水性较强，则要适当缩短畦长，加大入畦流量，这样才能使灌水均匀、防止深层渗漏。小畦灌溉田间操作要点：首先要平整土地，合理划分畦田。对平原地区，可大面积地进行平整，山区或地势变化较大的地方可分隔成几片进行平整。其次灌水时往往采用及时封口的办法，即当水流到离畦尾还有一定距离时，就封闭入水口使畦内剩余

的水流向前继续流动，至畦尾时则全部渗入土壤。

2）间歇灌水技术

间歇灌水技术是20世纪80年代出现的一种新的地面灌溉技术，它突破了传统的地面灌溉模式，具有灌水速度快、节约水量和灌水均匀度高等优点。间歇灌水技术的原理是：传统的地面灌溉方式是连续向沟（畦）田输入一个大致不变的流量，直到灌完一个沟（畦）为止。在水流推进过程中，入渗水流量尽管沿沟（畦）长逐渐减少，但仍是连续的，所以又称为连续灌溉。而间歇灌溉则是以一定的或变化的周期，循环间断地向沟（畦）田灌水，即交替地向几个沟（畦）田供水。间歇灌溉开始时，当水流入沟（畦）一定距离时停止供水，待田面水层消退后，再开始供水。第二次供水推进长度为第一次供水的湿润长度加上新推进的一段长度，而后再停止供水，等到田面水层再次消退后再供水，不断重复这种循环直到灌完全部沟（畦）田为止。

3）膜上灌水技术

膜上灌的形式有以下几种：

①开沟覆膜上灌。在膜上灌铺膜装置未研制成功前，利用原有的铺膜机平铺地膜，灌水前在两膜之间用开沟器开沟，在膜侧形成小的土埂，膜床高于两边沟底。因为膜床高、埂子小、水易下沟，所以推广中采用较少。

②打膜上灌。它是开沟覆膜上灌的改进形式。有两种形式，一种为有漫灌带的打膜上灌，即作1~2m宽的小畦，将宽90m塑膜铺于其中，一膜3行种植，畦长一般为30~50m，入畦流量5L/s，能节水20%以上；另一种为无漫灌带的打膜上灌，即作宽为95cm左右的小畦，把宽为70cm地膜铺于其中，一膜2行种植，膜两侧为土埂，这种膜上灌，畦长80~120m，能节水30%~50%。

③沟内膜孔灌。沟内膜孔灌是将土壤整成沟垄相间的波浪形田面，地膜铺于沟底和两坡，作物种在两侧坡边上，利用放苗孔为作物供水，能节水30%以上。缺点是垄背杂草丛生，放苗孔以下水量无效蒸发。

④膜孔膜缝灌。它是沟内膜孔灌的改进形式，即把膜铺在垄背上，相邻两膜在沟底形成2~3cm宽的一条缝。通过放苗孔和窄缝给作物供水，克服了沟内膜孔灌的缺点。膜上灌水技术要素除了土壤种类和地形坡降，对一定地块来说，灌水强度、入膜流量、膜上流速、膜规格、灌水定额、灌水规格、灌水持线时间、畦首尾进水时差等也是膜上灌的技术要素。

2.4.2.5 节水灌溉配套农业技术

本节主要介绍种植结构优化技术、抗旱节水品种筛选应用技术、耕作保墒技术、覆盖保墒技术、蒸腾蒸发抑制技术、化学制剂保水技术和水肥耦合技术等。

（1）种植结构优化技术

种植结构优化技术是依据当地的水、土、光、热等资源特征，以及不同作物需水特性和耗水规律，以高效、节水为原则，以水定植，合理安排作物的种植结构及灌溉规模，限制和压缩高耗水、低产出作物的种植面积，从而建立与当地自然条件相适应的节水高效型作物种植结构，以缓解用水矛盾，提高降水和灌溉水的利用效率。该技术可在较大范围内产生节水效果。

不同作物对水分亏缺的反应不同，这集中表现在作物抗旱节水特性和水分利用效率的差异。作物的抗旱性是在缺水条件下作物能获得足够产量的能力。作物的节水性是指作物以较低的水分消耗，维持正常生长发育并获得一定经济产量的特性。水分利用效率是指单位耗水量生产的生物量、经济产量以及经济价值。许多研究结果表明，在相同干旱条件下，不同作物种间的水分利用效率存在很大差异，通常可达到 2~5 倍。由于不同作物种间的抗旱节水特性与水分利用效率的差异，以及雨水资源的时空分布不均匀，这就为作物选择与合理布局而建立节水型种植结构提供了理论依据。其技术要点如下：

①选择需水与降水耦合性好、耐旱、水分利用效率高的作物品种。适当扩大水分利用效率较高的作物（如甘薯、春玉米、马铃薯等）种植面积，压缩水分利用效率较低的作物（如春小麦、亚麻等）种植面积，以充分利用当地水资源。在华北平原两熟制地区的深井灌区，压缩高耗水冬小麦、夏玉米等作物，增加传统的耐旱节水优质高效的作物，如春播或者夏播的谷子、高粱等小杂粮、豆类以及优质饲草、甘薯、特种玉米和其他特色作物。在北方灌溉水源保证率不高的地区，严格控制稻田的规模，对稻田面积的扩大要进行认真的水资源供需平衡论证。对于土壤还没有彻底脱盐的盐渍化地区，每年需要大量淡水用于压碱、洗盐，平衡土壤盐分，更需要加大水稻改旱作的力度，推动稻田改制。在南方丘陵地区压缩一些灌溉保证率不高、冬春严重缺水的岗丘稻田，即俗称的"望天田""雷响田"，加强地面径流拦蓄，充分利用相对丰富的天然降水实行退水改旱，或水旱轮作，种植耗水较少但经济效益较高的旱地作物，如棉花、麻类、烟草、瓜菜、药材、果树或其他经济作物、经济林木。

②调整作物熟制，使之与水分条件相适应。根据我国夏秋季节降水较多、光热充足的特点，适当扩大夏秋作物的种植比例，以充分利用水热资源。如南方三熟制双季稻区，淘汰劣质低效的双季早稻，增加一季旱作；在热量条件两熟有余，三熟略感不足的长江中下游地区，改部分双季稻三熟制为单季稻两熟制，扩大一季中稻或一季晚稻的种植，保证冬种的充分生长，即常说的"三三得九不如二五得一十"；减少早春整地播种，缓解夏季双抢期间灌溉高峰期的用水压力，北方西部干旱条件下的一熟制冬小麦或春小麦地区，由于小麦对水分要求的条件较高，可以改种部分耐旱节水的小杂粮、豆类、饲草，或建立节水高效的轮作制；在黄淮豫东平原，春夏播作物需水和降水的耦合关系较好，生长期降水量占年降水量的60%以上，尤以棉花最高，达82%，其次是春播花生、甘薯和高粱等。

③调整作物播期。使作物生育期耗水与降水相耦合，可以提高作物对降水的有效利用。对于灌区，要根据来水的季节变化特点，合理安排作物种植比例，缓解用水矛盾。

④优化协调粮、经、饲三者比例。在满足粮食生产基本需求的情况下，调整农业结构，压缩粮食种植面积并提高其品质，增加饲料作物、经济作物、林果、名优特产作物的种植比例。把目前以粮食作物为主兼顾经济作物的二元结构，逐步发展为"粮、经、饲"的三元结构。

⑤发展立体、轮作种植。我国各地因所在的纬度、海拔高度不同，气候条件有很大差异，应根据当地的自然条件、土壤条件和作物的生物学特性，采用不同的种植方式。一般无霜期较长、热量资源充足的地区，应积极发展间、套、复种等种植方式；无霜期较短、热量资源较差的地区，应采用以间作为主要形式的种植方式，或实行高秆作物与矮秆作物、深根作物与浅根作物的混作等，以充分利用有限的水、肥、光、热资源。

（2）抗旱节水品种筛选应用技术

所谓抗旱节水品种是指抗旱性强、水分利用效率高、综合性状优良的作物品种。培育或引进适合当地条件的节水高产型品种是降低作物耗水量、提高水分利用效率的一项重要措施。

同一作物不同品种之间在抗旱性和水分利用效率方面差异很大，这种差异除了环境条件的影响，更主要的是植物本身遗传基础的差异。其技术要点如下：

①严格遵照用种程序。试验、示范、推广是一套不可逆的缺一不可的品种筛选应用程序。首先要进行严格的、规范的试验。试验中，对品种的特征、特性、抗逆性、产量性状和产量、品质性状和品质、生态适应性、利用价值和前景等方面进行全面考查。严格遵守种子法，在试验成功的基础上开展一定规模和范围的示范。通过特定程序，经专门机构审定或认定，逐步推广。

②选用适宜的品种类型。尽管不同作物的品种繁多，但都有一定的类型归属。种植中，品种类型适宜是前提，如果类型不当，就不能完成生长发育过程，失去了种植意义。掌握具体作物品种的特征和特性，结合每种作物的种植区划，计算用种地区的积温，综合其他生态条件，选用适宜的品种类型，是种植成功的保证。

③考虑作物品种的生态适应性。如一种作物和一个品种的生态适应性强，就有较广阔的种植范围。

④选用抗逆性强、高产优质作物品种。冬小麦节水抗旱品种的主要筛选指标是种子吸水力强、叶面积小、气孔对水分胁迫反应敏感，根系大且入土深，株高80cm左右，成穗率高，生长发育冬前壮、中期稳、后期不早衰，籽粒灌浆速度快，穗大粒多，千粒重40~45g，抗寒、抗旱、抗病、抗干热风。玉米节水抗旱品种的主要筛选指标是出苗快而齐，苗期生长健壮，中后期光合势强，株型紧凑，籽粒灌浆速度快，耐旱、抗病、抗倒

伏；产量高而稳，籽粒品质好，生育期适合于当地种植制度。

(3) 耕作保墒技术

1) 深松蓄墒技术

深松是指疏松土壤，打破犁底层，使雨水渗透到深层土壤，增加土壤储水能力，且不翻动土壤，不破坏地表植被，减少土壤水分无效蒸发损失的耕作技术。

长期浅耕及机械的田间作业会造成土壤压实，在距地表16cm以下形成坚硬、密实、黏重的犁底层，阻碍雨水下渗，减弱土壤蓄水能力，影响作物根系发育，导致作物减产。深耕松土就是使用深松机械将犁底层耕松，创造疏松深厚的耕作层。通过深松加厚了活土层，疏松的土层增加了土壤孔隙度，提高土壤接纳降雨的能力；同时，翻耕切断了土壤水分向地表移动的通道，减少了土壤下层水分逃逸的机会和数量，进而达到蓄水保墒的效果。

深松有全面深松和局部深松两种。全面深松是用深松犁全面松土，适用于配合农田基本建设，改造耕浅层的黏质土。局部深松则是用杆齿、凿形铲进行松土与不松土间隔的局部松土，即深松土少耕法。

①深松时间。适时深松是土壤蓄雨纳墒的关键，深松的时间应根据农田水分收支状况决定，一般宜在伏天和早秋进行。对于一年一熟麦收后休闲的农田要及早进行伏深松或深松耕。一年两熟区一般在播种前进行。

②深松深度。深松深度因深松工具、土壤等条件而异，应因地制宜，合理确定。一般深松深度以20~22cm为宜，有条件的地方可加深到25~28cm，深松耕深度可至30cm。

③深松间隔。密植作物（小麦等）的深松间隔为30~50cm；宽行作物（玉米等）深松间隔40~70cm（与当地宽行作物种植行距相同）。

④作业周期。深松有明显的后效，一般可达2~4年。因此，同一块地可每2~4年进行一次深松。

2) 耙耱镇压保墒技术

所谓耙耱是指翻地后用齿耙或圆盘进行碎土、松土、平整地面等措施。耙耱是改善耕层结构达到地平、土碎、灭草、保墒的一项整地措施。镇压既能使土壤上实下虚，减少土壤水分蒸发，又可使下层水分上升，起到提墒引墒作用，实行翻地—耙地—耱地的"三连贯"作业，使田面更加平整，并具有轻压作用，使地面形成一个疏松的覆盖层，从而减少土壤水分蒸发。

①耙耱时间。耙耱保墒主要是在秋季和春季进行。麦收后休闲田于伏前深耕后一般不肥，其目的是纳雨蓄墒、晒垡、熟化土壤。但立秋后降雨明显减少，一定要及时耙耱收墒。从立秋到秋播期间，每次降雨以后，地面出现花白时，就要耙耱一次，以破除地面板结，纳雨蓄墒。一般要反复进行多次耙耱，横耙、顺耙、斜耙交叉进行，

耙耱连续作业，力求将土壤耙透、耙平，形成"上虚下实"的耕作层，为适时秋播保全苗创造良好的土壤水分条件。秋作物收获后，进行秋深耕时必须边耕边耙耱，防止土壤跑墒。

②耙耱深度。耙耱的深度因目的而异。早春耙耱保墒或雨后耙耱破除板结，耙耱深度以3~5cm为宜。耙耱灭茬的深度一般为5~8cm，但耙茬播种的地，第一次耙地的深度至少8~10cm。播种前几天耙耱，其深度不宜超过播种深度，以免因水分丢失过多而影响种子萌发出苗。

③镇压时间。播种前土壤墒情太差，表层干土层太厚，播种后种子不易发芽或发芽不好，尤其是小粒种子不易与土壤紧密接触，得不到足够的水分时，就需要进行镇压，使土壤下层的水分沿毛细管移动到播种层上来，以利种子发芽出苗。

（4）覆盖保墒技术

作物田间通过利用作物秸秆或地膜覆盖，可以截留和保蓄雨水及灌溉水，保护土壤结构，降低土壤水分消耗速度，减少棵间蒸发量和养分损耗，从而提高水资源利用效率，同时该技术具有调节土温、抑制杂草生长等多方面的综合作用。覆盖保墒技术根据覆盖材料的不同分地膜覆盖和秸秆覆盖2种形式。

1）地膜覆盖保墒技术

技术要点如下：

①精细整地。精细整地是地膜覆盖的基础。地膜覆盖的田块秋季收获后要进行秋冬翻耕，耕后及时耙耱保墒。第二年春季只耙耱不翻耕，早春要及时旋耕耙耱保墒。雨后还要及时耙耱保墒。经过这些工序，达到地平、土碎、墒足，无大土块，无根茬，为保证覆膜质量创造良好条件。

②科学施肥。根据土壤养分亏缺状况科学配比施肥，是地膜覆盖增产的保证。一般来说，在土壤翻耕时要施足基肥。基肥以有机肥和磷肥为主，有机肥施用量较常规增施30%~50%，作物中后期应及时采用扎根追肥、灌水的方法补充肥水，以防止作物脱肥早衰。高肥力地块氮素肥料施肥量应减少20%左右，增施磷、钾肥，以控制作物徒长。低肥力地块增施氮肥则有利于增产。

③早起垄。在冬前或早春整好地后随即起垄。垄应起成中间高、两侧呈缓坡状的圆头高垄。一般垄高10~15cm，垄底宽50~60cm。垄向以南北向为宜。垄起好后，再轻轻镇压垄面，使垄面光滑平整，覆膜时地膜容易绷紧，膜面能紧贴垄面，增温保墒效果好，而且有利于土壤毛细管水分上升。在干旱少雨地区，大面积采用地膜覆盖时，应在垄沟中分段打埂，以便纳雨蓄墒。

④喷洒除草剂。地膜覆盖容易在膜下滋生杂草，特别在多雨低温年份，易形成草荒，与作物争水、争肥、争光照，影响覆膜效果。所以在覆膜前要适当使用除草剂，按照适

宜的剂量和稀释浓度，均匀地喷洒地面，以防药害。

⑤覆膜。覆膜质量直接关系到地膜覆盖的效果，是地膜覆盖栽培的关键。整地、起垄、喷洒除草剂后应立即覆膜。覆膜时，要将地膜拉展铺平，使地膜紧贴地面。地膜的两侧、两头都要开沟埋入土中，并要压紧、压严、压实，使膜面平整无坑洼，膜边紧实无孔洞。然后再在膜面上每隔1.5m压土堆，以防风吹揭膜。应用地膜覆盖机覆膜功效高，质量好，均匀一致，并且节省地膜。

⑥播种与定植。播种与定植时间、方法、质量关系到出苗早晚和缓苗快慢，是地膜覆盖的主要技术环节，因此，应根据不同作物、不同地区和地膜覆盖的特征，选择适宜的播期。地膜覆盖的春播作物，一般在晚霜前播种，晚霜后出苗或放苗，播种、定植过晚则失去地膜覆盖的意义。一些抗寒作物可以适当提早，但由于盖膜后播种至出苗的时间缩短，出苗期较早，所以播种也不能过早，以防早春霜冻危害。地膜覆盖的播种方式一般采用先盖膜后播种或定植，主要有条播、穴播或移栽等几种方式。播种时先按株、行距在膜面上开直径为4~5cm的圆孔或"十"字形口，然后再播种或定植。随后要及时用湿土把播种或定植孔连同地膜一起封严压实，以防风吹揭膜、降低膜下温度和蒸发失水，并可抑制杂草。

⑦田间管理。在播种、定植后，覆盖在田间的地膜常会因风吹、雨淋和田间作业遭到破坏，有的膜面出现裂口，有的膜侧出现漏洞，如不及时用土封堵严实，地膜会很快裂成大口，使地温下降，土壤水分损失，杂草丛生，失去盖膜的作用。因此，在田间管理时，应注意不要弄破地膜；要经常检查，发现破口及时封堵，以防大风揭膜，造成毁苗伤苗。

在先播种后盖膜的农田，出苗后应及时打孔放苗。孔的大小以4cm为宜，按照密度确定适宜的间距。幼苗放出后，及时用土把孔口密封严实，防止透气和风吹揭膜。先盖膜后播种的田块，如播种后遇雨，易形成板结，应及时破除播种孔的硬结，以利幼苗出土。幼苗出土后，应根据不同作物，在适宜的时期进行间苗、定苗，保证全苗，达到适宜的密度。其他的田间管理，如中耕除草、追肥、防治病虫害等，应根据不同地区、不同作物、不同生育阶段，采取相应的措施。此外，地膜覆盖的作物，往往前期容易徒长，后期容易早衰。因此，在前期要注意控水蹲苗，促进根系生长。在中、后期要注意滩水、追肥，防止脱肥早衰，促使作物早发、稳长、不早衰。

在地膜覆盖下，作物生育期普遍提前，成熟期较早，应及时收获，达到增产增收的目的。作物收获后，要及时拣净、收回田间的破旧地膜，以免污染土壤，影响后茬作物的生长发育。

2）秸秆覆盖保墒技术

秸秆覆盖保墒技术要点如下：

①覆盖材料。采用农作物生产的副产品（茎秆、落叶）或绿肥为材料进行农田覆盖。一般情况下，麦秸、稻草、玉米秸秆、麦糠等都可以作为农田和果园的覆盖材料。

②直茬覆盖。主要应用于小麦联合收割机收获后，小麦高茬覆盖地表。粉碎覆盖：用秸秆还田机对作物秸秆直接进行粉碎覆盖。带状免耕覆盖：用带状免耕播种机在秸秆直立状态下直接播种。浅耕覆盖：用旋耕机或旋播机对秸秆覆盖地进行浅耕地表处理。

③直播作物。小麦、玉米等作物播种后、出苗前，以 $2\,250 \sim 3\,000 \text{kg/hm}^2$ 秸秆均匀铺盖于土壤表面，以"地不露白，草不成坨"为标准。盖后抽沟，将沟土均匀地撒盖于秸秆上。

④移栽作物。油菜、甘薯、瓜类等移栽作物，先覆盖秸秆 $3\,000 \sim 3\,750 \text{kg/hm}^2$，然后移栽。

⑤夏播宽行作物。棉花等宽行作物在最后一次中耕除草施肥后覆盖秸秆，用量为 $3\,000 \sim 3\,750 \text{kg/hm}^2$。

⑥果树、茶桑等果茶园。覆盖秸秆用量以春季 $4\,500 \text{kg/hm}^2$，秋季 $3\,750 \text{kg/hm}^2$ 为宜。

⑦休闲期覆盖。在前茬作物收获后，及时浅耕灭茬，耙耱平整土地后将秸秆铡碎成 $3 \sim 5 \text{cm}$ 的小段覆盖在闲地上，覆盖量视土壤肥力状况而定，一般为 $4\,500 \sim 7\,500 \text{kg/hm}^2$。

总之，覆盖量以将地面盖匀、盖严但又不压苗为度。一般以 $3\,750 \sim 15\,000 \text{kg/hm}^2$ 为宜，应酌情掌握。一般原则是：休闲期农田覆盖量应该大些，作物生育期覆盖量应该小些；用粗而长的秸秆作覆盖材料时量应多些，用细而碎的秸秆时量应少些。

（5）蒸腾蒸发抑制技术

1）黄腐酸抗旱剂

黄腐酸（FA）是腐殖酸（HA）中分子量较小的水可溶组分，FA 除具有 HA 的一般特征外，还具有自身的特点，即分子量较小，醌基、酚羟基、羧基等活性基团含量较高，生理活性强，易溶于水，易被植物吸收利用，水溶液呈酸性。因而 FA 对植物起着以调控水分为中心的多种生理功能，是一种调节植物生长型的抗蒸腾剂。

①缩小气孔开张度，抑制水分蒸腾。小麦叶面当日喷施抗旱剂一号，气孔开张度明显降低。次日测定，小麦叶片气孔平均开张度 $0.6\mu\text{m}$，对照为 $2.2\mu\text{m}$，施喷剂后的 10d 叶片气孔开张度仍然明显，小麦的蒸腾强度在 14d 内平均降低 40%。喷剂一次引起气孔导性降低所持续的时间为 $12 \sim 20\text{d}$，在水分调控上实现保水节流。

②增加叶绿素含量，促进光合作用。小麦在孕穗期遭受干旱后植株发黄，叶绿素含量下降，而喷施 FA 后叶色浓绿，从而有利于光合作用的正常进行。

③提高根系活力，防止早衰。研究证明，叶片衰老指数：C 旗/C 基，即顶部叶片与基部叶片叶绿素含量的比值，与根系活力呈显著正相关。叶面喷施 FA 后，促进了根系活力，增强了对土壤深层矿物质和水分的吸收能力，一般比对照多吸收 $13\% \sim 40\%$，在

水分调控上达到增墒开源的目的。

④降低土壤水分消耗,改善植株水分状况。由于 FA 制剂抑制蒸腾,使土壤水分消耗减慢,土壤含水率相应提高。喷剂 9d 植株总耗水量比对照减少 6.3%~13.7%,土壤含水率相应提高 0.8%~1.3%,从而改善了植株水分平衡状况。

2) 水面蒸发抑制剂

能够在水面形成单分子膜并能抑制水面蒸发的制剂称之为水面蒸发抑制剂,在化学上属于表面活性剂的范畴。这类物质为直链的高级脂肪族化合物,碳原子数目在 11 个以上,具有抑制水分蒸发的能力。其分子具有不对称结构,一端含有极性的亲水基团,另一端具有非极性疏水基团,将这种乳液喷于水面后,这样水与单分子膜物质间牢牢吸引,在水面就会形成肉眼看不见的单分子膜层,膜层厚度为 2.5×10^{-9}m,对水面产生较高的表面压力,阻挡水分子向大气中扩散。同时单分子膜层分子间的空隙可让氧气和二氧化碳透过,而水分子却通不过,因而能有效抑制水分蒸发。当然,由于抑制了水分蒸发,使蒸发潜热积累于水中,从而可提高水温。它的主要功能有以下几个方面。

①抑蒸性。这是水面蒸发抑制剂的主要功能。在水面形成单分子膜层,阻挡水分子向外逸出,其抑制蒸发率室内为 70%~90%,野外为 22%~45%。

②增温性。由于抑制蒸发在水中累积蒸发耗热,从而提高水温,一般增温幅度为 4.0~8.2℃。

③扩散性。这类制剂喷施水面后能迅速形成连续均匀的单分子膜层。由于膜内加有扩散剂,当膜层破裂后能自动扩散恢复合拢。扩散性与温度有关,温度高扩散快,温度低则扩散慢。

④抗风性。单分子膜层对风敏感,当风速为 0.8m/s 时,膜层就会随风移动,风速为 3m/s 时有助于膜层的扩散和提高抑制蒸发率,当风速超过 3m/s 时,单分子膜被风吹成褶皱破裂而失效。

⑤有效性。喷施一次有效性可维持 3~7d。由于氧气和二氧化碳均能透过,对植物、鱼类无害。

3) 土壤保墒剂

裸露土壤中的水分主要是通过蒸发散失。散失途径有两种:一是毛管水通过毛细管上升作用不断输送到地表损失,二是以气态水的方式扩散到空气中损失。将成膜制剂喷于土表,干燥后即可形成多分子层的化学保护膜固结表土,阻隔土壤水分以气态水方式进入大气。同样以土壤结构改良剂混合土壤,可显著增加土壤水稳性团粒结构从而阻断土壤毛管水的连续性,降低毛管水上升高度,达到抑制水分蒸发的目的。它的主要功能有以下几个方面。

①抑制土壤水分蒸发。土面增温剂的抑制蒸发率为 80%~90%,保墒增温剂的抑制

蒸发率为 75%~95%，土壤结构改良剂的抑制蒸发率为 30%~50%。

②提高土壤温度。在 20℃ 的室温下，每蒸发 1g 水约需消耗 584.9cal 热量，抑制了土壤蒸发，就意味着减少了蒸发耗热而用以提高土温。在我国北方春季晴朗的天气条件下，充分湿润的土面蒸发量每天可达 7~8mm，即在 1cm² 的土面上 1d 就要蒸发掉 0.7~0.8g 水，并消耗 420~480cal 热量，减少蒸发就保存了部分汽化热而使土壤温度得以提高。由于这类制剂的颜色多为深褐色和黑色，故能增加太阳辐射的吸收率而进一步增温，使土壤增温效果十分显著。

③改善土壤结构。将土壤结构改良剂与土壤混施后，由于氢键和静电作用，对电解质离子、有机分子、络合物等发生吸附而促使土壤形成团粒结构。处理后粒级为 1~2mm、0.5~1mm、0.25~0.5mm 土粒的百分含量，比对照分别增加 33.3%、29.5% 和 59.6%。

④减少水土流失。增温保墒剂喷施土表后与土粒黏结形成多分子膜层而固化表土；土壤改良剂与土壤混施后能形成稳定的团粒结构，有利于增加土壤的稳定性，防风固土、减轻冲刷、保持水土效果明显。

（6）化学制剂保水技术

保水剂又称土壤保水剂、保湿剂、高吸水性树脂、高分子吸水剂，是利用强吸水性树脂制成的一种具有超高吸水保水能力的高分子化合物。它与水接触时，能够迅速吸收和保持相当于自身重量几百倍至几千倍的去离子水、数十倍至近百倍的含盐水分，而且具有反复吸水功能，吸水后膨胀为水凝胶，可缓慢释放水分供作物吸收利用，从而增强土壤保水性，改良土壤结构，减少深层渗漏和土壤养分流失，提高水分利用率。大量试验研究表明，保水剂能提高农田保水保肥能力，节约农田用水量，改良土壤结构，提高种子出苗率、幼苗移栽成活率，促进作物幼苗生长发育等。

保水剂的施用方法根据农林业使用的经验，一般大田作物采用拌种并配合沟（穴）施，果树及其他经济作物采用蘸根或沟（穴）施，效果最佳。保水剂施用时要掌握以下要领：

①耙土挖沟。无论是耙土还是挖沟（穴），都不要伤及主根，造成"伤筋动骨"，影响植物成活和正常生长，但开挖时要有利于根系吸水，所以大部分毛根应露出，但最好不要将毛根外表的土层剔得太干净，使保水剂凝胶体与毛根直接接触，也就是说露出毛根应保留一层薄薄的土为好。这样既不会对吸水产生影响，还可以防止保水剂凝胶体与毛根直接接触而发生对根的腐蚀或者由于伴随吸水发生体积变化后根被切断。另外，沟（穴）的深度应略大于播种深度，有利于根系朝有水的方向生长，防止倒伏。

②撒施浇水。无论干施、湿施都要均匀，否则吸水后在局部会产生糊状凝胶，造成土壤蓄水过高，影响土壤通气和植物生长，甚至枯死。一般来说，保水剂（颗粒剂

型）干施时，只要与土拌匀就能解决这个问题；如果不拌土，就一定要撒匀。同时，要注意土壤水分和施用时间。在干旱少雨且灌溉条件比较差的地方，土壤含水量低于10%时，施用保水剂前应将其投入大容器中充分浸泡饱和，使之充分吸水呈凝胶状后再与土壤混合使用（湿施），这种方法的优点在于能提前充分把水吸足，但要注意与土拌匀。据林业专家建议，在造林绿化时，保水剂粒径采用0.5~3mm为宜，不要使用粉状剂型，以克服产生糊状凝胶问题。另外，无论干施、湿施，都要保证已施入的保水剂被水浸泡饱和。干施时要浇透蒙头水；湿施时要提前洒水使沟（穴）中土壤含水量达到10%。因为保水剂是吸水保水的物质而不是产水剂，没有条件浇透第一遍水或浸泡饱和的地区不宜使用。

③防止蒸发。保水剂在自然条件下的水分蒸发远远大于有减蒸措施的蒸发量。1g保水剂加100g水在室内杯具开口和杯口盖上塑料纸条件下，自然蒸发40d后剩下的水分分别为5%和95%。所以，要采取一些必要的防蒸发措施，如覆盖草、树叶和沙子等。

④田间管理。使用保水剂后，在植物生长全过程都要注意观察叶片旱象和土壤墒情并结合气象条件决定是否补水，如果不补水，又无降水，就会适得其反。

保水剂在土壤中的用量随土壤质量、土壤墒情、植物种类、气候条件以及保水剂本身性能不同而有所差异。各类产品的使用说明中一般会提供参考值，大致用量为植物耕作层或沟（穴）干土重量的0.05%~0.2%，施入量太少起不到蓄水保墒作用，施入量过大成本高，还可能引起土壤通气不畅而导致作物根系腐烂。

(7) 水肥耦合技术

水肥耦合技术就是根据不同水分条件，提倡灌溉与施肥在时间、数量和方式上合理配合，促进作物根系深扎，扩大根系在土壤中的吸水范围，多利用土壤深层储水，并提高作物的蒸腾和光合强度，减少土壤水分的无效蒸发，以提高降水和灌溉水的利用效率，达到以水促肥，以肥调水，增加作物产量和改善品质的目的。

作物根系对水分和养分的吸收虽然是两个相对独立的过程，但水分和养分对于作物生长的作用却是相互制约的，无论是水分亏缺还是养分亏缺，对作物生长都有不利影响。这种水分和养分对作物生长作用相互制约和耦合的现象，称为水肥耦合效应。研究水肥耦合效应，合理施肥，达到"以肥调水"的目的，能提高作物的水分利用效率，增强抗旱性，促进作物对有限水资源的充分利用，充分挖掘自然降水的生产潜力。

不同水分胁迫条件下，水肥对作物的生长发育和生理特性有着不同的作用机理和效果。首先，在水分胁迫较轻时，养分能显著促进作物的根系和冠层生长发育，不仅增强了根系对水分和养分的吸收能力，而且提高叶片的净光合速率，降低气孔导度，维持较高的渗透调节功能，改善植株的水分状况，从而促进光合产物的形成，最终表现为产量和WUE的提高。然而，随着水分胁迫的加剧，养分的作用机理和效果发生了不同的变化，氮素的促进作用随水分胁迫的加剧慢慢减弱，在土壤严重缺水时甚至表现为负作用，说明氮肥并不能完全补偿干旱带来的损失。因此，随干旱胁迫的加重应适当减少氮肥的用量，在严重水分亏缺条件下，磷肥能促进作物的生长与抵御干旱胁迫的伤害；氮、磷有很强的时效互补性和功能互补性，合理搭配能显著增产，达到高产、稳产和提高水分利用效率的目的。

对氮素和水分相互关系研究发现，由于含氮化合物需要相对较大的能量用于合成和维持生命。在氮素亏缺条件下，植株地上部与地下部比率下降，导致非光合组织相对增加，因而不利于水分利用效率的提高。有研究指出，施肥使冬小麦叶水势下降，增加了深层土壤水分上移的动力，使下层暂时处于束缚状态的水分活化，扩大了土壤水库的容量，提高了土壤水的利用率，达到了"以肥调水"的目的。

通过对一定区域水肥产量效应的研究，同时预测底墒、降水量，就可以根据模型确定目标产量，拟定合理的施肥量，为"以水定产"和"以水定肥"提供依据，就可以在区域内"以肥调水""以水促肥""肥水协调"，提高水分和肥料的利用效率，对大面积农业增产具有实际指导意义。但因为不同地区水量、热量、土壤肥力等条件不同，其肥水激励机制也存在明显差异。所以在某一区域建立的水肥耦合互馈效应模型，只能在相似地区适用，在另一地区使用的效果则不理想或不适用。

2.4.2.6 节水灌溉综合技术模式

节水灌溉综合技术是充分利用各种灌溉水资源，采取工程、农业、管理等技术措施，使区域内有限的灌溉水资源总体利用率最高及其效益最佳的一种技术集成。由于实施节水灌溉的地区自然、经济、社会条件千差万别，灌溉的对象也多种多样，因此，必须遵循因地制宜的原则，依据不同地区的自然地理条件和作物种植结构，建立不同的节水灌溉综合技术模式，才能更有效地发挥节水、增产、增收的综合效益。

（1）井灌区节水灌溉综合技术模式

井灌区节水灌溉综合技术模式是以粮食作物和经济作物为对象，以提高农田灌溉水效率和实现地下水的采补平衡为目标而总结出来的一种将工程措施、农艺措施和高新技术为依托的管理措施综合配套，形成的一项综合节水技术。根据井灌区水、土资源状况，作物类型选择适宜的工程措施和灌溉技术来提高输、配水效率，将作物栽培措施、节水抗旱品种筛选、耕作覆盖等农艺措施结合来提高水分利用效率，采用政策引导、软硬件相结合的管理措施进行区域和不同作物间的优化配水，最终实现水资源的科学、高效利用。不同地区、不同作物具有不同的节水灌溉综合技术模式，其模式特点如下。

①高标准低压管道输水灌溉综合技术模式。该模式由井、水泵、水表、各级管道出

水口等组成，一般采用干、支二级输水管道布置，每隔一定距离留一个出水口。管道输水可直接由管道分水口分水进入田间渠道送水入田，也可在分水口处连接软管直接输水入田。同时，为发挥综合节水效果，还可在分水口安装水表进行计量，以便进行田间灌溉用水的定量控制。该模式操作简单，便于管理，使用方便，是井灌区各类作物灌溉的一种主要模式，具有适用范围广、施工方便、节水、增产、占地少等优点，被农民群众称为"农田自来水"，受到各地群众欢迎。

②半固定式喷灌综合技术模式。该模式是半固定式喷灌、综合农艺措施和管理措施的有机集成。

③坡地二次加压与喷灌尾水利用综合技术模式。单井流量 $80m^3/h$，控制面积 500 亩。种植结构为小麦、蔬菜、高收益作物。典型作物：上茬小麦、下茬白菜、小杂粮、花生、茄子、果树。灌溉技术：一级低压管灌+二级加压喷灌+喷灌尾水移动管灌。农艺措施：深耕蓄水、地膜覆盖、应用抗旱剂。工程管理措施：1、2 级泵联合运行管理，建立用水者协会经营。

④多用户远程 IC 卡控制大田微灌综合技术模式。该模式采用现代先进的科学灌溉理念，工程包括田间土壤墒情监测、精准施肥器、田间控制柜、滴灌设备和机井水泵、变频控制器及机井首部自动反冲洗过滤系统。管理上根据栽培的作物类型，配备了科学合理的灌溉制度和模式化管理技术，并建立专门指导灌溉和施肥的技术服务体系，确保灌溉系统良性运行。

⑤集约化精准大田滴灌综合技术模式。该模式包括田间土壤墒情监测装置、精准施肥器、远程遥控系统、全自动反冲洗过滤系统、田间滴灌管网布置、机井水泵及灌溉制度和专人操作管理。

⑥"一井两田"节水灌溉综合技术模式。单井流量 $120m^3/h$。控制面积 290～380 亩。种植结构为水稻、旱田粮食、蔬菜、高收益作物。典型作物：水稻、上茬小麦、下茬白菜、玉米、西瓜、树苗。灌溉技术：渠道防渗衬砌，水田格田标准化、旱田窄短畦灌溉。农艺措施：三早整地、节水育苗、抛秧、浅湿灌溉、深耕蓄水、增施有机肥、覆膜。工程管理措施：用水总量控制，定额供给，实行水量累进收费制。

⑦平原区保护生态环境节水灌综合技术模式。充分利用天然降水、地表水、土壤水、控制开采地下水，变作物消耗灌溉水为主为消耗土壤水、降水为主；工程节水、农艺节水与管理节水紧密结合，实现水资源的优化配置。

⑧以塑料低压软管输配水为主的节水灌溉综合技术模式。以井灌区小白龙输水灘源为主，辅之以农艺措施和分段灌溉。主要特点是用塑料低压软管代替两级土渠输水与配水，与窄畦、小畦结合。

⑨高寒地区井灌水稻节水灌溉综合技术模式。我国北方地区温度较低，而水稻又是

喜温作物，因此，除了减少输水过程中的损失以外，还必须加强田间工程管理，施行水稻控水灌溉技术达到节水高产的目的。

（2）渠灌区节水灌溉综合技术模式

我国渠灌区输水渠道防渗衬砌率低，工程老化失修严重，田间工程不配套，灌水方法落后，是发展节水灌溉的重点区域，特别是田间工程部分，由于以群众投入为主，是当前节水灌溉最薄弱的环节。因此，这类灌区在对干、支渠等输水工程进行防渗衬砌的同时，必须对田间工程进行节水改造。改造的模式是对斗、农渠进行防渗衬砌，平整土地，重新确定沟渠规格，采用小畦灌、沟灌、长畦短灌和波涌灌等先进的地面灌水技术，并通过开展非充分灌溉、水稻控制灌溉、降低土壤计划湿润层深度和采用覆盖保墒等农业综合节水技术，实现渠灌区全方位节水。但是由于我国地域广阔，水源有所差异，作物种类也有所不同，因此，其综合模式也会有所不同。

①渠道防渗结合农艺措施和管理措施的节水灌溉综合技术模式。该模式通过完善工程配套与改造，采取渠道防渗与防冻胀技术进行防渗衬砌，减少输水损失。田间平整土地，重新确定沟渠规格，采用小畦灌、沟灌、长畦短灌和波涌灌等地面灌水改进技术减少田间灌水损失。应用集成农业综合配套技术，提高水分生产效率，通过渠系水管理技术及水资源优化配置与信息管理系统的建立与应用来提高灌区管理水平。

②平原渠灌区"节水改造+农艺节水+管理节水"综合技术模式。对灌区实施节水改造，干、支渠进行衬砌防渗，末级渠系配套整治，改进地面灌水技术，配合采用适宜的节水高产农艺措施和节水管理措施。

③以水稻高产节水控制灌溉为主的综合技术模式。该模式是在渠灌区将工程技术农业技术与管理技术，因地制宜地进行有机结合，形成节水高效的节水灌溉综合技术体系。

④引黄渠灌区水稻节水灌溉综合技术模式。进行渠道防渗和田间工程改造，平整土地，田块格田化、田埂硬化，田间灌排渠道分设，并布设水量和控制设施。选用节水高产良种和节水高效的栽培技术，采用水稻控制灌溉技术。

⑤水稻"湿、晒、浅、间"节水灌溉综合技术模式。进行渠道防渗和田间工程改造，平整土地，田块格田化、田埂硬化，田间灌排渠道分设，并布设水量和控制设施。选用节水高产良种和节水高效的栽培技术，采用水稻"湿、晒、浅、间"节水灌溉技术。

⑥水稻旱育秧节水灌溉综合技术模式。进行渠道防渗和田间工程改造，平整土地，田块格田化、田埂硬化。田间灌排渠道分设，并布设水量和控制设施。选用节水高产良种，在原有水稻旱育秧技术基础上，采用免抛秧和四秧配四田技术。

⑦机旋耕加水稻"薄、浅、湿、晒、补"节水灌溉综合技术模式。该模式是根据水稻生产发育各阶段的生理需水特点，科学灌水，促使水稻在最优化的水分环境下生

长，既达到了节水目的，又使水稻增产，是节约成本、降低消耗、增产增收的实用技术。

(3) 井渠结合灌区节水灌溉综合技术模式

井渠结合灌区的基本特点是：无论是单一依靠渠灌还是单一依靠井灌都存在水资源不足的问题，或引起其他生态问题，必须实行井渠结合灌溉。这类灌区节水灌溉综合技术模式一般为开展地面水与地下水在时间上及空间上的联合调度。渠灌部分进行适度防渗输水渠道，井灌部分采用管道输水；田间管理采取长畦改短畦，实施小畦灌溉及覆盖、化学节水、节水灌溉制度等农艺和管理节水措施，实现水资源的优化调度和农业高效用水。结合各地的灌溉实践，井渠结合灌区节水灌溉综合技术模式可概括为下述几种模式。

①灌区上中下游用水合理调配的节水灌溉综合技术模式。该模式的主要特点是将地表水与地下水联合运用来实现水资源的合理利用。对灌区上、中、下游用水合理调配、地表水高效利用、建设引河补源，以井保丰的农田节水灌溉工程；配套农艺节水措施，实现农艺节水与工程节水的密切结合；采取分级管理、分级供水、按方收费、计量到村的运行管理措施。

②不同水源优化调度的节水灌溉综合技术模式。该模式是在冬春两季利用地下水井灌，腾空地下库容，接纳雨季降水；夏秋两季则利用地表水源渠灌，实现地表水与地下水、咸水与淡水在时间上及空间上的联合调度。渠灌部分要对骨干渠道进行适度防渗处理，在提高渠系水利用率的同时，发挥田间渠道对回补地下水的作用；井灌部分采用管道输水，提高输水效率。田间采用短小畦灌溉，并与覆盖保墒、生物化学节水措施、节水灌溉制度等农艺和管理措施结合，实现水资源的优化调度和高效利用。

③沟引蓄提井渠结合节水灌溉综合技术模式。该模式是利用灌区内天然或人工开挖的排水河、沟，在其内建闸蓄存汛期的排水或通过骨干渠道在非灌溉季节从水源地向其引水蓄存。在灌溉季节，沿河沟提水通过渠道灌溉河沟近处耕地上的作物；在离河沟较远耕地的作物，则打井实行井灌。

④引洪补源井渠结合节水灌溉综合技术模式。该模式针对洪水具有历时短、流量大、随机性强的特点，在利用有限的洪水资源获得较大的补源量的总原则下，采用以面补为主、线补为辅、即到即补，粮食作物地块补源为主、经济作物补源为辅的引洪补源灌溉技术，提高灌溉水资源的利用率。在整个灌溉用水过程中，为实现地下水的采补平衡，要采取强化水资源管理，搞好水资源的保护措施。

(4) 天然降水富集区节水灌溉综合技术模式

据调查，我国适宜开展集雨节灌的地区包括西南、西北、华北的 14 个省份，有耕地面积 4.1 亿亩，人口 2.86 亿人。这些地区的相当一部分，由于地形和经济条件的限制，兴建骨干水利工程难度大、问题多。因此，农业生产主要"靠天吃饭"，生产条件落后，农民收入低，是我国主要的扶贫地区。如何充分利用当地唯一有潜力的降水资源，发展有限灌溉（灌关键水），提高作物产量，促进农民脱贫致富，不但是当地迫切需要解决的问题，也是我国农业生产的一个战略性问题。通过水利、农业科技工作者的努力，根据劳动人民的实践经验，总结提出了天然降水富集区节水灌溉综合技术模式，这种模式的特点是节水灌溉工程与农业水资源高效利用措施的紧密结合，即建设雨水集流工程和等高耕种、开挖鱼坑拦蓄雨水、深蓄水保、覆盖抑制蒸腾保蓄、调整农作物布局的适水种植、增施肥料、坡地粮草轮作、粮草带状间作等技术措施相结合。天然降水富集区节水灌溉综合技术模式简介如下：

①高效种植型节水补灌综合技术模式。该模式的特点是以提高水分利用率和利用效率来带动户营经济的高效益，不仅能提高农田水分利用率、补灌水分利用效率，而且还能提高土地产出率、劳动生产率、产投比、科技进步贡献率等。

②庭院经济型节水灌溉综合技术模式。该模式的特点是推广高效种养适用技术，提高降水、土地与饲料的利用和转化效率。

③生态畜牧型节水灌溉综合技术模式。该模式的特点是利用节水灌溉综合技术来提高饲料转化效率与单位畜产品的经济效益，力求经济效益与生态效益的双赢。

④玉米集雨膜侧栽培节水灌溉综合技术模式。该模式的特点是将地膜覆盖种植与集雨节灌技术有机结合，实现节水和开源的统一。

⑤旱作集雨微灌综合技术模式。该模式特点是实施窖（井）建设工程，打窖蓄水解决人畜饮水困难的问题，发展旱作微灌种植。

⑥西北坡地径流集雨节水灌溉综合技术模式。该模式的特点是根据西北地区水土资源和农业生产特点，采取结合小流域治理的集雨节水补灌、坡面集雨与林草建设节水灌溉、道路路面集雨节水补灌、利用土圆井水源节水灌溉、庭院经济集雨节灌、旱作农田就地拦蓄集雨节灌等技术集成，发展集雨节水灌溉。

⑦西南山丘区集雨节水灌溉综合技术模式。该模式的特点是建设山丘区微小水利工程集雨，采用低压管道输水灌溉、喷灌、微灌，并与中、大型养殖场的沼气建设相结合，将沼液提灌到蓄水池中稀释后进行灌溉。

⑧北方山区以集雨蓄水为主的节水灌溉综合技术模式。该模式由集雨系统蓄水系统、节水灌溉系统、农艺措施与管理措施等有机结合形成，通过集雨、存储和节水灌溉等工程措施、管理措施、农艺措施来实现山区雨水利用，提高山区农产品产量和质量，改善地区生态环境和水资源环境。其特点是工程规模小、实用可靠、便于山区施工、成本较低，符合山区农民经济承受能力和地区经济发展需求。

（5）北方干旱内陆河区节水灌溉综合技术模式

北方干旱内陆河滩区深居欧亚大陆腹地，平原年均降水量仅 25～200mm，而年蒸发量却高达2 000~3 000mm，没有灌溉就没有农业，并且水资源总量不足，水资源开发利用程度较高，个别地方已出现面积较大的地下水降落漏斗，生态用水量亟待增加，因此，在这些地区实施节水灌溉具有重要的现实意义。根据该类型区作物的耗水特性、种植栽培特点和采用的灌溉方式的不同，总结提出了以下节水灌溉综合技术模式。

①大田低收益作物低成本降耗简化节水综合技术模式。该模式的特点是以粮食作物为主，将节水品种、农艺措施，免耕秸秆覆盖与机械化种植沟灌技术融为一体。

②大田高收益作物增投增效节水灌溉综合技术模式。该模式的特点是将垄膜沟灌技术、膜下滴灌技术、喷灌渗灌技术和节水品种、地膜覆盖、平衡施肥和节水灌溉制度等有机集成。

③以膜下滴灌为主的棉花节水综合技术模式。该模式的特点是将地膜覆盖技术与滴灌技术有机结合，在降低滴灌技术成本的基础上，实现节水增产的双重目标。

④小麦滴灌复播节水综合技术模式。该模式的特点是将滴灌应用于密植作物，开创了滴灌应用于密植作物的先河，同时充分发挥北疆农业生产"一季有余、两季不足"的有效积温的优势，进行复播，有效提高了农业的土地生产率。

⑤以控制性隔沟交替灌溉技术为主的节水灌溉综合技术模式。该模式的特点是将垄植沟灌技术、足墒播种技术、地膜覆盖技术、控制性交替灌溉技术、用水管理技术的有机集成。

（6）节水抗旱灌溉综合技术模式

我国无论是北方或是南方地区，均存在着许多季节性缺水地区，这类地区在农作物播种季节或某个生育阶段经常发生干旱，而在其他生长季节或生育阶段，降雨可满足其需水要求。在季节性缺水情况发生时，如不采取抗旱灌溉，轻者减产，重者绝收。在这些地区可采取的节水灌溉综合技术模式为：将节水抗旱品种、节水高效种植模式、节水高效栽培技术、田间雨水就地利用技术与抗旱补灌技术如坐水种、软管灌溉、轻小型移动式喷灌机组等和平整土地、修建样田、植树种草培肥土壤、覆盖保墒、合理耕作、采取节水灌溉制度相结合。

①坡耕地集雨抗旱灌溉综合技术模式。该模式的特点是以提高水资源的利用率和生产效率为核心，围绕"集雨、抗旱"两个基本点，积极开展水资源保护与高效利用，通过工程措施与生物措施、农耕措施与化控措施、集雨措施与水土保持措施、灌溉措施与抗旱措施的四结合，实现农业节水、农业发展、农民增收，达到水资源保护和高效用水，促进农业生态良性循环。

②旱田喷灌节水抗旱综合技术模式。在山地、山脚打井、山腰建池，提水上山搞喷灌；在漫坡漫岗地，以小流域治理为重点，建蓄水工程搞喷灌；在平原区，合理布局井群，连片搞喷灌；在沿江沿河区，搞蓄、引、提、灌、排同步工程；在城市郊区，

推广高水平的喷灌、微灌技术。针对分散的土地经营现状、较浅的地下水埋深和经济比较贫困地区，采用使用方便、移动灵活、价格低廉、灌溉效果好的中小型移动式喷灌模式。

③以机械化耕作栽培为主的抗旱节水灌溉综合技术模式。该模式的特点是围绕对天然降雨和灌溉用水的蓄、保、用、节4个提高水资源利用率的关键环节而形成的以农田改造、耕作保墒、抗旱栽培、补充灌溉为核心内容的完整的技术体系。

④"生物篱"保水增收抗旱节水灌溉综合技术模式。该模式的特点是通过坡耕地修筑土埂、种植护埂经济植物篱、完善坡面水系、覆盖栽培等措施，采用集雨节灌等措施，可有效减少水土流失，保护生态环境。不仅可以培肥地力、减少水土流失、节约灌溉用水，而且避免了田间焚烧秸秆造成的环境污染。

⑤坡地分段集雨高效抗旱补灌综合技术模式。该模式的特点是通过扩蓄增容土壤水，微型工程就地蓄水，中小型工程拦蓄降水，季节性干旱期或用水高峰期调配用水，分层次地蓄积降雨径流，配套主要农作物高效补灌模式，提高降水利用率。

⑥坐水种节水抗旱灌溉综合技术模式。该模式是针对我国北方大部分地区，春季基本没有降雨，春播期间干土层较厚，在旱情较重的地方干土层甚至超过15cm，无法按期播种，为解决这一难题，我国开发研制了机械化补水种植技术及机具，以播种机为基础，在拖拉机上加装水箱（罐），在种沟里补水后，再播种覆土，抗旱保苗和节水的效果很好，习惯上称为"坐水种"或行走式施水播种技术。其主要特点：一是机动灵活，不受地形限制，可充分利用各种水资源，提高了水资源的利用率；二是可根据作物的农艺要求及生长期的需求规律，与相应的农机具配套使用；三是结构简单、投资少、成本低、易操作，符合农民的技术水平和经济实力。

⑦玉米灌后覆膜节水抗旱灌溉综合技术模式。该模式的特点是把"行走式"节水灌溉技术、地膜覆盖技术和玉米适用的先进种植技术有机结合起来的一种高度集约化经营的高产栽培技术模式。

⑧坡地沟垄耕作抗旱节水灌溉综合技术模式。该模式的特点是将坡地沟垄耕作节水技术、覆盖保墒技术、节水灌溉技术、化学保墒技术、种植结构调整等技术有机集成的一种适宜坡地山丘区的综合节水技术。

⑨丘陵区坡耕地喷水带抗旱节水灌溉综合技术模式。该模式的特点是在丘陵区的坡耕地上，建设喷水带灌溉系统，对坡耕地上的农作物进行抗旱节水灌溉。

⑩山丘区适水种植旱作农业节水灌溉综合技术模式。该模式的特点是进行坡改梯农田基本建设，建设集雨工程，采用节水抗旱补灌技术，配合改良土壤和耕作覆盖保墒，发展特色农业，如反季蔬菜、优质水果等。

⑪低山丘陵区水资源高效利用的抗旱节水灌溉综合技术模式。该模式的特点是对低

山丘陵区的河沟进行梯级拦蓄和建设高位水坝，充分开发和利用有限水资源，采用渠道防渗、管灌和喷微灌，结合抗旱保墒措施，发展山丘区特色农业。

⑫小麦抗旱节水灌溉综合技术模式。该模式的特点是将生物（基因）节水、农艺节水和工程节水有机集成。生物节水主要是选用抗旱节水品种，利用品种自身抗旱特性达到节水的目的；农艺节水主要是以减少田间耗水为目的，提高水（包括自然降水和人工灌溉）的产出效率；工程节水主要采用平整土地、修建防渗渠道、管道输水等措施来减少输水过程中的蒸发、渗漏损失，提高水资源的有效利用率。

⑬水稻覆膜抗旱栽培节水灌溉综合技术模式。该模式的特点是以地膜覆盖为核心技术，以节水抗旱为主要手段，集成旱育秧、厢式免耕、精量推荐施肥、地膜覆盖、"大三围"栽培、节水灌溉、病虫害综合防治等先进技术。

⑭以节水补灌为主的抗旱节水灌溉综合技术模式。该模式的特点是修建引水补灌设施，配套软管灌、喷灌等节水灌溉设施，采用以节水补灌为主，农艺措施与管理措施相结合的节水灌溉综合技术。

（7）设施农业高效灌溉技术模式

设施农业栽培也称保护地栽培，是利用日光温室、塑料大棚等保护设施，人为地创造适宜于作物生长发育的良好环境条件，从而实现优质、高产、高效的目的。其生产对象是高附加值的供城市居民消费的蔬菜、花卉等价格高的作物。主体农业水资源高效利用技术是地膜覆盖、膜下滴灌施肥、管道输水灌溉技术等，并配套抗旱作物品种、应用化学抗旱保水剂、有机生态无土栽培、节水灌溉制度等技术。

①都市型集雨微灌技术模式。该模式包括水源机井、首部过滤系统、变频控制系统、远程控制器、远传水表、蓄水池、室内滴灌管、微喷设备、小管出流灌溉设备及田间主管道等。

②高效精准灌溉技术模式。该模式的特点是将水肥一体化技术、农户参与式水权管理与测量水技术、低压管道输水技术等有机集成。种植高附加值的温室蔬菜或花卉，采用精准灌溉制度以及农艺节水措施作为配套技术。

③膜下滴灌水肥一体化技术模式。该模式主要采用膜下软管滴灌技术，输水管大多采用黑色高压聚乙烯或聚氯乙烯管，内径 40~50mm，作为供水的干管或支管使用。滴灌带由聚乙烯吹塑而成，膜厚 0.10~0.15mm，直径 30~50mm，滴带上每隔 25~30cm 打一对直径为 0.07mm 的滴水孔。膜下软管技术的应用，可提高地温、降低棚室空气湿度、减少病害的发生，改善传统的灌溉方法使棚室中湿度增大、极易导致棚室蔬菜病害高度发生的弊端，对蔬菜按需供水，起到节本增效的作用。滴灌控制设备，如输水管、滴灌带、连接部件等均采用塑料制成，轻便，易于安装、拆卸。

④果园水肥一体化技术模式。该模式的特点是在果园中建设滴灌、微喷灌、喷水带

等灌溉系统，配套地膜覆盖或秸秆覆盖和配方施肥等节水高效农艺措施，提高灌溉水和肥料的利用率，达到节水增效的目标。

(8) 提水灌区节水灌溉综合技术模式

我国机电提水灌区普遍存在泵站布局不够合理，泵站设施老化失修，机泵装置效率低、能耗高、输水损失大、田间工程标准低、灌水方法落后等问题。针对这些问题，各地通过调查研究，筛选适合技术，提出了该类型区节水改造的模式：对泵站合理布局，进行节能更新改造；将输水土渠改造为低压输水管道或衬砌渠道；对田间水稻灌区实行格田化，采用水稻节水灌溉制度；对蔬菜灌区采用喷灌或滴灌。

①南方小型机电提水灌区节水改造综合技术模式。该模式的特点是泵站节水灌溉工程与农业节水措施的紧密结合。

②农村机电提灌站节水改造综合技术模式。该模式的特点是对农村小型机电提灌站进行技术改造，田间采用喷灌或微灌技术。

③丘陵引提灌区节水灌溉综合技术模式。该模式的特点是采用"水资源合理利用+非充分灌溉+农业节水措施"，实现节水高效的目标。

(9) 草原牧区节水灌溉综合技术模式

①家庭草库伦节水灌溉技术模式。该模式主要包括水源工程、工程节水措施、农艺节水措施和管理节水措施，以及饲草料的综合栽培技术、围栏和防护林建设等。该模式主要是在一些地下水埋深较浅的沙质草场或居住相当分散、出水量较少的高平原地区，以户为单位，在自家承包的草场内，选择水土资源条件相对较好的地区，进行小面积灌溉饲草料地建设。主要节水工程措施为低压管道输水灌溉或小型喷灌。配套的技术措施有草地围栏、防护林带建设、人工牧草综合节水栽培技术，以及饲草料的加工、青贮技术等。

②牧区"五个一"节水灌溉综合技术模式。该模式主要包括水源工程、工程节水措施、农业节水措施和管理节水措施，以及与之相配套的自动化供水技术、饲草料加工贮存技术、畜群基本建设措施等。"五个一"即每户牧民在自家承包的草场内打1眼机电井，建1块40~50亩的节水灌溉饲草料地，建1座15m^3水塔，修1座30m^3青贮窖，建1座80m^2舍饲暖棚以及围栏、防护林带等。

③规模化饲草料节水灌溉模式。该模式主要包括水源工程建设、节水灌溉工程措施、农艺节水措施和管理节水措施，以及人工草地建设、饲草料综合高产栽培技术、草地围栏和防护林带建设等。主要节水灌溉工程形式包括大型时针式喷灌系统、平移式喷灌系统、或卷盘式喷灌系统。如采用地表水灌溉时也可采用渠道衬砌节水灌溉形式。水源工程可开发利用地下水，也可采用有坝、无坝引取地表水作为灌溉水源。在采用地表水时，视水质情况设置必要的沉淀过滤设施。

④联户开发饲草料节水灌溉技术模式。该模式包括水源工程建设、工程节水措施、农业节水措施和管理节水措施,以及人工草地建设和饲草料综合高产栽培技术。此外需配套进行围栏、防护林带配套建设,面积较大的还需进行生产道路配套建设。该模式由多户牧民自发联合,或由乡、村行政组织协调多户牧民,选择水土资源条件较好的草地,进行较大规模的灌溉饲草料地建设,一般每户平均20~50亩,或每个羊单位牲畜平均0.2亩左右。节水灌溉工程形式一般采用低压管道输水灌溉、半固定喷灌,或采用大中型机组式移动喷灌系统,并配套牧草栽培、农艺、管理等技术措施。

⑤人工草地自压喷灌、管灌技术模式。由于灌溉系统需要具有较为稳定的水源水位,故该模式主要包括山区河道地表水拦截工程(水库)、管道输水工程和调压减压工程、节水灌溉措施和节水灌溉管理技术以及与之相配套的饲草料高产栽培技术、围栏和防护林建设技术等。

⑥太阳能风能提水饲草料节水灌溉模式。该模式主要包括太阳能或风能发电装置、直流逆变及功率跟踪装置、输水及蓄水池工程、喷灌或管灌工程,发电、提水及灌溉控制系统,以及与之相配套的人工饲草料种植管理技术、管理节水技术等。

⑦山前草地节水灌溉模式。该模式主要包括出山口地表水资源截引工程、渠道衬砌工程以及草场改良技术措施和草地围栏工程。这类形式一般由乡、村行政部门统一组织进行建设、管理,或由乡、村组织出面协调多户牧民组织用水协会,在山前选择坡度较缓,且坡向较为一致的草地,在山间天然河道上建坝引水或采用无坝引水方式,经衬砌渠道或管道引地表水到山前天然草地发展草地灌溉。渠道一般采用矩形或梯形断面,并采用混凝土衬砌。配水渠道间距一般在200~500m,沿等高线布管。

⑧天然草场引洪淤灌综合技术模式。该模式主要包括河道引洪工程、渠道衬砌工程、天然草场改良技术,以及管理技术措施等。

2.4.3 主要农作物的水资源高效利用技术

作物灌溉制度是为了促使农作物获得高产和节约用水而制定的适时、适量的灌水方案,它既是指导农田灌溉的重要依据,也是制定灌溉规划、设计灌溉工程以及编制灌区用水计划的基本依据。作物灌溉制度包括农作物播种前及全生育期内的灌水次数、灌水时间、灌水定额和灌溉定额。灌水定额是指单位耕地面积上的一次灌水量,而灌溉定额是指单位耕地面积上农作物播种前和全生育期内的总灌溉水量。

节水高效灌溉制度是把有限的灌溉水量在作物生育期内进行最优分配,以提高灌溉水向根层贮水的转化效率和光合产物向经济产量转化的效率。在水源供水充足时采用适时、适量的节水灌溉;在水源供水不足的情况下采取非充分灌溉、调亏灌溉、低定额灌溉、储水灌溉等。对水稻可采用浅湿灌溉、控制灌溉等,限制对作物的水分供应，一般可节水30%~40%，而对产量无明显影响。

充分灌溉是指水源供水充足，能够全部满足作物的需水要求，此时的节水高效灌溉制度应是根据作物需水规律及气象、作物生长发育状况和土壤墒情等对农作物进行适时、适量的灌溉，使其在生长期内不产生水分胁迫的情况下获得作物高产的灌水量与灌水时间的合理分配，并且不产生地面径流和深层渗漏，既要确保获得最高产量，又应具有较高的水分生产率。供水不足条件下的节水高效灌溉制度是在水源不足或水量有限条件下，把有限的水量在作物间或作物生育期内进行最优分配，确保各种作物在水分敏感期的用水，减少作物在水分非敏感期的供水，此时所寻求的不是单产最高，而是全灌区总产值最大。供水不足条件下的节水高效灌溉制度包括非充分灌溉的经济用水灌溉制度和调亏灌溉制度。非充分灌溉的经济用水灌溉制度是以经济效益最大或水分生产率最高为目标，确定作物的耗水量与灌溉水量。调亏灌溉制度是根据作物的遗传和生物学特性，在生育期内的某些阶段，人为地施加一定程度的水分胁迫（亏缺），调整光合产物向不同组织器官的分配，调控作物生长状态，促进生殖生长，控制营养生长的灌溉制度。

在制定节水高效灌溉制度时，常参考群众总结的灌水经验、灌溉试验资料、土壤水量平衡分析成果等。

2.4.3.1 水稻的水资源高效利用技术

水稻是我国的主要粮食作物，2022年全国水稻播种面积4.42亿亩，占粮食播种面积的24.9%，稻谷产量20 849.5万t，占粮食产量的30.4%。我国秦岭、淮河以南属南方稻区，包括华南、华中和西南稻作区，占到全国水稻种植面积的92.6%；而秦岭、淮河以北属北方稻区，包括东北、华北和西北稻作区，只占到全国水稻种植面积的6.5%。南方稻区的华南和西南稻作区以双季稻为主，最南部还有少量三季稻，华中稻作区的长江以北多为单季稻，长江以南则单、双季稻都有。北方稻区全部为单季稻，并有少量陆稻。

（1）水稻的需水规律

生理需水是指供给水稻本身生长发育、进行正常生命活动所需的水分。维持水稻正常生理功能所消耗的水量，绝大部分通过植株蒸腾而散发到大气中，因此这部分水量称为水稻的蒸腾量。蒸腾强度是随着绿色叶面积和植株高度的增加而逐渐增加的，到了成熟期，又随着绿色叶面积逐渐减少而递减。水稻的生理需水在水稻一生中的变化规律是由小到大，再由大到小。

水稻的生态需水：生态需水是指为保证水稻正常生长发育，创造一个良好的生态环境所需的水分，这部分水量主要包括棵间蒸发和稻田渗漏。水稻生态需水的作用是多方面的，但最主要的作用是以水调温、以水调肥、以水调气，以及淋洗有毒物质等。棵间蒸发是物理性的扩散汽化作用，受到植株荫蔽的影响，在水稻全生育期的变化规律是从大到小，再从小到大。在有水层和没有水层的条件下，棵间蒸发量可相差好几倍。稻田渗漏分为田埂渗漏和底层渗漏，与稻田的土壤质地、土壤结构、地下水位、田面水层深浅以及边界出流条件等密切相关。田面有水层的稻田与田面无水层的稻田相比，因受水的重力作用，其渗漏量大得多。

（2）水稻各生育期需水量与棵间蒸发、叶面蒸腾的变化

根据广东、广西、福建等省份一些灌溉试验站的试验成果统计，水稻各生育期需水量、叶面蒸腾量和棵间蒸发量占全生育期的比例（又称阶段需水模系数），见表2.4.1至表2.4.3。

表2.4.1　水稻各生育期需水量占全生育期需水量的比例

生育期	双季早稻/%	双季晚稻/%	生育期	双季早稻/%	双季晚稻/%
移栽返青期	4.0~8.2	3.6~11.4	抽穗开花期	10.2~17.7	7.2~20.4
分蘖前期	6.4~23.6	7.0~26.9	乳熟期	7.7~15.9	8.4~18.9
分蘖后期	7.4~23.8	8.7~25.5	黄熟期	8.6~31.3	3.1~20.0
拔节孕穗期	15.3~32.9	14.1~31.0			

表2.4.2　水稻各生育期叶面蒸腾量占全生育期蒸腾量的比例

生育期	双季早稻/%	双季晚稻/%	生育期	双季早稻/%	双季晚稻/%
移栽返青期	0.8~4.4	1.2~4.7	抽穗开花期	11.9~23.1	8.1~25.5
分蘖前期	1.5~20.3	4.2~25.0	乳熟期	8.4~19.8	10.1~23.5
分蘖后期	7.0~23.5	7.8~26.7	黄熟期	4.1~35.6	3.4~21.8
拔节孕穗期	18.7~37.6	18.6~34.9			

表2.4.3　水稻各生育期棵间蒸发量占全生育期蒸发量的比例

生育期	双季早稻/%	双季晚稻/%	生育期	双季早稻/%	双季晚稻/%
移栽返青期	7.7~19.2	10.1~28.4	抽穗开花期	4.2~10.0	4.2~8.6
分蘖前期	15.1~39.2	15.0~39.7	乳熟期	4.1~11.3	4.3~14.1
分蘖后期	5.4~24.4	6.1~23.4	黄熟期	9.7~20.3	3.1~24.7
拔节孕穗期	9.8~22.9	4.7~19.5			

(3) 水稻需水临界期

水稻需水临界期是指水稻生长期间对水分最敏感的生育阶段。水稻的需水临界期在孕穗期,即稻穗形成的阶段。因为稻穗是植株中最幼嫩的部分,抵抗干旱的能力最弱,对水最敏感,往往最先受到缺水的影响,容易造成穗短、粒少。并且该期叶面积大,蒸腾作用强、需水较多,占全生育期需水量的20%~30%,若供水不足,就会削弱同化物质制造及其在植株体内的运转,造成水稻减产。

(4) 水稻需水量与产量的关系

影响水稻产量和需水量的因素十分复杂,在充分供水的条件下,水稻的品种、农业技术措施是影响单产的主要因素,而气温、湿度、风速等则是影响水稻需水量的次要因素。因此,在供水充分的条件下,水稻需水量与产量之间不存在简单的线性关系。水稻需水系数是指每生产1kg稻谷所消耗的水量(kg),是需水量与经济产量的一个比值,用来反映灌溉水效率的高低。对于不同的地区、不同的稻别其需水系数也有差别,一般情况下早稻的需水系数小于晚稻。

(5) 水稻的节水高产灌溉制度

1) 秧田的节水灌溉

采用湿润灌溉,即在育秧初期保持秧田湿润(含水量90%以上),待秧扎根并有2~3个小叶以后再灌浇水层。另外,还可采用旱田育秧,即在旱地上作畦,畦上播种盖灰,出苗前进行旱育,每日早晚喷水湿润畦面,待秧高3cm以后,用沟畦透水灌溉,使沟中水分浸透畦田土壤,在畦面不形成水层。在北方稻区,也可采用水旱秧田,即早期采用旱田育秧,待秧苗长至6~7cm时灌上水层,以防止死苗,促进生长。

2) 整泡田的节水灌溉

缩短整泡间隔时间,集中灌水:尽量做到整地、泡田、栽秧在同一天进行;浅水整田:灌水使土堡饱和,土堡之间的空隙出现积水时停止灌水,立即进行水耕;减少水层深度:改传统的深水泡田为浅水泡田,田整好后,田面上保持30~50mm水深即可;做好田埂,防止串灌。

3) 生育期的节水高效灌溉

①水稻节水高效灌溉制度的形式。由于环境条件差异,当前各地采用的水稻节水高效灌溉制度有多种形式,一般有"浅湿"灌溉、"薄浅湿晒"灌溉、"薄露"灌溉、"控制"灌溉、"间歇"灌溉等,但都可归纳为浅水淹灌与湿润灌溉相结合的灌溉制度,即在生育期内,有时用浅水层淹灌,有时用湿润灌溉。这种灌溉制度一般又分以下3种方式:一是复青期浅水淹灌,以后长期浅湿结合;二是返青期和孕穗至灌浆期浅水淹灌,其他时期浅湿结合;三是全生育期都采用湿润灌溉。另外,还可采取合理深蓄降雨、充分利用雨水、减少水稻灌溉用水量的深蓄雨水节水灌溉制度。

②水稻节水高效灌溉制度的技术原理。水稻的需水量包括叶面蒸腾、株间蒸发和田间渗漏三部分。第一部分属生理需水，是水稻生长发育过程中所必需的，只占水稻总需水量的30%~40%；而第二部分和第三部分属生态需水，占总需水量的60%~70%，并不完全是水稻生长所必需的，试验表明有相当部分水量可以节省，而对水稻生长影响很小。因此，根据水稻的生长需水规律，采用"浅、湿、干"的土壤水分管理，实施以水调肥、以水调气、以水调温，有效地促控水稻生长发育，保证其生理需水，减少其生态需水，达到节水高效的目的。

2.4.3.2 小麦的水资源高效利用技术

小麦是我国的主要粮食作物，种植面积约4.3亿亩。其中春小麦6 300多万亩，其他均为冬小麦。

(1) 小麦的需水规律

1) 冬小麦的需水规律

①冬小麦各生育阶段的需水量。冬小麦各生育期由于时间长短、气候条件各异，各阶段总需水量与阶段日需水强度不同。需水量最多的阶段是抽穗期至成熟期，即灌浆阶段。灌浆期需水量大的原因是该阶段生长期长，而且日需水强度高。但日需水强度最大的阶段是在拔节期至抽穗期，这是因为此期间冬小麦由营养生长阶段转为生殖生长与营养生长并进的阶段，生长旺盛、需水强度大，属于需水敏感期。因此，保证这一阶段的水分需求，对冬小麦的增产、增收十分重要。

②冬小麦棵间蒸发与叶面蒸腾。冬小麦需水量主要由叶面蒸腾与棵间蒸发两部分水量组成，叶面蒸腾是一个生理过程，蒸腾量大小除与大气条件和土壤水分条件有关外，也受植株本身的生理作用制约。植株的生长条件，如叶面积大小等因素也影响着蒸腾量的大小。蒸腾量的变化规律是由冬小麦生长初期的较少而逐渐增大，至拔节以后达最大值。棵间蒸发是一个物理过程，与土壤水分条件、棵间小气候状况、水汽压梯度和地面覆盖条件有关。冬小麦生长初期，棵间蒸发量较大。如播种期至越冬期，由于叶面覆盖少，棵间蒸发量占需水量的60%以上。以后，随着冬小麦植株群体的逐渐增大，棵间蒸发量逐渐降低，至拔节以后减至最小值，约为需水量的10%。

2) 春小麦的需水规律

①春小麦各生育阶段的需水量。春小麦需水量最大的生育阶段为灌浆期，即抽穗期至成熟期，其需水模系数（每个生育阶段的需水量占全生育期需水总量的百分比）在40%以上。其次是拔节期，需水模系数为20%以上。阶段需水量最小时期为播种期至出苗期，需水模系数在6%以下。日需水强度最高的阶段一般为拔节期，其生理需水与生态需水均达到了最高峰，是春小麦的生殖生长与营养生长最旺盛的阶段，保证这一时期的水分需求，对春小麦增产作用重大。

②春小麦棵间蒸发与叶面蒸腾。春小麦各生育期的叶面蒸腾变化与总需水量变化相似，由小到大，再由大变小，峰值在拔节期至抽穗期。棵间蒸发也基本与叶面蒸腾的变化同步，这是因为春小麦生长期间蒸发量明显受气象条件影响，气象条件与生物学过程同步，较大的生物量并没有明显抑制棵间蒸发。春小麦棵间蒸发量占需水量比例与产量水平有关，一般占20%~30%，产量水平高时所占比例较小；反之则大。春小麦棵间蒸发量占需水量比例还与品种类型有关。

我国冬小麦的面积分布很广，几乎遍及全国，但主要产区集中在长江以北、黄河及淮河流域的河南、河北、山东、山西、陕西、安徽、江苏、北京、天津等省份。这些省份冬小麦种植面积约占到全国冬小麦种植总面积的80%，冬小麦生长期一般是10月中旬至翌年的5月下旬，此时恰处于是北方干旱季节，因此，冬小麦的灌溉也只限于这些地区。南方各省份冬小麦生长期降雨颇多，一般不需要灌溉。春小麦主要分布在东北、西北与内蒙古地区，春小麦一般3月底或4月初播种，6月底或7月初收割，在其生长旺期内降雨较少，因此普遍需要灌溉。

（2）小麦的节水高效灌溉制度

冬小麦是我国主要的粮食作物之一，生长期很长，一般为240~260d，每年9月下旬至10月下旬播种，翌年5月下旬至6月中旬收获。我国是一个季风气候国家，冬小麦的生长期正是少雨季节，灌溉是冬小麦获得高产的重要保证。在水量有限、供水不足的条件下，冬小麦全生育期的总需水量及各生育阶段的需水量不可能得到全部满足，因此，就不可能按照供水不受限制时的丰产灌溉制度进行灌溉。在这种情况下就应按照节水高效的灌溉制度进行灌溉，把有限的水量在冬小麦生育期内进行最优分配，确保冬小麦在水分敏感期的用水，减少小麦在水分非敏感期的供水，此时所寻求的不再是丰产灌溉时的单产最高，而是在水量有限条件下的全灌区总产量（值）最大。我国冬小麦主产区是我国水资源最紧缺地区之一，多年来开展了大量有关冬小麦节水高效灌溉制度的研究，取得了许多行之有效的成果，并已大面积推广应用。

2.4.3.3 玉米的节水高效利用技术

玉米的种植区域遍布全国各省（区、市），而适宜种植的地区集中分布在从东北三省经河北、山东、河南、陕西至西南的一个狭长地带，该地带玉米种植面积占全国玉米总种植面积的70%，产量接近玉米总产量的80%。

根据地理位置、地势、气温、无霜期长短等条件确定玉米的播种期和种植制度，并将玉米大致分为春播和夏播两类。我国北方北纬40°以北，多为春季播种，为春玉米。北纬38°以南，气温较高，无霜期多在190d以上，多为夏季播种，为夏玉米。河北、山西、陕西、山东等省，北部种植春玉米，南部复种夏玉米，中部春、夏玉米交叉种植。长江以南一些地区有一年三熟的秋玉米，而广西、海南等省份，还可以在冬季种植玉米。

(1) 玉米的需水规律

无论是春玉米还是夏玉米、北方玉米还是南方玉米，需水模系数的变化趋势均是由小到大，再由大到小。各生育阶段需水情况如下：

①播种期至拔节期。植株蒸腾量很小，其水分多数消耗在棵间蒸发中，这个生育阶段在玉米全生育期内时间最长，春、夏玉米分别占全生育期天数的 32.4%~35.6% 和 30.3%~31.9%，但需水模系数最低，春玉米占 23.9%~24.2%，而夏玉米仅占 16.7%~22.8%。

②拔节期至抽雄期。不论是春玉来还是夏玉来，此生育阶段都处于气温较高的季节。玉米在拔节以后，由于植株蒸腾的速率增加较快，日需水强度不断增大。该阶段经历时间，春玉米为 34~40d，北方夏玉米为 25~32d，南方夏玉米仅为 18~25d。该阶段需水模系数普遍较大，春玉米为 28.2%~33.5%，灌溉条件下的夏玉米达 28.3%~36.5%。

③抽雄期至灌浆期。是玉米产量形成的关键期。该阶段时间较短，春玉米为 18~24d，夏玉米为 16~21d。需水模系数的区域差异性较大，辽宁春玉米平均为 17.9%，而山西北部春玉米达 28.4%、安徽中部夏玉米为 23.7%。

④灌浆期至成熟期。除部分春玉米外，此阶段多数地方气温渐降，叶片也开始发黄，该阶段持续时间，春玉米为 30~36d，夏玉米为 22~28d。黄河以北地区，无论是春玉米还是夏玉米，需水模系数大都为 25% 左右。而南方多数省份，生育期正常供水情况下，夏玉米需水模系数一般 29%~34%，春玉米也在 27% 以上。

(2) 玉米的节水高效灌溉制度

我国北方地区，在玉米的生育阶段，都存在不同程度的缺水问题，需要实施灌溉。玉米的节水高效灌溉制度，便是针对各地不同的水资源状况，充分利用降雨，按以供定需的原则制定的，根据玉米各阶段对水分的要求适当地调整生育期间的灌水次数、时间与定额，力求在节水的前提下获取相对较高的产量。各地的试验统计资料表明，不论是春玉米还是夏玉米，其生育期中的关键灌水时期是抽雄期至开花期与播种期。抽雄期如受旱对产量影响最大。春玉米的播种期至出苗期（4—6月）降水量较少，保证播前有充足水分，能促成玉米全苗和壮苗。因此，在制定节水高效灌溉制度时，一定要保证抽雄期前后和播种期的用水。

2.4.3.4 棉花的水资源高效利用技术

我国棉花产地分布很广，但主要集中在华北、华中、西北与华东地区，黄河流域棉区、长江流域棉区和西北内陆棉区棉花的需水规律如下。

(1) 棉花需水量及其影响因素

棉花需水量受气候、土壤、品种、栽培条件等影响，在时间、空间上都有一定的变化。关于空间上的变化，主要受气候条件左右。在华北、陕西等地的黄河流域棉区，属于半湿润气候区，这里年平均气温为10~15℃，无霜期长达180~230d，棉花全生育期需水量变化为550~600mm。该区年降水量550~600mm，但全年降雨分布不均，60%~80%的降水量集中在7—8月。一般春季干旱多风、蒸发量大。9月以后降水量逐渐减少，日光充足，适宜棉花吐絮。春季干旱往往影响棉花播种与出苗。因而实行冬、春蓄水灌溉，并做好春季保墒工作，对当地棉花生产十分重要。西北内陆棉区，如新疆、甘肃等地，属大陆干旱气候，年蒸发量可达1 500~4 000mm，而年降水量仅为20~180mm。棉花生长期平均气温为5~10℃，由于蒸发量大，棉花需水量高达800mm以上。如吐鲁番地区，棉花生长期干旱、炎热，需水量高达1 017mm，可见当地棉花生产与灌溉关系十分密切。在我国南方的长江流域棉区如江苏、安徽、湖南、湖北及浙江等地，棉花生长期平均气温为5~18℃，年降水量为750~1 500mm，雨水充沛。棉花需水量为600mm左右，当地棉花生长期间虽然有短期伏旱，花铃期有一定灌溉要求，但棉田排水问题更为突出。东北辽河流域属特早熟棉区，由于生长期短，棉花需水量仅为400~500mm，当地年降水量为400~700mm，如同黄河流域棉区一样，也多集中在7—8月。春季干旱季风多，保墒不足影响棉花播种与出苗。

棉花种植密度对需水量的影响亦很明显。一般情况下，随着植株密度的提高，叶面积指数增大，叶面蒸腾量增大，需水量随之变大。20世纪80年代以来，地膜覆盖、秸秆覆盖等技术措施大面积实施后，显著减少了棵间土壤蒸发量，从而降低了需水量。

（2）棉花各生育期的灌溉需求

①苗期。从出苗到开始现蕾，这一阶段称为苗期。北方棉区苗期在45d左右，时间从4月底至6月初。此间风多、风大，蒸发量大，降雨少，寒流频繁。棉苗出土后常遇低温等不利条件而易感染病害。一般不要求灌水，习惯蹲苗，此时加强中耕松土措施既可保墒，又能提高地温，有利于促进幼苗生长，也可减轻病害。长江流域棉区苗期正值梅雨季节，细雨蒙蒙，排水问题更为突出，不需灌水。

②蕾期。棉花现蕾以后气温升高，生长发育加快，花蕾大量出现，对水分要求也十分迫切。北方棉区此间干旱少雨，必须灌溉以保证棉苗生长发育对水分的要求。现蕾期及时灌水，不仅有利于棉株生长，而且现蕾数也明显增加，有利增产。经验表明，蕾期适时灌水可以争取早座、多座伏前桃，进而控制后期植株徒长，减少蕾铃脱落率。

③花铃期。花铃期虽逢雨季，但由于降雨的不稳定性，灌水概率仍然很大。花铃期是棉花灌水高峰期，植株蒸腾量大，对水分十分敏感。干旱和淹涝都会引起蕾铃的大量脱落。另外，花铃期缺水与否不但影响产量，而且对棉纤维品质也有影响。花铃期正值棉花生殖生长旺盛阶段，会有较多有机营养物质的产生与积累。在干旱时及时灌水不仅

有利于干物质的形成、运转，而且也有利于矿物质营养的吸收和利用。

④絮期。吐絮以后叶片逐渐老化，叶面蒸腾量明显减少，对灌溉要求不高。

拓展阅读

世界水日．中国水周简述

中国水利名人——西门豹

思考题

1. 什么是农业水利？结合家乡实际，谈谈你对农业水利工程专业的了解。
2. 农业水利工程分类与组成有哪些？
3. 农业水利工程对农业发展有何重要意义？
4. 结合你所学习的知识，试简述你家乡的水利工程设施及其对当地社会经济发展的作用。
5. 试简述我国农业水利的发展趋势。
6. 农业水资源利用新技术有哪些？
7. 简述农业水资源可持续利用与农业节水的关系。
8. 常用的灌溉方式有哪些？

第 3 章
农业水利工程基本知识

1. 认识并掌握农业灌溉工程组成。
2. 认识并掌握农业灌溉工程规划设计的原则与要求。
3. 认识并掌握田间工程规划设计的原则与要求。

3.1 水文学与水力学

3.1.1 水文学

水文学是研究各种水体的存在、循环和分布，物理与化学特性，以及水体对环境的影响和作用，包括对生物特别是对人类的影响的一门学科。从其研究对象来看，水文学是地球物理科学的一部分。

3.1.1.1 萌芽时期（1400 年以前）

在一些古文明国家和地区，从历代古籍、文献、碑刻和发掘的文物中，可以发现水文科学萌芽的一系列史实：古埃及在公元前 3500 至公元前 300 年因灌溉引水开始观测尼罗河水位，至今还保存有公元前 2200 年所刻水尺的崖壁。中国的测雨可追溯到公元前 11 世纪以前的商代，甲骨文中有细雨、大雨和骤雨的分类。宋代秦九韶在《数书九章》中记载了当时全国都有用天池盆测雨量及测雪量的计算方法。《吕氏春秋》完整地提出了水循环概念"云气西行，云云然，冬夏不辍；水泉东流，日夜不休；上不竭，下不满，小为大，重为轻，圜道也"，这是世界上最早提出的水循环概念。

3.1.1.2 奠基时期（1400—1900 年）

14—16 世纪欧洲文艺复兴和 18—19 世纪工业革命给自然科学的发展带来很大影响。

此时期水文方面雨量器、蒸发器和流速仪等一系列观测仪器的发明，为水文现象的实地观测、定量研究和科学实验提供了必要的条件。水文循环在观测和实验基础上得到验证，水文现象由概念描述深入到定量表达，为水文科学的建立奠定了基础。

1610年意大利人B.卡斯泰利提出流量测量方法；1662年英国人克里斯托弗·雷恩发明翻斗式雨量计；1790年法国人R.霍尔特曼发明了转子式流速仪；1885年美国W.G.普赖斯发明了旋杯式流速仪，为水文定量观测和水文科学研究提供了有力的工具。18—19世纪西欧产业革命促进城市、交通和工业发展，大量的水利建设要求解决各种设计中的水力计算问题，使水力学理论得到较快发展，由此也为一些水文规律的研究提供了有力的工具。水文计算和水文预报水平的提高，在工程建设和防洪中的作用日益显著。

3.1.1.3 水文学的兴起（1900—1950年）

进入20世纪，特别是经过两次世界大战后，各国都致力于经济恢复和发展，迫切需要解决城市建设、动力开发、交通运输、工农业用水和防洪等水利工程中的一系列水文问题，促进了水文科学的迅速发展。此时水文站网扩大，实测资料丰富，为水文分析研究提供了前所未有的条件，水文学取得了很多新进展。1900年美国人J.A.塞登提出了著名的塞登定律，为天然河道洪水演进提供了理论。为了适应工程设计和防洪要求，水文计算和水文预报方面得出了许多新的概念和方法，1914年A.黑曾首次用正态概率格纸选配流量频率曲线；1951年W.韦伯提出了经验频率计算公式，学者们开始把概率论和数理统计引进水文学。1932年美国人L.R.K.谢尔曼提出的单位过程线被誉为水文学研究的里程碑。此外，许多水文学著作的出版，标志着水文学研究进入了成熟阶段。

3.1.1.4 水文学的现代特色与发展（1950年以后）

20世纪后期水文科学的发展，出现了新的形势。首先，由于计算机的应用，使水文信息的获取、传递和处理大为方便、迅速；其次，由于工农业用水量的增长、环境污染的日益严重，水资源短缺的问题越来越突出，迫使水文学的研究侧重于水资源研究。研究跨流域、跨地区的水资源联合调度问题，不仅要研究短期、近期的水文预报，还要研究长期的水文趋势预估。为此水文学进入了一个现代化的新时代。这一时期，我国水文站网发展迅速，全国基本水文站达21 600处，可以掌握全国各主要河流的水文状况；在长江、黄河等流域开始应用卫星图片和遥感技术研究水文和水资源问题。

3.1.2 水力学

水力学是研究水在静止或流动时的力学规律的学科，如挡水建筑物承受的水荷载、输水和泄水建筑物的过流能力、水流通过河渠和建筑物时的流动形态和受力特征等。

地表上较大的天然水流称为河流。河流是陆地上最重要的水资源和水能资源，是自然界中水文循环的主要通道。我国的主要河流一般发源于山地，最终流入海洋、湖泊或注入地下。沿着水流的方向，一条河流可以分为河源、上游、中游、下游和河口几段。

我国最长的河流是长江，其河源发源于青海的唐古拉山。湖北宜昌以上河段为上游，长江的上游主要在深山峡谷中，水流湍急，水面坡降大。自宜昌至安徽安庆的河段为中游，河道蜿蜒，水面坡降小，水面明显宽敞。安庆以下河段为下游，长江下游段河流受海潮顶托作用。河口位于上海市。

在水利水电枢纽工程中，为了便于工作，习惯上以面向河流下游为基准，左手侧河岸称为左岸，右手侧河岸称为右岸。

我国的主要河流中，长江、黄河、珠江均流入太平洋。沙漠中的少数河流只有在雨季存在，为季节河。

直接流入海洋或内陆湖的河流称为干流，流入干流的河流为一级支流，流入一级支流的河流为二级支流，余下类推。河流的干流、支流、溪涧和流域内的湖泊彼此连接，所形成的庞大脉络系统称为河系或水系。如长江水系、黄河水系、太湖水系。流域或水系形状见图3.1.1。

一个水系的干流及其支流的全部集水区域称为流域。在同一个流域内的降水，最终通过同一个河口注入海洋，如长江流域、珠江流域。较大的支流或湖泊也能称为流域，如太湖流域。两个流域之间的分界线称为分水线，是分隔两个流域的界限。在山区，分水线通常为山岭或山脊，所以又称分水岭，如秦岭为长江和黄河的分水岭；在平原地区，流域的分界线则不甚明显，特殊的情况如黄河下游，其北岸为海河流域，南岸为淮河流域，黄河两岸大堤成为黄河流域与其他流域的分水线。流域的地表分水线与地下分水线有时并不完全重合，一般以地表分水线作为流域分水线。在平原地区，要划分明确的分水线往往是较为困难的。

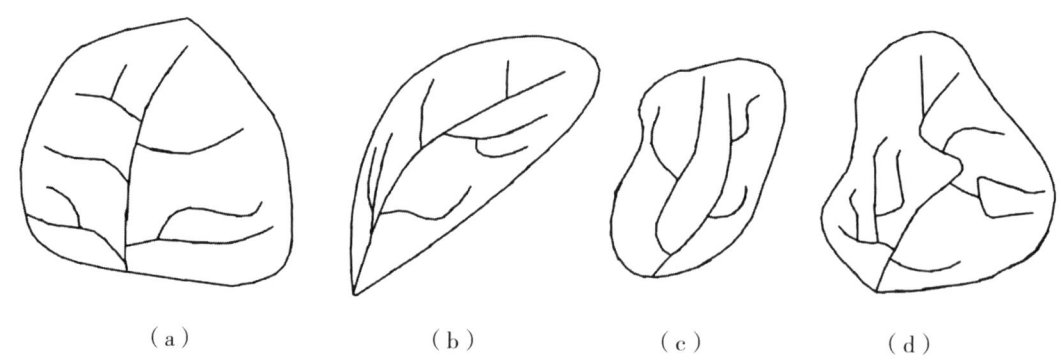

图 3.1.1　流域或水系形状示意图

（a）扇形河系；（b）羽形河系；（c）平行河系；（d）混合河系

描述流域形状特征的主要几何形态指标有：

流域面积（F）：流域的封闭分水线内，区域在平面上的投影面积。

流域长度（L）：流域的轴线长度。以流域出口为中心画许多同心圆，由每个同心圆与分水线相交作割线，各割线中点顺序连线的长度即为流域长度。流域长度通常可用干流长度代替。

流域平均宽度（B）：流域面积与流域长度的比值，$B = F/L$。

流域形状系数（K）：流域宽度与流域长度的比值，$K = B/L$。

影响河流水文特性的主要因素有：流域内的气象条件（降水、蒸发等），地形和地质条件（山地、丘陵、平原、岩石、湖泊、湿地等），流域的形状特征（形状、面积、坡度、长度、宽度等），地理位置（纬度、海拔、临海等），植被条件和湖泊分布，以及人类活动等。

描述河（渠）道特征的主要几何形态指标有：

河（渠）道横断面：垂直于河流方向的河道断面地形。天然河道的横断面形状多种多样，常见的有"V"形、"U"形、复式等，如图 3.1.2 所示。人工渠道的横断面形状则比较规则，一般为矩形、梯形。河道水面以下部分的横断面为过水断面。过水断面的面积 A 随河水水面涨落变化，与河道流量相关。

河道纵断面：沿河道纵向最大水深线切取的断面。

水位（Z）：河道水面在某一时刻的高程，即相对于海平面的高度差。我国目前采用黄海海平面作为基准海平面。

河流长度（L）：河流自河源至河口的距离。

落差（ΔZ）：河流两个过水断面之间的水位差。

纵比降（i）：水面落差与此段河流长度之比，$i = \Delta Z/\Delta L$。河道水面纵比降与纵断面基本上是一致的，但是在某些河段并不完全一致，与河道断面面积变化、洪水流量有关。河水在涨落过程中，水面纵比降随洪水过程的时间变化而变化。在涨水过程中，水面纵比降较大，落水过程中则相对较小。

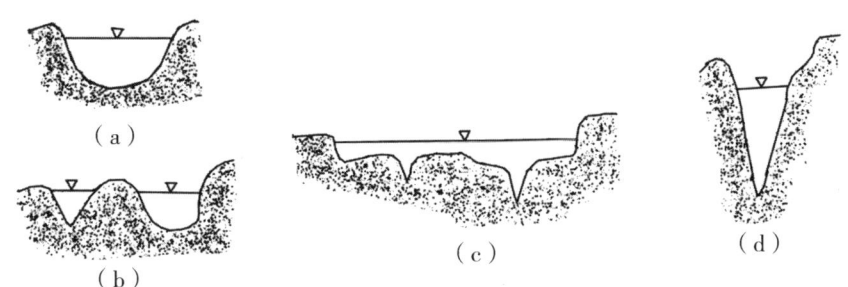

图 3.1.2　河道横断面示意图

(a) 普通河道；(b) 河滩地河道；(c) 中下游宽阔河道；(d) 弯曲段河道

水深（h）：河道的自由断面到其河床面的垂直距离。

流速（V）：流速单位 m/s。河道过水断面上各点流速不一致，一般情况下，水面流速大于河底流速。常将断面平均流速作为其特征指标。

流量（Q）：单位时间内通过某一河道（渠道、管道）的水体体积，单位 m³/s。

水头：某一点相对于另一水平参照面所具有的水能。在图 3.1.3 中，A 点相对于参照面 0—0 的总水头为 E。总水头 E 由 3 部分组成：①位置水头 $Z = Zb1$，是 A 点与参照平面（0-0 面）之间的高程差；②压强水头（亦称压力水头）$p/r = h\cos\theta$，在平直河（渠）道中等于此点水下深度；③流速水头 $av^2/2g$，表示该处水流具有的动能。位置水头与压强水头之和表示该处水流具有的势能。因此，1-1 过水断面的总水头 $E = Z + P/r + av^2/2g$。在平直河道上，某一过水断面上各点的总水头 E 为一常数，如图 3.1.4 中的 A、B 两点间 $E_a = E_b$。

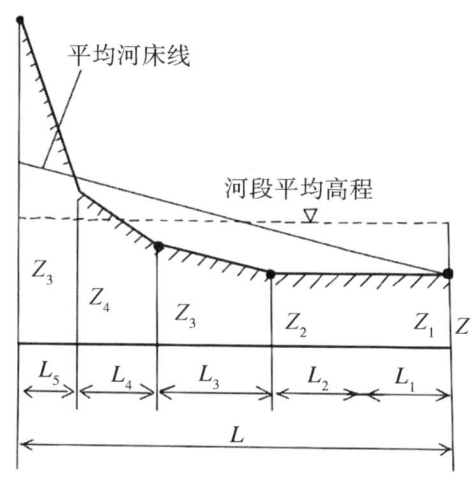

图 3.1.3　水头计算示意图

在河道上下游两个断面之间的水头有差值 h_w。差值是河道水流流动的能量损失，即 $Z_1 + P_1/r + av_1^2/2g = Z_2 + P_2/r + av_2^2/2g + h_w$，称为伯努利方程。

描述河川径流形状特征的主要几何形态指标有：

河川径流形成的过程是指自降水开始，到河水从河口断面流出的整个过程。这个过程非常复杂，一般要经历降水、蓄渗（入渗）、产流和汇流几个阶段。

降雨初期，雨水降落到地面后，除了一部分被植被的枝叶或洼地截留外，大部分渗入土壤中。当降水强度小于土壤入渗率，雨水不断渗入到土壤中，不会产生地表径流，当土壤中的水分达到饱和以后，多余部分在地面形成坡面漫流；当降水强度大于土壤入渗率时，土壤中的水分来不及被降水完全饱和，一部分雨水在继续不断地渗入土壤的同

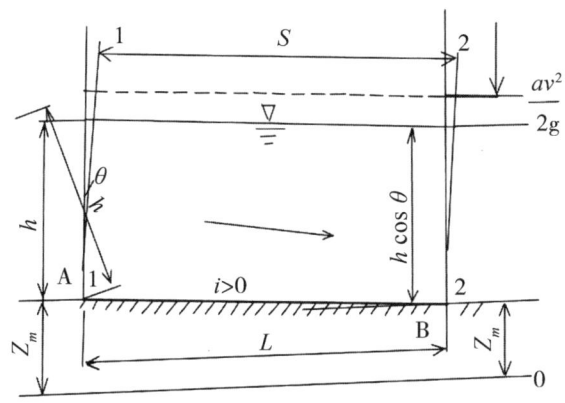

图 3.1.4 河道纵断面

时另一部分雨水即开始在坡面形成水流。初始水流沿坡面最大坡降方向漫流。坡面水流顺坡面逐渐汇集到沟槽、溪涧中,形成溪流。从涓涓细流汇流形成小溪、小河,最后归于大江、大河。渗入土壤的水分中,一部分通过土壤和植物蒸发到空中,另一部分通过渗流缓慢地从地下渗出,形成地下径流。相当一部分地下径流将补充注入高程较低的河道内,成为河川径流的一部分。图 3.1.5 所示为某场降雨形成的(地表和地下)径流,以及流量变化的过程。图 3.1.6 所示为地下径流的形成示意图。

降雨形成的河川径流与流域的地形、地质、土壤、植被、降雨强度、时间、季节以及降雨区域在流域中的位置等因素有关。因此,河川径流具有循环性、不重复性和地区性。

表示径流的特征值主要有:

径流量(Q):单位时间内通过河流某一过水断面的水体体积。

径流总量(W):一定的时段 T 内通过河流某过水断面的总水量,$W=QT$。

径流模数(M):平均径流量在流域面积上的平均值,$M=Q/F$。

径流深度(R):流域单位面积上的径流总量,$R=W/F$。

径流系数(a):某时段内的径流深度与降水量之比 $a=R/P$。

3.1.3 水文循环

自然界的水主要以 3 种形式存在:

①地球表面,即地表水。如海洋、湖泊、河流、冰川和冰山,其中海洋中的水约占全球总水量的 97%。

②地表以下,即地下水。如暗河、暗湖、土壤中。

③大气中。大气中的水多数以水蒸气的形态存在。

地球上不同空间位置的水并不是静止不变的,而是在不断地转化、循环、交换和更

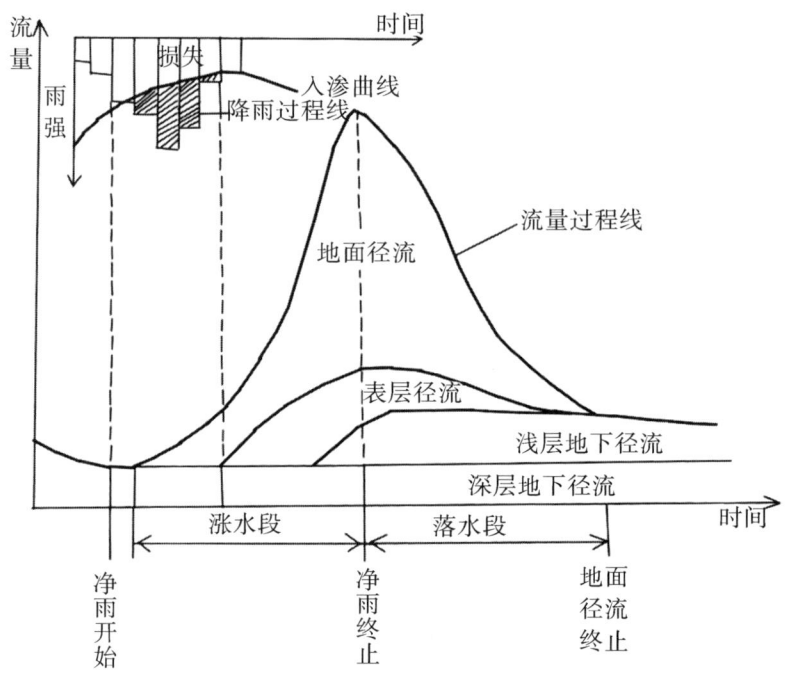

图 3.1.5 降雨形成径流过程示意图

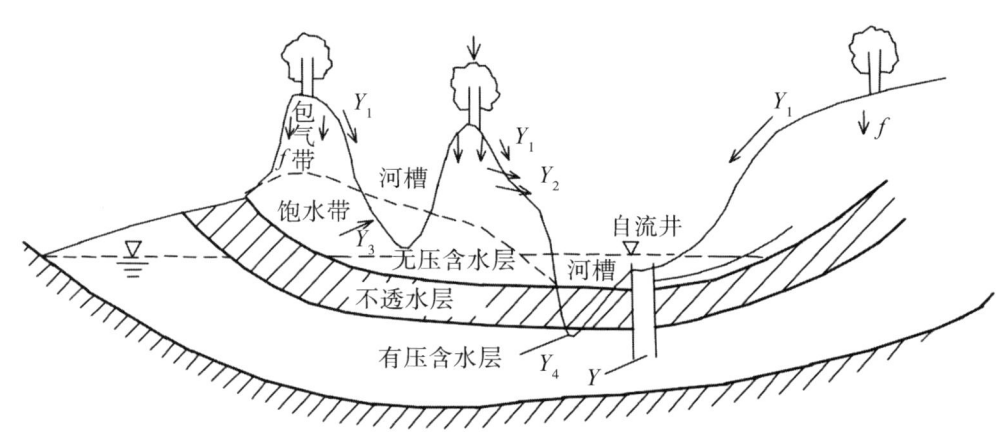

图 3.1.6 地下径流形成示意图

注：f 为入渗；Y_1 为地面径流；Y_2 为表层径流；Y_3 为地下径流（浅层地下水补给）；
Y_4 为地下径流（深层地下水补给）。

新。海洋、湖泊、湿地、植被、冰川、大气中水的形态和储量在不断地变化和交换。

在太阳能作用下，海洋水和陆面水受热蒸发，转化为水蒸气，上升到大气中，水蒸气在大气环流的作用下顺风飘移；在飘移过程中，水蒸气在一定的条件下，重新凝聚成雨、雪，并且再次降落到陆面或海面上，降落在陆地上的水，绝大多数通过江、河重新流回到海洋。通过形态变化，水在地球上起到输送热量和调节气候的作用。通常把自然界中水的这种运动称为自然界的水文循环或水循环。水文循环对地球环境的形成和演化起着重要作用，为人类生存提供了源源不断的水资源和水能资源。

根据水在自然界的循环路径，水循环可分为大循环和小循环，见图 3.1.7。

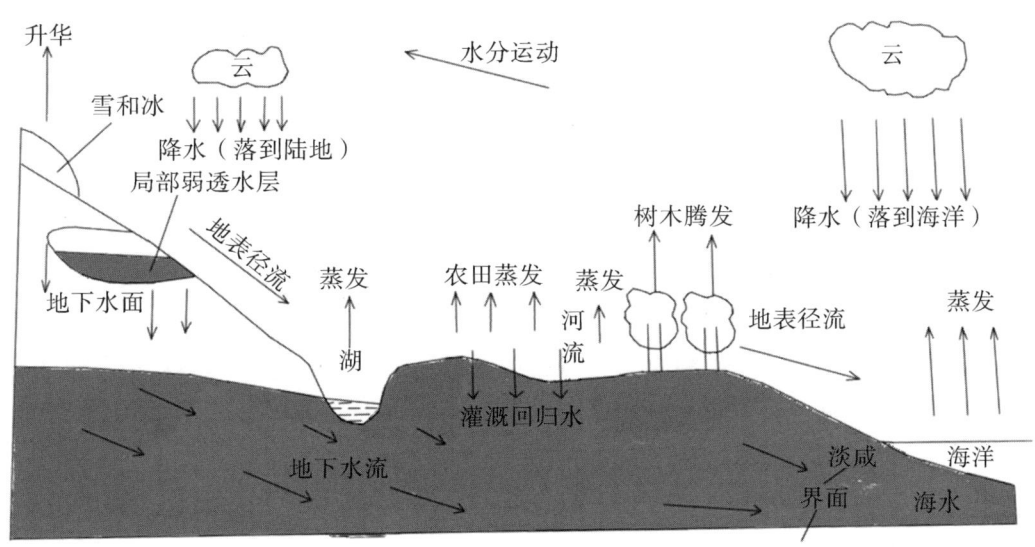

图 3.1.7　自然界水循环

水在大气圈、水圈和岩石圈之间的循环过程称为大循环。大循环的路径是：海洋水通过蒸发上升到大气中；水蒸气随大气环流飘流到陆面上空，然后通过降水落于地面上；降水的一部分形成地表径流而汇流到江河，另一部分下渗到土壤形成地下径流也渗入到江河；江河最终流入海洋，完成整个循环过程。

陆地、湖泊或海洋本身的水，在其自身所在的区域内单独循环的过程称为小循环。其循环路径有：①海洋—蒸发—降水—海洋；②湖泊—蒸发—降水—汇流—江河—湖泊；③土壤—蒸发—降水—下渗—土壤等。尽管水循环在地球上是不间断地进行着，使得存储于不同水域和空间的水量处在不断地变化状态。但是，地球作为一个封闭系统，自然界中的水体总量是一定的。这些水在循环过程中虽然会导致不同区域中的水量发生变化，但是并没有改变地球上的水体总量。

3.1.4　基本研究方法

降水、径流等水文现象具有循环性、确定性、随机性和地区性。这些水文现象既有规律性，也有偶然性。从短期看，降雨和洪水等水文过程是具有随机性的；但从长期来看，这些过程又是非常有规律性的。在工程上主要应用概率和数理统计学来研究其变化规律。

采用数理统计方法分析，需要收集实测水文资料作为样本。通过对实测样本的分析，了解各种水文现象的出现频率和抽样误差。以此作为依据推求总体的规律性，预报未来水文情势。这种预报的可靠程度依赖于水文观测资料数据的可靠性、长期性和连续性。由于历史原因，实测样本的长度总是有限的，且连续性也时有破坏。而且我国许许多多水文站点的设立历史都不是很长，最长的不过100多年，大多数都是中华人民共和国成立后设立的，这对于水利水电建设对水文资料的要求来说是远远不够的。在实际工程中，多采用调查历史时间的方法延长实测水文样本序列，如查询历史记载、民间访问调查和寻找洪水遗迹等。

水文分析的另一个常用方法是相关分析法。在水文现象中，许多随机变量之间存在一定的联系。将两组相互独立的水文资料进行共同分析，找出其中的内在关联规律的分析方法，称为相关分析法。采用相关分析法可以弥补某些资料的不足。例如，我国大部分的河川径流和洪水主要是因为降水发生的，当某地有较长的降水资料和较短的河道实测流量资料时，可以将降水资料与洪水流量资料对应分析，采用相关分析生成洪水流量资料。又如，当某地降水资料短缺时，可以借用相邻地区的降水资料，经过相关分析推求短缺资料。

3.2 工程地质学

3.2.1 工程地质学的主要任务

水利水电工程坝址、坝型及其他水工建筑物类型的选择无不与工程建设地区的地质环境有着密切的关系。地质条件的优劣，直接影响建筑物的地基与基础设计方案的类型、施工工期的长短和工程投资的大小。在世界上大坝破坏和失事的事例中，至少有一半是由地质条件不良而引起的。据国际工程地质协会1979年9月在苏联第比利斯举行的水工建设工程地质国际讨论会发表的论文，在世界上所有大坝的破坏事例中，30%起因于地基岩石，28%归结于内部侵蚀和管涌，34%是洪水漫坝造成的，其余8%的破坏原因未确定。美国收集的大坝破坏和事故的资料表明，约60%的事故与地质条件有关。

综上所述，工程地质学的主要任务是：①评价工程建设地区的工程地质条件。②预测和分析工程建设过程中及完成后工程地质条件可能发生的变化，以及可能出现的工程地质问题。③选择最佳工程场地和克服不良地质现象应采取的工程措施，包括环境的保护利用和地基处理等问题。④提供工程规划、设计和施工所需的工程地质资料。

3.2.2 岩石的分类和性质

3.2.2.1 按成因分类

（1）岩浆岩（火成岩）

由地球内部的岩浆浸入地壳或喷出地面冷凝而成。主要的岩浆岩有花岗岩、花岗斑岩、流纹岩、正长石岩、闪长岩、安山岩、辉长岩、辉绿岩、玄武岩和火山灰岩等。

（2）沉积岩（水成岩）

岩石经风化、剥蚀成碎屑，经流水、风或冰川搬运至低洼处沉积，再经压密或化学作用胶结成沉积岩。沉积岩分布很广，约占地球陆地面积的75%。主要的沉积岩有砾岩、角砾岩、砂岩、泥岩、页岩、石灰岩、白云岩和泥灰岩等。

（3）变质岩

顾名思义，它是原岩变质的岩石。变质的原因为：由于地壳运动和岩浆活动，在高温、高压和化学性质活泼的物质作用下，改变了原岩的结构、构造和成分，形成一种新的岩石。主要的变质岩有片麻岩、片岩、板岩、千枚岩、石英岩和大理岩等。

3.2.2.2 按坚固性分类

（1）硬质岩石

硬质岩石指饱和单轴极限抗压强度值$f_r \geqslant 30$MPa的岩石。常见的硬质岩石有花岗岩、石灰岩、石英岩、闪长岩、玄武岩、石英砂岩、硅质砾岩、花岗岩和片麻岩等。

（2）软质岩石

软质岩石指饱和单轴极限抗压强度值$f_r \leqslant 30$MPa的岩石。常见的软质岩石有页岩、泥岩、绿泥石片岩和云母片岩等。

3.2.2.3 按岩石风化程度分类

长期暴露地表的岩石在日晒、风吹、雨淋及生物等作用下，岩石结构逐渐崩解、破碎、疏松或矿物成分发生变化，这种现象称为风化。岩石风化分为物理风化、化学风化和生物风化3种类型。

（1）未风化

岩质新鲜，偶见风化痕迹。

（2）微风化

结构基本未变，仅节理面有渲染或略有变色，有少量风化裂隙。

（3）中等风化

结构部分破坏，沿节理面有次生矿物，风化裂隙发育，岩体被切割成岩块。

（4）强风化

结构大部分破坏，矿物成分显著变化，风化裂隙发育，岩体破碎。

3.3 土力学

3.3.1 土力学发展史

早在新石器时代,人类已建造原始的地基基础,西安市半坡村遗址的土台和石础即为一例。公元前 2 世纪修建的万里长城,后来修建的黄河大堤以及寺庙等建筑都有坚固的地基基础,历经地震、日晒、风吹、雨淋考验,留存至今。

18 世纪产业革命后,城市建设、水利工程和道路桥梁的兴建,推动了土力学的发展。1773 年法国人库仑根据试验,创立了著名的以论述土的抗剪强度为主要内容的库仑定律和土压力理论。1851 年英国人郎肯提出又一种土压力理论。1885 年法国人布辛尼斯克求得半无限空间弹性体,在竖向集中力作用下,全部 6 个应力分量和 3 个变形的理论解。1925 年美国土力学家太沙基发表第一部土力学专著,使土力学成为一门独立的学科。为了总结和交流世界各国的理论和经验,自 1936 年起,每隔 4 年召开一次国际土力学和基础工程会议。各地区也召开类似的专业会议,提出大量论文与研究报告。

近年来,世界各国超高土石坝、超高层建筑与核电站等巨型工程的兴建,以及全球多次强烈地震的发生,促进了土力学的进一步发展。有关单位积极研究土的本构关系、土的弹塑性与黏弹性理论和土的动力特性。同时,各国研制出了多种多样的工程勘察、试验与地基处理的新设备,如自动记录静力触探仪、现场孔隙水压力仪、径向膨胀仪、测斜仪、自进式旁压仪、应用放射性同位素测土的物理性指标仪、薄壁原状取土器、高压固结仪、自动固结仪、大型三轴仪、振动三轴仪、真三轴仪、大型离心机、流变仪、震冲器、三重管旋喷器、深层搅拌器、粉喷机和塑料排水板插板机等,为土力学理论研究提供了良好的条件。

3.3.2 土壤分类

在工程领域,土是指位于地壳表层的足够松散的介质材料,一般由固、液、气三相构成。颗粒大小是土力学中的基本概念,决定了土的类型。按照粒径的大小可以分为:漂石(块石)$d>200mm$,卵石(碎石)$60mm<d≤200mm$,圆(角)砾 $2mm<d≤60mm$,砂粒 $0.075mm<d≤2mm$,粉粒 $0.005mm<d≤0.075mm$,黏粒 $d≤0.005mm$,胶粒 $d≤0.002mm$。其中,以漂石、卵石、圆砾或砂粒中的一种或几种为主要组成的土称为粗粒土,也称为无黏性土。无黏性土的土颗粒之间没有黏性,透水性比较强,毛细管作用不是很明显。以粉粒、黏粒或胶粒为主的土,称为细粒土,也称为黏性土。黏性土透水性比较小,毛细管上升高度较大。土壤分类标准在不同的机构并不尽相同,上边的划分只是选取了国内常用的粒组划分。表 3.3.1 至表 3.3.4 分别为美国、苏联和我国的土壤质地分类标准。

表 3.3.1　美国土壤分类标准

研究机构或部门	类型	粒径界限值（mm）	研究机构或部门	类型	粒径界限值（mm）
美国农业部	砾石	>2	麻省理工学院	砾石	>2
	极粗砂	2~1		粗砂	2~0.6
	粗砂	1~0.5		中砂	0.6~0.2
	中砂	0.5~0.25		细砂	0.2~0.06
	细砂	0.25~0.1		粉土	0.06~0.002
	极细砂	0.1~0.05		黏土	<0.002
	粉土	0.05~0.002			
	黏土	<0.002			
国际土力学协会	砾石	>2	美国州公路及运输协会	砾石	76.2~2
	粗砂	2~0.2		粗砂	2~0.425
	细砂	0.2~0.02		细砂	0.425~0.075
	粉土	0.02~0.002		粉土	0.075~0.002
	黏土	<0.002		黏土	<0.002
美国联邦航空局	砾石	>2	美国材料试验协会	砾石	76.2~4.75
	砂	2~0.075		粗砂	4.75~2
	粉土	0.075~0.005		中砂	2~0.425
	黏土	<0.005		细砂	0.425~0.075
				粉土和黏土	<0.075

表 3.3.2　苏联卡庆斯基土壤质地分类

土壤质地名称	物理性黏粒（<0.01mm）质量分数/%			物理性砂粒（>0.01mm）质量分数/%		
	灰化类型土壤	草原和红黄壤类土壤	强碱化土壤和碱土	灰化类型土壤	草原和红黄壤类土壤	强碱化土壤和碱土
松砂土	0~5	0~5	0~5	100~95	100~95	100~95
紧砂土	5~10	5~10	5~10	95~90	95~90	95~90
砂壤土	10~20	10~20	10~15	90~80	90~80	90~80
轻壤土	20~30	20~30	15~20	80~70	80~70	85~80
中壤土	30~40	35~45	20~30	70~60	70~55	80~70
重壤土	40~50	45~60	30~40	60~50	55~40	70~60
轻黏土	60~65	60~75	40~50	50~35	40~25	60~50

(续表)

土壤质地名称	物理性黏粒（<0.01mm）质量分数/%			物理性砂粒（>0.01mm）质量分数/%		
	灰化类型土壤	草原和红黄壤类土壤	强碱化土壤和碱土	灰化类型土壤	草原和红黄壤类土壤	强碱化土壤和碱土
中黏土	65~80	75~85	50~65	35~20	25~15	50~35
重黏土	>80	>85	>65	<20	<15	<35

表3.3.3 中国土壤质地分类

质地组	质地名称	不同粒径的颗粒组成/%		
		砂粒（1~0.05mm）	粗粉粒（0.05~0.01mm）	黏粒（<0.01mm）
砂土	粗砂土	>70	—	<30
	细砂土	60~70	—	<30
	面砂土	50~60	—	<30
	砂粉土	>20	>40	<30
	粉土	<20	>40	<30
壤土	粉壤土	>20	<40	<30
	黏壤土	<20	<40	<30
	砂黏土	>50	—	>30
黏土	粉黏土	—	—	30~35
	壤黏土	—	—	35~40
	黏土	—	—	>40

表3.3.4 砾质土壤分类

石砾质量分数/%	分级
<1	无砾质（质地名称前不冠名）
1~10	少砾质
>10	多砾质

3.3.3 土壤结构

土的结构是指土颗粒之间的相互作用及它们在空间上的分布状况。同一种土，原状土样和重塑土样的力学性质有很大的区别。甚至用不同方法制备的重塑土样，尽管组成一样，密度也控制一样，性质还是有所差别的。这就说明，土的结构对土的性质有很大的影响。

无黏性土为单一颗粒结构。在粒间作用力中，重力起决定性的作用。在地下水位以上一定范围内的土以及饱和度不高、颗粒间的缝隙处存在着毛细角边水的土，颗粒除受重力作用外，还受毛细压力的作用。所以散粒状的砂土，当含有少量水分时具有假黏聚力，但是当土饱和时，这种连接作用即告消失。由于这种毛细力是暂时的，因此在工程问题中这种作用一般不予考虑。

黏性土在以下两种情况下都可能形成并保持整体的结构：①所形成的整体体积不随着含水量的变化而变化；②除了饱和沉淀土体的持续固结，整体结构的稳定也使得它们的体积未发生变化。因为黏土颗粒比表面积很大，颗粒很薄，重量很轻，重力不起重要作用。在结构形成中，其他的粒间力起主导作用，这些粒间力包括：范德华力（即分子间的引力）、库仑力（即静电作用力）、胶结作用力和毛细压力等。一般用黏性土的灵敏度和触变性来反映黏性土的结构特性。

无论从微观还是宏观角度讲，土的结构都影响甚至决定着土的工程特性，如渗透性、承载力、压缩性和抗剪强度等。

3.3.4 土壤特性

任何建筑物都必须支撑在地基土之上。从古至今，绝大多数的工程建设的第一步都是选择良好的地基场址，土作为工程地基和建筑材料，在工程建设中起着相当重要的作用。但是不同地域的土，因为其组成颗粒的成分不同，以及各成分比例的差别，直接影响了土的许多工程特性。

土质地基工程建设中的第一环节都是土质勘察，该环节对场地的适用性进行初步分析和评价。至于土的力学特性，一般土体强度会随着深度的增加而增大，但有时也会有随深度的增加而减小的情况。因此对土的力学及工程特性的了解和研究是至关重要的。总之，土的工程特性是土的类型、状态以及结构特性的综合反映。

3.4 水利工程材料

3.4.1 一般性质

水利工程设施都是由多种工程材料（Construction Material）有序构筑起来的。每平方米建筑物所用的材料量为 1~2t，一幢 5 000m² 房屋的材料量就是 5 000~10 000t，铺设 1km 铁路上部建筑（仅钢轨、轨枕、道床等）的材料量也和这个量相近。这些材料的采集、制作、运输、储存、保管都需要大量的人力、资金和设备。更为重要的是材料的开发利用促进了水利工程的不断发展。远古时代，人类的住、行采用的是石块和树木。公元前 12 至公元前 14 世纪先后创制了瓦和砖，人类才开始有了用人造材料做成的住房。17 世纪有了生铁和熟铁以后，直到 18 世纪才有了第一条铸铁铁路；后来发展了钢材，才在 19 世纪后期诞生了第一幢 11 层高的高层建筑。1824 年有了波特兰水泥，才使后来的钢筋混凝土工程得到蓬勃发展。如今各种高强度结构材料、新型装饰材料和防水材料的开发，则和 20 世纪中期以来高分子有机材料在水利工程中的广泛应用密切相关。

各类水利工程设施都会对它所采用的材料提出种种要求，譬如"坚固、耐久"是对所有材料的共同要求；不同水利工程设施还会对材料提出"耐火、防水、耐磨、隔热、绝缘、抗冲击"等多种不同的需要，甚至像具有"抗辐射"这样的特殊需要。因而，水利工程所用材料的下列性质是重要的：

①物理性质。如容积密度（材料在自然状态下单位体积的质量）、密度（材料在绝对密实状态下单位体积的质量），以及材料与水有关的性质如含水率、吸水性、抗渗性和材料的热工性质如导热性、耐火性、收缩膨胀（因温度、湿度变化或材料本身化学反应引起的）等。

②力学性质。如强度（抵抗破坏的能力）、变形（承受形状改变的能力，弹性材料在外力除去后其变形能完全恢复的性质）、塑性（外力除去后不能恢复其原有形状的性质）、韧性（材料受冲击断裂时吸收机械能的能力）等。

③耐久性质。耐久性指材料在长期使用过程中经受各种所处环境和条件的作用（如日光暴晒，大气、水和化学介质侵蚀，温、湿度变化，冻融循环，机械摩擦，虫菌寄生等）仍能保持其使用性能的能力。

水利工程所用的材料按其自身组织的不同可分为金属材料和非金属材料两大类，金属材料又可分黑色金属和有色金属，非金属材料又可分无机材料和有机材料，见表 3.4.1。

表 3.4.1　水利工程材料分类

非金属材料	无机材料	天然石材（砂、石） 陶质材料 胶凝材料（石膏、石灰、水泥、水玻璃等） 混凝土、砂浆 未焙烧人造石材（硅酸盐和水泥制品） 隔热材料（无机纤维）及其制品
	有机材料	木材、竹材 胶凝材料（沥青等） 隔热材料（有机纤维） 油漆塑料
金属材料	黑色金属	生铁、铸铁、碳钢、合金钢
	有色金属	铝、铜、铅、锌、锡等及其合金

按材料在水利工程设施中所起的作用和功能又可分为以下类别：

①承重材料。承重材料起承受大自然和人为的各种作用力的作用，典型的如各种钢材、混凝土、木材和由多种砌块、砂浆组成的砌体。

②围护材料。围护材料起保持空间和通道使用功能的作用，典型的如黏土砖、加气混凝土、无机和有机纤维制品。

③装饰材料。装饰材料起创造优美和舒适环境的作用，典型的如玻璃、油漆、墙地面饰面材料。

④胶凝材料。胶凝材料典型的如水泥、石灰、石膏、沥青等。

3.4.2 主要工程材料

3.4.2.1 工程材料

按化学成分分为金属材料、非金属材料、高分子材料和复合材料四大类。

（1）金属材料

金属材料是最重要的工程材料，包括金属和以金属为基的合金。工业上把金属和其合金分为两大部分：①黑色金属材料：铁和以铁为基的合金（钢、铸铁和铁合金）。②有色金属材料：黑色金属以外的所有金属及其合金。

应用最广的是黑色金属。以铁为基的合金材料占整个结构材料和工具材料的90.0%以上。黑色金属材料的工程性能比较优越，价格也较便宜，是最重要的工程金属材料。有色金属按照性能和特点可分为：轻金属、易熔金属、难熔金属、贵金属、稀土金属和碱土金属。它们是重要的有特殊用途的材料。

（2）非金属材料

非金属材料也是重要的工程材料。它包括耐火材料、耐火隔热材料、耐蚀（酸）非金属材料和陶瓷材料等。

（3）高分子材料

高分子材料为有机合成材料，也称聚合物。它具有较高的强度、良好的塑性、较强的耐腐蚀性能，很好的绝缘性和重量轻等优良性能，在工程上是发展最快的一类新型结构材料。高分子材料种类很多，工程上通常根据机械性能和使用状态将其分为三大类：塑料、橡胶、合成纤维。

（4）复合材料

复合材料就是用两种或两种以上不同材料组合的材料，其性能是其他单质材料所不具备的。复合材料可以由各种不同种类的材料复合组成。它在强度、刚度和耐蚀性方面比单纯的金属、陶瓷和聚合物都优越，是特殊的工程材料。

3.4.2.2 常见的水利工程材料

在所有水利工程材料中，目前应用最广泛的有钢材、混凝土、木材和砌体。

(1) 钢材

钢材主要包括：①各种型钢和钢筋；②钢筋混凝梁、压型钢板和混凝土组合板、型钢和混凝土组合柱；③组合砖柱、砖砌体和混凝土组合墙梁；④钢木组合屋架。

水利工程所用钢材的主要成分是铁（Fe，约占99%）和少量的碳（C，通常不超过0.22%），称低碳钢；若还含少量锰（Mn）、硅（Si）、钒（V）等元素，称低合金钢。最常用的类型有型材（如角钢、槽钢、工字钢、H形钢）、板材（如薄板、厚板、压型钢板）、管材（如无缝钢管、有缝钢管）和线材（如钢筋、钢丝、钢绞线）。型材、板材、管材可通过焊接、铆接、螺栓连接的方式，组合成各种形状的截面，做成所需要的各种钢结构。线材可浇筑在混凝土内做成所需要的各种钢筋混凝土结构。低碳钢在结构设计中抗拉和抗压设计强度约为 $215N/mm^2$，低合金钢的抗拉和抗压设计强度可达 $310\sim380N/mm^2$。

钢材的优点是材质均匀、强度高（因而做成的结构相对重量较轻）、塑性好，便于加工安装；但耐火性差、易于锈蚀、维护费用较高。

(2) 混凝土

水利工程所用的混凝土，是由水泥作胶凝材料，以砂、石子作骨料与水（通常还有各种外加剂和掺合料）按一定比例配合，经搅拌、成型、养护而成的水泥混凝土。此外还有保温用的由轻质骨料做成的轻混凝土，铺路面地面用的由沥青和骨料做成的沥青混凝土等。

结构用水泥混凝土的强度等级一般为C20~C40，甚至可达C60~C80（指将混凝土做成150mm标准立方体试块的极限压应力分别为20MPa、40MPa、60MPa、80MPa）。C20~C40混凝土在实际受压构件中的抗压设计强度为10~20MPa，抗拉设计强度为1.1~1.7MPa。由于混凝土的抗拉强度很低，混凝结构多是由混凝土和钢筋黏结织成的钢筋混凝土结构。

混凝土的优点是可塑性、耐久性、耐火性、整体性都较好，易于就地取材，价格较低，强度比砖、木材高，能和钢筋黏结做成各种高强度的钢筋混凝土结构；但其自重较大，施工比较复杂，工序多，工期长，易产生裂缝。

(3) 木材

水利工程用的木材主要取自树木的树干。常用的树种是针叶树如松木、杉木等；常用的木材有圆木（直径120mm以上）、方木（截面方形，边长100~250mm）、条木（宽度不大于厚度的2倍）、板材（宽度大于厚度的2倍；厚35mm以下为薄板）等。还可以木材、木质碎料、木质纤维为原料，加胶黏剂制成木质人造板和胶合木。

由于木材在生长过程中形成纹理，是各向异性的材料，其顺纹与横纹方向的性能不一。松木顺纹抗拉设计强度为8~10MPa，顺纹抗压设计强度为10~16MPa（在承重结构中不允许木材横纹受拉)。

木材有结构自重轻,制作容易,架设简便,工期快,造价便宜等优点;但也有易燃易腐朽和结构变形大等缺点。

(4) 砌体

水利工程用的砌体,是由石材、黏土、混凝土、工业废料等材料做成的块材和水泥、石灰膏等胶凝材料与砂、水混合做成的砂浆叠合黏结而成的复合材料。它的品种很多,有各种石砌体、实(空)心砖砌体、中小混凝土块砌体、硅酸盐砌体等。它们的强度都很低。以常用砖砌体为例,抗压强度只有 1.5~3.5MPa,抗拉强度仅有 0.1~0.2MPa。砌体的优点是易于就地取材,价格低廉,施工简便,隔热保温性以及耐火耐久性好。但因其强度很低导致结构笨重,而且普通黏土砖与农田争地,应限制使用。此外,砌体结构当前主要是用手工在现场浇筑而成,施工时劳动量大,工程中质量问题偏多。

近年来采用两种材料的优点,将它们组合在一起做成的组合结构得到快速发展。例如,混凝土和型钢组合做成的压型钢板混凝土楼板、混凝土和各种型钢做成的组合柱或合大梁、砖砌体和钢筋混凝土组合做成的组合砖柱和墙梁、钢材和木材组合做成的钢木组合屋架等。

3.5 农业灌溉工程

3.5.1 灌溉水源工程分类与要求

3.5.1.1 灌溉水源分类

在选择水源时,应对附近地形条件是否便于引水进行充分考虑,并使水源的位置尽可能地靠近灌区。灌溉水源主要有河川径流、地面径流、地下水及城市污水等,随着现代工业的发展和城镇的扩大,可用于灌溉的城市污水和灌溉回归水也逐步成为灌溉水源的一个重要组成部分。

①河川径流。它是河流、湖泊的来水,为我国最主要的灌溉水源。这种水源的集水区域均在灌区以外;引河流水源灌溉,应综合考虑水电、航运与生态等多方面的要求。

②地面径流。它是指由当地降水产生的径流。我国南方地区降水量大且地面径流的利用十分普遍,如利用塘坝、小水库等蓄水进行农业灌溉。

③地下水。一般是指潜水。潜水又称浅层地下水,其补给来源主要为大气降雨(包括融雪水)。在靠近河流、湖泊、洼地和人工渠道的地区,潜水也可从附近的地表水得到补给;在平原地区埋藏较浅,利用地下水进行灌溉,在我国已有悠久的历史。

④城市污水。城市污水包括工业废水和生活污水,经过净化处理以后,可以作为灌溉水源。

⑤海水。因含盐量较高，一般不能直接用于灌溉农田。

3.5.1.2　灌溉水源的水质和水量

①对灌溉水质的要求。所谓水质，主要指水流所含泥沙、盐类及其他有害物质的特性与数量以及水源的温度等。水源的水质应能满足作物生长的要求。

所含泥沙的数量和组成是灌溉对于水源水质要求的一个方面。河水中粒径小于 0.005mm 的泥沙，应适量输入田间；粒径 0.005~0.1mm 的泥沙，因其粒径较大，可以减少土壤的黏结性和改良土壤的结构，可少量输入田间；粒径大于 0.1mm 的泥沙容易在河道中沉积，一般不允许引入渠道和送入田间。灌溉水源水质应符合《农田灌溉水质标准》（GB 5084—2021）。

②对灌溉水源水量的要求。在水量方面，应满足灌区不同时期的用水需要，如修建必要的用壅水坝、水库等，以抬高水源的水位和调蓄水源的水量，或修建抽水站，将所需的灌溉水量，提高到灌溉要求的高程。有时也可以调整灌溉用水制度，使之与水源状况相适应。

3.5.1.3　灌溉取水方式

不同的灌溉水源，其相应的取水方式也不同，如丘陵山区利用地面径流灌溉，可以修建塘坝与水库；华北平原地区地下水较丰富，可以打井取水。至于从河流取水的方式，则依河流来水与灌溉用水的平衡关系及灌区的具体情况有以下几种。

（1）无坝引水

当灌区附近河流水源丰富，河流水位、流量均能满足灌溉要求时，即可选择适宜的位置作为取水口，修建进水闸引水自流灌溉。

①无坝引水渠首的位置（图 3.5.1 的 A 点）。一般应选在河流的凹岸，这是因为河槽的主流总是靠近凹岸，同时还可利用弯道横向环流的作用，以防止泥沙淤积渠口和防止底沙进入渠道。一般将渠首位置放在凹岸中点的偏下游处，这里横向环流作用发挥得最为充分，同时避开了凹岸水流顶冲的部位。无法把渠首布置在凹岸而必须放在凸岸时，可以把渠首放在凸岸中点的偏上游处，这里泥沙淤积较少。在大的河流上，为了保证主流稳定，引水流量一般认为不应超过河流枯水流量的 30%。

②无坝引水渠首的组成。一般包括进水闸、冲沙闸和导流堤 3 部分。进水闸控制入渠流量，冲沙闸冲走淤积在进水闸前的泥沙，而导流堤一般修建在中小河流中，平时发挥导流引水和防沙作用，枯水期可以截断河流，保证引水。总之，渠首工程各部分的位置应统筹考虑，以有利于防沙取水为原则。

（2）有坝（低坝）引水

当河流水源虽较丰富，但水位不能满足灌溉要求时，则须在河道上修建壅水建筑物（坝或闸），抬高水位，以便引水自流灌溉，有坝引水渠首如图 3.5.1 的 B 处所示。

1) 拦河坝

拦河坝横拦河道，抬高水位，以满足灌溉引水的要求，汛期则在溢流坝顶溢洪，宣泄河道洪水。因此，坝顶应有足够的溢洪宽度，在宽度增长受到限制或上游不允许壅水过高时，可降低坝顶高程，改为带闸门的溢流坝或拦河闸，以增加泄洪能力。

2) 进水闸

进水闸用以引水灌溉。进水闸的平面布置主要有两种形式（图3.5.2）。

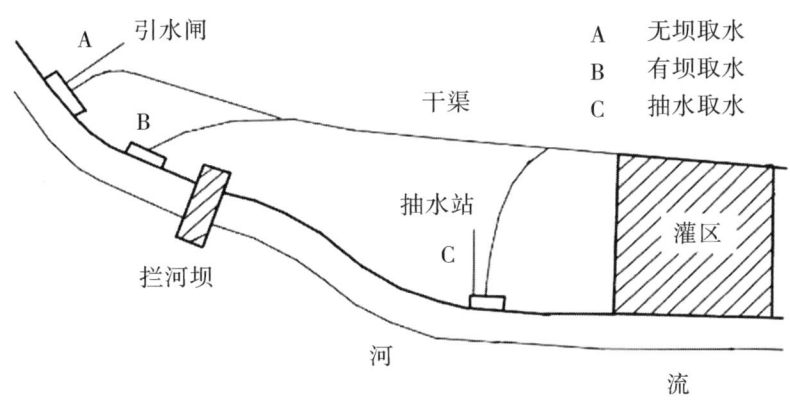

图 3.5.1　灌溉取水方式

①侧面引水，正面排沙。进水闸沿引水渠水流方向的轴线与河流水流方向正交，由于其防止泥沙进入渠道的效果较差，一般只用于清水河道中。如图 3.5.2（a）所示。

②正面引水，侧面排沙。这是一种较好的取水方式。进水闸沿引水渠流向轴线与河流方向一致或斜交。这种取水方式能在引水口前激起横向环流，促使水流分层，表层清水进入进水闸，而底层含沙水流则通过冲沙河排出，如图 3.5.2（b）所示。

3) 冲沙闸

冲沙闸是多沙河流低坝引水枢纽中不可缺少的组成部分，它的过水能力一般应大于进水闸的过水能力，冲沙闸底板高程应低于进水闸底板高程，以保证较好的冲沙效果。

4) 防洪堤

为减少拦河坝上游的淹没损失，在洪水期保护上游城镇、交通的安全，可以在拦河坝上游沿河修筑防洪堤。

5) 其他

若有通航、过鱼、过木和发电等综合利用要求时，尚需设置船闸、鱼道、筏道及电站等建筑物。

(3) 抽水取水

河流水量比较丰富，但灌区位置较高，修建其他自流引水工程困难或不经济时，可

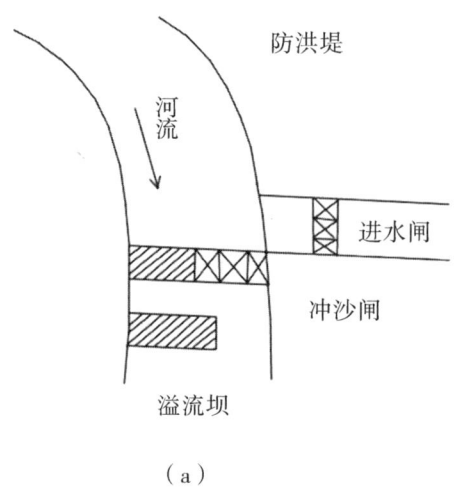
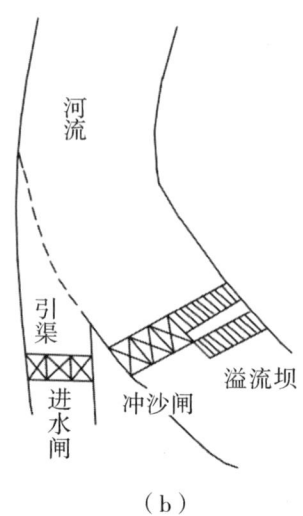

图 3.5.2 进水闸的平面布置形式

（a）侧面引水；（b）正面引水

就近采取抽水取水方式。

（4）水库取水

当河流来水与灌溉用水不相适应，即河流的流量、水位均不能满足灌溉要求时，必须在河流的适当地点修建水库进行径流调节，以解决来水和用水之间的矛盾，并综合利用河流水源。这是河流水源取水方式中较常见的一种取水方式。采用水库取水，必须修建大坝、溢洪道、进水闸等建筑物，工程较大，且有较大的库区淹没损失，因此必须认真选择好建坝地址。

3.5.1.4　引水灌溉工程的水利计算

（1）灌溉设计标准

灌溉工程的水利计算是灌区规划设计工作的主要组成部分。通过水利计算可以了解灌溉水源天然来水情况和灌溉需水要求之间的矛盾，并确定协调这些矛盾的工程措施及规模，如灌溉面积、坝的高度、进水闸的尺寸、抽水站的装机容量等。但在进行灌溉工程的水利计算之前，首先要研究确定灌溉工程的设计标准。根据实践经验，目前大多数采用"灌溉设计保证率"表示灌溉工程的设计标准。

灌溉设计保证率：灌溉设计保证率是指灌区用水量在多年期间能够得到充分满足的概率。一般以正常水的年数或供水不被破坏的年数占总年数的百分数表示，例如，频率 $P=80\%$ 表示平均每 100 年可保证 80 年正常供水。

为了修正以样本资料推测总体规律的不合理性，灌溉设计保证率常用式（3.5.1）进行计算，即：

$$P = \frac{m}{1+n} \times 100\% \tag{3.5.1}$$

式中，P 为灌溉设计保证率，%；m 为灌溉设施能保证正常供水的年数；n 为灌溉设施供水的总年数。

灌溉设计保证率综合反映了灌区用水和水源供水两方面的情况，较好地表达了灌溉工程的设计标准，灌溉设计保证率因各地自然条件、经济条件的不同而有所不同。具体可根据灌水方式、灌区水分气象、作物组成等因素，参考表 3.5.1 确定。

表 3.5.1 灌溉设计保证率

灌水方式	地区	作物种类	灌溉设计保证率/%
地面灌溉	干旱地区	以旱作物为主 以水稻为主	50~75 70~80
地面灌溉	半干旱、半湿润地区	以旱作物为主 以水稻为主	70~80 75~85
地面灌溉	湿润地区	以旱作物为主 以水稻为主	75~85 80~95
喷灌、微灌	各类地区	各类作物	85~95

抗旱天数：所谓抗旱天数是指灌溉设施在无降水的情况下能满足作物需水要求的天数。它反映了灌溉设施的抗旱能力，也是灌溉设计标准的指标之一。如"70d 无雨保丰收"，就是抗旱天数的概念。灌溉工程的水利计算，一般有蓄水工程（水库、塘堰）的水利计算、引水工程的水利计算以及抽水工程的水利计算等。

（2）有坝引水枢纽水文水利计算

有坝引水枢纽水文水利计算内容，主要是在已给灌区面积情况下，确定设计引水流量、拦河坝高度、拦河坝上游防护设施及进水闸尺寸等。这需要对灌区范围进行选定，由于设计引水流量和灌区面积、作物组成以及灌溉设计标准相互关联，在具体计算中，常先假定灌溉面积和作物组成以及灌溉设计保证率，然后计算灌溉设计引水流量，如果河道的流量不能满足灌溉引水的要求，则应适当调整灌溉面积或降低设计标准等，并重新进行计算，最后通过方案比较，合理确定设计引水流量和灌区的范围。

1) 设计引水流量的确定

①长系列法。所谓长系列法，就是首先计算历年（或历年灌溉临界期）的渠首河流来水过程线和已定灌区的灌溉用水过程线，再逐年比较这两个过程，统计出河流来水满足灌溉用水的保证年数。

长系列法考虑了历年的引水流量与灌溉用水流量的实际变化及配合，只要所选取的系列年组有足够的代表性，其成果一般比较可靠，但工作量比较大。

②设计代表年法。设计代表年法是选择某几个代表年份，进行引水量平衡计算，其计算方法与长系列法相同，但该法仅就选定的代表年份进行计算，故计算工作量较小，在选取的设计代表年具有一定代表性时，成果还是可靠的。具体计算步骤如下。

选择设计代表年，由于仅选择一个年份作为代表，具有很大的偶然性，故可按下述方式选择一个代表年组。第一，以渠首河流历年（或历年灌溉临界期）的来水量，进行频率分析，按灌区所要求的灌溉设计保证率，选出2~3年，作为设计代表年，并求出相应年份的灌溉用水过程。第二，以灌区历年作物生长期降水量或灌溉定额进行频率分析，选择保证率接近于灌区所要求的灌溉设计保证率的年份2~3年，作为设计代表年，并根据水文资料，查得相应年份渠首河流的来水过程。第三，由上述一种或两种方法所选得的设计代表年中，选出2~6年组成一个设计代表年组。

对设计代表年组中的每一年，进行引水量平衡计算与分析（具体计算方法同长系列法）。如在引水量平衡计算中，发生破坏情况，则应采取缩小灌溉面积，改变作物组成或降低设计标准等措施，并重新计算。

选择设计代表年组中实际引水流量最大的年份，作为设计代表年，并以该最大引水流量作为设计流量。

2）拦河坝高度的确定

根据一般规划设计经验，拦河坝的高度应满足下述3方面的要求：

①应满足灌溉所要求的引水高程。

②在满足灌溉引水要求的前提下，使筑坝后上游淹没损失尽可能小，即在宣泄一定设计频率洪水的条件下，使溢流坝（或闸）的壅水高度最小。

③适当考虑综合利用的要求，如发电、通航、过鱼等。

这些要求事实上是既统一又矛盾。如对灌溉和发电效益而言，拦河坝高些为好；但拦河坝愈高，上游淹没损失愈大，防洪工程造价也高。因此，必须通过多方面的调查研究反复比较才行。

一般地说，坝顶高程常先根据灌溉引水高程初步拟定，然后结合河床地形地质条件、坝型和建材以及溢流坝段工程量和坝上游防洪工程的大小等进行综合比较确定。

3）拦河坝的防洪校核及上游防护设施的确定

进行防洪校核，首先要确定设计标准。中小型引水工程的防洪设计标准，一般采用10~20年一遇洪水设计，100~200年一遇洪水校核。根据一定标准的设计洪水和初步确定的坝高，便可根据河床情况，选取一个溢流宽度，计算坝上壅水高度。此项计算往往与溢流段坝高的计算交叉进行。

坝上壅水高度求出后，可按稳定非均匀流推求出上游回水曲线，计算方法详见水力学教材，根据回水范围，可调查统计筑坝后的淹没情况（淹没面积及搬迁等）。对于一些重要的城镇和交通要道则应增设防洪堤和抽水排涝工程等进行防护。防洪堤的长度依防护范围而定，堤顶高程则根据设计洪水回水水位加超高（一般为0.5m）来决定。若坝上游的淹没情况严重，且所需防护工程的工程量过大，则必须考虑改变拦河坝的结构型式，如增长溢流坝段的宽度，降低固定坝高，加设泄洪闸或活动坝等，以降低回水高度，减少上游回水淹没。如某灌溉引水工程，将3m高固定坝改为2m高，上设1m高的活动坝，设计洪水期的回水长度由2 560m减小到1 160m，大大减少了上游的淹没损失。可见，拦河坝的尺寸、型式及上游防护工程受多方面的影响。在规划设计时，应根据具体情况，对各种可能采取的坝高和坝型及其造成的淹没损失和所需要的防护工程做多方案比较，从中选取最优方案。

3.5.2 灌溉渠系的规划

灌溉排水系统是农田水利工程的主要组成部分。完整的灌排系统主要包括取水枢纽，各级输、配水渠道，各级排水、泄水沟道，灌区或圩区内部的蓄水工程（库塘或湖泊），田间工程等，如图3.5.3所示。

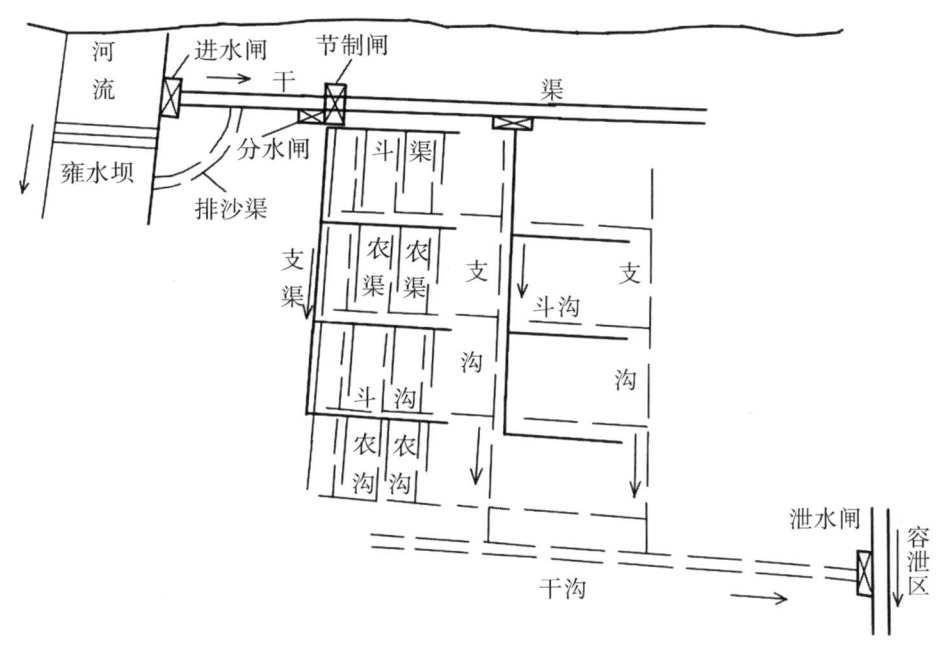

图 3.5.3 灌溉排水系统示意图

3.5.2.1 灌溉类型及灌排系统的典型布置形式

由于地形、水文、土壤和地质等自然条件不同，国民经济发展对灌区所提出的要求不同，因而各灌溉区灌排系统的布置形式也是不同的。按地形条件，灌区大致可以分为：山区、丘陵区型灌区，平原型灌区，圩垸型（滩地、三角洲型）灌区3种基本类型。下面以地形分类为主，适当结合其他条件，讨论山区、丘陵灌区的特征及其灌排系统的布置形式。

山区、丘陵灌区的特征及其灌排系统的布置形式如图3.5.4所示。这类灌区的地形一般比较复杂，岗冲（冲击沟谷）交错，起伏剧烈，坡度较陡。耕地大多为坡地与梯田，位于分水岭、沟谷、河流之间，分布比较分散，很少有大片集中的平坦土地，而且山区、丘陵区的耕地高程较高，往往需从河流上游远处引水灌溉。所以山丘区灌溉渠道的特点，一般是位置较高，渠道弯曲，渠线较长，渠道深挖和高填方多，渠道石方工程和建筑物亦多，而且地形条件是确定渠线布置的主要因素。另外，由于渠道较多地流经高填方、山坡风化土质和风化岩层地带，渗漏比较严重；且在暴雨季节，山洪可能入侵渠道，使之坍塌决口，影响附近农田村庄的安全。同时山丘区多塘堰和小型水库，可以拦蓄当地地面径流与引蓄河流径流，故山丘区的渠道，还往往与塘库相连接，形成长藤结瓜式的水利系统。在山区、丘陵地区，干、支渠的布置主要有下列两种形式。

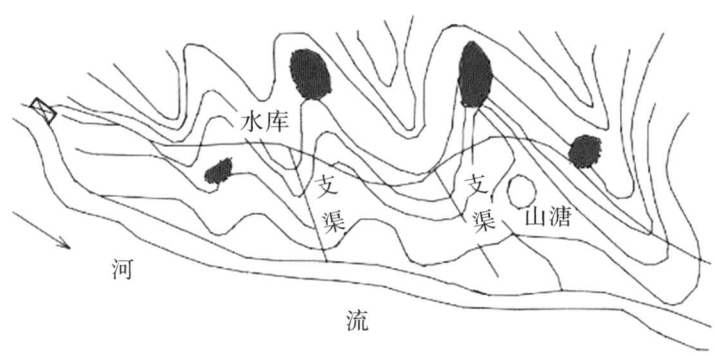

图3.5.4 山区、丘陵区灌排系统的布置

（1）干渠沿等高线布置

干渠沿灌区上部的边缘布置，以求控制全部灌溉面积，此时支渠则从干渠的一侧引出。这种布置形式的地形条件，一般是位于分水岭和山溪或河流之间，呈狭长形，地面等高线大致与河流方向平行，灌区内的山溪、河流常用做排水干、支沟道。在这种布置情况下，干渠渠线较长，渠底比降宜缓，以便控制较大面积或集中落差进行发电。但干渠位置在山坡上不能布置得过高，以免建筑物和石方工程量陡增。

（2）干渠沿主要分水岭布置

干渠沿灌区内的主要地面岗脊线布置，走向大致与等高线垂直，干渠比降视地面坡度而定。此时，支渠由干渠两侧分出，控制大片灌溉面积。这种布置常见于在浅丘岗地的灌区左右两边干渠上段盘山开渠，下段都是沿地面脊线布置。此种布置，干渠与天然河沟交叉极少，因而建筑物也较少，工程量较省，但有时因岗脊线比降较大，在干渠上仍需修建较多的衔接建筑物。在山区、丘陵地区，一般均利用灌区内原有的天然溪沟和河流或者经改造整治后作为主要排水沟道。此外，为防止山洪对渠道的威胁，渠道上常设有泄洪建筑物或沿渠道一侧修建山坡截流沟等。

3.5.2.2 灌排系统布置的原则与渠线选定步骤

（1）骨干渠系规划布置的原则

对于一个灌溉区范围来说，一般骨干渠系是指干、支级灌排渠沟而言。它承担着全灌区的灌溉和排水任务，是影响整个灌排系统工程经济效益的主要因素。这些骨干渠道的规划，往往带有全局性的意义，它是整个灌排系统规划的骨架，又是下一级工程规划布置的前提。因此，干、支渠（沟）的规划布置应遵循以下几点主要原则：

①在灌溉水源和排水承泄区水位既定情况下尽可能使灌区实现自流灌溉和自流排水，灌溉干渠尽可能布置在灌区的最高地带，其他各级主要渠道亦应沿地形较高地带管，以便控制最大的自流灌溉面积。排水干沟应布置在地形最低的地带，或利用天然的沟道，以便承泄上一级沟道来水时不发生壅水现象，并能自流泄入承泄区。

为了保证渠道和沟道能逐级自流供水与排水，在进行渠道的平面布置时，必须同时考虑渠道和沟道的水位控制，合理选择渠沟的比降以及沿程水头损失等。

②干、支渠道必须与排水沟统一规划布置。绝大多灌区都有不同程度的排水任务和要求，如排除由降雨形成的地面径流；排泄地下水、降低地下水位；排除多余的灌溉水量等。因此，在规划布置主要灌溉渠道时，必须同时考虑主要排水沟的布置。在大多数情况下，灌区内灌、排渠道应分开布置，各成系统，以免灌、排相互干扰，并便于管理和控制地下水位等。只有在地下水埋藏较深、水质良好、无盐碱化威胁的地区，或者排水沟挖得很深并采用提灌方式时，排水沟才可同时兼作灌溉渠道。在平原坪区，灌溉渠道的布置往往要服从于排水沟的布置，例如不要把天然河沟的排水出路切断，打乱自然排水流势尽量减少与排水沟交叉，如果交叉，则必须修建交叉建筑物等。

③渠系布置要求总的工程量和工程费用最小，并且工程安全可靠。在山区、丘陵地区布置渠道时，会遇到各种地形障碍，如岗、冲、溪、谷以及地质条件复杂的地段。当渠线遇到沟谷时，可采用绕行与直穿两种方式。绕行即渠道沿等高线随弯就弯；直穿就是做填方渠道或虹吸管、渡槽等建筑物横过沟谷。究竟采用何种措施，要从各方案的工程量、水头和水量损失等方面进行比较确定。如采用直穿方式，最好选择河槽较窄、洪水位较低、河床稳定、地质条件较好的河段与渠道相交，并注意使渠道具有足够的水头差，为选用立交建筑物创造条件，以减少建筑物的工程量和有利于基础处理。

此外，渠沟选线还应尽量少占耕地。例如，韶山灌区本着"占山不占地、占地不占田"的原则，使渠道尽可能沿荒山荒岭而行，并把施工中渠道开挖的弃土废石做成梯田。

当渠道通过村庄附近或交通道时，还应适当多建桥梁，尽量方便群众；一般每隔500~1 000m建一座人行便桥，人口稠密地区应多建，人口稀疏地区可少建。

④灌排渠系布置应在灌区农田水利区划的基础上进行，与土地利用规划相结合并适当照顾行政区划，以便管理。

⑤干、支级渠（沟）道的布置应考虑发挥灌溉区内原有小型水利工程的作用，并应为上、下级渠（沟）的布置创造良好条件。

⑥考虑综合利用以适当地满足其他国民经济部门的要求。尽可能获得集中的水位落差，以利发电；当以渠道或排水沟兼作航道时，应以最短距离与物资产地或商业中心连接，以利运输等。

(2) 支渠以下各级渠（沟）规划布置的特点

上述干、支渠和干、支沟选线的主要原则，对于斗、农渠来说，基本上也是适用的。但是，斗、农渠（沟）深入田间，负担着直接向用水单位配水的任务，所以在规划布置时，更要密切地与灌区土地利用规划和行政区划结合起来，沟渠分割的地块要比较方正，沟渠的间距和长度要便于机械化耕作等。

(3) 渠线选定的步骤

灌溉渠道的选线与排水沟的选线基本相同，大致分四步进行，即初步查勘、复勘、初测和纸上定线、定线测量和技术设计。

1) 初步查勘

先在地形图（一般采用比例尺1∶10 000~1∶100 000）上，按照渠道布置的原则作出渠线的大体布置，并邀请熟悉地形的当地干部群众共同研究，定出几条渠道比较线，然后对所经地带作初步查勘。

初步查勘要求用简单仪器测出干渠线上若干控制点的相对位置和高程；大致确定支渠分水口位置和支渠渠线方向；调查各支渠的控制范围，受益田亩和种植比例；记录沿线土壤地质特征，估计难工和大型建筑物的类型、尺寸，同时调查灌区的社会经济状况，如人口分布、交通条件、当地建筑材料等。

通过初步查勘，以选择1~2条线路作为复勘的依据。

2) 复勘

复勘包括干渠线路的复勘和主要支渠的初勘，在比降很小的渠道上要用视距测量和水准测量把各控制点的相对位置和高程测出来。如比较线路之间的效益和工程大小、难易程度有显著差别，一般经过复勘就能决定取舍，否则还需经再一次深入比较才能决定。各支渠的初勘，可以只查勘与干渠较难相接的一段，其他可留待测量支渠时再查勘。通过干渠线路复勘，渠系布置方案大致可以定下来，接着就可进行初测。对于工程较难的支渠也要经过复勘才能测量。

3) 初测和纸上定线

对复所确定的渠线,在其两侧宽一般为100~200m的狭窄地带,要进行初测。初测时应尽可能地使导线接近将来准备采用的渠道中线,同时还必须把沿线的土壤、地质及下一级渠道的分水口和渠系建筑物位置、当地建筑材料开采地点和对外交通情况等设计资料大体收集起来,并提出渠系建筑物类型和主要尺寸的意见,以上资料均编写在初测报告中。

纸上定线就是要根据初测所提供的资料结合地形图定出渠道中心线的平面位置和纵断面,在确定渠道中心线平面位置之前,要先做好以下的准备工作:①计算渠首到灌区的干渠平均纵坡,以便确定各渠段的比降及灌区控制范围;②根据流量大小和渠床土质条件大致确定各渠段的纵坡;③设计各渠道标准横断面;④确定各渠段弯道的最小曲率半径;⑤预计渠系建筑物的水头损失,初定干渠纵断面。

4) 定线测量和技术设计

定线测量不仅要在实地上测设渠道中心线,还要按中心线各桩号测绘纵横断面图。在定线测量的过程中,还必须对沿渠地质情况进行勘探和对沟做必要的洪水调查。在地质勘察时,要查明沿渠土壤及地质条件、土石分界线、塌方及漏水可能产生的地段,为渠道开挖及渠系建筑物的设计提供地质资料。洪水调查主要为溪沟的洪水计算提供资料,以确定泄洪建筑物的类型及尺寸。

按定线测量所提供的资料,进行渠道和渠系建筑物的技术设计。

3.5.3 灌溉渠系设计与流量计算

3.5.3.1 灌溉渠系设计流量的计算

灌溉渠道的设计流量是指灌水时期渠道需要通过的最大流量。它是设计渠道断面和渠系建筑物尺寸的主要依据。渠道设计流量与渠道所控制的灌溉面积大小、作物组成和作物的灌溉制度及渠道的运行管理等有关。其净流量(未计入渠道输水损失)一般可用式(3.5.2)表示:

$$Q_{净} = q_{净} w \tag{3.5.2}$$

式中,$q_{净}$为设计灌水率,$m^3/(s \cdot 万亩)$;w为渠道控制的灌溉面积,万亩。

灌溉渠道在输水过程中,有部分流量由于渠道渗漏、水面蒸发等原因沿途损失掉,不能进入田间为农作物所利用。这部分损失的流量称为输水损失,在确定渠道设计流量时必须加以考虑。因此,在渠道设计时,就必须以包括输水损失的毛流量为依据,即:

$$Q_{设} = Q_{毛} = Q_{净} + Q_{损} \tag{3.5.3}$$

灌溉渠道的设计流量、最小流量和加大流量确定以后,就可据此设计渠道的纵横断面。设计流量是进行水力计算、确定渠道过水断面尺寸的主要依据。最小流量主要用来校核对下级渠道的水位控制条件,判断当上级渠道输送最小流量时,下级渠道能否引足相应的最小流量。如果不能满足某条件下级渠道的进水要求，就要在该分水口下游设置节制闸，壅高水位，满足其取水要求。加大流量是确定渠道断面深度和堤顶高程的依据。

渠道纵横断面的设计是相互联系，在设计实践中，需要通盘考虑、交替进行、反复调整、最后确定合理的设计方案。

3.5.3.2 渠道纵断面设计

渠道的纵坡应根据地形、土质和渠道的重要性而定。一般干渠纵坡为 1/10 000~1/5 000，支渠为 1/3 000~1/1 000，农渠和毛渠可陡于 1/1 000。

纵断面设计，首先根据所测得的沿渠道中心线的地面高程点，用折线连接成地面线然后考虑与地面线大致平行、挖方和填方大致相等的原则，绘出渠道底线和渠顶线。渠线与地形上的障碍相交处，即为建筑物的位置。

（1）灌溉渠道的水位 $H_进$ 推算

为了满足自流灌溉的要求，各级渠道入口处都应具有足够的水位。这个水位是根据灌溉面积上控制点的高程加上各种水头损失，自下而上逐级推算出来的。

（2）渠道纵断面图的绘制

渠道纵断面图包括沿渠地面高程线、渠道设计水位线、渠道最低水位线、渠底高程线、堤顶高程线、分水口位置、渠道建筑物位置及其水头损失等，如图 3.5.5 所示。渠道断面图按以下步骤绘制：

①绘制地面高程线。在方格纸上建立直角坐标系，横坐标表示桩号，纵坐标表示高程。根据渠道中心线的水准测量成果按一定的比例点绘出地面高程线。

②标绘分水口和建筑物的位置。在地面高程线的上方，用不同符号标出各分水口和建筑物的位置。

③绘制渠道设计水位线。参照水源或上一级渠道的设计水位、沿渠地面坡度、各分水点的水位要求和渠道建筑物的水头损失，确定渠道的设计比降，绘出渠道的设计水位线。该设计比降作为横断面水力计算的依据。如果横断面设计在先，绘制纵断面图时所确定的渠道设计比降应和横断面水力计算时所用的渠道比降一致，如二者相差较大，难以采用横断面水力计算所用比降时，应以纵断面图上的设计比降为准，重新设计横断面尺寸，所以渠道的纵断面设计和横断面设计要交替进行，互为依据。

④绘制渠底高程线。在渠道设计水位线以下，以渠道设计水深 h 为间距，画设计水位线的平行线，该线就是渠底高程线。

⑤绘制渠道最小水位线。从渠底线向上，以渠道最小水深（渠道设计断面通过最小流量时的水深）为间距，画渠底线的平行线，此即渠道最小水位线。

⑥绘制堤顶高程线。从渠底线向上，以加大水深与安全超高之和为间距，作渠底线

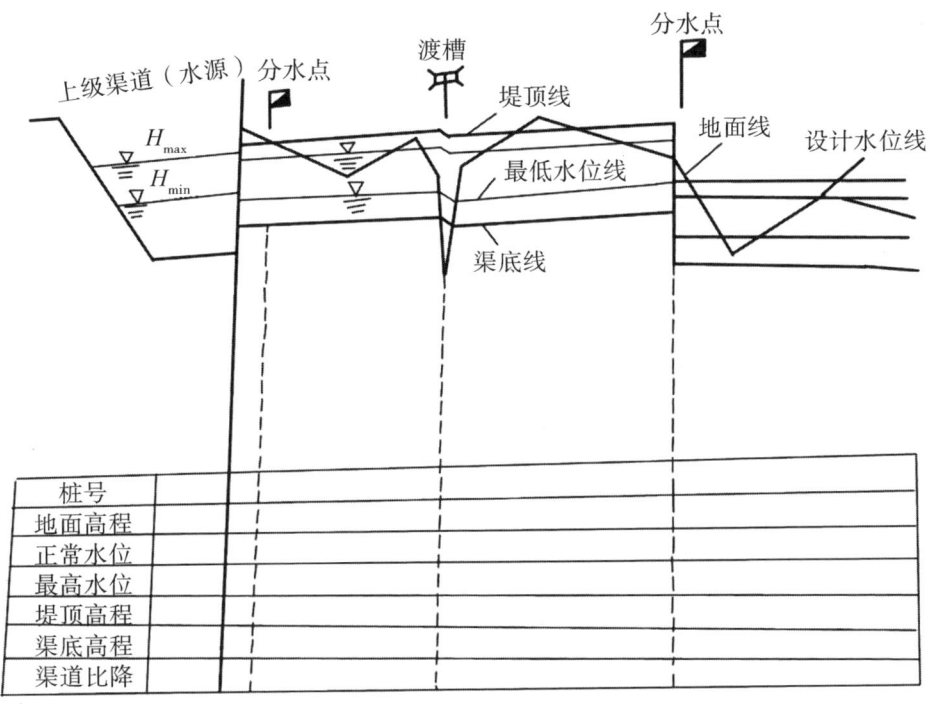

图 3.5.5　渠道纵断面示意图

的平行线，此即渠道的堤顶线。

⑦标注桩号和高程。在渠道纵断面的下方画表格（图3.5.5），把分水口和建筑物所在位置的桩号、地面高程线突变处的桩号和高程、设计水位线和渠底高程线突变处的桩号和高程以及相应的最低水位和堤顶高程，标注在表格内相应的位置上。桩号和高程必须写在表示该点位置的竖线的左侧，并应侧向写出。在高程突变处，要在竖线左、右两侧分别写出高、低两个高程。

⑧标注渠道比降。在标注桩号和高程的表格底部，标出各渠段的比降。

（3）渠道纵断面设计中的水位衔接

①不同渠段间的水位衔接。由于渠段沿途分水，渠道流量逐渐减小，渠道过水断面亦随之减小，为了使水位衔接，可以改变水深或底宽。衔接位置一般结合配水枢纽或交叉建筑物布置，并修建足够的渐变段，保证水流平顺过渡。当水位较低时，应该抬高下游渠底高程，一般不大于 15~20m。

②建筑物前后的水位衔接。渠道上的交叉建筑物一般都有阻水作用，会产生水头损失，在渠道纵断面设计时，必须予以充分考虑。如建筑物较短，可将进、出水口的局部水头损失和沿程水头损失累加起来、在建筑物的中心位置集中扣除。如建筑物较长，则应按建筑物位置和长度分别扣除其进、出口的水头损失和沿程水头损失。

③上、下级渠道的水位衔接。在渠道分水口处，上、下级渠道的水位应有一定的落差，以满足分水闸的局部水头损失。在渠道设计实践中通常采用的做法是以设计水位为标准，上级渠道的设计水位高于下级渠道的设计水位，以此确定下级渠道的渠底高程。在这种设计条件下，当上级渠道输送最小流量时，相应的水位可能不满足下级渠道引取最小流量的要求。

出现这种情况时，就要在上级渠道该分水口的下游修建节制闸。把上级渠道的最小水位升高，使上、下级渠道的水位差等于分水闸的水头损失，以满足下级渠道引取最小流量的要求。如果水源水位较高或者上级渠道比降较大，也可以最小水位为配合标准，抬高上级渠道的最小水位，使上、下级渠道的最小水位差等于分水闸的水头损失，以此确定上级渠道的渠底高程和设计水位。分水闸上游水位的升高可用两种方式来实现：一是抬高渠首水位，不改变渠道比降；二是不改变渠首水位，减缓上级渠道比降。

3.5.3.3 渠道横断面设计

渠道横断面应有足够的输水能力，边坡能维持稳定，并且工程量小。渠道横断面尺寸要根据渠道设计流量通过水力计算加以确定。

（1）渠道横断面的形状

横断面的形状有矩形、梯形和复式等几种。砌石渠道，为了施工方便，常采用矩形断面［图3.5.6（a）］。土渠多采用梯形断面［图3.5.6（b）］，深挖方或高填方常采用复式断面（图3.5.7）。

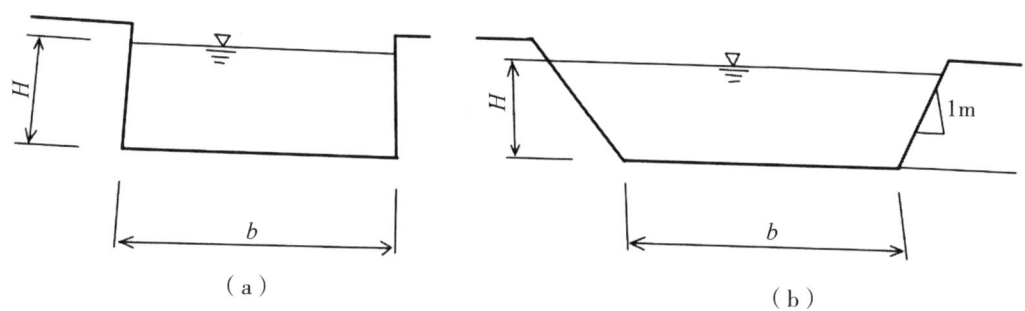

图 3.5.6 渠道横断面基本形状

（a）矩形断面；（b）梯形断面

（2）渠道的水力计算

按照明渠均匀流公式（3.5.4）计算：

$$Q = \omega C \sqrt{Ri} \tag{3.5.4}$$

式中，Q 为渠道流量，m^3/s；ω 为渠道过水断面面积，m^3；R 为水力半径，m；i 为渠道纵坡；C 为谢才流速系数，可用式（3.5.5）计算：

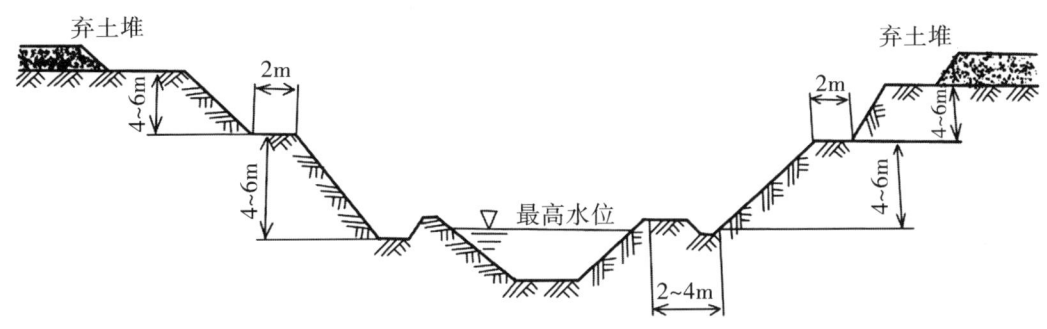

图 3.5.7　渠道复式断面

$$C = \frac{1}{n} R^{\frac{1}{6}} \tag{3.5.5}$$

式中，n 为渠道的糙率，土渠为 0.02~0.03，石渠为 0.0255~0.045，混凝土渠为 0.014~0.017。

梯形渠道中，假设渠道的边坡为 1∶m，过水断面 $\omega = (b + mh)h$，湿周 $\chi = b + 2h\sqrt{1 + m^2}$；水力半径 $R = \dfrac{\omega}{\chi}$。

正确选择渠道设计参数对于渠道纵横断面设计尤为重要。渠道设计参数除流量外，还有渠底比降、渠床糙率、渠道边坡系数、稳定渠床的宽深比以及渠道的不冲、不淤流速等。

①渠底比降。两端渠底高差和渠段间距离的比值称为渠底比降。应根据道沿线的速等、地面坡度、下级渠道进水口的水位要求、渠床土质、水源含沙情况、渠道设计流量大小等因素，选择适宜的渠底比降。

在设计过程中，可参考地面坡度和下级渠道的水位要求先初选一个比降，计算渠道的过水断面尺寸，再按不冲流速、不淤流速进行校核，如不满足要求，再修改比降，重新计算。

②渠床糙率系数。渠床糙率系数 n 是反映渠床粗糙程度的技术参数。确定糙率 n 值要慎重。若选择的渠床糙率较实际渠床的糙率小，则渠道运行时的实际输水能力就会达不到设计流量，满足不了灌溉水量的要求，还有可能造成渠道淤积；当选择的渠床糙率大于实际值时，不仅增加渠道断面，而且还会引起渠道的冲刷，渠中水位降低，减少渠道自流控制面积。渠道的糙率系数值的正确选择不仅要考虑渠床土质和施工质量，还要估计到建成后的管理养护情况。

③渠道的边坡系数。渠道的边坡系数 m 是渠道边坡倾斜程度的指标，其值等于边坡在水平方向的投影长度和在垂直方向投影长度的比值。一般渠道的最小边坡系数 m 应根据土质、挖填方深度、水深大小等因素选定，应力求保证边坡在渠道输水过程中的稳定

性。矩形断面的边坡系数 m 等于零。m 值的大小关系到渠坡的稳定，要根据渠床土壤质地和渠道深度等条件选择适宜的边坡系数值。

④渠道水力最佳断面。在渠道比降和渠床糙率一定的条件下，通过设计流量所需要的最小过水断面称为水力最佳断面。

⑤渠道不冲、不淤流速。渠道断面过于窄深或宽浅，都会影响渠道断面的稳定性，稳定断面的宽深比应满足渠道不冲、不淤流速要求，即要求渠道中的实际流速大小有一个允许范围（$v_{不冲} > v_{允许} > v_{不淤}$），在此范围内的流速值，称为渠道的允许流速。不冲、不淤流速的确定应在总结当地已成渠道运行经验的基础上研究确定。渠道不冲流速：与渠床土质、渠道流量、断面水力要素、水流含沙情况等因素有关，具体数值要通过试验研究或总结已成渠道的运用经验而定；渠道的不淤流速：渠道水流的挟沙能力随流速的减小而减小，当流速小到一定程度时，部分泥沙开始在渠道内淤积。泥沙将要沉积时的流速就是渠道临界不淤流速。

（3）渠道衬砌可以防止渗漏、保护边坡不受冲刷、减小糙率和增加稳定性

常用衬砌的护面有砌石护面、沥青护面、混凝土护面和防渗塑料薄膜护面等。

3.5.4 田间工程规划

3.5.4.1 灌区田间规划的要求与原则

灌区田间规划是以彻底改变农业生产条件，建设旱涝保收、高产稳产农田，适应农业现代化为目标，以健全和改建田间灌排渠系，实现治水改土为主要内容，对山、水、田、林、路等进行全面规划、综合治理的一项农田基本建设工程。制定田间规划时，一般应遵循以下原则：

①田间工程规划是农田基本建设规划的重要组成部分。因此，田间工程规划必须与农田基本建设规划相适应，要在地区农田基本建设规划和水利规划的基础上进行。

②田间工程规划必须着眼长远，立足当前。既要充分考虑适应农业现代化的需要，又要不脱离农业生产发展的现实状况，从当前实际情况出发，逐步达到长远目标，做到全面规划、分期实施、当年能增产、长远起作用。

③田间工程规划必须因地制宜，讲究实效。要有严格科学态度，注意调查研究，总结经验教训。要贯彻群众路线，发动群众讨论，力求规划合理，布局恰当。

④田间工程规划必须以治水、改土为中心，实现山、水、田、林、路综合治理，促进农、林、牧、副、渔全面发展。

3.5.4.2 田间灌排渠系的布置

（1）斗渠、农渠的规划要求

在规划布置时除遵循前面讲过的灌溉渠道规划原则外，还应满足：①适应农业生产管理和机械耕作要求。②便于配水和灌水，有利于提高灌水工作效率。③有利灌水和耕

作的密切配合。④土地平整工程量较少。

（2）斗渠的规划布置

斗渠的长度和控制面积随地形变化很大。山区、丘陵地区的斗渠长度较短，控制面积较小。平原地区的斗渠较长，控制面积较大。我国北方平原地区的一些大型自流灌区的斗渠长度一般为 1 000~3 000m，控制面积为 600~4 000 亩。斗渠的间距主要根据机耕要求确定，与农渠的长度相适应。

（3）农渠的规划布置

农渠是末级固定渠道，控制范围是一个耕作单元。在平原地区通常长为 500~1 000m，间距为 200~400m，控制面积为 200~600 亩。丘陵地区农渠的长度和控制面积较小。在有控制地下水位要求的地区，农渠间距根据农沟间距确定。

拓展阅读

中国农业水利发展简史

中国水利名人——李冰

思考题

1. 水文学及水力学的主要发展阶段是什么？
2. 流域或水系主要包括哪些形态指标？
3. 表示径流的特征值有哪些？
4. 自然界水循环的过程主要包括哪些循环路径？
5. 简述土壤分类及其标准。
6. 什么是土壤结构？
7. 灌溉水源主要有哪些？
8. 灌溉取水方式有哪些？
9. 骨干渠系规划布置原则有哪些？
10. 田间规划布置原则有哪些？

第 4 章
土壤水分运动过程模拟

本章学习要点

1. 认识并掌握土壤和水的基本物理性质。
2. 认识并掌握土壤水分运动参数物理含义和计算公式。
3. 认识并掌握土壤水分入渗过程及主要模型。
4. 认识并掌握蒸发条件下土壤水分运行过程及模拟方法。

4.1 土壤和水的基本概念

4.1.1 土壤的基本物理性质

土壤是由矿物质和生物紧密结合的固相、液相和气相三相共存的一个复杂的、多相的、非均匀多孔介质体系。由于土壤是一种非常复杂的多相分散系统,三相(固、液、气)彼此相互作用着,为了确定它们之间容积和质量的关系,只能够抽象地把它考虑成独立的部分(图4.1.1)。

4.1.1.1 土壤密度

土壤密度分为土壤的湿密度、干密度和土粒密度。

土壤的湿密度也称土壤的总密度,是指单位体积湿土壤的质量(忽略空气的质量),用 ρ_t 表示,即:

$$\rho_t = \frac{m_t}{V_t} = \frac{m_s + m_w}{V_s + V_w + V_a} \tag{4.1.1}$$

式中,m_s 为土粒的质量;m_w 为水的质量;V_s 为土粒的体积;V_w 为水的体积;V_a 为空气的体积;V_t 为土壤的总体积;m_t 为土粒的质量与水的质量之和。

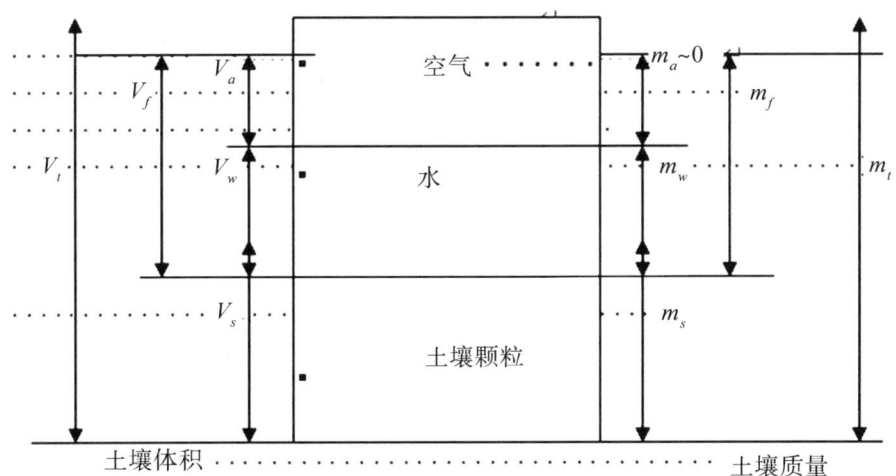

图 4.1.1　土壤多孔介质系统

土壤的干密度是指干的土壤基质物质的质量与总体积的比值，用 ρ_b 表示，即：

$$\rho_b = \frac{m_s}{V_t} = \frac{m_s}{V_s + V_w + V_a} \quad (4.1.2)$$

土壤的土粒密度称为土壤固相密度或土粒平均密度，用符号 ρ_s 表示，即：

$$\rho_s = \frac{m_s}{V_s} \quad (4.1.3)$$

土粒密度 ρ_s 的值一般为 $2.6 \sim 2.7 \text{g/cm}^3$，工程中常用其平均值 $\rho_s = 2.65 \text{g/cm}^3$。

4.1.1.2　土壤重度

土壤重度指单位体积内土壤的重量，也称为容重。土壤重度分为土壤的湿重度和干重度。

单位体积土的重量称为土壤的重度，也称湿重度，用 γ_t 表示，即：

$$\gamma_t = \frac{W}{V_t} = \frac{W_s + W_w}{V_s + V_w + V_a} = \frac{(m_s + m_w)g}{V_s + V_w + V_a} = \rho_t g \quad (4.1.4)$$

式中，W_s 为土的重量；W_w 为水的重量；$W_s + W_w$ 为湿土重；g 为重力加速度。

单位体积土壤中土粒的重量称为土的干重度，用 γ_d 表示，即：

$$\gamma_d = \frac{W_s}{V_t} = \frac{m_s g}{V_s + V_w + V_a} = \rho_b g \quad (4.1.5)$$

4.1.1.3　土壤孔隙度和孔隙比

土壤的孔隙度是指所有土壤孔隙体积总和占整个土壤体积的百分数，或单位体积土壤中孔隙体积所占的百分数，用 n 表示，即：

$$n = \frac{\text{土壤孔隙体积}}{\text{土壤总体积}} = \frac{V_t - V_s}{V_t} = 1 - \frac{V_s}{V_t} = 1 - \frac{m_s/\rho_s}{m_s/\rho_b} = 1 - \frac{\rho_b}{\rho_s} \quad (4.1.6)$$

土壤孔隙比是指土壤中孔隙体积与土粒体积的比值，用 n' 表示，即：

$$n' = \frac{孔隙体积}{土粒体积} = \frac{V_t - V_s}{V_s} = \frac{V_t}{V_s} - 1 = \frac{\rho_s}{\rho_b} - 1 \qquad (4.1.7)$$

4.1.1.4 土壤含水量

土壤中水分数量的多少称为土壤含水量或含水率。土壤含水量常用的表示方法如下：

（1）质量含水量

质量含水量也称重量含水量，是指土壤中水分的质量与烘干土质量的比值，即：

$$\theta_m = \frac{水的质量}{烘干土质量} = \frac{m_w}{m_s} \qquad (4.1.8)$$

式中，θ_m 为质量含水量或重量含水量。

（2）体积含水量

体积含水量是指土壤中水所占的体积与土壤总体积的比值，即：

$$\theta_v = \frac{水的体积}{土壤总体积} = \frac{V_w}{V_t} \qquad (4.1.9)$$

一般情况下，水的密度可取 $\rho_w = 1\text{g/cm}^3$，体积含水量还可表示为：

$$\theta_v = \frac{m_w/\rho_w}{m_s/\rho_b} = \frac{m_w \rho_b}{m_s \rho_w} = \theta_m \times \frac{\rho_b}{\rho_w} = \theta_m \times \rho_b \qquad (4.1.10)$$

式中，θ_v 为体积含水量。

（3）水层厚度含水量

水层厚度含水量是将一定深度土层中的含水量换算成水层厚度，即：

$$水层厚度\, h(\text{mm}) = 土层深度\, H(\text{mm}) \times 土壤体积含水量\, \theta_v \qquad (4.1.11)$$

式中，h 为水层厚度，mm；H 为土层厚度，mm。

（4）土壤贮水量

在农田灌溉中灌水量常用 $\text{m}^3/$亩表示，为便于比较和计算，也常用水的体积（$\text{m}^3/$亩）来表示土壤的贮水量，即：

$$土壤贮水量(\text{m}^3/亩) = h(\text{mm}) \times \frac{667}{1\,000} \qquad (4.1.12)$$

土壤贮水量还等于：

$$土壤贮水量(\text{m}^3/\text{hm}^2) = 10h(\text{mm}) \qquad (4.1.13)$$

（5）土壤的相对含水量

在土壤或农田水量计算中，常将土壤含水量换算成占田间持水量或全蓄水量的百分数，称为土壤的相对含水量，即：

$$旱地土壤的相对含水量 = \frac{土壤含水量}{田间持水量} \times 100\% \qquad (4.1.14)$$

$$水田土壤的相对含水量 = \frac{土壤含水量}{全蓄水量} \times 100\% \qquad (4.1.15)$$

(6) 土壤的饱和度

土壤含水量还可以用土壤的饱和度来表示，土壤饱和度是指土壤水的体积与土壤孔隙总体积的比值，即：

$$s = \frac{水的体积}{土壤孔隙总体积} = \frac{V_w}{V_t - V_s} \qquad (4.1.16)$$

式中，s 为土壤的饱和度。

4.1.1.5 相互关系

① 孔隙度与孔隙比的关系：

$$f = \frac{e}{1+e} \quad 或 \quad e = \frac{f}{1-f} \qquad (4.1.17)$$

式中，e 为孔隙比。

② 饱和度与体积含水率的关系：

$$S = \frac{\theta_V}{f} \qquad (4.1.18)$$

③ 孔隙度和容重的关系：

$$f = 1 - \frac{\rho_b}{\rho_s} \qquad (4.1.19)$$

④ 空气含量与含水量的关系：

$$f_a = f - \theta_v = f \cdot (1 - s) \qquad (4.1.20)$$

⑤ 体积含水率与重量含水率的关系：

$$\theta_v = \rho_b \cdot \theta_w \qquad (4.1.21)$$

4.1.2 土壤水的基本物理性质

存在于土壤中的液态水常可区分为以下4种形态。

4.1.2.1 吸湿水（Hygroscopic Water）

单位体积的土壤具有的土壤颗粒表面积很大，因而具有很强的吸附力，能将周围环境中的水汽分子吸附于自身表面，这种束缚在土粒表面的水分称为吸湿水。当土粒周围的水汽饱和时，土壤吸湿水量最大，此时，相应的含水率称为最大吸湿量或吸湿系数。

4.1.2.2 薄膜水（Pellicular Water）

当吸湿水达到最大数量后，土粒已无足够的力量吸附空气中活动力较强的水汽分子，只能够吸持周围环境中处于液态的水分子，由于这种吸着力吸持的水分使吸湿水外面的水膜逐渐加厚，形成连续的水膜，故称为薄膜水。薄膜水达到最大值时的土壤含水率称为最大分子持水量。以上两种水的吸持力都是由静电（库仑）力和分子间引力所提供。

在固体表面吸附水，一般主要是由静电作用引起的，因为水分子是一个极性分子。

当土壤中的薄膜水受土壤介质的吸着力约为 15×101.3kPa 时，土壤中的水分便不能为植物根系所吸收，致使植物发生永久性凋萎。

4.1.2.3　毛管水（Capillary Water）

土壤中薄膜水达到最大值后，多余的水分子便由毛管力吸持在土壤的细小孔隙中，这部分水称为毛管水。毛管理论——把非饱和土壤中的水分的运动看作是水分在均一或孔径不同的毛管中运动的理论。20 世纪 50 年代以前，广泛采用这个理论研究入渗、蒸发、土壤释水等问题。自然条件下，地下水在毛管力的作用下沿土壤中的细小孔隙上升，由此而保持在毛管孔隙中水分称为毛管上升水；当地下水位埋深较大时，毛管上升水远远不能达到表面土壤，此时降雨或灌溉后由毛管力保持在上层土壤细小孔隙中的水分称为毛管悬挂水。当毛管悬挂水量达到最大值时的土壤含水量称为田间持水量，此时的毛管力为 （0.1~0.3）×101.3kPa（大气压）。

把半径为 R 的毛管放入水中，由于管壁与水分子之间的黏附力大于水分子内部的内聚力，在这两种力的综合作用下，水将沿管壁向上移动，并形成一个平衡的接触角 α（Wetting Angle），但由于水的表面张力（Surface Tension）具有减小水面表面积的作用，因而引起毛管中水面上升。当水面上升后，在黏附力和分子力的作用下，又将引起水分沿管壁向上运动，在表面张力作用下，又将引起水面上升。这一过程一直进行到沿管壁方向的周围总表面张力的分力与毛管内上升水柱的总重量相等为止（图 4.1.2），即：

$$\pi R^2 \cdot h_c \cdot \rho_w = 2\pi R \cdot T \cdot \cos\alpha$$

均匀毛细管中毛管上升水的高度 h_c 计算公式如下：

$$h_c = \frac{2T\cos\alpha}{R\rho_w} \quad\quad\quad (4.1.22)$$

式中，h_c 为毛管内水表面以下负压水头高度，其值低于大气压力，cm；ρ_w 为水的密度，g/cm³；R 为毛管半径，cm；T 为水的表面张力，g/cm；α 为平衡的接触角。

4.1.2.4　重力水（Gravity Water）

毛管力随着毛管直径的增大而减小，当土壤孔隙直径足够大时，毛管作用便十分微弱，习惯上称土壤中这种直径较大的孔隙为非毛管孔隙。

若土壤的含水量超过了土壤的田间持水量，多余的水分不能为毛管力所吸持，在重力作用下将沿非毛管孔隙下渗，这部分土壤水分称为重力水，当土壤中的孔隙全部为水所充满时，土壤的含水率称为饱和含水率或全蓄水量。

凋萎系数，当土壤中的薄膜水受土壤介质的吸着力约为 15×101.3kPa 时，土壤中的水分便不能被植物根系所吸收，致使植物发生永久性凋萎。在农业生产中，田间持水量和凋萎系数是重要的水分常数。

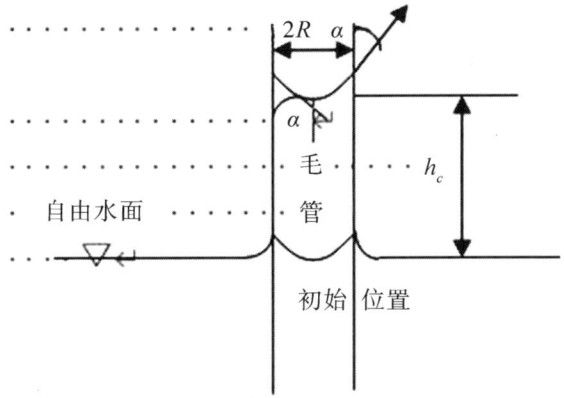

图 4.1.2 表面张力作用下毛细上升现象

4.1.3 土水势的基本物理性质

自然界中物质运动的能量由动能和势能组成。动能由物体运动的速度和质量所决定，其值为 $mv^2/2$，其中 m 为物体的质量，v 为物体运动的速度。势能由土壤水的相对位置及内部状态决定。在土壤中，水流的速度非常小，对土壤水的能量影响也非常小，其动能可以忽略不计，因此土壤水运动的能量主要是势能，它是制约土壤水状态及运动的主要能量，称为土水势。所以土水势是土壤水分所具有的势能。

在土壤势能里，所谓相对位置，并不是一般意义上的两点之间的高度差，而是指两点之间水分的势能差异，内部状态则是指水分子在土壤中受到各种力的作用，不仅有重力，还有通过饱和液体直接传递的压力，土壤颗粒对水分子的吸持力，土壤中溶质分子、离子或者颗粒对水分子的吸力以及温度对水分子布朗运动的强度效应等。

土水势的名称有一个演变过程。1907 年，Buckingham 首次将土壤水的能量定义为"毛管势"。随着对土壤水能量研究的深入，对土壤水能量的解释也有多种，依据机械力学原理称为"张力"或"应力"；依据分子动力学原理称为"扩散压"；依据热力学原理称为"自由能"。目前比较多的是依据热力学原理，而实质上仍使用机械力学观点来解释，统一称为土水势。

1963 年，国际土壤学会对土水势定义为：可逆地和等温地从在特定高度和大气压下的纯水池转移极小量的水到土壤水（在研究中的点）单位数量的纯水所必须做的功。由此可见，土水势是一种衡量土壤水能量的指标，是在土壤和水的平衡系统中，单位数量的水在恒温条件下，移动到参照状态的纯自由水体所能做的功。参照状态是指在标准大气压，与土壤水具有相同温度情况下（或某一特定温度下），以及某一固定高度的假想的纯自由水体；单位数量可以是单位质量、单位体积或单位重量。

土水势的热力学原理表示方法目前有 3 种，即 Slatyer 和 Taylor 表示方法、Krammer

表示方法以及 Danirl 表示方法。

Slatyer 和 Taylor 将土水势定义为体系中水化学势与同温度下纯水化学势的差值，所谓体系是指把土壤和土壤中的水作为一个系统来考虑。Krammer 将土水势定义为体系中水和同温度纯水之间每摩尔体积的化学势之差。这两种定义方法均有不足之处，Slatyer 和 Taylor 的方法没有考虑体系本身的表面功和外力场等因素对化学势的影响；Krammer 的方法未考虑外力场的作用。Danirl 将土壤、空气和水 3 项物体看成一个体系，以土壤水分为研究对象，以一个大气压、25℃时，处于与地下水位等高的纯自由水为标准，把体系中凡是对组分吉布斯自由能有影响的因素全部进行考虑，则土壤水偏摩尔自由能即为土水势。Danirl 的方法全面考虑了所有影响土壤水能量的因素，这些因素包括重力场作用的重力势、体系中外压所产生的压力势、土壤基质吸力所产生的基质势、土壤水中所有溶质所产生的溶质势、温度改变所产生的温度势。则单位重量土壤水分的总土水势（简称总水势）可表示为：

$$\psi = \psi_g + \psi_p + \psi_m + \psi_s + \psi_T \qquad (4.1.23)$$

式中，ψ_g 为重力势；ψ_p 为压力势；ψ_m 为基质势；ψ_s 为溶质势；ψ_T 为温度势；ψ 为总水势。

可见，土水势为重力势、压力势、基质势、溶质势和温度势之和。

4.1.3.1 重力势（Gravitational Potential）

重力势是重力对土壤水作用的结果。或者说，土壤水从参考状态移至某一高于参考状态的位置时，需要克服由于地心引力而产生的重力作用所做的功。重力势的大小由土壤水在重力场中相对于参考状态的位置所决定。参考状态的位置可任意选定，如选在地表或地下水位处，坐标原点亦选在参考状态处，其正方向根据需要可以向上，也可以向下，则单位重量土壤水分的重力势为：

$$\psi_g = \pm z \qquad (4.1.24)$$

式中，z 为所考虑点的垂直坐标。

如果垂直坐标轴 z 的正方向取向上为正时，式（4.1.24）取正号，当垂直坐标轴 z 的正方向取向下为正时，式（4.1.24）取负号。式（4.1.24）表明，位于参考状态以上的各点重力势为正值，位于参考状态以下的各点重力势为负值。

4.1.3.2 压力势（Pressure Potential）

在土壤中，由于静水压力产生的附加压强而需要对土壤水分做功称为压力势。因此，压力势一定产生在饱和土壤中，其静水压强为：

$$p = \gamma h \qquad (4.1.25)$$

式中，γ 为水的重度；h 为低于自由水面的淹没深度。

则单位重量土壤水分的压力势为：

$$\psi_p = p/\gamma = h \tag{4.1.26}$$

对于非饱和土壤，考虑到通气孔隙的连通性，各点所承受的压力均为大气压，各点土壤水分不受上面水的压力作用，所以压力势为零。

4.1.3.3 基质势（Matric Potential）

土壤基质是指土壤的固体颗粒。土壤水的基质势是由土壤颗粒对水的吸持作用和土壤空隙形成的毛细管作用而引起的，是将单位重量的水从非饱和土壤中一点移到标准参考状态所做的功。

基质势用 ψ_m 表示。由于参考状态是自由水，并定义参考状态的自由水其基质势为0，土壤水要克服基质的吸持作用才能达到自由状态，也就是说把被土壤基质和毛管吸持的水移动到自由状态是不容易的，所以土壤水所做的功为负值，其基质势就为负值。对于饱和土壤，土壤水的基质势与自由水相当，基质势 $\psi_m = 0$。

由于土壤水受力条件十分复杂，目前还很难从理论上提出基质势的数学表达式，有的学者把土壤看成一束毛管，根据毛管理论公式来计算基质势。但除毛管作用外，土壤颗粒还有吸附作用，所以毛管理论不能完全代表土壤水的基质势，因此在实用上基质势常通过实验确定。

4.1.3.4 溶质势（Solute Potential）

溶质势也被称为渗透势，是指单位重量的水在其他条件不变，而只考虑溶质作用时土壤中一点的水移到没有溶质的参考状态所做的功。

土壤水溶液中的溶质离子和水分子之间存在着吸附力，由于这种吸附力的存在，降低了水的自由能，使水所产生的宏观势能低于纯水的势能。参考状态下的纯自由水其溶质势为零，则其他条件相同的情况下，含有溶质的土壤水的溶质势恒为负值。

溶质势可按 Vant Hoff 方法计算，即：

$$\psi_s = -\frac{c}{Mg}RT \tag{4.1.27}$$

式中，c 为单位体积溶液中含有的溶质质量（即溶液浓度）；M 为溶质的摩尔质量；R 为普适气体常量（8.314 3J·mol·K^{-1}）；T 为热力学温度。

土壤水中溶质的存在并不显著影响土壤水分流动，在含盐很低的土壤中，溶质势可以忽略不计；但在盐碱地，溶质势在总土水势中起重要作用。许多研究认为水在植物中以及植物与土壤界面上的行为主要是溶质势在起作用。作者认为这一认识不够全面，不够准确，因为不论多么高大的植物，其水分一定可以自根部输送到植物最高处，有些树木高度可以达到几十米甚至超过百米，那么树梢与树根的根土界面外土壤水分的势差就相当于树木的高度，但就目前的认识来讲，溶质势很难形成较高的水势差，因此水在植物中的运行一定还有目前所未揭示的生物动力作用。

对溶质势的测量，可以采用具有半透膜相隔的水室法。即设置两个水室，其中一个水室盛有含一定离子浓度的液体，另一个水室盛有纯自由水，两个水室用半透膜隔开，半透膜只能通过水分子而不能通过直径较大的溶质离子，在初始条件即两个水室水位相同的条件下，含有离子的液体其水的势能因离子的吸附作用而低于纯自由水条件的另一个水室中水的势能，因此，盛自由水的水室中的水将通过半透膜进入另一个水室，以达到两个水室水势的平衡。平衡后含离子水室中水位与纯自由水水室的水位差就代表了该浓度离子水的溶质势。

4.1.3.5　温度势（Temperature Potential）

温度势是由于温度场的温差所引起的，土壤中任何一点土壤水分的温度势由该点的温度与标准参考状态的温度之差所决定：

$$\psi_T = -Se\Delta T \tag{4.1.28}$$

式中，Se 为单位数量土壤水分的熵值。

一般条件下，在分析土壤水分运动时，温度势的作用常被忽略。

上述 5 个土水势的分势在实际的问题中并不是同等重要的。分析田间水分运动时，溶质势和温度势一般不予考虑。

对于饱和土壤水，由于基质势 $\psi_m = 0$，因此总水势可表示为：

$$\psi = h \pm z \tag{4.1.29}$$

式中，h 为压力水头（压力势）；z 为位置水头。

对于非饱和土壤水，由于压力势 $\psi_p = 0$，因此总水势可表示为：

$$\psi = \psi_m \pm z \tag{4.1.30}$$

4.1.3.6　土壤水吸力

由于土壤水的基质势 ψ_m 和溶质势 ψ_s 均为负值，为了便于实际应用，将 ψ_m 和 ψ_s 的负数定义为土壤水吸力。考虑到研究田间土壤水分运动时，溶质势一般不予考虑，故通常所说的土壤水吸力即是土壤基质的吸力：

$$S = -\psi_m \tag{4.1.31}$$

由上式可知，ψ_m 越大（负的越少），S 越小；ψ_m 越小（负的越多），S 越大。

土壤水的自发趋势是由吸力低处向吸力高处流动。

4.2　土壤水分运动参数

4.2.1　土壤容水度和给水度

土壤是孔隙介质的典型代表。水在土壤中的运动、保持、赋存的规律，一方面取决于水的物理力学性质，同时也受到土壤介质体性质和结构的制约。由于水和土壤相互影响的结果，按照水在土壤中的存在形式可以将其分为气态水、附着水、薄膜水、毛细水和重力水等，而如果按照水势理论，水在土壤中的存在和运动主要受到重力、基质吸力（毛管作用）、压力（饱和条件）、溶质束缚、温度的作用。

土壤介质与水作用过程中，所表现的容水、持水、给水和透水性能，是土壤与水相关的物理性质。

容水性：土壤能容纳一定水量的性能称为土壤的容水性，在数量上以容水度表示，是土壤中能容纳的水的体积与土壤总体积之比，即：

$$C = W/V \tag{4.2.1}$$

式中，C 为容水度；W 为土壤中所容纳的水的体积；V 为土壤的总体积（包括孔隙体积）。

持水性：饱和土壤在重力作用下会有部分水量流出，而由于分子力和表面张力的作用，其余水量能保持在土壤空隙之中，土壤保持水分的能力称为持水性。在数量上以持水度来衡量，是土壤在重力作用下土壤孔隙中所保持的水的体积与土壤总体积之比，即：

$$S_r = W_r/V \tag{4.2.2}$$

式中，S_r 为土壤的持水度；W_r 为在重力作用下保持在土壤空隙中的水的体积。

在农业和林业上，大多将土壤的持水度表示为田间持水量，该指标对于分析计算田间有效水量非常重要。

给水性：饱和土壤在重力作用下能自由排出一定水量的性能，称为土壤的给水性。在数量上以给水度来衡量，是土壤在重力作用下能排出的水的体积与土壤总体积的比值，即：

$$S_v = W_v/V \tag{4.2.3}$$

式中，S_v 为土壤的给水度；W_v 为在重力作用下饱和土壤排出的水的体积。

因 $W_r + W_v = W$，则：

$$C = S_r + S_v \tag{4.2.4}$$

$$S_v = C - S_r \tag{4.2.5}$$

由式（4.2.4）和式（4.2.5）可以看出，容水度为持水度与给水度之和；给水度等于容水度减去持水度。因为容水度在数量上与孔隙度相等，所以常通过测定土壤的孔隙度和持水度来确定给水度。

农业生产上将重力作用而使得可以在土壤中流动的水叫作重力水，对于灌溉来讲重力水如果流出作物生长主根系范围（一般会划定一个计划湿润层指标）以下，就属于深层渗漏损失。该部分损失量往往也作为灌溉回归水的主要计算量。土壤容水度可以采取对土壤进行饱和的方法来测定，而土壤持水度也可以采取对饱和土壤进行重力疏干法测定。

透水性：土壤允许水通过的性质称为土壤的透水性，土壤的透水性能主要取决于土壤孔隙的大小和连通程度以及土壤对水的吸持作用,在孔隙透水、孔隙大小相等的前提下,孔隙度越大,能够透过的水量越多。衡量土壤透水性的数量指标为渗透系数,渗透系数越大,土壤的透水性越强。

4.2.2 非饱和土壤导水率

4.2.2.1 基本方程

一维垂直土柱上渗法测定非饱和土壤导水率的方法也称为瞬时剖面法。由于土壤中水分运动为非稳定运动,所测土壤含水量和土壤水吸力分布是瞬时的,故称瞬时剖面法。早在20世纪60年代,国外就采用瞬时剖面法测定土壤的非饱和导水率。这种方法采用在一维垂直土柱上进行上渗实验,测得不同时刻土壤剖面的土壤含水量和土壤水吸力分布,通过计算可得土壤的非饱和导水率$K(\theta)$。该方法概念清楚、操作简单方便,特别是在土壤水分传感器和土壤水势传感器得到充分发展后,应用将会得到较大普及。其理论如下。

对于非饱和垂直一维流动,如坐标取向上为正,则非饱和土壤的白金汉-达西定律可以写成:

$$q = -K(\theta)\frac{(\partial \psi_m + \partial z)}{\partial z} = -K(\theta)\left(\frac{\partial \psi_m}{\partial z} + 1\right) \quad (4.2.6)$$

式中,q 为水流通量;θ 为土壤含水量;$K(\theta)$ 为土壤的非饱和导水率;ψ_m 为基质势;z 为垂直坐标,向上为正。

土壤的基质势 ψ_m 与土壤基质吸力之间的关系为 $\psi_m = -s$,s 为土壤水吸力,代入式(4.2.6)得:

$$q = K(\theta)\left(\frac{\partial s}{\partial z} - 1\right) \quad (4.2.7)$$

由式(4.2.7)可得土壤非饱和导水率为:

$$K(\theta) = \frac{q}{\partial s/\partial z - 1} \quad (4.2.8)$$

由式(4.2.8)可知,欲求得某含水量 θ 条件下的土壤非饱和导水率 $K(\theta)$,必须知道土柱某一点处的水流通量 q 和土壤水吸力梯度 $\partial s/\partial z$。欲求得 q 和 $\partial s/\partial z$,就须知道土壤入渗过程中任两时刻的水分剖面和土壤水吸力分布。

如果取坐标向下为正时,土壤非饱和导水率为:

$$K(\theta) = \frac{q}{\partial s/\partial z + 1} \quad (4.2.9)$$

垂直土柱上渗实验如图4.2.1所示,由图中可以看出,上渗实验由土柱和马氏瓶组成,土柱下面为储水盒,上面为实验用的土,储水盒和土之间用孔板隔开,孔板夹在两片法兰之间;在马氏瓶和土柱之间用软管连接,马氏瓶给垂直土柱供水并维持土柱中的水位不变。图中坐标向上为正,坐标原点设在马氏瓶进气口处,该处正好对应孔板的上缘。土柱上部不密封,但要在土柱上端盖上一个盖板以防止蒸发。

土壤含水量可以采用 γ 射线法、时域反射仪(TDR)、烘干法或利用土壤水分传感器采样的电测法测量。由于 γ 射线法、TDR 或电测法测量土柱的土壤含水量不受采样的干扰,是比较理想的测量方法。雷志栋等在《土壤水动力学》中就指出,土壤含水量的测定不宜用取土称重法,因为这样会破坏土柱,所以有条件时尽量采用不破坏土柱的 γ 射线法、TDR 法或电测法等测量方法,根据目前土壤水分测定传感器的发展,采用微型 TDR 或其他电测法都已经成为现实,并且精度与取土烘干法相当。

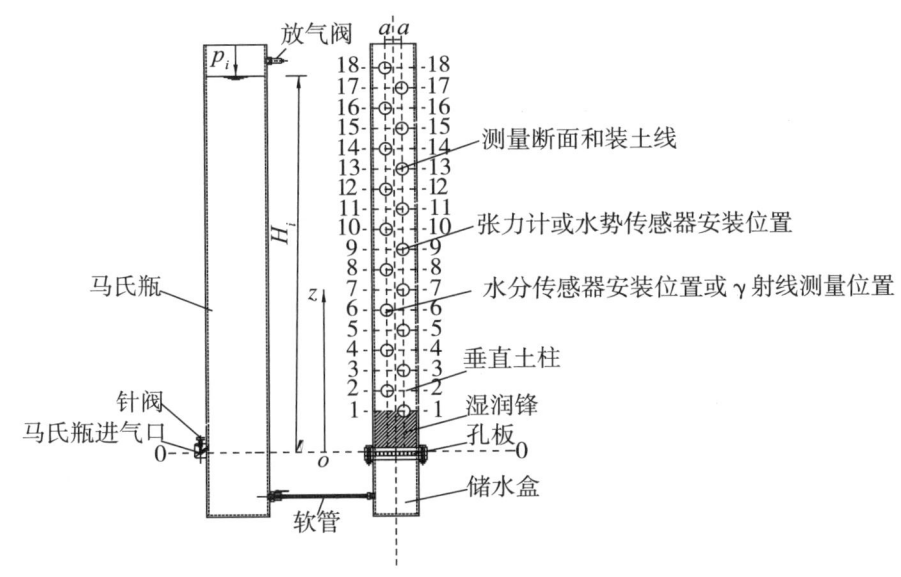

图 4.2.1 垂直土柱上渗实验

土壤断面的土壤水吸力可以采用张力计或水势传感器测量。如果采用张力计测量,沿土柱布设测量断面,测量断面的布置可根据需要设置,一般 5~10cm 布置一个测量断面,在测量断面上安装张力计(读数可以采用真空表或 U 形比压计,也可以采用负压传感器智能表),因为临近水面处土壤水吸力值及其变化均很小,一般采用 U 形比压计。如果采用水势传感器测量,可以将水势传感器直接埋入土壤中。水势传感器也可以和水分传感器共同布置在土柱中,利用计算机在线监测系统同时采集土壤水吸力和土壤含水量。

设时刻 t_1 和时刻 t_2 分别测得各断面的土壤含水量 θ 沿土柱高度 z 的分布如图 4.2.2 所示。由图中可以看出,当 $t=0$ 时,土柱中的土壤含水量为初始土壤含水量 θ_0;当 $t=t_1$ 时,土壤含水量为 $\theta(t_1)$;当 $t=t_2$ 时,土壤含水量为 $\theta(t_2)$。根据水量平衡原理,土柱内土壤含水量的增加量应等于马氏瓶在该时段的补给水量,由此可以计算任意位置 z 处

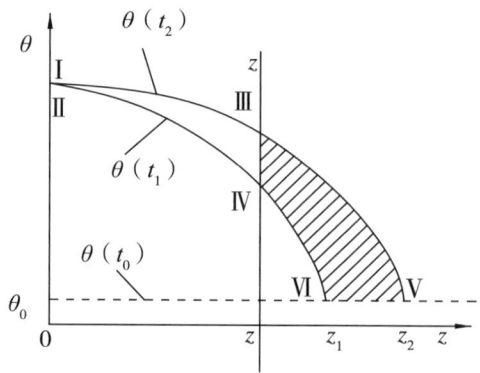

图 4.2.2　土壤含水量分布图

的水流通量 q。由水流的连续方程可得：

$$\frac{\partial \theta}{\partial t} = \frac{\partial q}{\partial z} \tag{4.2.10}$$

对式（4.2.10）积分，积分限从 z_0 到 z，得：

$$\int_{z_0}^{z} \frac{\partial \theta}{\partial t} \mathrm{d}z = q(z_0) - q(z) \tag{4.2.11}$$

由式（4.2.11）得：

$$q(z_0) - q(z) = \int_{z_0}^{z} \frac{\partial \theta}{\partial t} \mathrm{d}z = \frac{\partial}{\partial t} \int_{z_0}^{z} \theta \mathrm{d}z \tag{4.2.12}$$

式中，$q(z_0)$ 为时段内通过 $z=0$ 断面的水流通量，写成 q_0，q_0 可用式（4.2.13）计算，即：

$$q(z_0) = q_0 = V/(At) \tag{4.2.13}$$

式中，V 为在 t 时段内从马氏瓶得到的补给水量，可由马氏瓶水面的下降高度与其横断面面积相乘求得；A 为垂直土柱的横断面面积；t 为测量时段。

$q(z)$ 为时段内通过 z 断面处的水流通量，写成 q_z，式（4.2.12）可写成：

$$q_z = q_0 - \frac{1}{\Delta t} \left[\int_0^z \theta(t_2) \mathrm{d}z - \int_0^z \theta(t_1) \mathrm{d}z \right] \tag{4.2.14}$$

由 t_1 和 t_2 时刻的土壤含水量与坐标 z 关系（图 4.2.2）中的 $\theta(t_1)$ 和 $\theta(t_2)$ 曲线，可以通过式（4.2.14）计算得到时段内任意 z 断面处的水流通量 q_z。由于 $\theta(t_1)$ 和 $\theta(t_2)$ 有可能以函数形式表示，所以在计算时，最好将图 4.2.2 中的曲线拟合成 θ 与 z 的函数关系，然后求积分即可得到 q_z。

同样的方法，用张力计或土壤水势传感器测出 t_1 和 t_2 时刻土柱各测点的土壤水吸力，绘制土壤水吸力与坐标 z 的关系如图 4.2.3 所示。由图中可以看出，当 $t=t_1$ 时，土壤水吸力曲线为 $s(t_1)$，当 $t=t_2$ 时，土壤水吸力曲线为 $s(t_2)$。在计算时，如果能拟合出 s 与

z 的函数关系，可分别计算出 t_1 和 t_2 时刻的 $\partial s/\partial z$，然后用算术平均法计算出 $\Delta t = t_2 - t_1$ 时段内 $\partial s/\partial z$ 的平均值。

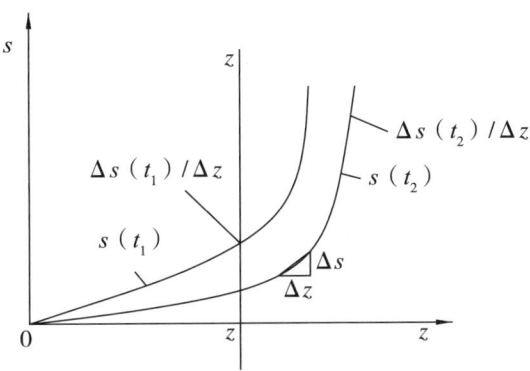

图 4.2.3 土壤水吸力分布

如果土壤含水量 θ 和土壤水吸力 s 与 z 不能拟合成函数关系（一般情况下都是无法拟合成函数的），则可以从图 4.2.2 的土壤含水量分布曲线和图 4.2.3 的土壤水吸力分布曲线用图解数值积分法求得 $\int_{z_0}^{z} \frac{\partial \theta}{\partial t} \mathrm{d}z$ 和 $\frac{\partial s}{\partial z}$，具体步骤为：

① 绘制 t_2 和 t_1 时刻土壤含水量 θ 和土壤水吸力 s 与坐标 z 的关系，如图 4.2.2 和图 4.2.3 所示的曲线，则测量时段为 $\Delta t = t_2 - t_1$。

② 设任两断面之间的距离为 $\Delta z = z_{i+1} - z_i$。

③ 已知边界 $z=0$ 处的水流通量为 q_0。

④ 计算任一断面的水流通量 q_z。如图 4.2.2 所示，如果忽略土柱上端的蒸发水量，则图 4.2.2 中的 Ⅱ-Ⅰ-Ⅲ-Ⅳ-Ⅴ-Ⅵ 所示的阴影面积即为土柱高度 z 处在 $\Delta t = t_2 - t_1$ 时段内单位面积上所通过的水量，该值除以 Δt 则为此时段内 z 处的平均水流通量 q_z。

⑤ 用土壤水吸力分布图 4.2.3 计算 $\partial s(t_1)/\partial z$ 和 $\partial s(t_2)/\partial z$，在计算时用 $\Delta s(t_1)/\Delta z$ 和 $\Delta s(t_2)/\Delta z$ 代替 $\partial s(t_1)/\partial z$ 和 $\partial s(t_2)/\partial z$。在土壤水吸力分布图中找到 z 断面，分别在 t_1 和 t_2 时刻的 $s-z$ 曲线上用作图法求该点曲线的斜率即为 $\Delta s(t_1)/\Delta z$ 和 $\Delta s(t_2)/\Delta z$，Δt 时段内 $\Delta s(t_1)/\Delta z$ 和 $\Delta s(t_2)/\Delta z$ 的算术平均值即为 z 断面的平均土壤水吸力梯度。

为了避免作图求斜率的困难，土壤水吸力梯度也可以用以下方法计算。因为 $\partial s/\partial z$ 为土壤水吸力曲线上任一点的斜率，在计算时可以将曲线上的 z 坐标分成若干个 Δz，对应于土壤水吸力曲线上就有若干个 Δs（在图上量取 Δz 对应的 Δs，如图 4.2.3 所示），土壤水吸力梯度可近似用差分 $\Delta s/\Delta z$ 代替微分 $\partial s/\partial z$，为了提高计算精度，Δz 不能取得太大，否则计算误差就较大。

平均土壤水吸力梯度还可以利用式（4.2.15）近似计算，即：

$$\frac{\partial s}{\partial z} = \frac{(s_1 + s_2) - (s_3 + s_4)}{2\Delta z} \tag{4.2.15}$$

式中，s_1、s_2、s_3、s_4分别为t_1和t_2时刻z断面上下各5cm处的张力计读数或土壤水势传感器读数。

4.2.2.2 计算实例

某中壤土野外下渗实验，采用双环法，实验时土壤含水量采用γ射线测量，土水势用张力计测量，张力计的规格为长70cm，直径为2cm，埋设深度为46cm；γ射线测量的两观测管的间距为35.3cm，分别位于野外下渗仪内环外侧同一直径线上，实验过程中，将两观测管里分别放置的放射源与测量探头每间隔一定时间，同时自下而上测定不同深度处土壤含水量，可得到不同时刻下渗剖面上土壤含水量的分布；下渗实验供水装置采用直径为11.8cm的马氏瓶，入渗水头设置为5cm；土壤水分特征曲线测定采用在入渗实验后期将γ射线测量位置设置在张力计陶土头埋设位置，即地表以下46cm，每间隔一段时间同时测量该位置土壤水分和张力计读数，由此获得该土壤水分特征曲线为，在土壤含水量$0<\theta<0.329\,7$时，土壤水吸力为$s = 97.653\,6\,\theta^{-0.697\,3}$，当$0.329\,7<\theta<\theta_s$时，$s = 6.135\,4\times10^{-7}\theta^{-17.692\,5}$，其中，$\theta_s$为土壤的饱和体积含水量（$cm^3/cm^3$）；$\theta$为土壤的体积含水量（$cm^3/cm^3$）；$s$为土壤的水吸力（cm）。入渗实验过程中共测得5个水分剖面，计算时采用时间$t_1=44$min和$t_2=88$min两个时刻的水分剖面进行土壤导水率的计算。实测土壤含水量θ、计算的土壤水吸力s与入渗深度z的关系如图4.2.4和图4.2.5所示。

由图4.2.4和图4.2.5可以看出，实测的土壤含水量θ、计算的土壤水吸力s与入渗深度z的关系比较离散，这主要是因为测量环境条件、土壤均匀度不一致等因素带来的

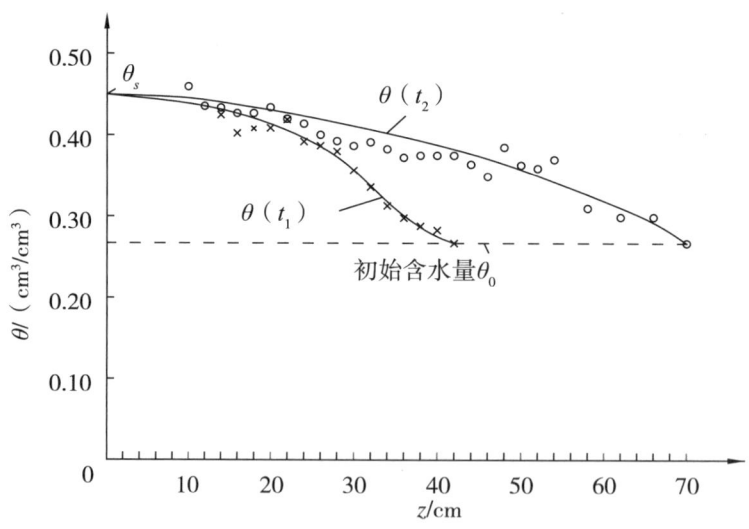

图4.2.4 实测土壤含水量θ与入渗深度z的关系

测量误差造成的。为了分析方便，对图 4.2.4 和图 4.2.5 中的离散点进行适线处理，如图中的 $\theta(t_1)$、$\theta(t_2)$、θ_0、$s(t_1)$、$s(t_2)$ 曲线所示，$\theta(t_1)$ 和 $\theta(t_2)$ 曲线表示 $t_1=44$min 和 $t_2=88$min 时刻的土壤含水量，θ_0 为土壤的初始含水量，$s(t_1)$、$s(t_2)$ 曲线表示 $t_1=44$min 和 $t_2=88$min 时的土壤水吸力。

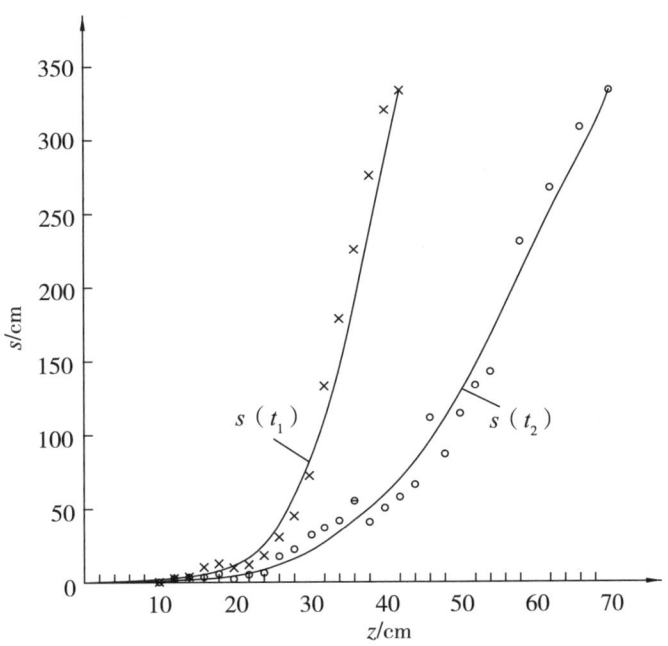

图 4.2.5　计算的土壤水吸力 s 与入渗深度 z 的关系

根据适线求得土壤含水量 θ 与入渗深度 z 的关系，如表 4.2.1 所示，表中第 1 列为入渗深度 z，第 2 列到第 6 列为时间 $t_1=44$min 时刻测量和计算参数，其中第 2 列为各入渗深度点的体积含水量，第 3 列 $\bar{\theta}$ 为土壤含水量 θ 的算术平均值，即表 4.2.1 中第 2 列的第 1 行与第 2 行的算术平均值，余类推，表中第 4 列某行为第 1 列的该行减去前 1 行的差值，以此类推，第 5 列为 $\bar{\theta}\Delta z$，第 6 列为 $\sum\bar{\theta}\Delta z$。

第 7 列至第 11 列为时间 $t_2=88$min 时刻的测量和计算参数。

表 4.2.1　土壤含水量 θ 与入渗深度 z 的适线关系

入渗深度 z/cm	时间 44min					时间 88min				
	θ/(cm³/cm³)	$\bar{\theta}$/(cm³/cm³)	Δz/cm	$\bar{\theta}\Delta z$/cm	$\sum\bar{\theta}\Delta z$/cm	θ/(cm³/cm³)	$\bar{\theta}$/(cm³/cm³)	Δz/cm	$\bar{\theta}\Delta z$/cm	$\sum\bar{\theta}\Delta z$/cm
0	0.450					0.450				
2	0.448	0.449	2	0.898	0.899	0.449	0.450	2	0.899	0.899

(续表)

入渗深度 z/cm	时间 44min					时间 88min				
	θ/ (cm³/ cm³)	$\bar{\theta}$/ (cm³/ cm³)	Δz/ cm	$\bar{\theta}\Delta z$/ cm	$\Sigma\bar{\theta}\Delta z$/ cm	θ/ (cm³/ cm³)	$\bar{\theta}$/ (cm³/ cm³)	Δz/ cm	$\bar{\theta}\Delta z$/ cm	$\Sigma\bar{\theta}\Delta z$/ cm
4	0.446	0.447	2	0.894	1.792	0.449	0.449	2	0.898	1.797
6	0.444	0.445	2	0.890	2.682	0.448	0.448	2	0.896	2.693
8	0.442	0.443	2	0.886	3.568	0.447	0.447	2	0.895	3.588
10	0.439	0.440	2	0.881	4.449	0.445	0.446	2	0.892	4.480
12	0.436	0.437	2	0.875	5.323	0.443	0.444	2	0.889	5.369
14	0.432	0.434	2	0.867	6.190	0.441	0.442	2	0.884	6.253
16	0.427	0.429	2	0.858	7.049	0.437	0.439	2	0.878	7.131
18	0.421	0.424	2	0.848	7.896	0.434	0.436	2	0.872	8.002
20	0.414	0.417	2	0.835	8.731	0.431	0.432	2	0.865	8.867
22	0.406	0.410	2	0.820	9.551	0.427	0.429	2	0.858	9.725
24	0.397	0.401	2	0.802	10.353	0.423	0.425	2	0.851	10.576
26	0.386	0.391	2	0.783	11.135	0.420	0.421	2	0.843	11.419
28	0.373	0.380	2	0.759	11.895	0.415	0.417	2	0.835	12.254
30	0.357	0.365	2	0.730	12.625	0.411	0.413	2	0.827	13.080
32	0.338	0.347	2	0.695	13.319	0.407	0.409	2	0.818	13.898
34	0.318	0.328	2	0.656	13.975	0.402	0.405	2	0.809	14.708
36	0.301	0.310	2	0.619	14.594	0.398	0.400	2	0.800	15.507
38	0.287	0.294	2	0.587	15.182	0.393	0.395	2	0.791	16.298
40	0.275	0.281	2	0.562	15.743	0.388	0.390	2	0.781	17.079
42	0.267	0.271	2	0.542	16.285	0.383	0.385	2	0.771	17.849
44	0.267	0.267	2	0.534	16.819	0.377	0.380	2	0.760	18.609
46	0.267	0.267	2	0.534	17.353	0.371	0.374	2	0.748	19.357
48	0.267	0.267	2	0.534	17.887	0.364	0.368	2	0.735	20.092
50	0.267	0.267	2	0.534	18.421	0.357	0.361	2	0.722	20.814
52	0.267	0.267	2	0.534	18.955	0.350	0.354	2	0.707	21.522
54	0.267	0.267	2	0.534	19.489	0.342	0.346	2	0.692	22.214
56	0.267	0.267	2	0.534	20.023	0.335	0.338	2	0.677	22.891
58	0.267	0.267	2	0.534	20.557	0.327	0.331	2	0.661	23.552

(续表)

入渗深度 z/cm	时间 44min					时间 88min				
	θ/(cm³/cm³)	$\bar{\theta}$/(cm³/cm³)	Δz/cm	$\bar{\theta}\Delta z$/cm	$\sum\bar{\theta}\Delta z$/cm	θ/(cm³/cm³)	$\bar{\theta}$/(cm³/cm³)	Δz/cm	$\bar{\theta}\Delta z$/cm	$\sum\bar{\theta}\Delta z$/cm
60	0.267	0.267	2	0.534	21.091	0.319	0.323	2	0.645	24.198
62	0.267	0.267	2	0.534	21.625	0.311	0.315	2	0.629	24.827
64	0.267	0.267	2	0.534	22.159	0.302	0.306	2	0.613	25.440
66	0.267	0.267	2	0.534	22.693	0.292	0.297	2	0.594	26.034
68	0.267	0.267	2	0.534	23.227	0.281	0.287	2	0.573	26.607
70	0.267	0.267	2	0.534	23.761	0.267	0.274	2	0.548	27.155

根据适线求得土壤水吸力 s 与入渗深度 z 的关系如表 4.2.2 所示。表中第 1 列为土壤入渗深度 z。第 2 列至第 5 列为时间 $t_1=44\text{min}$ 时刻的测量和计算参数，计算过程与表 4.2.1 相同；第 5 列为差分 $\Delta s/\Delta z$，即土壤水吸力梯度的近似值。

第 6 列至第 9 列为时间 $t_2=88\text{min}$ 时刻的测量和计算参数。

表 4.2.2 土壤水吸力 s 与入渗深度 z 的关系

入渗深度 z/cm	时间 44min				时间 88min			
	s/cm	Δs/cm	Δz/cm	$\Delta s/\Delta z$	s/cm	Δs/cm	Δz/cm	$\Delta s/\Delta z$
0	0.000				0.000			
2	0.320	0.320	2	0.160	0.120	0.120	2	0.060
4	0.645	0.325	2	0.163	0.275	0.155	2	0.078
6	1.000	0.355	2	0.178	0.460	0.185	2	0.093
8	1.455	0.455	2	0.228	0.655	0.195	2	0.098
10	2.070	0.615	2	0.308	0.845	0.190	2	0.095
12	2.785	0.715	2	0.358	1.365	0.520	2	0.260
14	3.825	1.040	2	0.520	1.845	0.480	2	0.240
16	5.385	1.560	2	0.780	2.345	0.500	2	0.250
18	7.740	2.355	2	1.178	2.950	0.605	2	0.303
20	11.260	3.520	2	1.760	4.225	1.275	2	0.638
22	16.655	5.395	2	2.698	6.080	1.855	2	0.928
24	25.405	8.750	2	4.375	8.570	2.490	2	1.245

(续表)

入渗深度 z/cm	时间 44min				时间 88min			
	s/cm	Δs/cm	Δz/cm	$\Delta s/\Delta z$	s/cm	Δs/cm	Δz/cm	$\Delta s/\Delta z$
26	39.175	13.770	2	6.885	11.985	3.415	2	1.708
28	58.530	19.355	2	9.678	15.915	3.930	2	1.965
30	73.375	14.845	2	7.423	20.705	4.790	2	2.395
32	112.400	39.025	2	19.513	26.940	6.235	2	3.118
34	152.500	40.100	2	20.050	34.250	7.310	2	3.655
36	207.890	55.390	2	27.695	42.065	7.815	2	3.908
38	271.765	63.875	2	31.938	50.380	8.315	2	4.158
40	298.570	26.805	2	13.403	59.565	9.185	2	4.593
42	333.520	34.950	2	17.475	70.065	10.500	2	5.250

根据表 4.2.1 和表 4.2.2 的数据计算土壤的导水率 $K(\theta)$。首先用式（4.2.14）计算水流通量 q_z，式（4.2.14）可以写成差分形式：

$$q_z = q_0 - \frac{1}{\Delta t}\left[\sum_0^z \theta(t_2)\Delta z - \sum_0^z \theta(t_1)\Delta z\right] \quad (4.2.16)$$

式中，$\sum_0^z \theta(t_2)\Delta z$ 为表 4.2.1 中的 11 列；$\sum_0^z \theta(t_1)\Delta z$ 为表 4.2.1 中的第 6 列。

对于 $z=0$ 断面的水流通量 q_0，有 3 种计算方法：

①根据马氏瓶读数求出 Δt 时段的供水量 V，然后代入式（4.2.13）求出 q_0，式（4.2.13）中的 t 为测量时段 $\Delta t = 88-44 = 44\text{min}$，$A$ 为实验土柱的横截面面积。

②可以由图 4.2.5 中的 $\theta(t_1)$、$\theta(t_2)$ 和 θ_0 所围的曲面调用计算机中的面积命令直接得出面积，然后除以 Δt 即得 q_0。

③由表 4.2.1 中的第 11 列中的最后 1 行减去第 6 列中的最后 1 行，再除以 Δt 即近似得 q_0。

根据第 3 种方法计算 q_0，由表 4.2.1 可以看出，$q_0 = (27.155 - 23.761)/44 = 0.07714\text{cm/min}$，各点的水流通量 q_z 的计算如表 4.2.3 所示。

由于实验时取 z 轴向下为正，则土壤的导水率 $K(\theta)$ 用式（4.2.9）计算，式中各点的土壤水吸力梯度见表 4.2.2 中的第 5 列和第 9 列。

根据式（4.2.16）、式（4.2.9）和表 4.2.1 和表 4.2.2 中的数值，计算各点的土壤导水率 $K(\theta)$ 见表 4.2.3，表 4.2.3 中的土壤含水量 θ 为 $t_1 = 44\text{min}$ 时刻和 $t_2 = 88\text{min}$ 时刻各断面土壤含水量的算术平均值（表 4.2.1 中第 3 列和第 8 列 $\overline{\theta}$ 的算术平均值）。

表 4.2.3　土壤导水率 $K(\theta)$ 计算表

入渗深度 z/cm	$t_2=88\text{min}$ $\sum \theta \Delta z$/cm	$t_1=44\text{min}$ $\sum \theta \Delta z$/cm	q_z /(cm/min)	$t_1=44\text{min}$ $\Delta s/\Delta z$	$t_2=88\text{min}$ $\Delta s/\Delta z$	平均值 $\Delta s/\Delta z$	$K(\theta)$/ (cm/min)	θ /(cm³/cm³)
0								
2	0.899	0.899	0.077	0.160	0.060	0.110	0.069	0.449
4	1.797	1.792	0.077	0.163	0.078	0.120	0.069	0.448
6	2.693	2.682	0.077	0.178	0.093	0.135	0.068	0.447
8	3.588	3.568	0.077	0.228	0.098	0.163	0.066	0.445
10	4.480	4.449	0.076	0.308	0.095	0.201	0.064	0.443
12	5.369	5.323	0.076	0.358	0.260	0.309	0.058	0.441
14	6.253	6.190	0.076	0.520	0.240	0.380	0.055	0.438
16	7.131	7.049	0.075	0.780	0.250	0.515	0.050	0.434
18	8.002	7.896	0.075	1.178	0.303	0.740	0.043	0.430
20	8.867	8.731	0.074	1.760	0.638	1.199	0.034	0.425
22	9.725	9.551	0.073	2.698	0.928	1.813	0.026	0.419
24	10.576	10.353	0.072	4.375	1.245	2.810	0.019	0.413
26	11.419	11.135	0.071	6.885	1.708	4.296	0.013	0.406
28	12.254	11.895	0.069	9.678	1.965	5.821	0.010	0.399
30	13.080	12.625	0.067	7.423	2.395	4.909	0.011	0.389
32	13.898	13.319	0.064	19.513	3.118	11.315	0.005	0.378
34	14.708	13.975	0.060	20.050	3.655	11.853	0.005	0.366
36	15.507	14.594	0.056	27.695	3.908	15.801	0.003	0.355
38	16.298	15.182	0.052	31.938	4.158	18.048	0.003	0.344
40	17.079	15.743	0.047	13.403	4.593	8.998	0.005	0.336
42	17.849	16.285	0.042	17.475	5.250	11.363	0.003	0.328

根据表 4.2.3 中的土壤含水量 θ 与土壤的非饱和导水率 $K(\theta)$，点绘 $K(\theta)$ 与 θ 的关系如图 4.2.6 所示。由图中可以看出，土壤的非饱和导水率 $K(\theta)$ 随着含水量 θ 的增大而增加，当土壤的含水量 θ 为饱和含水量 θ_s 时，$K(\theta)$ 即为饱和导水率 $K(\theta_s)$。同时可以看出，当土壤含水量小于 0.4 时，导水率比较小，而当土壤含水量大于 0.4 以后，导水率快速增加，说明大孔隙在土壤饱和渗流中占主导地位。

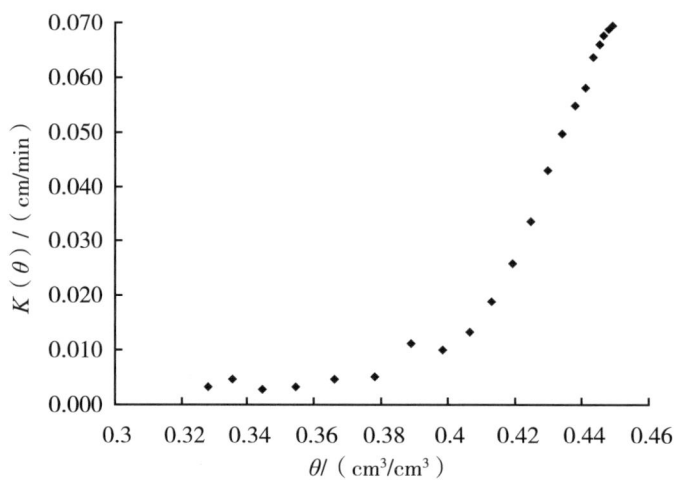

图 4.2.6 土壤非饱和导水率 $K(\theta)$ 与含水量 θ 关系

4.2.3 渗透系数

4.2.3.1 基本方程

1856 年法国工程师 H. Darcg 在装满沙的圆筒中进行渗流实验。实验装置的示意图如图 4.2.7 所示。在上端开口的直立圆筒侧壁上安装两支（或多支）测压管，在筒底以上一定距离处安装一块滤板 C，在滤板上面装填颗粒直径较为均一的细沙。水从上端注入圆筒，并以溢水管 B 使筒内维持一个恒定水位。渗透通过沙体的水从短管 T 流入容器 V 中。

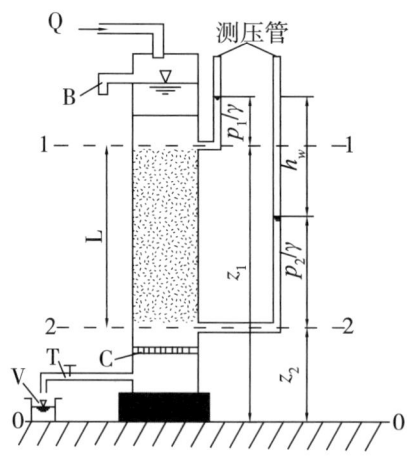

图 4.2.7 达西渗流实验装置示意图

以图 4.2.7 的底部 0—0 为基准面，设断面 1—1 的位置高度为 z_1，压强水头为 p_1/γ，断面 2—2 的位置高度为 z_2，压强水头为 p_2/γ，因为渗流流速比较小，流速水头可以忽略不计。由断面1—1和断面2—2之间的能量方程得：

$$z_1 + p_1/\gamma = z_2 + p_2/\gamma + h_w \tag{4.2.17}$$

式中，γ 为水的重度；p_1 为断面1—1的压强；p_2 为断面2—2的压强；h_w 为水流通过断面1—1至断面2—2之间的水头损失。

由式（4.2.17）可以看出，水头损失 h_w 可以用断面1—1和断面2—2的测压管水头差来表示，即：

$$h_w = (z_1 + p_1/\gamma) - (z_2 + p_2/\gamma) \tag{4.2.18}$$

单位长度上的水头损失以水力坡度 J 表示，水力坡度 J 为断面1—1和断面2—2之间的水头损失除以两测压管之间的距离，即：

$$J = \frac{h_w}{L} = \frac{(z_1 + p_1/\gamma) - (z_2 + p_2/\gamma)}{L} \tag{4.2.19}$$

式中，L 为两测压管之间的距离；J 为水力坡度。

达西分析了大量的实验资料，认为渗流量 Q 与圆筒的断面面积 A 及水力坡度 J 或水头损失 h_w 成正比，与断面间距 L 成反比，并和土壤的透水性有关，由此得到了如下基本关系式：

$$Q = kAJ = kA\frac{h_w}{L} \tag{4.2.20}$$

$$v = \frac{Q}{A} = kJ = k\frac{h_w}{L} \tag{4.2.21}$$

$$k = Q/(AJ) \tag{4.2.22}$$

式中，v 为渗流的断面平均流速；Q 为流量；k 为反映孔隙介质透水性能强弱的一个综合系数，称为渗透系数或水力传导系数。

由式（4.2.21）可知，当 $J=1.0$ 时，$v=k$，表明渗透系数 k 是单位水力坡降时的渗透速度，故渗透系数 k 具有流速的量纲。

式（4.2.20）至式（4.2.22）所表示的关系称为达西定律，它是渗流的基本定律。由式（4.2.21）可以看出，渗透速度 v 与水力坡度 J 成线性关系，所以达西定律又称为线性渗流定律。

土壤中的渗透水流实际上只是通过土粒间的孔隙而流动，但在一般的研究中，把实际上只是通过孔隙的地下水流当作是通过包括土粒在内的全断面的水流来处理，并将这称为渗流。因此，式（4.2.21）中的渗透速度 v 并非渗透水流在土中孔隙运动的实际速度 v'，它比实际速度 v' 小，$v = nv'$，n 为土壤的孔隙率。但在工程上，一般均利用式（4.2.21）计算渗流速度，用式（4.2.20）计算渗透量，无须确定渗流的实际速度。

4.2.3.2 影响渗透系数 k 的因素

渗透系数 k 是一个重要的水文地质参数。影响渗透系数 k 的因素很多，主要取决于土壤的性质（如粒度成分、颗粒排列、充填状况、裂隙性质和发育程度）和渗透流体的物理性质（如重度、黏滞性等）。

下面根据水在土柱中的运动情况来分析影响渗透系数 k 的因素。

达西定律代表了线性阻力的渗透定律，也可以从多孔介质中层流运动的阻力关系推导出来。图 4.2.8 所示为水在土柱中的运动情况。沿流线方向 s 取一土柱单元微分体，设微分体的长度为 ds，断面面积为 dA，作用在单元体上的力为两端的孔隙水压力，孔隙水流受到的自重及颗粒孔隙道的摩阻力。

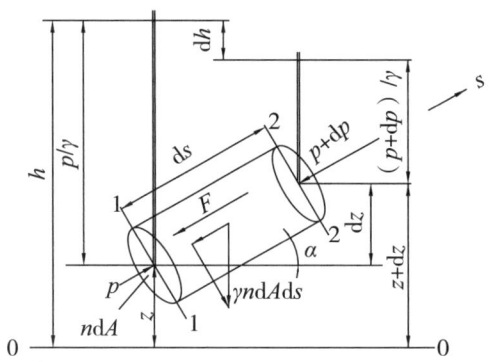

图 4.2.8　水在土柱中运动分析简图

沿土柱方向写渗流的动力平衡方程（略去水流的惯性）为：

$$pndA - (p + dp)ndA - \gamma ndAds\sin\alpha - F = 0 \quad (4.2.23)$$

式中，p 为作用在断面 1—1 的压强；$p + dp$ 为作用在断面 2—2 的压强；n 为体积孔隙率或孔隙度；γ 为水流的重度，F 为水流受到颗粒孔隙道的摩阻力，α 为土柱轴线与水平面的夹角。

由图 4.2.8 可以看出，$dz/ds = \sin\alpha$，测压管水头 $h = z + p/\gamma$，则 $dh = dz + d(p/\gamma)$，由此得 $dp = \gamma(dh - dz)$，代入式（4.2.23）得：

$$\frac{F}{\gamma ndAds} = -\frac{dh}{ds} \quad (4.2.24)$$

式中，$-\dfrac{dh}{ds} = J$ 为水力坡度。

对于层流运动，司托克斯建立了一个单颗粒的层流阻力公式如下式：

$$D_0 = \lambda \mu v' d \quad (4.2.25)$$

式中，D_0 为单颗粒所受的阻力或拖引力；d 为颗粒直径；λ 为物体的体型系数，对于无限水中的圆球，$\lambda = 3\pi$；v' 为孔隙水的实际流速；μ 为水流的动力黏滞系数。

若土柱中颗粒的总体积为 V，每个颗粒的体积为 V'，则 N 个颗粒的总体积与一个颗粒的体积之比为：

$$N' = \frac{V}{V'} = \frac{(1-n)\mathrm{d}A\mathrm{d}s}{\beta d^3} \qquad (4.2.26)$$

式中，V 为土柱中颗粒的总体积；V' 为一个颗粒的体积；β 为球体系数，对于圆球，$\beta = \pi/6$。

整个土柱的总阻力为：

$$F = N'D_0 = \frac{(1-n)\mathrm{d}A\mathrm{d}s}{\beta d^3}\lambda\mu v'd \qquad (4.2.27)$$

将式 (4.2.24) 代入式 (4.2.27) 得：

$$v' = -\frac{\gamma}{\mu}\frac{\beta n}{\lambda(1-n)}d^2\frac{\mathrm{d}h}{\mathrm{d}s} \qquad (4.2.28)$$

将 $-\mathrm{d}h/\mathrm{d}s = J$ 和 $v' = v/n$ 代入式 (4.2.28) 得：

$$v = \frac{\gamma}{\mu}\frac{\beta n^2}{\lambda(1-n)}d^2 J \qquad (4.2.29)$$

设 $K = \frac{\beta n^2}{\lambda(1-n)}d^2$，称为渗流的内在透水率，它取决于土壤的物理性质，只与介质本身的性质有关而与渗透流体的性质无关。则：

$$v = K\frac{\gamma}{\mu}J \qquad (4.2.30)$$

如果令 $k = K\gamma/\mu$，则式 (4.2.30) 可以写成：

$$v = kJ \qquad (4.2.31)$$

与达西渗透定律的式 (4.2.22) 比较，式 (4.2.31) 中的 k 即为渗透系数。

由式 (4.2.30) 可以看出，渗透系数 k 与透水率 K、水流的重度 γ、液体的动力黏滞系数 μ 有关，与土壤的透水率 K 和水流的重度 γ 成正比，与液体的动力黏滞系数 μ 成反比。

由以上分析可以看出，土壤的种类不同，对渗透系数 k 的影响因素和程度不相同。

对于砾石土或砂土来说，颗粒级配对渗透系数影响最大，因为颗粒级配在很大程度上决定着土壤中的孔隙尺寸、形状及孔隙率等特征。颗粒越粗、越均匀、越浑圆时，土的渗透系数就越大。

黏性土的渗透系数在很大程度上取决于矿物成分及黏粒的含量。黏土矿物中，以蒙脱土的亲水性最高，膨胀性最大，故含蒙脱土较多的土，其渗透系数较小。颗粒越细，含黏粒越多的土，结合水的含水量也越高，其渗透性也越小。

渗透系数与渗透流体的性质关系表现在同一实验装置、相同土样、同一水头差情况下，用不同的液体进行实验所得到的渗透系数不一样，水的渗透系数大于油的渗透系数。说明液体的黏性不同，对渗透系数也有影响，由式 (4.2.30) 可以看出，黏性大的流体，动力黏滞系数大，渗透系数小。

渗透系数还与水温有关。因为动力黏滞系数为水温的函数，水的动力黏滞系数与水温的关系为：

$$\mu_T = \frac{0.00001792}{1 + 0.0337T + 0.000221T^2} \quad (4.2.32)$$

式中，μ_T 为 T ℃时水的动力黏滞系数，单位为 (g·s)/cm²；T 为水温，以℃计。

式 (4.2.32) 表明，水温越小，动力黏滞系数 μ_T 越大。由式 (4.2.30) 也可知，水温越小，渗透系数就越小。所以，同一种土在不同温度下，将有不同的渗透系数值。

一般地，考虑到地下渗流的水温为 10℃ 左右，故采用水温为 10℃时的渗透系数作为标准值，以便对取得的实验资料进行比较。计算时必须把在某一温度时测定的渗透系数 k 换算为 10℃时的渗透系数 k_{10}，换算关系如下：

$$k_{10} = k \frac{\mu_T}{\mu_{10}} \quad (4.2.33)$$

式中，μ_{10} 为 10℃ 时水的动力黏滞系数，标准温度取值各国均不一致，有 10℃、15℃、20℃ 几种。

将水温为 10℃代入式 (4.2.16) 求出 μ_{10}，然后代入式 (4.2.17)，则：

$$\frac{\mu_T}{\mu_{10}} = \frac{1.359}{1 + 0.0337T + 0.00022T^2} = \frac{1}{0.736 + 0.025T + 0.0002T^2} \approx \frac{1}{0.74 + 0.03T}$$

$$(4.2.34)$$

将式 (4.2.34) 代入式 (4.2.33) 得：

$$k_{10} = \frac{k}{0.74 + 0.03T} \quad (4.2.35)$$

4.2.3.3　渗流流态的判别

达西定律是在砂土中水以层流运动的特定条件下得到的，因为层流运动时惯性力较小，黏滞力起主导作用，因此，渗透速度 v 与水力坡度 J 成线性比例关系，所以适用于达西定律的水流为层流运动。实验表明，在粗粒土（如砾石、卵石或填石）中，只有在较小的水力坡度下，渗透速度与水力坡度才呈线性关系。随着渗透速度或水力坡度的增加，惯性力逐渐增加，支配层流运动的黏性阻力逐渐失去其主导作用，水在土中的流动逐渐进入紊流状态，渗透速度 v 与水力坡度 J 也离开线性关系而转入非线性关系，达西定律已不再适应。

达西定律既然适用于层流运动，其应用就有一定的限制条件。目前判断水在土壤中的运动形态主要还是用雷诺数。常用的公式为：

$$Re = vd/\nu \quad (4.2.36)$$

式中，d 为代表颗粒的"有效"直径，有的取含水层颗粒的平均粒径或中值粒径

d_{50},有的取有效粒径d_{10},d_{10}为直径比它小的颗粒占全部土重的10%时的土壤粒径,单位为cm;ν为液体的运动黏滞系数,单位为cm^2/s;v为流速,流速的单位为cm/s。

另外还有巴甫洛夫的雷诺数表达式,即:

$$Re = \frac{1}{0.75n + 0.23} \frac{vd_{10}}{\nu} \tag{4.2.37}$$

式中,n为土壤含水层的孔隙率。

式(4.2.36)和式(4.2.37)中水流的运动黏滞系数用式(4.2.38)计算,即:

$$\nu = \frac{0.01775}{1 + 0.0337T + 0.000221T^2} \tag{4.2.38}$$

式中,T的单位为℃;ν的单位为cm^2/s。

在用式(4.2.36)计算雷诺数时,一般认为,达西定律适用的雷诺数上限为$Re = 1.0 \sim 10$。

罗斯根据自己和他人的实验资料分析得到达西定律适用的雷诺数上限为$Re = 1.0$;纳吉和卡拉地利用人工和天然混合土料的6种实验分析结果为$Re = 5.0$;亚林和佛兰克对等径球形颗粒的实验表明,在铅球直径为$d = 1$mm与$d = 2$mm时,雷诺数的上限可取$Re = 1.0$;有的学者研究了渗流的阻力系数与雷诺数的关系曲线,结果表明,整个曲线可以分为3段。第1段在雷诺数$Re < 5$左右(不同介质这个值稍有差异),是斜率为-1的直线段;第2段在$5 < Re < 100$,有一个二次曲线的过渡段;第3段在$Re > 100$,是一个水平直线段;结论认为,第1段为层流区,黏滞力起主导作用,第2段仍为层流区,但从黏滞力起主导作用逐渐过渡到惯性力起主导作用,第3段为紊流区。达西定律适应于第1段,即雷诺数$Re < 5$。

总之,由于颗粒的形状、粗度和排列情况不同以及孔隙率不同,实验时的水温不同使得水流的黏滞系数不同,达西定律适应的临界雷诺数目前还没有一个十分准确的分界点,所得结论也相差较大,根据以上研究者的研究结果,作为达西定律的上限临界雷诺数Re在1~5为宜。

如果用式(4.2.37)计算雷诺数,则临界雷诺数有相应的定值,其值为7-9,但实验时需测定土壤的孔隙率。

达西定律适用的流速下限终止于黏性土壤中微小流速的渗流。它是由土壤颗粒周围的结合水薄膜的流变学特性所决定的,因此许多土壤物理研究者根据非饱和土壤水分运动特征,结合达西定律流速下限的物理机制建立了土壤水分运动的两流区模型。一般黏性土壤的渗流,只有在较大的水力坡度作用下突破结合水的堵塞才开始发生渗流,所以存在一个起始坡降J_0问题,如果渗流的水力坡度$J \leq J_0$,就没有渗流发生,只有当$J > J_0$时,才有渗流发生,这时达西定律变为:

$$v = \begin{cases} 0 & J \leq J_0 \\ k(J - J_0) & J > J_0 \end{cases} \quad (4.2.39)$$

式中，起始坡降 J_0 随着黏土密度的增加而增加，随着黏土含水量的增加而减小，密实黏土的起始坡降可达 30 以上。

需要指出，关于黏性土壤起始坡降问题目前的认识并不一致，有的学者认为黏土渗透过程可按达西定律确定，没有起始坡降问题。

达西定律不适应非牛顿流体。对于气体流体，在低密度亦即低压状态下，达西定律也不适应。

4.2.4 土壤水分特征曲线

4.2.4.1 基本定义

土壤水的基质势或土壤水吸力是土壤含水量的函数，它们之间的关系曲线称为土壤水分特征曲线。

土壤水吸力是指基质势的负值，用符号 s 表示，其与基质势的关系为：

$$s = -\psi_m \quad (4.2.40)$$

式（4.2.40）表明，基质势越大，土壤水吸力越小，基质势越小，土壤水吸力越大，所以土壤水是从吸力小向吸力大的方向移动。

土壤水吸力表示土壤基质对水分的吸持作用。当土壤中的水分处于饱和状态时，土壤含水量为饱和含水量 θ_s，基质势为零，即土壤水吸力 $s = 0$，如果对土壤施加微小的吸力，土壤中尚无水排出，这时土壤含水量仍维持饱和含水量 θ_s，当土壤水吸力增加至某一临界值 s_a 后，土壤开始排水，表明土壤最大孔隙中的水分开始向外排出，空气随之进入土壤，相应的土壤含水量开始减小，故称此临界值 s_a 为土壤开始排水的临界吸力值，也称进气吸力或进气值。当土壤水吸力进一步提高，土壤中次大孔隙的水分开始向外排出，土壤含水量进一步减小，随着土壤水吸力的不断增大，土壤中的孔隙由大到小依次不断排水，土壤含水量也不断的降低，当土壤水吸力很大时，只在十分狭小的孔隙中才能保持着极为有限的水分。

4.2.4.2 经验表达式

由实验测得 $S \sim \theta$ 关系后，利用最小二乘法进行拟合，其经验公式主要有：

$$S = a\theta^{-b} \quad (4.2.41)$$

$$\theta = \frac{\theta_s - \theta_r}{[1 + (\alpha |h|^n)]^m} + \theta_r \quad (m = 1 - \frac{1}{n}) \quad (4.2.42)$$

式中：S 为土壤吸力；h 为负压水头；θ、θ_s、θ_r 分别为体积含水率、饱和含水率和残留含水率；a、b、α、m、n 为经验参数。其中 S 和 h 单位常用 cm 水柱。

4.2.4.3 影响因素

土壤水的进气吸力与土壤的质地有关，一般轻质土壤或结构良好的土壤进气吸力较小，重质黏性土壤进气吸力较大。在一定的温度条件下，这种关系仅与土壤本身的特性有关。

图 4.2.9 为土壤水分特征曲线示意图，图中曲线反映了土壤含水量 θ 随着土壤水吸力 s 的增大而减小的规律，但在土壤水吸力 s 小于临界土壤水吸力 s_a 时，土壤水分仍维持饱和含水量 θ_s。

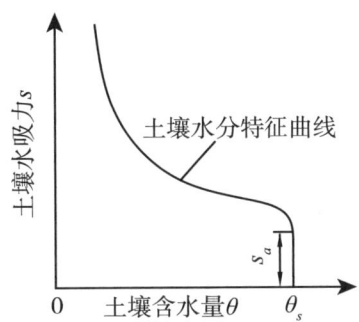

图 4.2.9　土壤水分特征曲线示意图

土壤水分特征关系曲线目前尚不能通过理论分析得出，只能通过实验测定。但已有的研究表明，影响土壤水分特征曲线的因素主要为土壤质地、土壤结构、土壤温度。

土壤质地是指土壤中不同大小直径的矿物颗粒的组合状况。一般黏粒含量越高的土壤，同一吸力下土壤的含水量越大，或同一含水量下其吸力值越大。因此，黏土、砂性黏土、壤土、砂土依次表现为同一吸力条件下，黏土的含水量最大，其次是砂性黏土和壤土，砂土的含水量最小。

土壤结构是指土壤颗粒（包括团聚体）的排列与组合形式。愈密实的土壤，大孔隙数量越小，而中小孔径的孔隙越多，因此，在同一吸力情况下，土壤的干重度越大，相应的含水量越大。

土壤温度影响水的黏滞性和表面张力，温度越高水的黏滞性越小，表面张力也下降，土壤水的基质势相应的增大，土壤水的吸力减小。因此在一定的水势下，温度高时土壤保持的水量较小，反之土壤保持的水量较多。

土壤水分特征曲线具有滞后现象，是指土壤基质势随土壤含水量的变化过程不呈单值函数。许多实验已证实，对于同一土壤，在恒温条件下，土壤吸湿过程和土壤脱湿过程测得的土壤水分特征曲线不重合，土壤吸水曲线和脱水曲线不重合的现象称为滞后现象。土壤水分特征曲线的滞后现象对任何质地的土壤均存在，但滞后影响的程度是不同的，土质越轻，滞后的影响越大，反之则滞后的影响越小。

4.2.4.4 土壤水分特征曲线的应用

① 进行土壤水吸力 S 和含水率 θ 之间的换算。

② 间接地反映出土壤中孔隙大小的分布。

③ 可用来分析不同质地土壤的持水性和土壤水分的有效性。

④ 应用数理方法定量分析土壤水分运动时,水分特征曲线和容水度 C 都是必不可少的重要参数。

容水度(比水容重)C 定义为土壤水分特征曲线斜率的倒数:

$$C = \frac{d\theta}{d\psi_m} = -\frac{d\theta}{ds} \tag{4.2.43}$$

4.2.5 土壤水分扩散度

土壤水扩散度 [diffusivity of soil water,$D(\theta)$] 是指不计重力影响时,水流通量与含水量梯度的比值,亦即单位含水量梯度下的土壤水流通量。将达西定律写成如下形式:

$$q = K(\theta) \frac{\partial \psi_m}{\partial x} = K(\theta) \frac{d\psi_m}{d\theta} \cdot \frac{\partial \theta}{\partial x} \tag{4.2.44}$$

定义:

$$D(\theta) = K(\theta) \frac{d\psi_m}{d\theta} \tag{4.2.45}$$

土壤水分扩散度量纲为 L^2/T,其物理意义为单位含水率梯度下,通过单位面积的土壤水流量。

常用经验表达式:

$$D(\theta) = a e^{b\theta}$$

式中,a、b 为经验系数。

4.3 土壤水分的入渗

入渗是水分垂直的或水平的进入土壤的过程。对于垂直入渗,有许多入渗模型,如 Philip 入渗模型、Green-Ampt 入渗模型、王文焰的浑水入渗模型等。

4.3.1 土壤水分入渗过程描述

Green-Ampt 入渗模型是根据毛细管理论提出的近似入渗模型。这种入渗模型对入渗过程及土壤水分布情况进行分析和概化,有 4 个基本假设:① 土壤初始含水量是均匀分布的,且入渗过程为积水入渗,表面有薄层积水;② 在入渗过程中存在明显的湿润峰,且湿润锋面为水平面;③ 湿润后的土壤其含水量为饱和含水量,导水率为饱和导水率;④ 湿润锋处的土水势为固定不变的。

Green-Ampt 入渗原理如图 4.3.1 所示。设土壤表面积水深度为 H，不随时间而变，湿润锋处土壤水吸力为 s_f，被认为是某一定值，湿润锋的位置为 z，随时间变化。把坐标原点取在地表处，z 向下为正，地表处的总水势为 H，湿润锋面处的总水势为 $-(s_f+z)$，故其水势梯度为 $[-(s_f+z)H]/z$，由达西定律可求出地表处的入渗率（入渗速度）为：

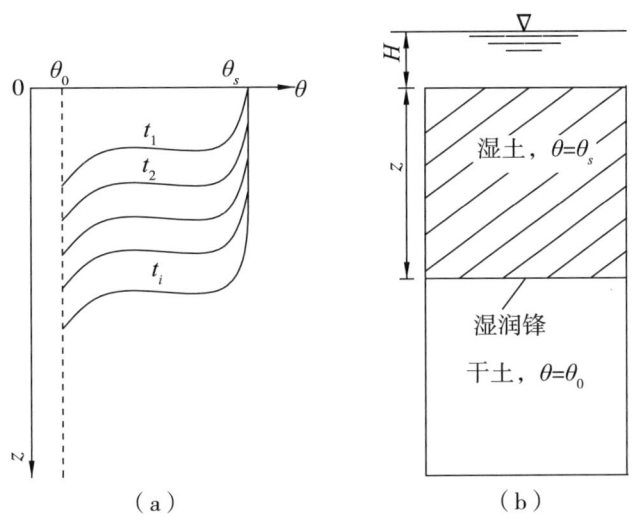

图 4.3.1 Green-Ampt 入渗原理示意图

$$f(t) = K(\theta_s) \frac{z + s_f + H}{z} \tag{4.3.1}$$

式中，$f(t)$ 为入渗率（入渗流速），即单位时间、单位面积土壤表面入渗的水量；$K(\theta_s)$ 为饱和导水率。

式（4.3.1）即为入渗率 $f(t)$ 与湿润锋 z 之间的关系。Green-Ampt 入渗公式中的表面积水深度可以根据实验条件确定，湿润锋深度 z 可以根据累积入渗量确定，累积入渗量为：

$$F(t) = (\theta_s - \theta_0)z \tag{4.3.2}$$

式中，$F(t)$ 为累积入渗量，即一定时段内通过单位土壤表面入渗的累积水量；θ_s 为土壤饱和含水量；θ_0 为初始土壤含水量。

由入渗率与入渗量的关系可得：

$$f(t) = \frac{dF(t)}{dt} = (\theta_s - \theta_0)\frac{dz}{dt} \tag{4.3.3}$$

由式（4.3.1）和式（4.3.3）得：

$$\frac{dz}{dt} = \frac{K(\theta_s)}{\theta_s - \theta_0} \frac{z + s_f + H}{z} \tag{4.3.4}$$

对式 (4.3.4) 积分得：

$$t = \frac{\theta_s - \theta_0}{K(\theta_s)}\left[z - (s_f + H)\ln\frac{z + s_f + H}{s_f + H}\right] \quad (4.3.5)$$

式 (4.3.1)、式 (4.3.2) 和式 (4.3.5) 即为 Green-Ampt 入渗模型的主要入渗关系式。式中 θ_0、θ_s、$K(\theta_s)$ 和 H 为已知，由式 (4.3.5) 可得 z 与 t 的关系，代入式 (4.3.2) 和式 (4.3.3) 可得到 $F(t)$ 与 t 和 $f(t)$ 与 t 的关系。

由于式 (4.3.5) 为隐函数关系式，其中 z 实际上是 t 的函数，因此求解式 (4.3.5) 的解析解是比较困难的。在计算时可以假定 z 求时间 t，也可以假定时间 t 求 z，但要让等式成立就需要试算。是否可以得到累积入渗量和入渗率的显式公式呢？其方法是将式 (4.3.5) 中右端的对数项用泰勒级数展开，设对数项为：

$$f(z) = \ln\frac{z + s_f + H}{s_f + H} = \ln\left(1 + \frac{z}{s_f + H}\right) \quad (4.3.6)$$

将式 (4.3.6) 用泰勒级数展开为：

$$f(z) = \ln\left(1 + \frac{z}{s_f + H}\right) = f(0) + f'(0)z + \frac{1}{2!}f''(0)z^2 + \frac{1}{3!}f'''(0)z^3 + \cdots\cdots$$

$$= 0 + \frac{z}{(s_f + H)} - \frac{1}{2}\left(\frac{z}{(s_f + H)}\right)^2 + \frac{1}{3}\left(\frac{z}{(s_f + H)}\right)^3 + \cdots\cdots \quad (4.3.7)$$

当 $z \ll s_f + H$ 时，作为近似计算，可以取级数的前两项，即：

$$\ln\frac{z + s_f + H}{s_f + H} = \frac{z}{s_f + H} - \frac{1}{2}\left(\frac{z}{s_f + H}\right)^2 \quad (4.3.8)$$

将式 (4.3.8) 代入式 (4.3.5) 得：

$$t = \frac{1}{2}\frac{\theta_s - \theta_0}{K(\theta_s)}\frac{z^2}{s_f + H} \quad (4.3.9)$$

由式 (4.3.9) 解出 z 得：

$$z = \sqrt{\frac{2K(\theta_s)(s_f + H)}{\theta_s - \theta_0}t} \quad (4.3.10)$$

对式 (4.3.10) 求 t 的导数得：

$$\frac{dz}{dt} = \sqrt{\frac{K(\theta_s)(s_f + H)}{2(\theta_s - \theta_0)}}t^{-1/2} \quad (4.3.11)$$

将式 (4.3.10) 代入式 (4.3.2) 得累积入渗量的近似公式为：

$$F(t) = (\theta_s - \theta_0)z = (\theta_s - \theta_0)\sqrt{\frac{2K(\theta_s)(s_f + H)}{\theta_s - \theta_0}t} = \sqrt{2K(\theta_s)(\theta_s - \theta)(s_f + H)t}$$

$$(4.3.12)$$

将式 (4.3.11) 代入式 (4.3.3) 得入渗率的近似计算公式为：

$$f(t) = (\theta_s - \theta_0)\sqrt{\frac{K(\theta_s)(s_f + H)}{2(\theta_s - \theta_0)}}t^{-1/2} = \sqrt{\frac{K(\theta_s)(\theta_s - \theta_0)(s_f + H)}{2t}} \quad (4.3.13)$$

式（4.3.12）和式（4.3.13）均为显式计算公式。其形式与考斯加可夫的公式相同。

如果将式（4.3.10）代入式（4.3.1）可得：

$$f(t) = K(\theta_s) + \sqrt{\frac{K(\theta_s)(\theta_s - \theta_0)(s_f + H)}{2t}} \quad (4.3.14)$$

令 $S = \sqrt{2K(\theta_s)(\theta_s - \theta_0)(s_f + H)}$，则：

$$f(t) = K(\theta_s) + \frac{1}{2}St^{-1/2} \quad (4.3.15)$$

式中，S 为吸渗率；$K(\theta_s)$ 为饱和导水率，在此可以看作是稳渗率。

式（4.3.15）与 Philip 的入渗率公式形式相同。

为了提高计算精度，可以取级数的前三项作为近似计算，则：

$$\ln\left(\frac{z + s_f + H}{s_f + H}\right) = \frac{z}{(s_f + H)} - \frac{1}{2}\left(\frac{z}{s_f + H}\right)^2 + \frac{1}{3}\left(\frac{z}{s_f + H}\right)^3 \quad (4.3.16)$$

将式（4.3.16）代入式（4.3.5）整理得：

$$z^3 - \frac{3}{2}(s_f + H)z^2 + \frac{3K(\theta_s)(s_f + H)^2 t}{\theta_s - \theta_0} = 0 \quad (4.3.17)$$

式（4.3.17）为 3 次代数方程，可以按照卡尔丹诺的方法求解，略去求解过程得：

$$z = 2\sqrt{-p}\cos\left(\frac{\alpha}{3} + \frac{4\pi}{3}\right) + \frac{1}{2}(s_f + H) \quad (4.3.18)$$

$$\alpha = \arccos\left(\frac{q}{p\sqrt{-p}}\right) \quad (4.3.19)$$

$$q = -\frac{1}{8}(s_f + H)^3 + \frac{3}{2}\frac{K(\theta_s)(s_f + H)^2 t}{\theta_s - \theta_0} \quad (4.3.20)$$

$$p = -\frac{1}{4}(s_f + H)^2 \quad (4.3.21)$$

将式（4.3.21）代入式（4.3.18）得：

$$z = (s_f + H)\cos\left(\frac{\alpha}{3} + \frac{4\pi}{3}\right) + \frac{1}{2}(s_f + H) \quad (4.3.22)$$

将式（4.3.20）和式（4.3.21）代入式（4.3.19）得：

$$\alpha = \arccos\left(1 - \frac{12K(\theta_s)t}{(\theta_s - \theta_0)(s_f + H)}\right) \quad (4.3.23)$$

将式（4.3.22）代入式（4.3.1）和式（4.3.2）得入渗率和累积入渗量的计算公

式为：

$$f(t) = K(\theta_s) + \frac{2K(\theta_s)}{1 + 2\cos(\alpha/3 + 4\pi/3)} \quad (4.3.24)$$

$$F(t) = (\theta_s - \theta_0)(s_f + H)\left[\cos\left(\frac{\alpha}{3} + \frac{4\pi}{3}\right) + \frac{1}{2}\right] \quad (4.3.25)$$

算例：已知某土壤饱和含水量 $\theta_s = 47.16\%$，初始含水量 $\theta_0 = 28.0\%$，饱和导水率 $K(\theta_s) = 0.163\,5\text{mm/min}$，吸力 $s_f = 1\,550\text{mm}$，积水深度 $H = 100\text{mm}$，试求入渗过程湿润锋 z 随入渗时间 t 的变化关系和土壤入渗率的表达式。

将 $\theta_s = 47.16\%$，$\theta_0 = 28.0\%$，$K(\theta_s) = 0.163\,5\text{mm/min}$，$s_f = 1\,550\text{mm}$，$H = 100\text{mm}$ 代入式（4.3.5）得：

$$t = 1.172\left(z - 1\,650\ln\frac{z + 1\,650}{1\,650}\right)$$

假设一个 z 求得 t，计算结果如表4.3.1所示。为了比较，还利用表4.3.1中求出的时间 t，用式（4.3.10）和式（4.3.22）分别计算了湿润锋 z，计算结果亦列入表4.3.1中，表中的误差分别为式（4.3.10）和式（4.3.22）与式（4.3.5）的误差。由表4.3.1可以看出，如果以式（4.3.5）的计算结果为标准，则式（4.3.10）和式（4.3.22）的误差均随着湿润锋的增加而增大，且式（4.3.10）的误差大于式（4.3.22）的误差，在计算的范围内，式（4.3.10）的最大误差为8.616%，式（4.3.22）的最大误差为2.643%。由此可以看出，用式（4.3.22）代替式（4.3.5），既可以避免试算的困难，而且计算精度也较高，建议采用式（4.3.22）计算湿润锋，用式（4.3.24）和式（4.3.25）计算入渗率和累积入渗量。

表4.3.1　z 和 t 的关系

t/min	式(4.3.5) z/mm	式(4.3.10) z/mm	误差 %	式(4.3.22) z/mm	误差 %	t/min	式(4.3.5) z/mm	式(4.3.10) z/mm	误差 %	式(4.3.22) z/mm	误差 %
0.000	0	0.00	0.000	0.00	0.523	21.751	260	247.49	4.812	261.71	-0.659
0.035	10	9.93	0.722	9.95	-0.036	23.373	270	256.55	4.981	271.92	-0.713
0.141	20	19.93	0.368	20.01	-0.043	25.047	280	265.58	5.150	282.15	-0.768
0.316	30	29.83	0.565	30.01	0.000	26.773	290	274.58	5.318	292.39	-0.825
0.559	40	39.68	0.811	40.00	-0.009	28.551	300	283.55	5.484	302.66	-0.886
0.870	50	49.50	1.006	50.00	-0.024	30.379	310	292.49	5.650	312.94	-0.948
1.248	60	59.28	1.196	60.01	-0.065	32.258	320	301.40	5.814	323.24	-1.013
1.693	70	69.05	1.361	70.05	-0.063	34.187	330	310.28	5.977	333.57	-1.081

（续表）

t/min	式 (4.3.5) z/mm	式 (4.3.10) z/mm	误差 %	式 (4.3.22) z/mm	误差 %	t/min	式 (4.3.5) z/mm	式 (4.3.10) z/mm	误差 %	式 (4.3.22) z/mm	误差 %
2.202	80	78.75	1.568	80.05	−0.077	36.164	340	319.12	6.141	343.91	−1.150
2.776	90	88.42	1.761	90.07	−0.095	38.191	350	327.94	6.302	354.28	−1.222
3.414	100	98.05	1.949	100.10	−0.114	40.266	360	336.73	6.463	364.67	−1.297
4.115	110	107.65	2.139	110.13	−0.140	42.389	370	345.50	6.622	375.09	−1.375
4.879	120	117.22	2.321	120.17	−0.161	44.560	380	354.23	6.780	385.53	−1.456
5.704	130	126.74	2.509	130.21	−0.192	46.777	390	362.94	6.939	396.00	−1.538
6.591	140	136.24	2.688	140.27	−0.215	49.041	400	371.62	7.095	406.50	−1.624
7.537	150	145.69	2.876	150.32	−0.248	51.350	410	380.27	7.252	417.02	−1.712
8.544	160	155.11	3.054	160.40	−0.278	53.706	420	388.89	7.407	427.58	−1.804
9.609	170	164.50	3.237	170.47	−0.313	56.106	430	397.49	7.561	438.16	−1.897
10.733	180	173.85	3.416	180.56	−0.350	58.551	440	406.06	7.715	448.78	−1.994
11.915	190	183.17	3.592	190.67	−0.385	61.041	450	414.60	7.867	459.43	−2.095
13.153	200	192.46	3.772	200.77	−0.425	63.574	460	423.11	8.019	470.11	−2.198
14.448	210	201.71	3.949	210.89	−0.470	66.151	470	431.60	8.169	480.83	−2.305
15.800	220	210.93	4.121	221.03	−0.513	68.771	480	440.07	8.319	491.59	−2.414
17.206	230	220.12	4.296	231.18	−0.560	71.433	490	448.51	8.468	502.38	−2.527
18.667	240	229.27	4.469	241.34	−0.608	74.138	500	456.92	8.616	513.22	−2.643
20.182	250	238.40	4.641	251.52	0.523						

将有关参数代入式（4.3.23）、式（4.3.24）和式（4.3.25）得：

$$\alpha = \arccos\left[1 - \frac{12K(\theta_s)t}{(\theta_s - \theta_0)(s_f + H)}\right] = \arccos\left(1 - \frac{1.962t}{316.14}\right)$$

$$f(t) = 0.1635 + \frac{0.327}{1 + 2\cos\left[\frac{\arccos(1 - 1.962t/316.14)}{3} + \frac{4\pi}{3}\right]}$$

$$F(t) = 323.4\left\{\cos\left[\frac{\arccos(1 - 1.962t/316.14)}{3} + \frac{4\pi}{3}\right] + \frac{1}{2}\right\}$$

4.3.2 土壤水分水平入渗过程模拟

在土水势的作用下水分在土壤中沿水平方向的入渗过程称为水平入渗。

对于一个半无限长的土柱，假定土壤初始含水量为均匀分布，则水平入渗的

Richards 定解方程以及边界条件可表示如下：

定解方程：

$$\frac{\partial \theta}{\partial t} = \frac{\partial}{\partial x}\left[D(\theta)\frac{\partial \theta}{\partial x}\right] \tag{4.3.26}$$

边界条件：

$$\begin{cases} \theta(x, 0) = \theta_0 \\ \theta(0, t) = \theta_s \\ \theta(\infty, t) = \theta_0 \end{cases} \tag{4.3.27}$$

式中，$D(\theta)$ 为土壤水分运动的扩散率；θ 为土壤的含水量；θ_0 为初始土壤含水量；θ_s 为进水端的边界土壤含水量，一般为饱和含水量；t 为时间；x 为水平方向的坐标。

土壤水分运动的扩散率 $D(\theta)$ 不为常数，可以利用微分法则分析得到 $D(\theta)$ 与土壤含水量 θ、时间 t 和距离 x 的函数关系。

以水平距离 x 为因变量，X 为土壤含水量 θ 和时间 t 的函数，表示成 $X(\theta, t)$ 为未知函数，已知 $\theta = \theta(x, t)$，在 $\partial\theta/\partial x$ 不等于零处，也即在含水量不随距离变化的位置范围内，对于初始含水量分布一致的土体标本来讲，位置坐标 x 可以通过入渗后湿润锋范围以内的土壤含水量分布曲线函数 $X(\theta, t)$ 来确定，也即在入渗湿润段范围内某点位置 $x = X(\theta, t)$，而对于湿润锋未达到的位置范围，因为 $X(\theta, t)$ 不由含水量 θ 和时间 t 决定，$x \neq X(\theta, t)$。所以在已湿润范围内水平距离 x 的函数关系可以写成为：

$$x - X(\theta, t) \equiv 0 \tag{4.3.28}$$

对式（4.3.28）求 x 的偏导数，t 作为常数看待，其对 x 的偏导数为 0，结果为：

$$1 - \frac{\partial X(\theta, t)}{\partial \theta}\frac{\partial \theta}{\partial x} = 0$$

对式（4.3.28）求 t 的偏导数，x 作为常数看待，其对 t 的偏导数为 0，结果为：

$$-\left[\frac{\partial X(\theta, t)}{\partial \theta}\frac{\partial \theta}{\partial t} + \frac{\partial X(\theta, t)}{\partial t}\right] = 0$$

由以上两式可得：

$$\frac{\partial \theta}{\partial x} = 1 \bigg/ \frac{\partial X(\theta, t)}{\partial \theta} \tag{4.3.29}$$

$$\frac{\partial \theta}{\partial t} = -\frac{\partial X(\theta, t)}{\partial t} \bigg/ \frac{\partial X(\theta, t)}{\partial \theta} \tag{4.3.30}$$

因为在 $\partial\theta/\partial x$ 不等于零范围内，$x = X(\theta, t)$，因此式（4.3.29）和式（4.3.30）中 $X(\theta, t)$ 就可以用 x 替代，即式（4.3.29）和式（4.3.30）可以写成：

$$\frac{\partial \theta}{\partial x} = 1 \bigg/ \frac{\partial x}{\partial \theta} \tag{4.3.31}$$

$$\frac{\partial \theta}{\partial t} = -\frac{\partial x}{\partial t} \Big/ \frac{\partial x}{\partial \theta} \qquad (4.3.32)$$

将式（4.3.31）和式（4.3.32）代入式（4.3.26）得以 x 为因变量的方程为：

$$\frac{\partial x}{\partial t} = -\frac{\partial}{\partial \theta}\left[\frac{D(\theta)}{\partial x/\partial \theta}\right] \qquad (4.3.33)$$

Boltzman 假设方程（4.3.33）有解，该解分别是由两个独立变量 θ 和 t 各自的独立函数相乘得到，即：

$$x = \eta(\theta)s(t) \qquad (4.3.34)$$

对式（4.3.34）中的 $\eta(\theta)$ 和 $s(t)$ 求偏导数得：

$$\frac{\partial x}{\partial t} = \frac{\mathrm{d}[\eta(\theta)s(t)]}{\mathrm{d}t} = \eta(\theta)\frac{\mathrm{d}s(t)}{\mathrm{d}t} \qquad (4.3.35)$$

$$\frac{\partial x}{\partial \theta} = s(t)\frac{\mathrm{d}\eta(\theta)}{\mathrm{d}\theta} \qquad (4.3.36)$$

将式（4.3.35）和式（4.3.36）代入式（4.3.33）得：

$$s(t)\frac{\mathrm{d}s(t)}{\mathrm{d}t} = -\frac{1}{\eta(\theta)}\frac{\partial}{\partial \theta}\left[\frac{D(\theta)}{\mathrm{d}\eta(\theta)/\mathrm{d}\theta}\right] \qquad (4.3.37)$$

式（4.3.37）的左端为 t 的函数，右端为 θ 的函数，即该式对任一 t 和 θ 均成立。可见等式两端必为同一常数，设该常数为 a，故式（4.3.37）可以写成：

$$s(t)\frac{\mathrm{d}s(t)}{\mathrm{d}t} = -\frac{1}{\eta(\theta)}\frac{\mathrm{d}}{\mathrm{d}\theta}\left[D(\theta)\Big/\frac{\mathrm{d}\eta(\theta)}{\mathrm{d}\theta}\right] = a \qquad (4.3.38)$$

由此得：

$$s(t)\frac{\mathrm{d}s(t)}{\mathrm{d}t} = a \qquad (4.3.39)$$

$$-\frac{1}{\eta(\theta)}\frac{\mathrm{d}}{\mathrm{d}\theta}\left[D(\theta)\Big/\frac{\mathrm{d}\eta(\theta)}{\mathrm{d}\theta}\right] = a \qquad (4.3.40)$$

对式（4.3.40）积分得：

$$s(t) = [2a(t+c_1)]^{1/2} \qquad (4.3.41)$$

式中，c_1 为积分常数。

将式（4.3.41）代入式（4.3.40）中得：

$$x = \eta(\theta)[2a(t+c_1)]^{1/2} \qquad (4.3.42)$$

引入参数 $\lambda(\theta) = (2a)^{1/2}\eta(\theta)$，代入式（4.3.42）得：

$$x = \lambda(\theta)(t+c_1)^{1/2} \qquad (4.3.43)$$

由式（4.3.42）的第二个边界条件，当 $t > 0$，$x = 0$ 时，$\theta = \theta_s$，代入式（4.3.43）可得：

$$0 = \lambda(\theta_s)(t+c_1)^{1/2} \qquad (4.3.44)$$

因为式（4.3.44）中的 $t+c_1 \neq 0$，所以：

$$\lambda(\theta_s) = 0 \tag{4.3.45}$$

由式（4.3.27）的第一个边界条件，当 $t=0$，$x>0$ 时，$\theta=\theta_0$，代入式（4.3.43）可得：

$$\lambda(\theta_0) = x/\sqrt{c_1} \tag{4.3.46}$$

由此可知 c_1 必为 0 或 ∞，当 $c_1 \to \infty$ 时，$\lambda(\theta_0)=0$，结果是 $\theta_0=\theta_s$，为饱和稳定流动，与所讨论的问题不符。故 $c_1=0$，即：

$$\lambda(\theta_0) = \infty \tag{4.3.47}$$

将 $c_1=0$ 代入式（4.3.43）得：

$$x = \lambda(\theta) t^{1/2} \tag{4.3.48}$$

或

$$\lambda(\theta) = x t^{-1/2} \tag{4.3.49}$$

式（4.3.48）和式（4.3.49）即为 Boltzman 变换。

对式（4.3.48）的土壤含水量 θ 和时间 t 求导数，即：

$$\frac{dx}{d\theta} = t^{1/2} \frac{d\lambda(\theta)}{d\theta} \tag{4.3.50}$$

$$\frac{dx}{dt} = \frac{1}{2}\lambda(\theta) t^{-1/2} \tag{4.3.51}$$

将式（4.3.50）和式（4.3.51）代入式（4.3.33），并将偏微分方程写成常微分方程得：

$$-\frac{1}{2t^{1/2}}\lambda(\theta) = \frac{d}{d\theta}\left[\frac{D(\theta)}{t^{1/2} d\lambda(\theta)/d\theta}\right] \tag{4.3.52}$$

整理式（4.3.52）得：

$$\lambda(\theta) d\theta = -2d\left[\frac{D(\theta) d\theta}{d\lambda(\theta)}\right] \tag{4.3.53}$$

对式（4.3.53）积分得：

$$\int_{\theta_0}^{\theta} \lambda(\theta) d\theta = -2D(\theta)\left[\frac{d\theta}{d\lambda(\theta)}\right] \tag{4.3.54}$$

由于式（4.3.54）中的 $\lambda(\theta)$ 为坐标 x 和时间 t 的函数，所以式（4.3.54）表示了土壤含水量 θ 随时间 t 和入渗距离 x 的变化关系。

由式（4.3.54）可得：

$$D(\theta) = -\frac{1}{2}\frac{d\lambda(\theta)}{d\theta}\int_{\theta_0}^{\theta} \lambda(\theta) d\theta \tag{4.3.55}$$

$\lambda(\theta)$ 难以表达成一个解析式，在实用上常将式（4.3.55）改写成差分形式，即：

$$D(\theta_i) = -\frac{1}{2}\frac{\Delta\lambda(\theta_i)}{\Delta\theta_i}\sum_{\theta_0}^{\theta} \lambda(\theta_i) \Delta\theta_i \tag{4.3.56}$$

将式（4.3.48）的 $\lambda(\theta) = xt^{-1/2}$ 代入式（4.3.31）得：

$$D(\theta_i) = -\frac{1}{2}\frac{\Delta(x_i t^{-1/2})}{\Delta\theta_i}\sum_{\theta_0}^{\theta}(x_i t^{-1/2})\Delta\theta_i = -\frac{1}{2t}\frac{\Delta x_i}{\Delta\theta_i}\sum_{\theta_0}^{\theta}x_i\Delta\theta_i \quad (4.3.57)$$

式（4.3.57）即为土壤水分运动的扩散率 $D(\theta)$ 与土壤含水量 θ、入渗距离 x 和时间 t 的差分解关系式。

式（4.3.57）的计算过程如下：

$$D(\theta_1) = -\frac{1}{2t}\frac{\Delta x_1}{\Delta\theta_1}x_1\Delta\theta_1 \quad (4.3.58)$$

$$D(\theta_2) = -\frac{1}{2t}\frac{\Delta x_2}{\Delta\theta_2}(x_1\Delta\theta_1 + x_2\Delta\theta_2) \quad (4.3.59)$$

$$D(\theta_3) = -\frac{1}{2t}\frac{\Delta x_3}{\Delta\theta_3}(x_1\Delta\theta_1 + x_2\Delta\theta_2 + x_3\Delta\theta_3) \quad (4.3.60)$$

$$D(\theta_i) = -\frac{1}{2t}\frac{\Delta x_i}{\Delta\theta_i}(x_1\Delta\theta_1 + x_2\Delta\theta_2 + x_3\Delta\theta_3 + \cdots + x_i\Delta\theta_i) \quad (4.3.61)$$

对于水平入渗，土壤累积入渗量和入渗率的计算方法如下。

Philip 采用 Boltzman 变换，给出了土壤累积入渗量和入渗率公式。累积入渗量公式为：

$$F(t) = \int_0^\infty (\theta_s - \theta_0)\,\mathrm{d}x = \int_{\theta_0}^{\theta_s} x\,\mathrm{d}\theta \quad (4.3.62)$$

将 Boltzman 变换 $x = \lambda(\theta)t^{1/2}$ 代入式（4.3.37）得：

$$F(t) = \int_{\theta_0}^{\theta_s} x\,\mathrm{d}\theta = \int_{\theta_0}^{\theta_s} \lambda(\theta)t^{1/2}\,\mathrm{d}\theta \quad (4.3.63)$$

令 $S = \int_{\theta_0}^{\theta_s}\lambda(\theta)\,\mathrm{d}\theta$，则式（4.3.63）变为：

$$F(t) = St^{1/2} \quad (4.3.64)$$

式中，S 称为吸水系数或吸渗率，为常数。

入渗率 $f(t)$ 为：

$$f(t) = \frac{\mathrm{d}F(t)}{\mathrm{d}t} = \frac{1}{2}St^{-1/2} \quad (4.3.65)$$

式（4.3.64）和式（4.3.65）称为 Philip 土壤累积入渗量和入渗率公式。

4.3.3 土壤水分垂直入渗过程模拟

4.3.3.1 土壤垂直一维入渗的 Philip 模型

土壤垂直一维入渗的 Richards 定解方程和定解条件为

定解方程：

$$\frac{\partial \theta}{\partial t} = \frac{\partial}{\partial z}\left[D(\theta)\frac{\partial \theta}{\partial z}\right] - \frac{\partial K(\theta)}{\partial z} \tag{4.3.66}$$

定解条件：

$$\begin{cases} t = 0, z \geqslant 0, \theta = \theta_0 \\ t > 0, z = 0, \theta = \theta_s \\ t > 0, z \to \infty, \theta = \theta_0 \end{cases} \tag{4.3.67}$$

式中，$D(\theta)$ 为土壤水分运动的扩散率；$K(\theta)$ 为土壤非饱和导水率；θ 为土壤含水量；θ_0 为土壤的初始含水量；θ_s 为进水边界端的土壤含水量或饱和含水量；t 为入渗时间；z 为土壤的垂向入渗方向或垂向坐标，向下为正。

对式（4.3.66）左侧利用微分法则可以得到：

$$\frac{\partial \theta}{\partial t} = -\frac{\partial z(\theta, t)}{\partial t} \bigg/ \frac{\partial z(\theta, t)}{\partial \theta} \tag{4.3.68}$$

$\partial \theta/\partial z(\theta, t)$ 可以写成：

$$\frac{\partial \theta}{\partial z(\theta, t)} = 1 \bigg/ \frac{\partial z(\theta, t)}{\partial \theta} \tag{4.3.69}$$

将式（4.3.68）、式（4.3.69）代入式（4.3.66）得：

$$-\frac{\partial z(\theta, t)}{\partial t} = \frac{\partial}{\partial \theta}\left[\frac{D(\theta)}{\partial z(\theta, t)/\partial \theta}\right] - \frac{\mathrm{d}K(\theta)}{\mathrm{d}\theta} \tag{4.3.70}$$

Philip 借用了一维水平入渗过程 Boltzman 变换的基本思想，同时认为土壤含水量和时间是相互独立的函数，因此提出了一个级数解法，假设：

$$z(\theta, t) = \varphi_1(\theta)t^{1/2} + \varphi_2(\theta)t + \varphi_3(\theta)t^{3/2} + \varphi_4(\theta)t^2 + \cdots = \sum_{i=1}^{\infty}\varphi_i(\theta)t^{i/2} \tag{4.3.71}$$

式中，$\varphi_i(\theta)$ 为土壤含水量 θ 的函数。

对于垂直入渗，累积入渗量可表示为：

$$F(t) = \int_{\theta_0}^{\theta_s} z(\theta, t)\mathrm{d}\theta + K(\theta_0)t \tag{4.3.72}$$

式中，右端第 1 项为土壤剖面中土壤水的增量；第 2 项为下边界的重力下渗量；$K(\theta_0)$ 为初始含水量相应的导水率。

将式（4.3.71）代入式（4.3.72）得累积入渗量为：

$$\begin{aligned}F(t) &= \int_{\theta_0}^{\theta_s} z(\theta, t)\mathrm{d}\theta + K(\theta_0)t \\ &= \int_{\theta_0}^{\theta_s}\left[\varphi_1(\theta)t^{1/2} + \varphi_2(\theta)t + \varphi_3(\theta)t^{3/2} + \varphi_4(\theta)t^2 + \cdots\right]\mathrm{d}\theta + K(\theta_0)t\end{aligned} \tag{4.3.73}$$

Philip 认为，由于这种级数收敛较快，一般取前 4 项就能达到足够的精度。作为一种近似计算，取级数的前 4 项得：

$$F(t) = \int_{\theta_0}^{\theta_s} [\varphi_1(\theta) t^{1/2} + \varphi_2(\theta) t + \varphi_3(\theta) t^{3/2} + \varphi_4(\theta) t^2] d\theta + K(\theta_0) t \quad (4.3.74)$$

如果令 $\int_{\theta_0}^{\theta_s} \varphi_1(\theta) d\theta = A_1$，$\int_{\theta_0}^{\theta_s} \varphi_2(\theta) d\theta = A_2$，$\int_{\theta_0}^{\theta_s} \varphi_3(\theta) d\theta = A_3$，$\int_{\theta_0}^{\theta_s} \varphi_4(\theta) d\theta = A_4$，则

$$F(t) = A_1 t^{1/2} + [A_2 + K(\theta_0)] t + A_3 t^{3/2} + A_4 t^2 \quad (4.3.75)$$

土壤入渗率为：

$$f(t) = \frac{dF(t)}{dt} = \frac{1}{2} A_1 t^{-1/2} + [A_2 + K(\theta_0)] + \frac{3}{2} A_3 t^{1/2} + 2 A_4 t \quad (4.3.76)$$

式中，$\varphi_1(\theta)$ 实际上就是水平入渗引入的参数 $\lambda(\theta)$。

式 (4.3.71) 等式右端的第一项可以写成：

$$\frac{\partial}{\partial \theta}\left[\frac{D(\theta)}{\partial z(\theta, t)/\partial \theta}\right] = \left[\frac{\partial D(\theta)}{\partial \theta} \Big/ \frac{\partial z(\theta, t)}{\partial \theta} - D(\theta) \frac{\partial z^2(\theta, t)}{\partial \theta^2}\right] \Big/ \left[\frac{\partial z(\theta, t)}{\partial \theta}\right]^2$$

$$(4.3.77)$$

将式 (4.3.77) 代入式 (4.3.70) 得：

$$D(\theta) \frac{\partial^2 z(\theta, t)}{\partial \theta^2} + \left[\frac{dK(\theta)}{d\theta} - \frac{\partial z(\theta, t)}{\partial t}\right] \left[\frac{\partial z(\theta, t)}{\partial \theta}\right]^2 - \frac{dD(\theta)}{d\theta} \frac{\partial z(\theta, t)}{\partial \theta} = 0$$

$$(4.3.78)$$

对式 (4.3.71) 的 $\varphi_i(\theta)$ 求导数：

$$\frac{z(\theta, t)}{\partial \theta} = \frac{\partial \varphi_1(\theta)}{\partial \theta} t^{1/2} + \frac{\partial \varphi_2(\theta)}{\partial \theta} t + \frac{\partial \varphi_3(\theta)}{\partial \theta} t^{3/2} + \cdots = \sum_{i=1}^{\infty} \frac{\partial \varphi_i(\theta)}{\partial \theta} t^{i/2} \quad (4.3.79)$$

对式 (4.3.79) 的两端平方得：

$$\left[\frac{2(\theta, t)}{\partial \theta}\right]^2 = \left[\frac{\partial \varphi_1(\theta)}{\partial \theta}\right]^2 t + 2 \frac{\partial \varphi_1(\theta)}{\partial \theta} \frac{\partial \varphi_2(\theta)}{\partial \theta} t^{3/2} + \left\{2 \frac{\partial \varphi_1(\theta)}{\partial \theta} \frac{\partial \varphi_3(\theta)}{\partial \theta} + \left[\frac{\partial \varphi_2(\theta)}{\partial \theta}\right]^2\right\} t^2 + 2\left[\frac{\partial \varphi_1(\theta)}{\partial \theta} \frac{\partial \varphi_4(\theta)}{\partial \theta} + \frac{\partial \varphi_2(\theta)}{\partial \theta} \frac{\partial \varphi_3(\theta)}{\partial \theta}\right] t^{5/2} + \cdots$$

$$(4.3.80)$$

对式 (4.3.79) 的 $\varphi_i(\theta)$ 求二次导数得：

$$\frac{z^2(\theta, t)}{\partial \theta^2} = \frac{\partial^2 \varphi_1(\theta)}{\partial \theta^2} t^{1/2} + \frac{\partial^2 \varphi_2(\theta)}{\partial \theta^2} t + \frac{\partial^2 \varphi_3(\theta)}{\partial \theta^2} t^{3/2} + \cdots = \sum_{i=1}^{\infty} \frac{\partial^2 \varphi_i(\theta)}{\partial \theta^2} t^{i/2} \quad (4.3.81)$$

对式 (4.3.71) 的时间 t 求一次导数得：

$$\frac{z(\theta, t)}{\partial t} = \frac{1}{2} \varphi_1(\theta) t^{-1/2} + \varphi_2(\theta) + \frac{3}{2} \varphi_3(\theta) t^{1/2} + \cdots = \sum_{i=1}^{\infty} \frac{i}{2} \varphi_i(\theta) t^{i/2-1} \quad (4.3.82)$$

将式 (4.3.80)、式 (4.3.81) 和式 (4.3.82) 代入式 (4.3.78)，并注意到 $\varphi_i(\theta)$ 是含水量 θ 的函数，式中的 $\partial \varphi_i(\theta)/\partial \theta = d\varphi_i(\theta)/d\theta$，$\partial^2 \varphi_i(\theta)/\partial \theta^2 = d^2 \varphi_i(\theta)/d\theta^2$，由

此得：

$$\{D(\theta)\frac{d^2\varphi_1(\theta)}{d\theta^2} - \frac{dD(\theta)}{d\theta}\frac{d\varphi_1(\theta)}{d\theta} - \frac{\varphi_1(\theta)}{2}[\ ]^2\}t^{1/2} +$$

$$\{D(\theta)\frac{d^2\varphi_2(\theta)}{d\theta^2} + \frac{dK(\theta)}{d\theta}[\ ]^2 - $$ (4.3.83)

$$\frac{dD(\theta)}{d\theta}\frac{d\varphi_2(\theta)}{d\theta} - \varphi_1(\theta)\frac{d\varphi_1(\theta)}{d\theta}\frac{d\varphi_2(\theta)}{d\theta} - \varphi_2[\ ]^2\}t + \cdots = 0$$

式中，t 可取任意值，因此要使式 (4.3.83) 等于零，各项系数必为零，由此条件可得：

$$D(\theta)\frac{d^2\varphi_1(\theta)}{d\theta^2} - \frac{dD(\theta)}{d\theta}\frac{d\varphi_1(\theta)}{d\theta} - \frac{\varphi_1(\theta)}{2}\left[\frac{d\varphi_1(\theta)}{d\theta}\right]^2 = 0 \quad (4.3.84)$$

式 (4.3.84) 除以 $[d\varphi_1(\theta)/d\theta]^2$ 得：

$$D(\theta)\frac{d^2\varphi_1(\theta)}{d\theta^2}\bigg/\left[\frac{d\varphi_1(\theta)}{d\theta}\right]^2 - \frac{dD(\theta)}{d\theta}\bigg/\frac{d\varphi_1(\theta)}{d\theta} - \frac{1}{2}\varphi_1(\theta) = 0 \quad (4.3.85)$$

因为 $\dfrac{d}{d\theta}\left[\dfrac{D(\theta)}{(d\varphi_1(\theta)/d\theta)}\right] = \dfrac{dD(\theta)}{d\theta}\bigg/\left(\dfrac{d\varphi_1(\theta)}{d\theta}\right) - D(\theta)\dfrac{d^2\varphi_1(\theta)}{d\theta^2}\bigg/\left[\dfrac{d\varphi_1(\theta)}{d\theta}\right]^2$，所以：

$$D(\theta)\frac{d^2\varphi_1(\theta)}{d\theta^2}\bigg/\left[\frac{d\varphi_1(\theta)}{d\theta}\right]^2 = \frac{dD(\theta)}{d\theta}\bigg/\left(\frac{d\varphi_1(\theta)}{d\theta}\right) - \frac{d}{d\theta}\left[\frac{D(\theta)}{(d\varphi_1(\theta)/d\theta)}\right] \quad (4.3.86)$$

将式 (4.3.86) 代入式 (4.3.85) 可得：

$$\varphi_1(\theta) = -2\frac{d}{d\theta}\left[\frac{D(\theta)}{d\varphi_1(\theta)/d\theta}\right] \quad (4.3.87)$$

由此可得，Philip 垂直入渗解的式 (4.3.71) 中的第一项 $\varphi_1(\theta)t^{1/2}$ 表示的是忽略重力作用后的水平入渗解。

令 $S = A_1 = \int_{\theta_0}^{\theta_s}\varphi_1(\theta)d\theta$，$S$ 仍称为吸水系数或吸渗率，在实用上，通常取式 (4.3.75) 和式 (4.3.76) 的前两项，并设 $A_2 + K(\theta_0) = A$，则：

$$F(t) = St^{1/2} + At \quad (4.3.88)$$

$$f(t) = \frac{1}{2}St^{-1/2} + A \quad (4.3.89)$$

式中，A 称为稳渗率。

当应用 Philip 公式解决实际问题时，吸渗率 S 和常数 A 根据入渗实验实测数据求出。

Philip 的垂直入渗公式是对半无限均质土壤、在初始含水量分布均匀、有薄层积水条件下求得的，因此该入渗公式只适用于均质土壤一维垂直入渗的情况。另外，随着时间的增加，级数的收敛性越来越差，当时间很大时级数有可能不收敛。所以 Philip 的级数公式只适用于入渗时间不很长的情况。

Philip 的土壤垂直入渗计算实例：

已知土的干重度 $\gamma_s = 1.35\text{g}/\text{cm}^3$，垂直土柱直径为 11.8cm，土柱段长度为 80cm，土柱土壤上表面积水深度为 5cm，马氏瓶直径为 9.2cm，实验时间为 $t = 1\,200\text{min}$，土壤的初始含水量为 $\theta_0 = 0.030\,5$，饱和含水量为 $\theta_0 = 0.460$，实测土壤含水量、供水量、湿润锋随时间的关系如表 4.3.2 所示。

（1）吸渗率 S 计算

吸渗率 S 计算如表 4.3.2 所示。在计算时，表中第 1 列为实测湿润锋 z；第 2 列为实测的入渗时间 t；第 3 列为土壤含水量 θ。第 4 列为 $\varphi_1 = zt^{-1/2}$；第 5 列为 $\Delta\theta$，即表中第 3 列数据的第 2 行减去第 1 行，第 3 行减去第 2 行的结果，以此类推；第 6 列为 $\overline{\varphi_1}$，$\overline{\varphi_1}$ 为 φ_1 的算术平均值，即表中第 4 列数据的第 2 行与第 1 行的算术平均值，第 3 行与第 2 行的算术平均值的结果，以此类推；第 7 列 $\overline{\varphi_1}\Delta\theta$；第 8 列为 $\sum\overline{\varphi_1}\Delta\theta$；第 9 列为入渗量 V，即马氏瓶水面下降高度与马氏瓶断面面积的乘积除以土柱的截面面积。

垂直入渗吸渗率 $S = \int_{\theta_i}^{\theta_s}\varphi_1(\theta)\mathrm{d}\theta = \sum_{\theta_0}^{\theta_s}\varphi_1(\theta)\Delta\theta$，由表 4.3.2 可以看出，表中的第 8 列最后一行即为所得吸渗率 $S = 0.627\,5$。

表 4.3.2　吸渗率 S 计算

z/cm	t/min	θ/(cm³/cm³)	$\varphi_1 = zt^{-1/2}$/(cm/min$^{1/2}$)	$\Delta\theta$/(cm³/cm³)	$\overline{\varphi_1}$/(cm/min$^{1/2}$)	$\overline{\varphi_1}(\theta)\Delta\theta$/(cm/min$^{1/2}$)	$\sum\overline{\varphi_1}(\theta)\Delta\theta$/(cm/min$^{1/2}$)	入渗量 (V)/(cm³/cm²)
50.8	1 200.00	0.030 5	1.466 5					21.313
50.0	1 160.92	0.326	1.467 5	0.295 5	1.467 0	0.433 5	0.433 5	20.913
47.5	1 057.92	0.370	1.460 4	0.044	1.463 9	0.064 5	0.497 9	19.832
45.0	963.80	0.400	1.449 5	0.030	1.454 9	0.043 6	0.541 6	15.380
42.5	869.69	0.420	1.441 1	0.020	1.445 3	0.028 9	0.570 5	17.726
40.0	776.37	0.432	1.435 6	0.012	1.438 6	0.017 3	0.587 7	16.611
37.5	689.59	0.442	1.428 0	0.010	1.431 8	0.014 3	0.602 0	15.521
35.0	609.24	0.450	1.418 0	0.008	1.423 0	0.011 4	0.613 4	14.459
32.5	534.08	0.455	1.406 3	0.005	1.412 2	0.007 1	0.620 5	13.409
30.0	458.13	0.460	1.401 6	0.005	1.404 0	0.007 0	0.627 5	12.282

（2）土壤累积入渗量 $F(t)$ 和入渗率 $f(t)$ 的计算

土壤累积入渗量用式（4.3.88）计算。由表 4.3.2 可以看出，表中的第 9 列的第一行即为该时刻土壤的累积入渗量 $F(t) = 21.313\text{cm}$。

将 $S = 0.6275$、$F(t) = 21.313\text{cm}$ 和入渗时间 $t = 1200\text{min}$ 代入式（4.3.23）求得 A 近似为 0，由此得西峰黄土累积入渗量方程为

$$F(t) = St^{1/2} + At = 0.6275t$$

土壤入渗率方程为

$$f(t) = \frac{1}{2}St^{-1/2} + A = 0.31375t^{-1/2}$$

实测西峰黄土的土壤含水量 θ 与垂直入渗距离 z 的关系，如图 4.3.2 所示。

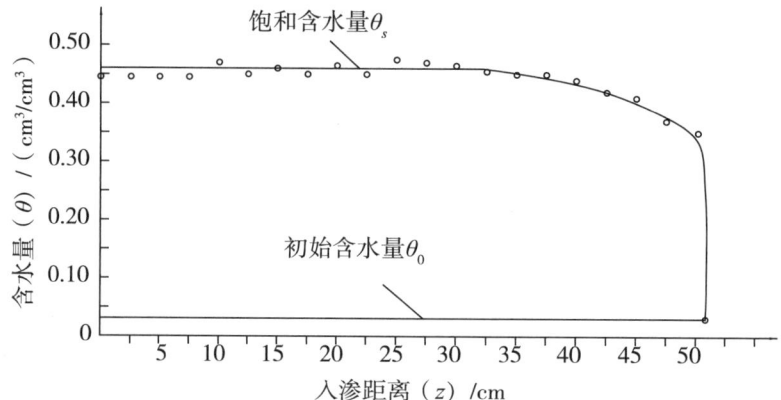

图 4.3.2 西峰黄土入渗量 θ 与入渗距离 z 的关系

4.3.3.2 土壤垂直一维入渗的 Parlange 解

式（4.3.70）可以写成：

$$-\frac{\partial z(\theta, t)}{\partial t} = \frac{\partial}{\partial \theta}\left[\frac{D(\theta)}{\partial z(\theta, t)/\partial \theta} - K(\theta)\right] \qquad (4.3.90)$$

定解条件仍为式（4.3.67）。

Parlange 解是一种半解析迭代方法。其指导思想是：当已知第 p 次迭代结果为 $z_p(\theta, t)$ 后，对其求导数得到 $\partial z_p(\theta, t)/\partial t$，积分一次得到 $\partial z_{p+1}(\theta, t)/\partial \theta$，再积分一次得到 $p+1$ 次迭代结果 $z_{p+1}(\theta, t)$。连续进行迭代，直到前后两次迭代所得 $z(\theta, t)$ 之差小于允许的误差，其结果即为所要求的解。

设已知第 p 次的迭代结果为 $z_p(\theta, t)$，根据基本方程式（4.3.90），有：

$$-\frac{\partial z_p(\theta, t)}{\partial t} = \frac{\partial}{\partial \theta}\left[\frac{D(\theta)}{\partial z_{p+1}(\theta, t)/\partial \theta} - K(\theta)\right] \qquad (4.3.91)$$

式（4.3.91）表示 $z_p(\theta, t)$ 对时间 t 的一次导数。对式（4.3.91）从 θ_0 到 θ 积分，

并变形得到：

$$-\frac{\partial z_{p+1}(\theta, t)}{\partial \theta} = \frac{D(\theta)}{K(\theta) - \int_{\theta_0}^{\theta} \frac{\partial z_p(\theta, t)}{\partial t} d\theta} \quad (4.3.92)$$

对式（4.3.92）再积分一次，积分限由 z 到地表（$z=0$），相应的土壤含水量由 θ 至 θ_s（边界土壤含水量），为了避免积分变量与积分限混淆，第一次积分将变量符号 θ 改为 β，第二次积分变量符号改为 γ，则：

$$-z_{p+1}(\theta, t) = \int_{\theta}^{\theta_s} \frac{D(\gamma)}{K(\gamma) - \int_{\theta_i}^{\gamma} \frac{\partial z_p(\beta, t)}{\partial t} d\beta} d\gamma \quad (4.3.93)$$

式（4.3.93）即为已知 p 次迭代结果 $z_p(\theta, t)$，求第 $p+1$ 次迭代解 $z_{p+1}(\theta, t)$ 的一般表达式。

下面根据 Parlange 解的指导思想求解式（4.3.90）。

作为一级近似，可以取满足 $\partial z_0(\theta, t)/\partial t = 0$ 的 $z_0(\theta, t)$ 作为迭代的初值，代入式（4.3.91）得：

$$-\frac{\partial z_0(\theta, t)}{\partial t} = \frac{\partial}{\partial \theta}\left[\frac{D(\theta)}{\partial z_1(\theta, t)/\partial \theta} - K(\theta)\right] \quad (4.3.94)$$

将 $\partial z_0(\theta, t)/\partial t = 0$ 代入式（4.3.94）得：

$$\frac{\partial}{\partial \theta}\left[\frac{D(\theta)}{\partial z_1(\theta, t)/\partial \theta} - K(\theta)\right] = 0 \quad (4.3.95)$$

式（4.3.95）表明，$\frac{D(\theta)}{\partial z_1(\theta, t)/\partial \theta} - K(\theta)$ 与土壤含水量 θ 无关，对式（4.3.95）积分得：

$$\left[\frac{D(\theta)}{\partial z_1(\theta, t)/\partial \theta} - K(\theta)\right] = c(t) \quad (4.3.96)$$

式中，$c(t)$ 为与时间 t 有关的积分常数；$c(t) = -f(t)$，$f(t)$ 为地表处的入渗率。

式（4.3.96）可以改写成：

$$\frac{\partial z_1(\theta, t)}{\partial \theta} = \frac{D(\theta)}{c(t) + K(\theta)} \quad (4.3.97)$$

对式（4.3.97）从 z 到 0 积分，土壤含水量由 θ 至 θ_s 积分，得：

$$z_1(\theta, t) = -\int_{\theta}^{\theta_s} \frac{D(\alpha)}{c(t) + K(\alpha)} d\alpha \quad (4.3.98)$$

可见，只要求得 $c(t)$，则第一次迭代解 $z_1(\theta, t)$ 便可由式（4.3.98）求出。

式（4.3.98）的关键是求解 $c(t)$，为了求解 $c(t)$，对式（4.3.98）求导数得：

$$\frac{\partial z_1(\theta, t)}{\partial t} = \int_\theta^{\theta_s} \frac{D(\alpha)\partial c(t)/\partial t}{[c(t) + K(\alpha)]^2} d\alpha \tag{4.3.99}$$

将式（4.3.99）与式（4.3.90）联立得：

$$-\int_\theta^{\theta_s} \frac{D(\alpha)\partial c(t)/\partial t}{[c(t) + K(\alpha)]^2} d\alpha = \frac{\partial}{\partial \theta}\left[\frac{D(\theta)}{\partial z_1(\theta, t)/\partial \theta} - K(\theta)\right] \tag{4.3.100}$$

对式（4.3.100）由 θ_0 至 θ_s 积分得：

$$-\int_{\theta_0}^{\theta_s}\left\{\int_\theta^{\theta_s} \frac{D(\alpha)\partial c(t)/\partial t}{[c(t) + K(\alpha)]^2} d\alpha\right\} d\theta = \left[\frac{D(\theta)}{\partial z_1(\theta, t)/\partial \theta} - K(\theta)\right]_{\theta_0}^{\theta_s} \tag{4.3.101}$$

根据定解条件，在湿润锋面处土壤含水量为初始含水量，因此土壤含水量梯度可假定为零；同时，如果初始土壤含水量比较小，则相应的导水率可以认为是零，即：

当 $\theta = \theta_0$ 时，$\frac{D(\theta)}{\partial z_1(\theta, t)/\partial \theta} - K(\theta) = 0$，当 $\theta = \theta_s$ 时，$\frac{D(\theta)}{\partial z_1(\theta, t)/\partial \theta} - K(\theta) = c(t) = -f(t)$，则：

$$-\int_{\theta_0}^{\theta_s}\left\{\int_\theta^{\theta_s} \frac{D(\alpha)\partial c(t)/\partial t}{[c(t) + K(\alpha)]^2} d\alpha\right\} d\theta = c(t) \tag{4.3.102}$$

式（4.3.102）左端的重积分经变换得：

$$-\int_{\theta_0}^{\theta_s} \frac{D(\alpha)(\alpha - \theta_0)\partial c(t)/\partial t}{[c(t) + K(\alpha)]^2} d\alpha = c(t) \tag{4.3.103}$$

由式（4.3.103）得：

$$\frac{\partial c(t)}{\partial t} = -\frac{c(t)}{\int_{\theta_0}^{\theta_s} \frac{D(\alpha)(\alpha - \theta_0)}{[c(t) + K(\alpha)]^2} d\alpha} \tag{4.3.104}$$

这是关于 $c(t)$ 的一阶常微分方程。

式（4.3.104）可以整理为：

$$-dt = \int_{\theta_0}^{\theta_s} \frac{D(\alpha)(\alpha - \theta_0) d\alpha}{[c(t) + K(\alpha)]^2} \frac{dc(t)}{c(t)} \tag{4.3.105}$$

对式（4.3.105）积分得：

$$t = \int_{\theta_0}^{\theta_s} \frac{D(\alpha)(\alpha - \theta_0)}{K^2(\alpha)}\left[\ln\frac{K(\alpha) + c(t)}{c(t)} - \frac{K(\alpha)}{c(t) + K(\alpha)}\right] d\alpha \tag{4.3.106}$$

当已知 $D(\theta)$ 和 $K(\theta)$ 后，可由式（4.3.106）求得 $c(t)$，亦可得到地表入渗率 $f(t)$。

当已知 $c(t)$ 后，代入式（4.3.98），则可求得 $z_1(\theta, t)$，然后由迭代公式（4.3.93）可求得第二次迭代结果 $z_2(\theta, t)$。

对于第二次迭代结果也可以直接求出。将式（4.3.99）直接代入式（4.3.93）得：

$$-z_2(\theta, t) = \int_\theta^{\theta_s} \frac{D(\gamma)}{K(\gamma) - \int_{\theta_0}^{\gamma} \{\int_\beta^{\theta_s} \frac{D(\alpha)\partial c(t)/\partial t}{[c(t)+K(\alpha)]^2}d\alpha\}d\beta} d\gamma \qquad (4.3.107)$$

将式（4.3.104）代入式（4.3.107）得：

$$-z_2(\theta, t) = \int_\theta^{\theta_0} \frac{D(\gamma)}{K(\gamma) + \int_{\theta_0}^{\gamma}\{\int_\beta^{\theta_s}\frac{D(\alpha)c(t)}{[c(t)+K(\alpha)]^2}d\alpha\}d\beta / \int_\beta^{\theta_s}\frac{D(\alpha)(\alpha-\theta_0)}{[c(t)+K(\alpha)]^2}d\alpha} d\gamma$$
$$(4.3.108)$$

4.3.3.3 土壤垂直一维入渗的经验公式

（1）Костяков 公式

Костяков 在 1932 年提出的入渗公式为：

$$f(t) = Bt^{-\alpha} \qquad (4.3.109)$$

式中，B 和 α 为取决于土壤及入渗初始条件的经验常数，由实验或实测资料拟合得出。

由式（4.3.109）可以看出，当 $t \to 0$ 时，$f(t) \to \infty$，当 $t \to \infty$ 时，$f(t) \to 0$，所以只有在水平吸渗条件下才可能发生，而垂直入渗的条件显然不完全符合此公式的边界条件。

（2）Horton 公式

Horton 在 1940 年提出的公式为：

$$f(t) = f_c + (f_0 - f_c)e^{-kt} \qquad (4.3.110)$$

式中，f_c 为稳定入渗率；f_0 为初始入渗率；k 为经验常数。

由式（4.3.110）可以看出，当 $t \to 0$ 时，$f(t)$ 不是无穷大，而是趋于某一有限值 f_0，当 $t \to \infty$ 时，$f(t) \to f_c$，故 f_c 为稳定率。k 值决定了入渗率由 f_0 减小为 f_c 的速度。

Holtan 在 1961 年提出的公式为：

$$f(t) = f_c + \alpha(W - F)^n \qquad (4.3.111)$$

式中，f_c、α、n 为与土壤及作物种植条件有关的经验常数；W 为表层土壤蓄水容量。如表层土壤厚度为 h，则 $W = (\theta_s - \theta_0)h$。

4.4 蒸发条件下的土壤水分运动

水文中的蒸发现象指的是水体、土壤和植被等物体中的水分在太阳辐射作用下以水汽的形式进入到大气中，即水从液态转化为气态的过程。

4.4.1 蒸发条件下的土壤水分运动描述

按照水分蒸发时逸出物体的方式不同，可以将蒸发分为水面蒸发、土壤蒸发和植被蒸腾三大类。发生在江河湖泊等水体表面的蒸发称为水面蒸发，水面蒸发取决于水由液态变为气态的热能状况。发生在土壤表面的蒸发称为土壤蒸发，土壤蒸发取决于气象条件和土壤的供水能力，气象条件包括辐射、温度、湿度和风等；土壤的供水能力包括土壤的含水量、土壤性质、土壤结构、地下水埋深等。气象条件决定了大气的蒸发能力，土壤的供水能力是土壤对水分向蒸发表面输送的能力。发生在植物叶面的散发称为植被蒸腾，植被蒸腾取决于植物自身的特性、气象条件以及土壤条件。因为植物根系从土壤中吸收水分，经导管输送，在根压和蒸腾拉力的作用下，水分移动可达树梢的叶子，因为植物蒸腾与土壤条件密不可分，所以通常将植物蒸腾和土壤蒸发统称为腾发。

土壤蒸发不仅涉及土壤表面，而且涉及地下水位。对一些地下水位埋藏较浅的平原地区，由于毛细管作用，蒸发会导致潜水对上部土壤的水分补给，尽管这种补给不是直接意义上的水分蒸发，但在习惯上仍称为潜水蒸发。

陆地上的蒸发总量约占降水总量的70%，因此它是陆地上水分循环的主要组成部分。土壤蒸发不仅关系到土壤水的保持和损失，而且在某些条件下还可能引起土壤的盐渍化问题。因此，在蒸发条件下，土壤水分运动和潜水蒸发以及蒸发量的大小及其变化规律等问题的研究，对于水资源评价和农业生产是十分重要的。

蒸发作用的强弱常以蒸发强度来表示，即单位时间内单位面积地面上所蒸发的水量，单位为 mm/d。

土壤蒸发过程能够维持下去必须具备3个条件：一是必须有不断的热能补给，以满足水分汽化热的需要；二是蒸发面和大气之间必须存在水气压梯度；三是蒸发面必须不断得到水分补充。

根据土壤蒸发速率的大小及其控制因素的不同，可以将土壤蒸发分为3个阶段，即大气蒸发力控制阶段、土壤导水率控制阶段和水汽扩散控制阶段，如图4.4.1所示。

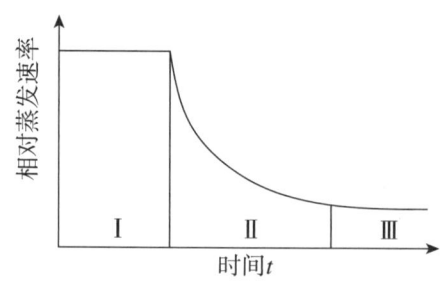

图 4.4.1　土壤蒸发三阶段示意

4.4.1.1　大气蒸发力控制阶段

大气蒸发力控制阶段如图4.4.1中的Ⅰ区所示。蒸发开始时，由于土壤含水量较高，在大气蒸发力的作用下，土壤表层源源不断的从土壤内部得到水的补充，供水能力能够保证表层土壤蒸发，表土的蒸发强度不随土壤含水量降低而变化，这时土壤蒸发率主要受大气蒸发能力控制。大气蒸发能力强，蒸发散失的水分就多，土壤含水量降低的就快，反之，大气蒸发能力弱，蒸发损失的水分就少，土壤含水量降低的就慢。这一阶段的时间很短。

4.4.1.2 土壤导水率控制阶段

土壤导水率控制阶段如图4.4.1中的Ⅱ区所示。随着土壤导水率的降低，地表与下面湿润土层的土壤水吸力梯度逐渐增大，但土壤非饱和导水率却随着吸力梯度的增加而减小，以致土壤供给蒸发面的水分不能满足蒸发的需要，使得蒸发速率变小，这时下层向蒸发面传导多少水分，就蒸发掉多少水分，土壤蒸发速率的大小主要由土壤供水的能力控制。称为土壤导水率控制阶段。这一阶段持续的时间比第一阶段长。

4.4.1.3 水汽扩散控制阶段

水汽扩散控制阶段如图4.4.1中的Ⅲ区所示。当表土含水量很低，地表形成干土层后，干土层以下的土壤水分向上运移，在干土层的底部蒸发，然后以水汽扩散的形式穿过干土层进入大气。在此阶段，蒸发面不是在地表，而是在土壤内部，蒸发强度的大小主要由土层内水汽扩散的能力控制，并取决于干土层的厚度。这一阶段的蒸发强度很低，其变化速率十分缓慢而且稳定，持续时间长。

4.4.2 定水位条件下均质土壤的稳定蒸发

所谓土壤的稳定蒸发是指发生在气象条件不变、地下水位埋深较浅且有侧向补给使地下水位维持稳定情况下的蒸发。这种蒸发状态在自然界中是很少出现的。但如果在一段时间内，日平均的外界蒸发条件基本不变，地下水位相对稳定、土面蒸发量与潜水对上部土壤的补给量大致平衡，也可近似地认为是稳定蒸发。

设有一种均质土壤如图4.4.2所示，潜水位埋深为H，当土壤处于稳定蒸发时，地表处的蒸发强度E与任一断面处的土壤水通量相等，将z坐标原点放在潜水面处，z向上为正，则非饱和土壤蒸发过程的垂直一维运动可由达西定律表达如下：

$$-D(\theta)\frac{\mathrm{d}\theta}{\mathrm{d}z} - K(\theta) = E \tag{4.4.1}$$

式中，$D(\theta)$为非饱和土壤的扩散率；$K(\theta)$为非饱和土壤的导水率；θ为土壤的含水量；E为蒸发强度。

边界条件为：

$$\theta = \theta_s, z = 0 \tag{4.4.2}$$

式中，θ_s为土壤的饱和含水量。

当非饱和土壤的扩散率$D(\theta)$和导水率$K(\theta)$为已知时，则可由式（4.4.1）和

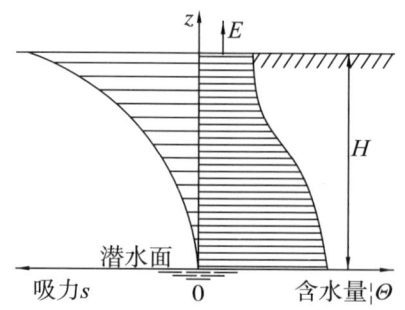

图 4.4.2 均质土壤稳定蒸发时含水量和吸力分布示意

(4.4.2) 得：

$$z = \int_{\theta}^{\theta_s} \frac{D(\theta)}{K(\theta) + E} d\theta \tag{4.4.3}$$

如果用土壤的吸力 s 来表示未知函数，则非饱和土壤垂直一维运动的达西定律又可以写成：

$$K(s)\left(\frac{ds}{dz} - 1\right) = E \tag{4.4.4}$$

边界条件为：

$$s = 0, \quad z = 0 \tag{4.4.5}$$

式中，s 为土壤的吸力，土壤吸力 s 与基质势 ψ_m 的关系为 $s = -\psi_m$；$K(s)$ 为以吸力表示的非饱和土壤的导水率。

对式 (4.4.4) 积分得：

$$z = \int \frac{ds}{1 + E/K(s)} \tag{4.4.6}$$

如果已知 $K(s)$ 和 E，则可由式 (4.4.6) 并利用式 (4.4.5) 的条件求得土壤水的吸力分布 $z \sim s$ 关系。

Gardner 在 1958 年对式 (4.4.6) 进行了计算，具体过程如下：

Gardner 将导水率写成下面的函数形式，即：

$$K(s) = \frac{a_1}{a_2 + s^m} \tag{4.4.7}$$

式中，a_1、a_2 和 m 都是与土壤有关的常数。

一般 m 的取值范围为 $1 \sim 4$，砂性土的值较大，黏性土的值较小。

将式 (4.4.7) 代入式 (4.4.6) 得：

$$z = \int \frac{ds}{Es^m/a_1 + Ea_2/a_1 + 1} = \int \frac{ds}{\alpha s^m + \beta} = \frac{1}{\alpha} \int \frac{ds}{s^m + \beta/\alpha} \tag{4.4.8}$$

式中，$\alpha = E/a_1$，$\beta = Ea_2/a_1 + 1 = \alpha a_2 + 1$。

Gardner 对 $m = 1$，$3/2$，2，3，4 等几种情况进行了求解，有以下结果。

当 $m = 1$ 时，式 (4.4.8) 变为：

$$z = \frac{1}{\alpha}\int \frac{\mathrm{d}s}{s + \beta/\alpha} = \frac{1}{\alpha}\ln(s + \beta/\alpha) + c \tag{4.4.9}$$

当 $s = 0$ 时，$z = 0$，代入式 (4.4.9) 得 $c = -\frac{1}{\alpha}\ln\frac{\beta}{\alpha}$，将其代入式 (4.4.9) 得：

$$z = \frac{1}{\alpha}\ln\left(1 + \frac{\alpha}{\beta}s\right) \tag{4.4.10}$$

当 $m = 3/2$ 时，式 (4.4.8) 变为：

$$z = \frac{1}{\alpha}\int \frac{\mathrm{d}s}{s^{3/2} + \beta/\alpha} \tag{4.4.11}$$

令 $\beta/\alpha = \gamma^{3/2}$，代入式 (4.4.11) 得：

$$z = \frac{1}{\alpha}\int \frac{\mathrm{d}s}{s^{3/2} + \gamma^{3/2}} = \frac{1}{\alpha\gamma^{3/2}}\int \frac{\mathrm{d}s}{1 + (s/\gamma)^{3/2}} \tag{4.4.12}$$

令 $(s/\gamma)^{1/2} = x$，则 $s = \gamma x^2$，$\mathrm{d}s = 2\gamma x \mathrm{d}x$，代入式 (4.4.12) 得：

$$z = \frac{2\gamma}{\alpha\gamma^{3/2}}\int \frac{x\mathrm{d}x}{1 + x^3} \tag{4.4.13}$$

对式 (4.4.13) 积分得：

$$z = \frac{2}{\alpha\gamma^{1/2}}\int \frac{x\mathrm{d}x}{1 + x^3} = \frac{2}{\alpha\gamma^{1/2}}\left[\frac{1}{6}\ln\frac{1 - x + x^2}{(1 + x)^2} + \frac{1}{\sqrt{3}}\arctan\frac{2x - 1}{\sqrt{3}}\right] + c \tag{4.4.14}$$

当 $s = 0$ 时，$x = 0$，$z = 0$，代入式 (4.4.14) 得 $c = -\frac{2}{\alpha\gamma^{1/2}}\frac{1}{\sqrt{3}}\arctan\frac{-1}{\sqrt{3}} = \frac{\pi}{3\sqrt{3}\alpha\gamma^{1/2}}$，将其代入式 (4.4.14)，并将 $x = (s/\gamma)^{1/2}$ 代入得：

$$z = \frac{2}{\alpha\gamma^{1/2}}\left[\frac{1}{6}\ln\frac{\gamma - \sqrt{\gamma s} + s}{(\sqrt{\gamma} + \sqrt{s})^2} + \frac{1}{\sqrt{3}}\arctan\frac{2\sqrt{s} - \sqrt{\gamma}}{\sqrt{3\gamma}}\right] + \frac{\pi}{3\sqrt{3}\alpha\gamma^{1/2}} \tag{4.4.15}$$

因为 $\gamma = (\beta/\alpha)^{2/3}$，所以式 (4.4.15) 的最终形式为：

$$z = \frac{1}{\alpha(\beta/\alpha)^{1/3}}\left\{\frac{1}{3}\ln\frac{(\beta/\alpha)^{2/3} - (\beta/\alpha)^{1/3}\sqrt{s} + s}{[(\beta/\alpha)^{1/3} + \sqrt{s}]^2} + \frac{2}{\sqrt{3}}\arctan\frac{2\sqrt{s} - (\beta/\alpha)^{1/3}}{\sqrt{3}(\beta/\alpha)^{1/3}} + \frac{\pi}{3\sqrt{3}}\right\} \tag{4.4.16}$$

当 $m = 2$ 时，式 (4.4.8) 变为：

$$z = \frac{1}{\alpha}\int \frac{\mathrm{d}s}{s^2 + \beta/\alpha} \tag{4.4.17}$$

令 $\beta/\alpha = \gamma^2$，则：

$$z = \frac{1}{\alpha}\int \frac{ds}{s^2 + \gamma^2} = \frac{1}{\alpha\gamma}\arctan\frac{s}{\gamma} + c \tag{4.4.18}$$

当 $s=0$ 时, $z=0$, 代入式 (4.4.18) 得 $c=0$, 将 $\gamma = (\beta/\alpha)^{1/2}$ 代入得:

$$z = \frac{1}{\alpha}\int \frac{ds}{s^2 + \beta/\alpha} = \frac{1}{\sqrt{\alpha\beta}}\arctan\frac{s}{\sqrt{\beta/\alpha}} \tag{4.4.19}$$

当 $m=3$ 时, 式 (4.4.8) 变为:

$$z = \frac{1}{\alpha}\int \frac{ds}{s^3 + \beta/\alpha} \tag{4.4.20}$$

令 $\beta/\alpha = \gamma^3$, 则:

$$z = \frac{1}{\alpha}\int \frac{ds}{s^3 + \gamma^3} = \frac{1}{\alpha}[\frac{1}{6\gamma^2}\ln\frac{(\gamma+s)^2}{\gamma^2 - \gamma s + s^2} + \frac{1}{\sqrt{3}\gamma^2}\arctan\frac{2s-\gamma}{\sqrt{3}\gamma}] + c \tag{4.4.21}$$

当 $s=0$ 时, $z=0$, 代入式 (4.4.21) 得 $c = -\frac{1}{\alpha\gamma^2}\frac{1}{\sqrt{3}}\arctan\frac{-1}{\sqrt{3}} = \frac{\pi}{6\sqrt{3}\alpha\gamma^2}$, 将其代入式 (4.4.21) 得:

$$z = \frac{1}{\alpha}[\frac{1}{6\gamma^2}\ln\frac{(\gamma+s)^2}{\gamma^2 - \gamma s + s^2} + \frac{1}{\sqrt{3}\gamma^2}\arctan\frac{2s-\gamma}{\sqrt{3}\gamma}] + \frac{\pi}{6\sqrt{3}\alpha\gamma^2} \tag{4.4.22}$$

将 $\gamma = (\beta/\alpha)^{1/3}$ 代入式 (4.4.22) 得:

$$z = \frac{1}{\alpha(\beta/\alpha)^{2/3}}\{\frac{1}{6}\ln\frac{[(\beta/\alpha)^{1/3}+s]^2}{(\beta/\alpha)^{2/3} - (\beta/\alpha)^{1/3}s + s^2} + \frac{1}{\sqrt{3}}\arctan\frac{2s-(\beta/\alpha)^{1/3}}{\sqrt{3}(\beta/\alpha)^{1/3}} + \frac{\pi}{6\sqrt{3}}\} \tag{4.4.23}$$

当 $m=4$ 时, 式 (4.4.8) 变为:

$$z = \frac{1}{\alpha}\int \frac{ds}{s^4 + \beta/\alpha} \tag{4.4.24}$$

令 $\beta/\alpha = \gamma^4$, 代入式 (4.4.24) 积分得:

$$z = \frac{1}{\alpha}[\frac{1}{4\sqrt{2}\gamma^3}\ln\frac{s^2 + \gamma\sqrt{2}s + \gamma^2}{s^2 - \gamma\sqrt{2}s + \gamma^2} + \frac{1}{2\sqrt{2}\gamma^3}\arctan\frac{\gamma\sqrt{2}s}{\gamma^2 - s^2}] + c \tag{4.4.25}$$

当 $s=0$ 时, $z=0$, 代入式 (4.4.25) 得 $c=0$。将 $\gamma=(\beta/\alpha)^{1/4}$ 代入式 (4.4.25) 得:

$$z = \frac{1}{\alpha}[\frac{1}{4\sqrt{2}(\beta/\alpha)^{3/4}}\ln\frac{s^2 + (\beta/\alpha)^{1/4}\sqrt{2}s + (\beta/\alpha)^{1/2}}{s^2 - (\beta/\alpha)^{1/4}\sqrt{2}s + (\beta/\alpha)^{1/2}} + \frac{1}{2\sqrt{2}(\beta/\alpha)^{3/4}}\arctan\frac{(\beta/\alpha)^{1/4}\sqrt{2}s}{(\beta/\alpha)^{1/2} - s^2}] \tag{4.4.26}$$

当已知蒸发强度 E 和土壤导水率公式 (4.4.7) 中的参数 a_1、a_2、m 时, 即可计算 $\alpha = E/a_1$, $\beta = \alpha a_2 + 1$, 然后根据 m 值在公式 (4.4.10) 至式 (4.4.26) 中选取相应的公式求得潜水位以上的土壤吸力 s 沿 z 方向的分布。

以上式 (4.4.10) 至式 (4.4.26) 是根据公式 (4.4.7) 的形式推导出来的。显然,

导水率 $K(s)$ 的公式形式不同，所得到的土壤吸力的关系也不同。如果假设导水率公式为：

$$K(s) = K(\theta_s)/(1 + bs^m) \tag{4.4.27}$$

式中，$K(\theta_s)$ 为土壤的饱和导水率；b 为经验常数。

如果假设 $m = 2$，将式（4.4.27）代入式（4.4.6）得：

$$z = \int \frac{\mathrm{d}s}{1 + E/K(s)} = \int \frac{K(\theta_s)}{[K(\theta_s) + E] + Ebs^2}\mathrm{d}s = \frac{K(\theta_s)}{Eb}\int \frac{\mathrm{d}s}{[K(\theta_s) + E]/(Eb) + s^2} \tag{4.4.28}$$

令 $[K(\theta_s) + E]/(Eb) = a^2$，则：

$$z = \frac{K(\theta_s)}{Eb}\int \frac{\mathrm{d}s}{a^2 + s^2} = \frac{K(\theta_s)}{Eb}\frac{1}{a}\arctan\frac{s}{a} + c \tag{4.4.29}$$

当 $s = 0$ 时，$z = 0$，代入式（4.4.29）得 $c = 0$。将 $a = \{[K(\theta_s) + E]/(Eb)\}^{1/2}$ 代入式（4.4.29）得：

$$z = \frac{K(\theta_s)}{\sqrt{Eb[K(\theta_s) + E]}}\arctan\left(\sqrt{\frac{Eb}{K(\theta_s) + E}}s\right) \tag{4.4.30}$$

4.4.3 蒸发条件下土壤水分的非稳定运动

当地下水位埋藏较深，不能或不能充分补充上部土壤因蒸发而失掉的水分，土壤在蒸发过程中不断变干的情况称为土壤水分的非稳定运动。对于初始湿润的土壤，土壤水分的非稳定运动可以分为 3 个阶段，即表土蒸发强度保持稳定的阶段，表土蒸发强度随含水量变化的阶段和水汽扩散阶段。对土壤水分非稳定运动的求解，其假设条件为大气蒸发能力保持不变，并以水面蒸发强度 E_0 表示；不考虑地下水位的情况，或者说地下水位埋藏很深，对土壤水分运动没有影响。

Covey 对表土蒸发强度保持稳定阶段的土壤水分运动进行了求解，具体过程如下：

湿润土壤处于蒸发第一阶段时，蒸发强度由外界气象条件控制，在此条件下，蒸发能力 E_0 为常数。设所研究的土壤为均质土壤，土壤的初始含水量 θ_0 为均匀分布，蒸发时，吸力（或基质势）梯度在数值上远大于 1（特别是在接近表土处），为分析方便，重力势的作用常被忽略，扩散率 $D(\theta)$ 具有指数函数的形式，即：

$$D(\theta) = D_0 e^{-\beta_0(\theta_0 - \theta)} \tag{4.4.31}$$

式中，D_0 为与初始土壤含水量 θ_0 相应的土壤扩散率；θ 为土壤含水量；β_0 为与土壤质地有关的常数。

土壤含水量分布及随时间的变化取决于蒸发能力 E_0、土壤总厚度 L、土壤的初始含水量 θ_0 以及由土壤特性所决定的土壤扩散率 $D(\theta)$，其相应的定解方程为：

$$\frac{\partial \theta}{\partial t} = \frac{\partial}{\partial z}\left[D(\theta)\frac{\partial \theta}{\partial z}\right] \tag{4.4.32}$$

初始条件和边界条件为：

$$\theta = \theta_0, t = 0, 0 \leqslant z \leqslant L \tag{4.4.33}$$

$$D(\theta)(\partial \theta/\partial z) = E_0, t > 0, z = 0 \tag{4.4.34}$$

$$\partial \theta/\partial z = 0, t \geqslant 0, z = L \tag{4.4.35}$$

1963 年，Covey 引用无量纲的方法对方程（4.4.32）进行了求解。Covey 设：

$$\bar{\theta} = \beta_0(\theta_0 - \theta) \tag{4.4.36}$$

$$\bar{D} = D(\theta)/D_0 \tag{4.4.37}$$

$$\bar{z} = z/L \tag{4.4.38}$$

$$\bar{t} = \beta_0 E_0 t/L \tag{4.4.39}$$

$$G = \beta_0 E_0 L/D_0 \tag{4.4.40}$$

将式（4.4.36）和式（4.4.37）代入式（4.4.31）得：

$$\bar{D} = \mathrm{e}^{-\bar{\theta}} \tag{4.4.41}$$

给式（4.4.41）求导数得 $\partial \bar{\theta}/\partial \bar{D} = -1/\bar{D}$，给式（4.4.36）求导数得 $\partial \theta = -\partial \bar{\theta}/\beta_0 = [1/(\beta_0 \bar{D})]\partial \bar{D}$，给式（4.4.39）求导数得 $\partial t = L/(\beta_0 E_0)\partial \bar{t}$，所以：

$$\frac{\partial \theta}{\partial t} = \left(\frac{E_0}{L\bar{D}}\right)\frac{\partial \bar{D}}{\partial \bar{t}} \tag{4.4.42}$$

给式（4.4.38）求导数得 $\partial z = L\partial \bar{z}$，则：

$$\frac{\partial \theta}{\partial z} = \frac{\partial \bar{D}/(\beta_0 \bar{D})}{L\partial \bar{z}} = \frac{1}{\beta_0 L \bar{D}}\frac{\partial \bar{D}}{\partial \bar{z}} \tag{4.4.43}$$

$$\frac{\partial}{\partial z}\left[D(\theta)\frac{\partial \theta}{\partial z}\right] = \frac{\partial}{L\partial \bar{z}}\left[\bar{D}D_0\left(\frac{1}{\beta_0 L \bar{D}}\right)\right]\frac{\partial \bar{D}}{\partial \bar{z}} = \frac{D_0}{\beta_0 L^2}\frac{\partial}{\partial \bar{z}}\left(\frac{\partial \bar{D}}{\partial \bar{z}}\right) = \frac{D_0}{\beta_0 L^2}\frac{\partial^2 \bar{D}}{\partial \bar{z}^2} \tag{4.4.44}$$

由式（4.4.42）和式（4.4.44）得：

$$\frac{\partial \bar{D}}{\partial \bar{t}} = \frac{D_0 \bar{D}}{\beta_0 E_0 L}\frac{\partial^2 \bar{D}}{\partial \bar{z}^2} = \frac{\bar{D}}{\beta_0 E_0 L/D_0}\frac{\partial^2 \bar{D}}{\partial \bar{z}^2} = \frac{\bar{D}}{G}\frac{\partial^2 \bar{D}}{\partial \bar{z}^2} \tag{4.4.45}$$

同理，对式（4.4.33）、式（4.4.34）和式（4.4.35）无量纲化，得无量纲的定解条件为：

$$\bar{D} = 1, \bar{t} = 0, 0 \leqslant \bar{z} \leqslant 1 \tag{4.4.46}$$

$$\partial \bar{D}/\partial \bar{z} = G, \quad \bar{t} > 0, \quad \bar{z} = 0 \tag{4.4.47}$$

$$\partial \bar{D}/\partial \bar{z} = 0, \quad \bar{t} > 0, \quad \bar{z} = 1 \tag{4.4.48}$$

当已知 E_0、L、β_0 和 θ_0 时，即可对式（4.4.45）求解。式（4.4.45）为二阶偏微分方程，要求其解析解是困难的，可以用数值解法。这里介绍 Covey 提出的近似解法。

假设当蒸发强度 E_0 较小、实验土柱较短、或初始含水量很大时，$G = \beta_0 E_0 L/D_0$ 值较小，土壤剖面可近似为均匀干燥状态，并具有光滑的含水量分布剖面。假定方程（4.4.45）的近似解为：

$$\bar{D} = a_0 + a_1 \bar{z} + a_2 \bar{z}^2 \tag{4.4.49}$$

由定解条件（4.4.47）和式（4.4.48）得：

$$\partial \bar{D}/\partial \bar{z} = a_1 + 2a_2 \bar{z} = G$$

$$\partial \bar{D}/\partial \bar{z} = a_1 + 2a_2 \bar{z} = 0$$

由以上两式得 $a_1 = G$，$a_2 = -G/2$。代入式（4.4.49）得：

$$\bar{D} = a_0 + G\bar{z} - (G/2)\bar{z}^2 \tag{4.4.50}$$

式中，a_0 与无量纲时间 $\bar{t}$ 有关。

由水量平衡方程：

$$Et = \int_0^L (\theta_0 - \theta) \mathrm{d}z \tag{4.4.51}$$

由式（4.4.36）和式（4.4.41）得 $\theta_0 - \theta = -\ln \bar{D}/\beta_0$，由式（4.4.39）得 $t = \bar{t}L/(\beta_0 E_0)$，由式（4.4.38）得 $\mathrm{d}z = L \mathrm{d}\bar{z}$，代入式（4.4.51）得：

$$\bar{t} = -\int_0^1 \ln \bar{D} \mathrm{d}\bar{z} = -\int_0^1 \ln[a_0 + G\bar{z} - (G/2)\bar{z}^2] \mathrm{d}\bar{z} \tag{4.4.52}$$

对式（4.4.52）求解得：

$$\bar{t} = 2 - \ln a_0 - \left(\sqrt{1 + \frac{2a_0}{G}}\right) \ln \left(\frac{\sqrt{1 + 2a_0/G} + 1}{\sqrt{1 + 2a_0/G} - 1}\right) \tag{4.4.53}$$

式（4.4.50）和式（4.4.53）便是所确定的解。

拓展阅读

世界灌溉工程遗产名录

中国水利名人——姜师度

思考题

1. 影响容水度、持水度和给水度的因素是什么？
2. 从试样中退出的是什么水？保留在试样中的是什么水？
3. 土壤密度测量的意义是什么？
4. 土壤密度和重度之间的关系是什么？
5. 测量土壤含水量对土壤水的研究有何重要意义？
6. 如果取土粒密度 $\rho_s = 2.65\text{g/cm}^3$，计算土粒的体积 V_s，并计算土壤的孔隙度和孔隙率。
7. 基质势是由什么引起的，在土水势中起什么作用？土壤水吸力与基质势的关系是什么？
8. 土壤水吸力是土壤对水的吸附作用吗？
9. 利用本章介绍的水势测定装置能否进行脱湿过程的土壤水分特征曲线实验？
10. 为什么说土壤水分特征曲线是研究土壤水分变化规律最重要的曲线之一？影响土壤水分特征曲线的主要因素是什么？
11. 在实验中，怎样区分稳定蒸发和非稳定蒸发？
12. 土壤蒸发分为几个阶段？各阶段的特征是什么？
13. 环境条件对稳定蒸发有什么影响？为什么要严格控制环境条件？
14. 土壤蒸发实验与土壤入渗实验的实验过程有什么区别？

第 5 章
地下水资源管理技术与方法

本章学习要点

1. 认识并掌握地下水管理内涵与主要内容。
2. 认识并掌握地下水模拟技术与方法。
3. 认识并掌握地下水补源与调蓄方法和意义。
4. 认识并掌握地下水监测技术与方法。
5. 认识地下水修复技术及其发展趋势。

5.1 概述

5.1.1 地下水资源管理内涵

地下水资源管理科学是自然科学与社会科学的交叉学科，它不仅涉及水文地质学的各个领域，而且涉及与地下水开发活动有关的自然环境、社会环境和技术经济环境等诸多方面的问题。研究地下水资源管理，除应用传统水文地质学科的理论和方法外，还需要应用计算机技术、通信技术、遥感技术、地理信息系统、全球定位系统等新技术与方法。近年来，随着科学技术的飞速发展，地下水资源管理进入了一个新阶段，地下水资源管理新技术与新方法不断涌现，涵盖了地下水资源管理的各个领域。

5.1.2 地下水资源管理主要内容

地下水资源管理主要内容包括：地下水资源调查评价、功能区域、规划、权属管理、工程监督管理、保护、地下水监测与地下水修复技术等方面。地下水分类依据含水介质类型和埋藏条件进行划分，详见表 5.1.1。

表 5.1.1　地下水含水介质类型和埋藏条件

埋藏条件	含水介质类型		
	孔隙水	裂隙水	岩溶水
包气带水	土壤水 局部黏性土隔水层上季节性存在的重力水（上层滞水）过路及悬留毛细水及重力水	裂隙岩层浅部季节性存在的重力水及毛细水	裸露岩溶化层上部岩溶通道中季节性存在的重力水
潜水	各类松散沉积物浅部的水	裸露于地表的各类裂隙岩层中的水	裸露于地表的岩溶化岩层中的水
承压水	山间盆地及平原松散沉积物深部的水	组成构造盆地、向斜构造或单斜断块的被掩覆的各类裂隙岩层中的水	组成构造盆地、向斜构造或单斜断块的被掩覆的岩溶化岩层中的水

5.2　地下水资源管理技术与方法

5.2.1　GIS 技术与地下水资源评价

地理信息系统（GIS）是以地理空间数据库为基础，在计算机软硬件支持下，对空间相关数据进行采集、管理、操作、分析、模拟和显示，并采取地理模型分析方法，适时提供多种空间和动态的地理信息，为地理研究、综合评价、管理、定量分析和决策服务而建立的一类计算机应用系统。由于其强大的空间数据处理分析和地图可视化功能广泛应用于资源、环境等领域，诸多专题应用的地理信息系统便应运而生。

如乔晓英等（2006）以 GIS 为平台，建立了河西走廊水文地质空间信息系统，包括数据库管理子系统、查询检索子系统、空间分析子系统、系统管理子系统、数据转换子系统等，具有对水文地质、环境地质信息的数据管理、查询检索、空间专题分析与结果输出等功能。该系统的建立，为区域水资源勘察、规划及评价提供多功能、多目标的技术服务，从而使 GIS 技术成为水资源评价与管理的可视化决策支持工具。

朱兴贤等（2006）在全面认识苏—锡—常浅层地下水水文地质条件的基础上，对区内的各种与浅层地下水防污染有关的地质环境因素进行判别，选择含水层厚度、包气带岩性、水位埋深、含水层顶板厚度作为评价的 4 个因素，以 GIS 软件 Arc Info 为主要工具，通过信息量的空间叠加分析，进行浅层地下水系统防污染性能评价。基于 GIS 的防污染性能评价可分为如下步骤：

①分析与浅层地下水防污染有关的地质环境因素，提取主要影响因素，进行重要性

的相互比较，确定各自权重。

②数据的收集整理，绘制各因素分区图或等值线图，图层要数字化，将线状要素转换为面状要素，每个要素层均应量化。

③利用 Arc Info 软件将各图层栅格化。

④利用 GIS 的空间分析功能，运用综合加权评价模型，将已制作好的各影响因素专题图层按照权重进行多重叠加操作，进行浅层地下水系统防污染性能分区。

评价结果表明：常州及无锡高亢水网平原区为防污染性能良好区及较好区，张家港南部及苏州以东的湖荡、水网平原区为防污染性能一般区，张家港及常熟沿江地带为防污染性能较差区。通过对比不同防污染性能区所对应的实际水质分析数据，与分析结果基本一致，表明本次计算评价因子选择及计算方法选择是合理的。

5.2.2 集对分析法与地下水环境质量评价

目前，地下水环境质量评价的数学模型很多，如单项组分评价法和综合评价法，模糊综合评判法、灰色聚类法等。综合评价法结构简单，计算方便，但只能得出污染程度的结论，不能确定所评价的地下水究竟为哪类水质。模糊综合评判法和灰色聚类法均考虑到环境的灰色性，但当污染物的浓度分布过于离散时，由于白化函数包括的污染范围窄，就有可能导致评价错误。集对分析法（Set Pair Analysis）正是一种用于统一处理模糊、随机、中介和信息不完全所致的不确定性系统的理论和方法，其特点是把不确定性与确定性作为一个既确定又不确定的同异反系统进行分析和数学处理。

在集对分析中，将确定性分成"同一"与"对立"两个方面，将不确定性称为"异"，从同、异、反 3 个方面分析事物，认为同、异、反三者互相联系、互相影响、相互制约，又在一定条件下的互相转化，而且可以用 $\mu = a + bi + cj$ 这样的一个式子来描述不确定性。这里，μ 为联系度，对于一个具体问题即是联系度的概念；a 为同一度，b 为差异度，c 为对立度；i 为差异度系数；j 为对立度系数。通过构造确定联系度的白化函数，获得各个指标对应于某个评价级别的联系度，再计算出相应于该评价级别的平均联系度，最后根据最大原则确定评价对象属于何类。

如陆洲等应用集对分析法对沈阳市新城子区某年地下水进行了水质评价。根据出水地层、水质和地下水化学特征，取总硬度、氯化物、硫酸盐、高锰酸盐指数、氨氮、亚硝酸盐氮、硝酸盐氮作为水质指标。分析结果表明，集对分析法应用于地下水环境质量的综合评价，步骤简洁，评价结果准确、客观、全面，信息利用率高。可见，通过建立地下水环境质量集对分析法综合评价模型，将集对分析法应用于地下水环境质量综合评价，这既是对集对分析法应用领域的拓展，也是对地下水环境质量综合评价新方法的探讨。

5.2.3 地下水 CFC 定年方法及应用

随着我国工业、农业、人民生活水平的改善,地表水和地下水资源利用量的快速增长,已引起了严重的生态和环境问题,并制约着经济、社会生活的发展和提高。由于过量使用地表水,减少了对地下水的补给,而污水的大量排放又导致一些地区的地下水受到了不同程度的污染,甚至使饮用水水源地水质变差。地表水与地下水是水文循环中两个密切相关的环节,如何评价和确定二者之间的联系一直是需要迫切解决的问题。受目前研究手段和认识的限制,对地下水的补给区、补给范围和补给速率等关键问题尚未解决好,这已影响到水资源评价结果的准确性,增加了水资源管理中非科学的因素。地下水 CFC 定年方法是一种新的定年方法,通过测量地下水中溶解的氟氯碳化合物(CFC),可确定近 50 年以来地下水的年龄、地下水系统接受现代水的补给程度,是研究地表水与地下水之间的联系的有效方法。CFCs 是人工合成的有机化合物,在新水中含量最高,老的地下水中则低,甚至低于检测限,这为判断河水是否补给地下水,地下水系统是否接受新水补给,以及确定补给区的空间分布提供了重要的依据。

如秦大军利用地下水 CFC 方法研究渭河河水与地下水的补排关系,研究结果表明:

①关中盆地地下水系统中新水的年龄为 0~13 年,入渗主要发生于山前洪积扇区域,入渗补给水运移到河床位置需要的时间>15 年。靠近河道地下水年龄较老。

②秦岭山前地下水的新水补给量约为北山山前地区地下水中新补给量的 2 倍。秦岭山前是关中盆地地下水的重要补给区。

③傍河水源地水井的抽水量大时,可以吸夺部分河水,吸夺河水的量有限(<40%)。

④地下水 CFC 定年技术是研究现代地下水循环和受人类活动影响的水体的运动规律有效方法,具有广泛的应用领域和前景。

地下水 CFCs 方法应用领域较广阔,在地下水资源评价和管理中有重要作用。目前的研究领域涉及年轻地下水定年、地下水补给区确定、水源地保护方案的确定、核废料场址的评价、农业灌区地下水污染研究、河水污染对地下水影响研究,以及揭示地表水与地下水相互作用等多方面的研究领域。

5.2.4 粒子群算法与地下水水质评价

随着新的数学理论和分析技术的出现,近年来,人工神经网络、层次分析法、遗传算法、多元线性回归和模糊综合评价等多种方法已被尝试用于地下水水质评价。由于地下水水质评价的指标众多,用上述方法评价计算过程较复杂,因此,实际应用受到限制。采用 S 形生长曲线函数来描述地下水环境的发展演替过程,提出用于地下水水质评价的水质污染损害率公式,并在设定地下水不同评价指标"参照值"基础上,用相对于"参照值"的指标"相对值"替换水质污染损害率公式中的指标监测值,并采用粒子群算法对公式中的参数进行优化,得出了对多项地下水评价指标均普遍使用的地下水水质评价的污染损害率指数计算公式。

粒子群算法(Particle Swarm Optimization,PSO)是 1995 年由美国学者 Eberhart E C 和 Kennedy J 提出的一种模拟鸟群行为的新颖演化算法。该算法中,每个优化问题的解都是搜索空间中的一只鸟,鸟被抽象为没有质量和体积的微粒,并将其延伸到 N 维空间,粒子 i 在 N 维空间里的位置表示为一个矢量,每个粒子的飞行速度也表示为一个矢量,所有的粒子都有一个由被优化的函数决定的适应值(fitness value),每个粒子还有一个速度决定它们飞翔的方向和距离。每个粒子知道自己目前为止最好位置(pbest),这个可以看作是粒子自己的飞行经验。除此之外,每个粒子还知道到目前为止整个群体中所有粒子发现的最好位置(gbest 是 pbest 中的最好值),这个可以看作是粒子同伴的经验。粒子就是通过自己的经验和同伴中最好的经验来决定下一步的运动。

标准粒子群算法流程:

①随机初始化粒子群体的位置和速度。通常是在允许的范围内随机产生的,每个粒子的 pbest 坐标设置为其当前位置,且计算出其相应的个体极值(即个体的适应度值),而全局极值(即全局的适应度值)就是个体极值中最好的,记录最好值的粒子序号,并将 gbest 设置为该最好粒子的当前位置。

②计算每个粒子的适应值。

③对每个粒子,将其适应值与个体极值进行比较,如果较优,则更新当前的个体极值。

④对每个粒子,将其适应值与全局极值进行比较,如果较优,则更新当前的全局极值。

⑤根据式(5.2.1)、式(5.2.2)更新每个粒子的位置和飞行速度。

$$v_{id}(t+1) = Wv_{id}(t) + c_1 r_1 [p_{id} - x_{id}(t)] + c_2 r_2 [p_{gd} - x_{id}(t)] \quad (5.2.1)$$

$$x_{id}(t+1) = x_{id}(t) + v_{id}(t+1) \quad (5.2.2)$$

式中,c_1 和 c_2 为学习因子,代表将每个粒子推向 Pbest 和 gbest 位置的统计加速项的权重;W 为惯性权重,代表能使粒子保持运动的惯性;$x_{id}(t)$ 为粒子在 t 时刻的位置,$v_{id}(t)$ 为粒子在 t 时刻的飞行速度。

⑥如未达到预先设定的停止标准(通常设置为最大迭代次数或最小误差),则返回步骤②,若达到则停止计算。

如赵杰颖等将优化好的水质污染损害率公式用于某地 20 个采样点地下水水质评价,并与其他评价方法的评价结果进行了比较,结果表明公式能较好地用于地下水水质的综合评价，有明确的物理意义，简单适用，并具有一定的普适性，为地下水水质评价开辟了一条有效的途径。

5.2.5 遗传神经网络模型与地下水质量评价

地下水环境质量评价是地下水资源评价的一项重要内容，它根据地下水中主要物质成分和给定的水质标准，分析地下水水质的时空分布状况和可用程度，为地下水资源的开发利用、规划和管理提供科学依据。地下水水质评价方法很多，如模糊数学法、灰色聚类法、物元分析法、内梅罗指数法等。在设计模糊数学的隶属度函数、灰色聚类的白化函数时，以及在确定各评价指标的权重时，都存在着人为因素，造成评价模式难以通用，并且存在着因计算时丢失信息太多而使评价结果与实际不符的情况。内梅罗指数法具有数学过程简洁、运算方便、物理概念清晰等特点，但该方法的主要缺点是过于突出最大污染因子、未考虑权重因素、对各污染因子等同对待等。以上方法都没有很好地解决评价因子与水质等级间复杂的非线性关系，以及水体污染的模糊性与随机性关系，至今还没有统一的评价模型。

20世纪80年代迅速发展起来的人工神经网络 ANN（Artificial Neural Network）是对人脑或自然的神经网络若干基本特性的抽象和模拟，是一种非线性的动力学系统。它具有大规模的并行处理和分布式的信息存储能力，良好的自适应性、自组织性及很强的学习、联想、容错及抗干扰能力。它能解决具有一定的内在规律，且这个规律不是很明确，有一定的模糊性的问题。而地下水环境脆弱性评价正是这样的问题，它实质上可看作一个模式识别问题。目前比较常用的人工神经网络形式为 BP 网络，其在大量的研究中已表现出很多优点。理论已经证明 3 层 BP 网络可以逼近任何有理函数，传递函数选择目前常用的组合，即隐含层采用双曲正切 S 形（Tansig），输出层采用线性传递函数（Purelin）。BP 网络模型结构见图 5.2.1。

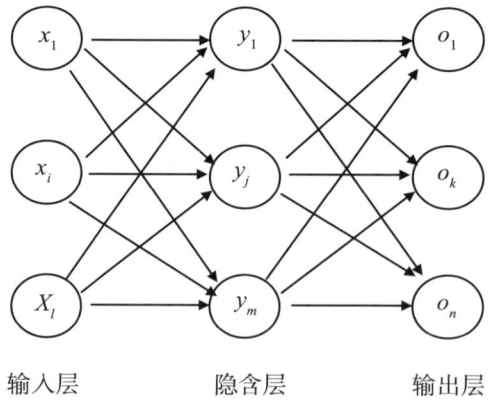

图 5.2.1　BP 网络模型结构

图中输入层 $x_1 \sim x_l$ 为输入因子，$y_1 \sim y_m$ 为隐含结点。$o_1 \sim o_n$ 为输出因子。网络模型的结构设计好之后，对网络进行训练：①用小的随机数对每一层的权值和阈值初始化，以保证网络不被大的加权输入饱和。②对期望误差最小值，最大循环次数，修正权值的学习速率等参数进行设计。③计算网络误差值。④计算各层反向传播的误差变化值。⑤将初始权值和阈值与对应的调整量相加，计算出新的权值和阈值。⑥如此循环往复直至输出层误差平方和达到给定的拟合误差值为止。

近年来，针对神经网络表现出结构确定的人为性、训练速度慢以及初始权值对结果影响的随机性等缺陷，许多学者对神经网络进行了改进或使之与遗传算法相结合来克服这些缺点。这些改进的方法可以归纳为两类：第一类是基于标准梯度下降的改进方法，如附加动量法、弹性算法、自适应调整参数法等；第二类是基于标准数值优化的改进方法，拟牛顿法、共轭梯度法和算法等。如曹剑峰等（2006）以算法和步长自适应法对神经网络进行改进，并将输入数据采用压缩系数法进行处理，用改进后的神经网络对黄河流域某地区地下水环境质量进行评价，并和内梅罗指数法、灰色聚类法评价结果相比较，结果表明改进后的神经网络计算速度快、评价精度高、结果客观准确。

5.2.6 体视化技术与地下水勘查评价

关于体视化的研究可以追溯到 20 世纪 70 年代初期，但直到 1987 年在吸收计算机图形学、图像处理和计算机视觉等相关学科知识基础上，才成为一门独立的学科出现。随着计算机硬件技术水平的不断提高，体视化技术研究和应用在近十年的时间里有了突飞猛进的发展。如体视化技术在医学、计算流体力学、有限元分析、化学、地质学、空间物体学、气象学、电信、财经分析等诸多领域都有不同程度的应用。

体视化（Volume Visualization）是处理和分析从实验获得的、扫描器测得的或者由计算模型合成的体数据，并对这些体数据进行变换、操作和演示，其目的是让人们更清楚地认识蕴涵于体数据中的复杂结构。体视化技术主要研究包含物体内部信息体数据的表示、处理、分析、操作、物体重建和显示等内容，使使用者可沉浸到三维空间中，更直接的与数据交互，可以更快更全面的分析、理解运用数据资料，因此在计算机快速发展的前提下，体视化技术已逐渐成为地学信息真三维可视化研究的前沿技术之一。

传统的地下水资源勘查评价只是在平面和剖面上对研究区的含水层结构进行刻画，体视化技术应用较少，不能客观形象地反映出地下水开采过程中可能引发的问题，影响水资源管理部门决策；地下水体视化技术在大尺度的应用研究较少，造成我们对含水地质体的再分析不足，地下水可持续开采受限。从地下水野外数据管理和分析现状来看，充分利用有限的地质勘探资料，对地质结构进行可视化分析，不仅能够为地下水污染预测、地下水合理开发与管理等方面提供方便的模型资料，而且可以尽量避免因过度开采地下水引发地下水污染、高浓度咸水/卤水入侵、地面沉降、降落漏斗等环境地质问题。

通过对水文地质层进行体视化以及剖面现实的基础上，自动生成各种水文地质专题图，使水文地质工作者可以较好地利用水文地质层的整体绘制效果与水文地质层专题图，将体视化的整体分析方法与水文地质剖面图的局部分析方法结合起来，进行地下水资源的三维可视化分析。

在地下水勘查评价中，如果能够将地下水的运动、溶质的运移以及由于地下水开采而形成的地下水降落漏斗——地面沉降的发展过程等与地下水的赋存环境进行有机的结合，然后采用地理信息系统与三维计算机图形学技术再进行可视化表达，将有利于提高水文地质工作者对地下水的研究水平。使水文地质工作者能够深入研究分析地下水文地质问题的内在规律，针对特定地区地下水现实情况和发展趋势制定有效措施，防止环境地质灾害的发生和恶化。

利用先进的计算机硬件技术和功能强大、实用性良好的地下水资源三维空间地理信息系统，可有效地处理和利用地下水相关的各种地质资料，为地下水资源的合理规划与利用提供直观、科学、有效的决策支持依据。与传统的地下水勘查评价方法相比，体视化技术具有以下优点：

①将传统的水文地质图、物性参数等值线图等二维平面地质图件用渐变色图、三维真实感图形等多种方式表达出来，从而提供多角度、多细节的观察方式，同时为其他领域工作人员认识和分析地质问题带来便利，以利于不同领域之间的交流与协作。

②逼真的三维动态显示效果，使不熟悉水文地质的人对地质空间关系有直观的认识。

③强大的可视化功能，可提高对复杂含水地质体的理解和判别，为地下水可持续利用提供有效决策手段。

5.2.7　突变理论与地下水环境风险评价

突变理论（catastrophe theory）的创始人是法国数学家雷内托姆，他于1972年发表的《结构稳定性和形态发生学》一书阐述了突变理论，被称为"是牛顿和莱布尼茨发明微积分三百年以来数学上最大的革命"。突变理论是研究自然界和人类社会中连续渐变如何引起突变或飞跃，并力求以统一的数学模型来描述，预测并控制这些突变或飞跃的一门学科。突变理论能够直接处理不连续性、而不联系任何特殊的内在机制，特别适用于内部作用尚未确知系统的研究。虽然突变理论的证明涉及数学基础较深，但应用模型相对简单，因此运用领域广阔。十多年来，已在许多领域取得了大量应用性成果，也适用于多目标评价问题的研究。多目标评价即是对多个对象（指标）的选优排序，而这多种对象（指标）表现出不同的质态，因而可用突变数学模型进行对象的多种目标（准则）排序选优。突变理论的特点是根据系统的势函数将系统的临界点分类，研究分类临界点附近非连续变化状态的特征，从而归纳出若干个初等突变模型，一般所讲的突变理论是指雷内托姆归纳的7个初等突变模型。

突变评价法（catastrophe theory evaluation method）是在突变理论的基础上发展起来的一种综合评价方法，主要步骤如下：

①构建评价指标体系。按系统的内在作用机理，将其分解为由若干评价指标组成的多层子系统。

②对底层指标（控制变量）进行原始数据规范化。将突变理论与模糊数学相结合，产生一种多维的在［0，1］之间取值越大越优型的突变模糊隶属度值。归一公式中，控制变量表征的是状态变量的不同方面的特征，其原始数据取值范围和度量单位各不相同，它们之间无法进行相互比较。因此，在使用归一公式之前，应将控制变量的原始数据转化到0~1范围内的无量纲可比较数值。

③归一运算。利用归一公式进行综合量化递归运算，求出评价系统的总突变隶属度值。利用归一公式对同一系统各控制变量（指标）计算出的对应的 X 值应采用"大中取小"原则，但对存在"互补性"的指标，通常用其平均数代替，即考虑"互补"与"非互补"原则。

④重复上述步骤。分别求出不同评价系统的总突变隶属函数值，进行不同系统间综合评价、比较。

如李绍飞等（2007）根据海河流域地下水环境特征及几十年的演变过程，提出了地下水环境风险评价指标体系，并将其应用于流域内天津、沧州、衡水、石家庄和唐山5个典型区域的地下水环境风险评价中。应用结果表明，该方法的评价结果与相关资料显示的各区域地下水环境实际情况基本吻合，与应用较成熟的模糊综合评价结果基本一致，并验证了突变理论方法用于地下水环境风险评价的可行性。相对于以往评价方法，突变理论评价法无需确定指标权重，减少人为主观因素，且计算简便，为区域地下水环境质量综合评价提供了新的方法。

5.2.8 地下水勘查物探新技术

地下水勘查物探技术方法较多，可分为重、磁、电、震、核、热及测井七大类几十种方法（表5.2.1）。常规物探技术包括：直流电阻率法、激电测深法、音频大地电场法、甚低频电磁法及α杯放射性法等，这些方法从不同的地球物理特性去识别地下地质体，在地下水勘查中发挥着重要作用。近年来，随着一些新的物探技术，如音频大地电磁测深法、瞬变电磁法、浅层地震反射法、核磁共振法等的引入，我国地下水勘查水平在勘查深度、分辨率、获取与地下水有关的信息量等方面有了极大的提高，为特殊景观区、困难地区、地质条件复杂地区地下水勘查提供了新的手段，促进了地下水勘查技术的发展。

表 5.2.1　地下水勘查的地球物理技术方法

重力场	重力法	磁力场	磁法
	微重力法		高精度磁测
核	α 径迹法	地震	高分辨率浅层地震法
	α 卡法		三维地震法
	α 杯法	电法	直流电法	电阻率法（电测深、电剖面、高密度电阻率法、电反射法等）
	P_o^{210} 法			法激发极化法（时间域）
热	地温测量法			音频大地电场法
测井	电阻率测井			甚低频法
	自然电位测井			音频大地电磁法
	自然伽马测井		交流电法	可控源大地电磁法
	声波测井			大地电磁测深法
	伽马-伽马测井			阵列电磁法
	中子测井			探地雷达
	核磁共振测井			核磁共振法
	介电常数测井			瞬变电磁法
	层析成像测井			自然电位法

5.2.8.1　可控源音频大地电磁法

CSAMT 是一种结合可控源和音频大地电磁的频率域探测方法，因采用比值测量，故可以减少外来随机干扰和地形影响。CSAMT 横向分辨率较高，对断层灵敏；因为接收机同时测量电场和磁场分量，因此高阻屏蔽作用小。CSAMT 有效探测深度大于 TEM，可以达到 1km，但浅层分辨率有所不足。当测点点距较小时，CSAMT 在工作效率方面的优势较明显，一次发射可以多点频率测深，一次布极可以完成几十平方千米的面积测量，适用于不便铺设大排列电极的地形复杂地区找水和大比例尺工作。

相对传统电法和其他频率域方法，CSAMT 在地下水领域的普及还较欠缺。我国的中国科学院等科研机构使用 CSAMT 对山区、丘陵、平原、海滨、城市边缘和闹市区的区域的地下水进行了研究，探测目标有基岩裂隙水、深部地热资源、第三系基岩的古河道水、第四系砂砾层水、坝体渗漏调查、南水北调西线地质勘查等。在国外，CSAMT 结合自然电位法和高密度电法也被用在火山区等复杂地质条件下的地下流体勘探中。

5.2.8.2　瞬变电磁法

TEM 是时间域的人工源主动探测法。其基本原理是通过地面水平线框向地下发射脉冲磁矩，该一次场关断后，测量一段时间内由地下介质感应生成的二次场。地质体所感应出的电流越大其 TEM 异常也越明显，因此 TEM 对含水的高导地层灵敏，并且有较强的抗干扰能力。该方法的探测深度与所使用的磁矩（即发射框的面积乘以发射电流的大小）大小成正比，一般有效分辨区间为 400m 以内。

TEM 的突出优点是观测纯二次场，且不受静态、近场效应和地形、接地条件的影响。TEM 用于地下水探测有丰富的实例：如煤矿断层富水性调查；塔克拉玛干沙漠边缘高矿化度区寻找淡水含水层；寻找水库或矿井涌水通道和隔水层渗漏点；监测垃圾场对地下水的污染；海水入侵周期性监测；圈定山区岩溶水富水地段和确定水井井位等。

5.2.8.3 地质雷达法

GPR 方法使用不接地天线向地下发射高频（10~2 000MHz）电磁脉冲；电磁波遇到电性界面（尤其是介电常数分界面）会发生反射、折射和透射；地面的接收天线使用感应原理接收地下空间的电磁脉冲响应。目前广泛使用的是小偏移距的收发天线，类似地震勘探中的自激自收，因此其解释方法也很大程度上借用地震勘探理论进行同相轴分析。

从近几年雷达对地探测的研究来看，研究领域已经注意到传统的雷达资料仅仅利用了脉冲响应的时间域特性（如同相轴），处理、解释方法基本遵循地震理论；而数据中蕴藏的大量振幅、频率信息尚未开发利用。前述的 GPR 高频衰减低通模型和地面微波方法为全面性解译雷达信息提供了思路。另外共中心点（CMP）采集方式、层速度提取等 GPR 领域热点问题的突破和发展，对地下水研究都将具有重要意义。

5.2.8.4 空间遥感法

空间遥感是一种深空（或高空）对地探测方法，随着设备分辨率的提高和理论认识的更新，RS 研究范围已逐渐向中小尺度和地下空间靠近，并与地面方法衔接。最近几年报道的实例证明，用 RS 技术解决水文地质问题有宏观、综合、动态、快速的突出特点。目前遥感技术研究地下水的方法主要有水文地质遥感信息分析法、环境遥感信息分析法、热红外遥感地表热异常监测法和遥感信息定量反演模型 4 种方法。

由于地下水探测往往要面对各种复杂的浅层水文地质条件，传统的单一方法越来越不能胜任高精度、高分辨率、高效率、大数据量、多参数信息的任务要求。因此近年来在地下水探测领域逐渐呈现出方法上"联合""移植"和"借鉴"的趋势。

5.2.9 地下水脆弱性评价方法

5.2.9.1 概述

地下水资源是水资源的一个重要组成部分，是国民经济、人民生活和生态环境不可缺少的宝贵资源，作为环境敏感因子的地下水一旦遭到破坏，特别是水质的恶化，对其治理和恢复的难度与代价都是巨大的，短时间内几乎是不可能恢复的。因此，如何保护地下水资源免受污染或尽可能地少受污染是十分重要的。地下水脆弱性（Groundwater

Vulnerability）研究是保护地下水环境工作的基础。通过地下水脆弱性研究，评价地下水脆弱的程度，可以帮助人们在开发利用地下水资源的同时，采取有效的措施保护地下水资源。

5.2.9.2 地下水脆弱性的概念

目前国内外对地下水脆弱性的定义还没有统一的认识，多是不同专家从不同的角度提出自己的看法。美国环保署和国际水文地质学家协会将地下水脆弱性定义为"地下水脆弱性是地下水系统对人类和（或）自然的敏感性"，将脆弱性分为本质脆弱性和特殊脆弱性两类。前者指在天然状态下地下水系统对污染和人类开发利用所表现的内部固有的敏感属性，后者指地下水对某一特定污染源或人类活动的脆弱性。由于地下水脆弱性牵涉到太多的复杂因素，加之尚有待于提高的研究水平，目前国内外都倾向于美国国家科学研究委员会关于将地下水脆弱性分为两类的主张。随着研究工作不断深入，地下水脆弱性的概念将会不断得到丰富、完善和发展。

5.2.9.3 地下水脆弱性的评价指标

影响地下水脆弱性的各种潜在因素很多，概括起来可分为自然因素和人为因素两类。因此，地下水脆弱性评价指标体系应包括自然因素指标和人为因素指标。自然因素指标主要包括含水层的地形、地貌、地质、水文地质条件以及与污染物运移有关的自然因子等；人为因素指标主要指可能引起地下水环境污染的各种行为因子。以上诸多因子构成了地下水脆弱性的评价指标体系。

5.2.9.4 地下水脆弱性的评价方法

评价方法大体分为指数评价法、统计评价法、基于过程的评价法和综合评价法四类。指数评价法直接为政策和管理目标服务，评价结果为不同级别的脆弱性（通常分为高、中、低）。过程评价法通常给出如污染源区、超过环境标准的概率有多大等结果，由科学家为管理者提供地下水脆弱区为什么脆弱的科学解释，以科学目标为主，在评价结果应用于地下水环境管理实际中还要向管理者做进一步的解释和说明。综合评价法则为前两类方法的结合应用。

（1）指数评价法

指数评价法对影响地下水污染脆弱性的各类关键因子进行排序、分级并评分，按一定的权重关系将所有因子的得分叠加后得到综合脆弱性指数，再按数值的高低分为不同的脆弱性等级。这种方法运用得最早，也最普遍。目前国外这类评价方法多达30多种，主要有DRASTIC、SINTACS、GOD、SEEPAGE、AVI、EPIK等方法。这类方法的主要特征就是定义众多的因子，并进行分级评分赋值，来区分地下水脆弱性的高、中、低，通常也称为主观分级评价法，其中最流行的方法是DRASTIC评价方法，以所选7个评价指标英文单词的第一个字母命名而得："Depth to water, Net recharge, Aquifer media,

Soil media, Topography, Impact of vadose zone media and hydraulic conductivity of the aquifer"。DRASTIC 方法的计分分级系统是在总结分析美国全国水文地质条件的基础上，由经验丰富的水文地质专业人员综合评判建立起来的，这种方法可以编制大、中、小不同比例尺的图件，包括全国尺度的、省级尺度的或县镇级尺度的，这种方法之所以受到普遍欢迎，是因为相对省钱、直观、数据容易得到、评价结果易于解释并直接服务于决策过程。

(2) 统计法

统计方法利用区域上已有的地下水污染监测资料和发生地下水污染的各种相关信息，进行统计分析，确定影响地下水污染的主要因素及其权重，并计算区域上发生地下水污染（或超过标准浓度值）的概率，按照概率的高低来确定地下水脆弱性的分区。该方法包括常见的对地下水污染物浓度的简单统计描述（最大值、最小值、平均值、中值）和考虑较多影响地下水污染因素的多元回归分析。

统计方法的一个突出的优点在于，通过统计分析，客观地筛选出影响地下水污染的主要因素，并在回归方程中给出适当的权重值，避免了指数评价法中专家评判的主观性。但这种方法本质上还是将评价对象当做黑箱处理，没有涉及发生污染的基本过程，统计显著相关的，并不一定存在必然的因果关系。同时，用统计方法进行评价必须有足够的监测资料，目前，这种方法在地下水脆弱性评价中的应用有待深化。

(3) 基于过程的评价法

过程模拟法是在对水分和污染物运移过程分析和模型模拟的基础上，确定不同地区地下水受到人为污染活动影响的脆弱性。常用于确定含水层的固有脆弱性和评价供水水源对某一目标污染物的脆弱性。利用过程模拟模型来评价固有脆弱性重点是认识地下水的来源和运动（包括地下水的年龄）；而特殊脆弱性的评价主要关注污染物的来源、运移和转化。尽管描述污染物质运移的二维、三维等各种模型很多，但目前还没有用在区域地下水脆弱性的评价中，脆弱性研究多数集中于土壤和包气带的一维过程模型。例如，RAO 等，分别从土壤和包气带的衰减能力、污染物的对流弥散、污染物及其代谢物的毒理性等角度，提出了衰减因素指数模型 AF、污染物的渗漏潜势指数评价模型 LPI、分级指数模型 RI。这种数学模型要求输入的数据较少，便于应用，但缺陷是不能详细模拟污染物迁移、转化的所有过程，这些模型均被应用于美国的伊阿华州南部一个农业区杀虫剂污染地下水的脆弱性评价中。

(4) 综合评价法

综合评价法是指由统计评价法、基于过程的评价法和指数评价法（或这些方法的某一部分）相结合而形成的评价方法。分为客观综合评价法和主观综合评价法，区别在于客观综合评价法用统计、过程模拟及其他一些客观的方法来刻画变量或过程；而主观综合评价法也可能包括部分客观综合评价法，但同一些主观分类和脆弱性分级指数联合使用。主观综合评价法通常不依赖于预先设计的评分系统（如 DRASTIC 或其他指数评价法），而是根据项目具体特点设计分类方案。

如刘卫林等（2011）针对传统地下水环境脆弱性评价方法的不足，提出了基于大样本数据、投影寻踪、遗传算法以及插值型曲线评价地下水环境脆弱性的遗传投影寻踪插值模型（GPPIM），并给出了该模型建模的一般步骤。以宁陵县为例，在分析地下水环境脆弱性评价因素的基础上制定了宁陵县地下水环境脆弱性分级标准，分析了样本容量对评价模型参数的稳定性影响后，选取样本容量为 4 000 建立了 GPPIM 模型，并对该区的地下水环境脆弱性进行了评价。结果表明，GPPIM 的评价结果可靠、可比性强，比模糊综合评价更为合理、精确。付强等（2008）在传统的 DRASTIC 模型的基础上，结合三江平原实际情况，建立了三江平原地下水脆弱性评价指标体系，首次将基于实数编码加速遗传算法的投影寻踪模型应用于该地区的地下水脆弱性评价，取得了令人满意的效果，为地下水脆弱性评价提供了新思路和新方法。

投影寻踪模型（Projection Pursuit Model，PP）基本思想是：利用计算机技术，把高维数据通过某种组合，投影到低维子空间上，并通过极小化某个投影指标，寻找出能反映高维数据结构或特征的投影，在低维空间上对数据进行分析，以达到研究和分析高维数据的目的。该方法主要有以下几个特点：成功地克服了高维数据的"维数祸根"带来的严重困难；排除了与数据结构和特征无关的或关系很小的变量的干扰；使用一维统计方法解决高维问题。

如孟宪萌等（2007）通过分析目前国内外地下水脆弱性评价中广泛采用的 DRASTIC 模型中存在的主要问题，将地下水脆弱性定义为模糊概念，以 DRASTIC 模型为基础建立模糊综合评判模型。在确定各评判因子的权重时，将信息论中的熵值理论引入该模型，运用信息熵所反映数据本身的效用值计算各评价指标的权重，使得权重的分配有了一定的理论依据，并以济宁市地下水脆弱性评价为例，对该模型的可靠性进行了测试。通过与普通 DRASTIC 模型评价的结果比较表明，基于熵权的改进 DRASTIC 模型能更真实客观的反映地下水脆弱性。陈南祥等（2005）建立的基于 AHP（层次分析）的模糊综合评价模型，采取定性分析和定量计算相结合，既能考虑各评价因素对地下水环境脆弱性的数量值贡献，又能突出重要因素的作用和各因素之间的相对重要程度以及它们之间的拮抗、协同作用，较好地确定各个评价因素的权重，通过对河南省宁陵县地下水环境进行实证分析，结果表明，该模型能较好地评价地下水环境脆弱性。李梅等（2007）建立了地下水环境脆弱性的改进 BP 神经网络模型，并对黄淮平原宁陵县的地下水环境脆弱性进行了评价，应用结果表明，改进 BP 神经网络法训练速度快、精度高，能较好地解决非线性的模式识别问题，如实地评价地下水环境的脆弱性。

地下水脆弱性评价是一个复杂的系统工程，需要统筹兼顾多指标的属性，其评价理论与手段随人们对评价对象本身认识广度和深度的增强而不断加深，评价方法的实效性也逐步提高。

5.2.10 重力卫星与陆地水循环

5.2.10.1 概述

传统的地表重力场测量方法具有固有的局限性。其任何改进都依赖于空间技术，因为它可以提供全球的、规则的、稠密的和高质量的测量数据。这样的空间技术应当满足以下3个基本准则：连续跟踪卫星的3维空间分量；测量与补偿非重力效应；轨道高度尽量低。由德国的GFZ、美国的NASA以及欧洲宇航局ESA独自或联合开发了最先进的地球监测技术——SST，其主要特点是利用现有的GPS连续追踪新发射的低轨道卫星，并由低轨道卫星对地球重力场精密观测，且满足上述3个准则，已广泛用于地球重力场测量。其基本思想是发射装备有GPS/GLONASS接收仪的低轨道卫星。在任何一段时间内，接收仪可以"看"到至少12颗GPS和GLONASS卫星。这样，低轨道卫星的轨道就可以以厘米级精度被连续测定。"挑战性小卫星有效载荷"（Challenging Minisatellite Payload，CHAMP）卫星、GRACE（Gravity Recovery and Climate Experiment，GRACE）卫星和"重力场与稳态洋流探测器"（Gravity Field and Steady-State Ocean Circulation Explorer，GOCE）卫星这3颗重力卫星就是基于这个思想来设计的。

CHAMP卫星是高低轨道、卫-卫跟踪重力场测量卫星，由德国地球科学研究中心（GFZ）和德国航空航天中心（DLR）合作研制，也是世界上首先采用SST技术的卫星。该卫星主要用于地球科学和大气研究，包括：高精度确定全球静态重力场中波和长波特性和重力场随时间的变化；估算地球及地壳磁场及其随时间、空间的变化；利用大气/电离层掩星探测进行导航、气象预报和全球气候变化研究。

GRACE卫星是美国国家航空航天局（NASA）和德国航空中心（DLR）共同开发研制的。GRACE研制的目的是提供一个前所未有的新的地球重力场模型。它将主要应用于固体地球物理学、海洋学和气象学研究，使人们对于海洋面流和海洋热传输等问题有更好的理解。另外，GRACE主要是用来研究重力场的时间变化。GRACE可以测量重力场的时间变化，例如地下水和土壤含水层底部压力变化、季节和周年变化、南极和格陵兰岛冰盖层质量的变化，以及大气压变化引起的重力场变化。

GOCE卫星是欧洲航天局（ESA）独立发展的地球动力学和大地测量卫星，是全球首颗用于探测地核结构的卫星，其主要目的是高精度、高分辨率测量全球静态重力场。

5.2.10.2 GRACE卫星与陆地水循环

GRACE的数据产品已经成为国内外研究者开展相关研究的重要资源之一。苏晓莉等（2012）基于GRACE 2002年8月至2010年8月的月重力位资料，分析了华北地区8年以来陆地水量的变化趋势，研究结果证实，在研究时段内，该地区的地表水、地下水分别以-0.6cm/年和-0.5cm/年的速率减少，华北地区降水量减少，与地下水超采很可能是造成地下水减少的主要因素。苏勇等采用GRACE与GRACE-FO重力卫星数据对2002年4月至2021年4月华北地区水储量进行了估算，研究结果表明，2002年4月至2021年4月，附有不等式约束的三维加速度点质量模型法计算的华北地区水储量以-1.36cm/年的速率下降，Mascon与球谐系数法所获得的亏损速率分别为-1.52cm/年、-0.80cm/年，表明华北地区水储量处于明显的亏损趋势，并由亏损速率空间分布可知，在河北省与山西省交界处水储量亏损最为明显，亏损中心区域地下水减少超过-3.0cm/年。

瞿伟等（2024）利用GRACE与GRACE-FO Mascon模型反演了2002—2020年黄河流域陆地水储量异常（terrestrial water storage anpmaly，TWSA）及对应的水储量亏损赤字（water storage deficit index，WSDI），研究结果表明，在WSDI识别出的黄河流域上游、中下游分别发生的5期干旱事件及其对应的干旱等级中，存在其他传统干旱指数未识别现象；在黄河流域以往干旱事件识别中，WSDI也展现出了较其他4种传统干旱指数显著的识别优势。相比传统干旱指标多仅依赖于稀疏地表水文监测信息，基于重力卫星监测数据的WSDI干旱指标可在大尺度范围下有效识别出流域干旱特征。熊景华等（2021）基于GRACE重力卫星数据研究了珠江流域2002—2017年陆地水储量异常（TWSA）的时空变化特征，珠江流域的呈现显著上升趋势，中游和下游北部增长速度最快，达7.9~10.2mm/年空间上。禤键豪等（2024）利用JPL GRACE/GRACE-FO Mascon模型反演河西走廊区域陆地水储量的时空变化，结合GLDAS模型、实测地下水位和冰川水模型等数据对陆地水储量进行水平衡分析及时空特征变化分析，结果表明，2002—2020年间由于降水和冰川融水的补充，疏勒河流域南部和黑河大部分区域陆地水储量空间变化呈上升趋势，而蒸散消耗与农业扩张则导致疏勒河流域北部和石羊河流域陆地水储量下降；人类耗水是疏勒河流域、黑河流域和石羊河流域陆地水储量变化的重要因素。冯伟等（2012）利用GRACE卫星重力资料研究了亚马孙流域2002—2010年的陆地水变化，并与水文模式和降雨资料进行了比较分析，在年际尺度上，2002—2003年和2005年，亚马孙流域发生明显的干旱现象；2007—2009年，陆地水呈逐年增加的趋势，亚马孙流域陆地水变化与降雨密切相关。

5.3 地下水模拟技术

5.3.1 MODFLOW模型

MODFLOW（The modular finite-difference groundwater flow model）是由美国地质调查局（USGS）开发的用来模拟地下水流动和污染物迁移等特性的计算机程序。目前，

MODFLOW 是全世界范围内模拟地下水流的应用程序。MODFLOW 如此受欢迎，归功于它具有以下特点：①MODFLOW 所用的有限差分方法容易理解，并且适用于许多现实条件。②MODFLOW 可以用于一维、二维、准三维和三维模型。③数据输入格式、基本理论和每一个模块都经过了广泛验证。④模块化结构便于用户根据实际需要添加程序、完善功能和其他应用软件如 Surfer、Microsoft Excel 等的结合。⑤MODFLOW 模拟的结果，可以用许多软件如 Surfer、AutoCAD 等显示和处理，而且其自己的三维可视化结果处理，也很便于用户理解和应用。

Visual MODFLOW 是目前国际上最盛行且被各国同行一致认可的三维地下水流和溶质运移模拟评价的标准可视化专业软件系统。该系统是由加拿大 Waterloo Hydrogeologic Inc. 在 MODFLOW 软件基础上，应用现代可视化技术开发研制的，1994 年 8 月首次在国际上公开发行。高度集成的软件包，包括了用于地下水流模拟的 MODFLOW、粒子运动轨迹和传播时间模拟的 MODPATH、污染物在地下水中输移过程模拟的 MT3D，以及用于水文地质参数估计与优化的 PEST，并且具有直观的、强有力的图形交互界面。新颖的菜单结构，便于用户对研究区离散及选择有效计算单元、确定边界条件与参数赋值、运行及校正模型，以及用等值线或颜色阴影实现结果的可视化，真正实现了人机对话。在模型的开发及结果显示过程中，模型网格、输入参数和模拟结果，都可以用剖面图或平面图显示。这个软件系统的最大特点，是将数值模拟过程中的各个步骤天衣无缝地连接起来，从开始建模、输入和修改各类水文地质参数与几何参数、运行模型、反演校正参数，一直到显示输出结果，使整个过程系统化、规范化。这些特点是目前中国乃至世界上同类软件所不具备的。

5.3.2 地理信息系统

地理信息系统（Geographic Information System，GIS）是一项以计算机为基础的新兴技术，围绕着这项技术的研究、开发和应用形成了一门交叉性、边缘性的学科，是管理和研究空间数据的技术系统，在计算机软硬件支持下，它可以对空间数据按地理坐标或空间位置进行各种处理、对数据的有效管理、研究各种空间实体及相互关系。通过对多因素的综合分析，它可以迅速地获取满足应用需要的信息，并能以地图、图形或数据的形式表示处理的结果。

地理信息系统的应用概括起来有两种情况。一是利用 GIS 系统来处理用户的数据；二是在 GIS 的基础上，利用它的开发函数库二次开发出用户的专用的地理信息系统软件。目前已成功地应用到了包括资源管理、自动制图、设施管理、城市和区域的规划、人口和商业管理、交通运输、石油和天然气、教育、军事等九大类别的一百多个领域。在美国及发达国家，地理信息系统的应用遍及环境保护、资源保护、灾害预测、投资评价、城市规划建设、政府管理等众多领域。近年来，随我国经济建设的迅速发展，加速了地理信息系统应用的进程，在城市规划管理、交通运输、测绘、环保、农业、制图等领域发挥了重要的作用，取得了良好的经济效益和社会效益。

GIS 作为一种空间变化数据的收集、存储、管理、空间分析和表达的工具，已在地下水决策支持系统、地下水的规划和管理、地下水的模型研究、地下水水质检测、含水层的识别、水源保护、编制水文地质图等领域得到实际应用。利用 GIS，从空间提取相应的水质数据，利用模型进行数据分析评价，将分析评价成果形成空间数据，实现成果的可视化，还可进一步用于其他空间分析。

如许保海等（2008）将 GIS 系统用于贵阳市地下水资源规划利用，构建了地下水资源管理信息系统信息收集、存储、分析、维护、查询、评价系统，为当地政府合理规划本地区水资源开发、生态环境保护、经济发展，提供了重要参考依据。刘小勇等（2004）基于 GIS 技术建立了新疆哈密市地下水资源预测预报系统。系统主要功能有地下水开采量数据的录入与节点化、模型计算与预测结果的显示分析、开采井/开采单位的地图编辑与指标数据的维护等。该系统采用系统 Map Info 与 PowerBuilder 集成设计完成，利用 GIS 技术完成了预测年的流场（等水位线）图、水位埋深图、水位降深图的显示和分析，尤其是使用缓冲区分析技术实现了对等水位区域的开采井、开采单位的量化分析。这些分析结果可作为管理部门进行地下水资源规划、管理、决策的依据。丛方杰等（2006）研究了组件式系统开发模式的相关技术，开发了基于组件技术的大连市地下水资源管理信息系统。采用与回相结合的集成开发方式，应用面向时象技术，实现了地理信息与地下水资源业务管理的信息处理模块的无缝高效集成。用户不需投资购买专门的开发与应用平台，不需学习和掌握专门的开发语言。罗育池等（2007）针对河南省地下水开发利用中主要存在地下水水位持续下降、地下水水质污染、地面沉降、咸水入侵、土地沙化、土地盐渍化等生态与环境地质问题，运用 MapGIS 技术与层次分析法相结合的评价方法，对地下水的水位变化、水量的空间分布、生态环境以及地质环境状况进行分析和计算，得出地下水系统多年的变化趋势和分布特点。

5.3.3 遗传算法模型

早在 1962 年，美国密歇根州立大学 Holland 教授在研究建立能学习的机器时受 Darwin 进化论的启发，认识到为获得一个好的学习算法不仅依靠单个策略建立和改进，而且还依赖于一个包含许多候选策略的群体繁殖进化，由于其研究思想源于遗传进化，Holland 和他的合作者将该研究领域称为遗传算法（genetic algorithms），提出了运用遗传算法求解各种组合搜索和优化问题。20 世纪 80 年代中期以来，遗传算法在机器学习、模式识别、组合最优化、信息处理、地球物理反演等领域的应用已相当广泛，该算法利用最优化与自然选择之间的类比来搜索复杂问题的解，是一种在思路和方法上都很新颖的优化方法，它将对问题的求解转化为对一群"染色体"的一系列操作，通过种群的进化，使群体一代一代地向越来越好的解空间转移，在搜索过程中能自动获取和积累有关搜索空间的信息，并自适应地控制搜索过程，收敛到一个最适应环境的点，从而得到问题的最优解。

遗传算法的优点是：①遗传算法可用于求解分布参数地下水管理模型，它不要求地下水系统必须是线性的，因而更适合求解复杂地下水系统的管理问题，具有广阔的应用前景；②遗传算法是一种近似算法，其收敛速度、解的精度受控于该算法的某些参数选取；③对于大规模、多变量的地下水管理问题，其收敛速度较慢，计算时间长，应考虑采用计算机的并行算法编制遗传算法程序。

如邵景力等（1998）以山东省羊庄盆地为例，在建立地下水模拟模型的基础上，用嵌入法建立分布参数地下水系统管理模型，将遗传算法用于求解该管理模型，通过有限单元法与遗传算法耦合表示水位约束，采用罚函数的方法处理约束条件，对于同一管理问题，与线性规划求解的结果十分接近，说明遗传算法是求解地下水管理模型的一种有效方法。

5.3.4 小波随机耦合模型

地下水是一个复杂的时间序列，其变化与区域气候条件和生态环境密切相关，具有明显的年际同期性和随机性波动，用适当的模型描述地下水的动态变化具有重要意义。

小波随机耦合模型建模基本思路：首先将研究的水文时间序列采用快速小波变换算法进行小波分解，得到某尺度下的小波变换序列；然后对各小波变换序列的主要成分（随机成分或确定成分）进行识别，对各小波变换序列进行互相关分析，并建立各小波变换序列适宜的数学模型；最后采用小波变换重构算法得到所研究水文时间序列的小波随机耦合模型。

快速小波变换算法：当采用连续小波变换或离散小波变换对水文时间序列 $f(t)$ 进行小波分析时，所获得的小波系数信息冗余，计算量较大。因此，在实际应用中，多采用快速小波变换算法来计算小波变换系数。著名的小波变换算法包括 Mallat 算法和 ATrous 算法。

如徐淑琴等（2008）通过小波的分解，将地下水埋深序列分解成确定性成分和随机性成分，利用小波随机耦合模型建立红旗岭农场地下水埋深动态预测模型，对地下水埋深进行模拟和预测，精度检验结果表明，该模型的拟合效果较好，预测精度较高，较为全面地反映了红旗岭农场的地下水动态变化规律，为区域地下水资源的可持续利用提供了可靠的依据。

5.3.5 小生境混合遗传算法

地下水溶质运移问题的研究多以确定性运移模型为基础，进行溶质浓度的分布估计以及利用观测结果进行水动力弥散参数反演计算，较少涉及可靠性的评价分析。由于受众多随机因素的影响，地下水溶质运移实质上是复杂的随机过程，在很大程度上应该考虑含水层介质的非均质性和尺度效应带来的不确定性问题。可靠性分析始于 20 世纪 50 年代，从设备维修到结构可靠性分析，现已广泛应用于水资源工程风险和科学研究中，而将可靠性评价分析应用于地下水问题是近年来才开展起来的。总体上，国外对地下水溶质运移问题的研究相对较多，主要针对含水层参数空间变异性、结构性，利用 Monte—Carlo 法和有限元法等进行可靠性分析。在我国，无论是非均质性研究，还是随机理论的应用与相应模型的建立，对这些方面的研究在近年才开始，研究基础相对薄弱，处在理论研究阶段。

遗传算法（GA）对要求解问题的目标函数要求不高，能够很好地适应各类具有连续或不连续目标的问题，并以其高度的非线性和全局性的搜索能力而广泛应用于函数拟合以及优化求解等领域中。然而，通常遗传算法的局部搜索能力不强，并且对具有多个最优解的优化和拟合问题难以找出更多的最优解，有时发生早熟收敛的现象。小生境混合遗传算法能够有效地克服以上缺点，这种算法的基本思想是首先进行群体的遗传算法操作然后依据海明距离划分小生境范围，对距离内适应度小的个体给以惩罚，实现小生境淘汰，保持群体的多样性在各自的小生境范围内进行模拟退火操作，以增强个体的局部搜索能力，之后再转入群体遗传操作循环。

苏飞等（2006）采用小生境混合遗传算法，对地下水污染物迁移的可靠性进行探讨，并在可靠性条件下进行污染浓度正反问题分析，为地下水环境保护和调控提供更多的决策依据。分析结果表明，小生境混合遗传算法在地下水污染物迁移问题的可靠性分析中具有可行性和有效性。

5.4 地下水回灌补源与人工调蓄

5.4.1 地下水人工回灌补源技术

地下水人工回灌，其实质就是借助某些工程设施，将地表水自流或用压力注入地下含水层，以增加地下水的补给量，稳定地下水位或对水资源进行季节之间及年度的调节，保证地下水的充分利用。我国地下水人工补给工作是从控制地面沉降开始的。20 世纪 60—70 年代，人工回灌曾在我国风行一时，上海、北京、天津、杭州、西安、沈阳等许多城市都开展过地下水人工补给工作，主要是为了补给地下水，缓解供水紧张，同时也是东南沿海城市防止地面沉降和海水入侵的主要措施。1965 年，上海市引黄浦江水采用深井回灌方式向含水层补水，很好地解决了地面沉陷问题。国外地下水人工补给具有悠久的历史，早在 18 世纪末 19 世纪初，欧洲的一些国家已经人工补给地下水。1821 年在法国图卢兹市采用堤坝进行岸边淹浸来补给地下水。David Pyne 在 1982 年首次使用了"含水层贮存和回用"（Aquifer Storage and Recovery，简称 ASR）一词，现在对地下含水层的人工回灌和再利用国际上通称为 ASR 技术。美国、以色列、荷兰的 ASR 技术居于世界领先地位，加拿大、日本、澳大利亚、印度等国都在发展自己的 ASR 技术。约旦、科威特和摩洛哥等国都在进行着小规模的污水补给地下水工程。

5.4.2 地下水人工补给方法

目前，国内外经常采用的、较为成熟的地下水人工补给方法主要有直接补给法和间接补给法（也称为诱导补给或激发补给）。

5.4.2.1 地下水人工直接补给法

（1）地表入渗补给法

一般采用坑塘、渠道、凹地、古河道、矿坑等地表工程设施及淹没灌溉等手段，使地表水自然渗透流入含水层。直接补给法一般要求地表上层应有较好的透水性。北京从 1984 年开始，在潮白河地区利用水盆地入渗补给地下水，年补给量达到 $(4\sim8)\times10^7 m^3$。到 1990 年，该地区的地下水位已经上升了 2~3m。青岛从 1990 年开始，在大沽河地区采用沟渠入渗补给地下水，使含水层得到了有效的恢复，确保了青岛市的地下水供给。塔里木河流域管理局为了挽救塔里木河下游尚存的生态植被，自 2000 年 5 月至 2003 年 7 月底，先后 5 次实施了由博斯腾湖及塔里木河干流向塔里木河下游的应急输水，自大西海子水库累计下泄水量 $1.38\times10^9 m^3$。由于接受了河道渗漏的补给，河道两侧 1km 范围内的地下水位有了较大幅度的上升。

（2）井内灌注渗水补给法

当含水层上部覆盖有弱透水层时，地表水入渗补给强度受到限制。为了使补给水体直接进入潜水或深部承压含水层，常采用管井、大口井、竖井和坑道灌水注入地下含水层。在城市内将再生的工业和生活用水储存于地下，因受场地限制也多采用管井回灌。井内灌注补给包括自流回灌、真空回灌和压力回灌。北京市区从 1981 年开始，采用地表水、地下水、空调冷却弃水进行生产性深井人工回灌，到 1999 年累计回灌量为 $1.07\times10^8 t$，为城市节水和水资源的循环再利用作出了贡献。

5.4.2.2 地下水人工间接补给法——诱导补给法

诱导补给法是在河流或其他地表水体（如渠道、池塘、湖泊等）附近凿井，抽取地下水，使地下水位降低，从而增大地表水和地下水之间的水头差，诱导地面水大量渗入。此法一般在砂、卵石地层中效果较好。

5.5 地下水监测技术

随着城市人民生活和工业生产用水的不断增加，天然条件下的水资源（地表水体或泉水）远不能满足人们对水的需求，于是人们便主动开采地下水。由于对地下水资源长期持续的超采，引发了一系列生态环境问题，如区域性地下水降落漏斗、地面沉降、海水入侵、水质恶化等一系列环境地质问题，制约了地区经济的可持续发展。为了对地下水资源进行有效控制，必须对地下水资源（水位、水量、水质）进行有效监测。目前我国地下水位测量的方法远远落后于社会发展的需要，传统方法不但工效低、手段落后，而且测量周期长。下面介绍几种新的技术与方法。

5.5.1 监测井技术

监测井技术是地下水污染调查的基础，通过它可以确定地下水污染物的成分、分布范围以及迁移路径等许多重要参数。国外发达国家高度重视地下水污染调查监测技术，对监测井技术也进行了深入研究，成功开发了多种监测井。

5.5.1.1 丛式监测井

丛式监测井是在监测场地内按不同监测层的取样和监测要求分别钻进许多不同深度的单独监测井。丛式监测井的主要优点为安装工艺简单，但钻孔数量多，监测井建造成本和监测成本较高。丛式监测井建成后，可利用水位计对地下水水位进行监测，同时，可用小直径潜水泵或其他采样设备采集地下水水样，或者在井内安装自动水位计和地下水水质自动监测仪进行地下水水位和水质的长期监测。

5.5.1.2 巢式监测井

巢式监测井是在一个钻孔中分别将多根不同长度的监测管下至选定的监测层位，通过分层填砾和止水，使几个监测井在一个钻孔中完成，从而达到分层采样和分层监测的目的。巢式监测井建成后，可利用水位计对地下水水位进行监测，同时，可用小直径潜水泵或其他采样设备采集地下水样，或者在每根监测管内安装自动水位计和地下水水质自动监测仪进行地下水水位和水质的长期监测。

5.5.1.3 连续多通道监测井

连续多通道监测井是加拿大 Solinst 公司开发的采用连续多通道管（CTM）建造监测井的技术，在国外亦称 CTM 系统。连续多通道管是采用连续方式挤出的带有 7 个通道的高密度聚乙烯（HDPE）管，管外径 43mm，标准长度为 30m、60m 和 90m。连续多通道监测井建成后，可利用小直径水位计对地下水水位进行监测，同时，可用专用的采样器——惯性泵或蠕动泵采集地下水样。

5.5.1.4 Waterloo 监测井

Waterloo 监测井亦称 Waterloo 多级系统，1984 年由加拿大滑铁卢大学（University of Waterloo）地下水研究所的 John Cherry 发明。它是一种在直径 50mm 的 PVC 套管内包含 8 根从不同进水窗口直达地表的小直径监测管组成的具有标准组件的系统。该系统由套管节、进水窗口、监测管、封隔器、末端帽和一个地表管汇组成，套管内进水窗口间形成彼此隔离的密封腔。如果预先埋设有压力传感器和采样泵，可通过其测量各监测目的层的水位和采集水样。否则，可分别在监测管内下入小直径水位计测量各监测目的层的水位，并利用专用采样泵——惯性泵或蠕动泵采集地下水样。

5.5.1.5　WestbayMP 监测井

WestbayMP 监测井也称 WestbayMP 多级系统，由加拿大 Westbay 公司研制。该系统由安装在钻孔中的套管组件、用于水压测量的便携式探测器和获取地下水水样的专用工具组成。套管组件包括套管节、接头、管底和用于两监测目的层隔离止水的封隔器。由于套管组件中设置了一种带阀门的特殊接头，该系统成井时只需在孔内下一根套管柱便能实现对众多监测目的层的监测与采样。

5.5.2　无线传输技术方法

为了提高地下水监测质量，取得具有代表性的数据，使地下水监测数据具有与现代测试技术水平相应的准确性和先进性，不断提高水分析成果的可比性和应用效果，地下水污染自动监测技术是其研究发展方向。

地下水水质自动监测系统的工作原理：监测系统主机主要由多参数复合式探头、测量系统、数据存储系统、自动控制及通讯接口等部分组成。无线传输技术原理框图如图 5.5.1 所示。

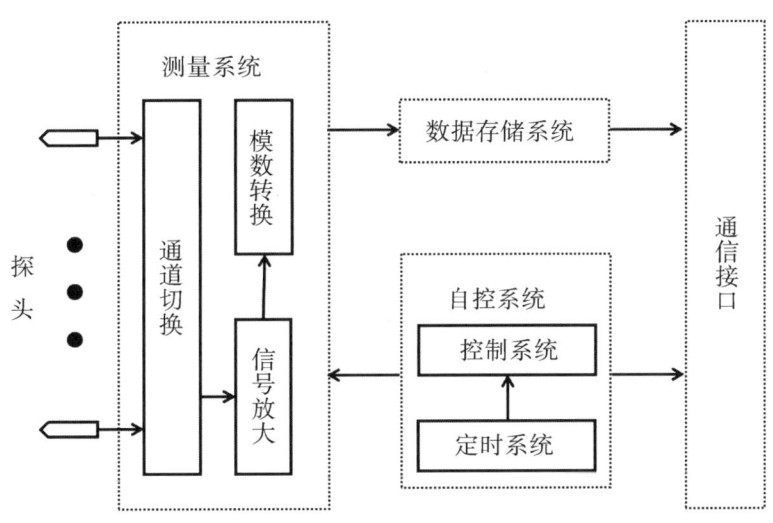

图 5.5.1　无线传输技术原理

监测数据传输系统：GSM（Global Service Member）网即全球公共服务网，是一种数字全球无线通信网络，目前我国的大部分地区都已开通。本项目采用 GSM 调制解调器，通过使用 GSM 公共网，实现数据的无线传输。数据通信方式采用查询应答式，即现场监测仪器完成地下水水质参数的自动采集和数据处理，并自动存储在"地下水水质监测系统"内部的数据存储器中,当室内中心站发出查询指令后,便可查询现场监测仪器中数据存储器内的数据。

5.5.3 地球物理方法

地球物理方法用于地下水污染监测,主要通过监测污染前后密度、电阻率、元素离子浓度等物理性质和化学性质的变化,弄清污染物在地下运移过程和空间分布规律,为治理提供依据,这也是今后地球物理方法解决环境问题的主要发展方向。

地球物理方法监测地下水污染是根据污染物与其周围介质在物理、化学性质上的差异,借助一定的装置和专门的仪器,测量其污染物理场的分布状态,通过分析和研究物理场的变化规律,结合地质、水文等有关资料,推断解释地下一定深度范围内污染物的分布特征,以达到监测的目的。目前地球物理方法主要用于地下水无机物污染、有机物污染、地下水氡辐射的调查以及未污染水体的保护等方面。所采用的方法主要有:大地电磁法、电阻率测井法、自然电位测井法、动态导体充电法探测和地质雷达探测等。

5.5.4 动态可视化技术

地下水资源动态监测管理中的可视化是利用计算机图形图像技术,对采集的大量地下水动态监测数据进行处理,将评价区域地下水的赋存环境、运动规律和动态特征直接展现在人们眼前,被人的视觉直接感知,为地下水资源评价模型的建立提供依据,并最终为地下水资源的科学管理和科学利用奠定坚实的基础。地理信息的三维可视化主要包括数学建模和可视化表达,其中三维数据结构和数据模型的研究是基础。目前国内外三维数据结构研究主要在三维矢量数据结构、三维栅格数据结构、面向对象的数据模型等方面,并提出了一些比较典型的数据结构规则网格法、表面法、化四面体法以及综合法等。

Surfer 是美国 Golden 公司自主研究开发的制作等高线和三维地形立体图的软件。其主要功能是将数字化或者人工读取、实际测绘获得的三维空间数据转换成为格网数据(或称数字高程模型),并根据格网数据生成等高线图和地形立体图。除此之外,可以利用此软件绘制高分辨率的等高(值)线图,以屏幕显示、打印机、绘图仪 3 种方式输出图像,而且使用灵活,精确度高。Surfer 之所以成为世界性的等高(值)线图绘制应用软件,是因为它随着版本的升级与不断完善而具有越来越强大的功能,包括:绘制等高(值)线,在等高线图上加上背景地图,应用 Surfer 给出数据文件的统计性质,张贴图和分类张贴图,制作向量图,图像输出,其他辅助功能。

5.6 地下水修复技术

5.6.1 地下水铅污染修复技术

半个多世纪以来,随着科学技术的不断发展,环境中有毒或潜在的有毒化学物,特别是重金属，对人类和环境构成了严重的威胁。在这些重金属中，铅尤为突出，毒性相当大，是著名的"五毒"之一。最初，人们大多只关注大气和土壤里的铅污染问题。然而，铅可通过呼吸道进入人体，还可以经过大气沉降进入土壤环境中，由于土壤和地下水的相互作用，通过植物吸收土壤中的铅进入水循环体系，经由食物链最终进入人体，危害人类的健康。因此，一些治理含铅土壤的方法也逐渐被应用到处理含铅地下水的研究当中。概括起来，处理含铅地下水的方法主要分为物理屏蔽法、抽出处理法和原位修复法。其中原位修复法是目前该领域的主要研究方向，包括渗透反应格栅、生物修复以及动电处理技术等。

5.6.1.1 可渗透反应墙

可渗透反应墙（Permeable reactive barrier，PRB）是一种将溶解的污染物从污染水体和土壤中去除的钝性处理技术，是近年来流行的地下水污染原位处理方法，具有持续原位处理多种污染物、处理效果好、安装施工方便、性价比较高等优点。目前，欧美一些发达国家已对其进行了大量的实验及工程技术研究，并投入商业应用。在我国，PRB技术仍处于实验摸索阶段。PRB技术的基本原理：PRB技术是在地下安置活性材料墙体以拦截污染羽状体，使污染羽状体通过反应介质后，污染物能转化为环境接受的另一种形式，从而使污染物浓度达到相关水环境质量标准。PRB主要由透水反应介质组成，通常置于地下水污染羽状体的下游，与地下水流相垂直。污染物去除机理包括生物和非生物两种，污染地下水在自身水力梯度作用下通过PRB时，产生沉淀、吸附、氧化还原和生物降解反应，使水中污染物得以去除。

5.6.1.2 原位生物修复技术

由于借鉴了对铅污染土壤的修复方法，近年来，原位生物修复技术在处理含铅地下水的过程中得到了广泛应用，其中包括微生物修复技术和植物修复技术。

（1）微生物修复技术

主要借助微生物的生化反应来清除环境中的有害物质，通过积累与转化修复重金属污染。经过胞外的络合、沉淀和胞内积累作用，有毒重金属可被储存在细胞的不同部位或结合到细胞外基质上，通过代谢过程，这些离子可被沉淀，或被轻度螯合在可溶或不溶性的生物多聚物上。细菌产生的特殊酶能还原重金属，且对Cd、Co、Ni、Mn、Zn、Pb、Cu等有亲合力。如Citrobacter产生的酶能使U、Pb、Cd形成难溶性磷酸盐。革兰氏阳性菌可吸收Cd、Ni、Pb和Cu等。

（2）植物修复技术

植物修复技术在国外应用较早，1977年Brooks提出了超富集植物的概念，1983年Chaney提出了利用超富集植物清除土壤中重金属的思想，之后有关植物修复技术的研究逐渐增多并得到广泛应用。我国在这方面的研究起步较晚，直到1999年首次发现一种As的超富集蕨类植物，植物修复技术研究才真正开始。目前的研究方向主要是植物的修复潜力以及使用螯合剂提高植物修复的效率。

植物修复技术具有其他物理化学方法所没有的优点：①成本低。污染物在原地去除，可通过传统农业措施种植作物。②植物利用太阳能，不破坏生态平衡，同时还能美化环境，易为公众所接受。③将富铅植物残体用于植物炼矿，可产生经济效益。相比之下，虽然植物修复技术所需时间较长，而且植物的生长要受到环境的影响，但这些缺点都不成为重要问题。可以预言，植物修复将成为一种应用广泛、环境友好和经济有效的修复铅污染土壤的方法。

5.6.1.3 动电修复技术

动电修复技术的基本原理是将电极插入受污染的地下水及土壤区，在施加直流电后，形成直流电场。由于土壤颗粒表面具有双电层、孔隙水离子或颗粒带有电荷，引起土壤孔隙水及水中的离子和颗粒物质沿电场方向进行定向运动。动电修复过程中，主要的物质迁移有电渗流、电迁移、自由扩散和电泳等。电渗流是土壤中的孔隙水在电场中从一极向另一极的定向移动，非离子态污染物会随着电渗流移动而被去除。电迁移是离子或络合离子向相反电极的移动，溶于地下水中的带电离子主要通过该方式迁移和去除。而电泳是电渗的镜像过程，即带电粒子或胶体在直流电场作用下的迁移。动电修复技术可以有效地去除地下水和土壤中的铅离子。在施加直流电后，带正电的重金属离子开始向阳极迁移，其迁移速度比同方向流动的电渗析快得多。修复过程受到土壤的pH值、铅元素的存在形态以及电极材料的影响。该技术对渗透性差和酸碱缓冲能力较低的黏土、高岭土中重金属的去除效果最好。动电修复具有人工少，接触毒害物质少，经济效益高，对土壤的性质结构损害小等优点。与生物修复和化学修复等相比，动电修复更适合于治理渗透系数低的密质土壤。尽管此项技术已经被证明是有效处理地下水中重金属污染的方法，但在许多方面还需要进一步研究，包括污染物迁移过程机理及限制性因素等。因此，在该项技术成熟之前，还需要很多的实验数据和示范工程。

5.6.2 地下水硝酸盐修复技术

5.6.2.1 概述

随着工农业的蓬勃发展，地下水中硝酸盐氮的污染问题变得日益突出。硝酸盐氮的污染已成为一个世界性的环境问题。根据我国国土资源部1996—2000年全国主要城市和地区地下水状况分析表明，我国城市普遍都遭受到了硝酸盐氮的污染。地下水中大量的硝酸盐氮主要来源于居民生活污水与垃圾粪便，化肥，工业废水，大气氮氧化合物干湿沉降以及劣质水灌溉等。人若饮用了含高浓度硝酸盐氮的地下水后，水中大量的硝酸盐在胃肠道和唾液里被微生物转化为亚硝酸盐，亚硝酸盐能使血液中血红蛋白分子氧化、血红蛋白分子中的二价铁变为三价铁，血红蛋白从而丧失了携带氧的能力，使人和动物因缺氧而患高铁血红蛋白症，严重的可导致死亡。另外地下水的硝酸盐还有使人体致癌的危险。因此开展地下水硝酸盐氮修复技术的研究越来越受到学者的关注。

5.6.2.2 地下水硝酸盐氮的修复技术

(1) 生物修复技术

自然界中存在的某些微生物对污染物有一定的降解作用，但是这个降解过程通常较慢，在实际的水处理过程中难以得到运用。研究表明：在地下水环境中，一定的条件下，存在着反硝化作用。反硝化作用是在微生物作用下将 NO_3^--N 最终转化为 N_2O 或 NO 的过程。它是生态系统中氮循环的主要环节，是污水脱氮的主要机制。地下水硝酸盐氮的生物修复技术就是在人为的作用下，强化自然界水体中的反硝化作用，分为原位生物脱氮技术和异位生物脱氮技术。

1) 原位生物脱氮技术

原位生物脱氮技术就是将受到硝酸盐氮污染的地下水体，直接在原位进行生物修复，其修复过程主要依赖于地下水体中的反硝化细菌和人为创造的促进反硝化反应的条件。总的来说原位生物脱氮技术由于不用抽取和运输地下水，基建费和运行费用较低。其主要的缺点在于，如果向水中投加的营养物质不适量，可能会造成二次污染。而且投加的营养物质很难均匀分布于地下蓄水层中。利用生物墙修复，随着生物膜的不断生长，很容易造成含水层堵塞。因此，原位生物脱氮技术在实际运用中并不多见。

2) 异位生物脱氮技术

根据细菌所需碳源不同，异位生物脱氮技术可分为自养生物脱氮技术和异养生物脱氮技术。自养生物脱氮技术利用无机碳源，以氢或硫及硫的化合物为主要的电子供体，分为氢自养反硝化和硫自养反硝化。氢是一种理想的电子供体，因为它对于饮用水来说是无害的，不会造成二次污染。但是，氢气易燃，和空气混合易爆，而且在水中的溶解度较低（1.6mg/L，20℃），因此在水处理的运用中受到了很大的限制。异养生物脱氮技术是以有机物（甲醇、乙醇、醋酸等）为反硝化基质，这类方法比自养反硝化技术反硝化速度快，单位体积反应器的处理量大。但是如果投加的有机基质不足，则易导致水中亚硝酸盐氮的积累，若投入的基质过量，则残留的有机基质可能带来二次污染；而且投加有机基质，显著增加了处理费用。

(2) 物理化学修复技术

利用物理化学修复技术去除地下水中的硝酸盐的方法主要有蒸馏、电渗析、反渗透、离子交换法等。这些方法中除离子交换法外都不能用于大规模生产饮用水。常规的离子交换法用盐酸和氢氧化钠对树脂进行预处理，然后用浓 NaCl 溶液再生，树脂再生效率较低，再生频繁，再生过程中产生大量废液，所需费用过高，且不能选择性地去除硝酸盐。

(3) 化学修复技术

化学修复技术主要是利用还原剂将硝酸盐氮还原，根据采用的不同还原剂可以分为活泼金属还原法和催化还原法。前者是以铁、铝、锌等金属单质为还原剂，后者以氢气及甲酸、甲醇等为还原剂，一般都必须有催化剂存在才能使反应进行。

活泼金属还原修复技术：目前用于还原硝酸盐研究比较多的活泼金属是铁、铝、锌等金属单质。无论采取何种还原剂，基本上可以肯定硝酸盐氮首先被还原为亚硝酸盐氮，继而被还原为氮气或氨氮。从亚硝酸盐氮继续还原可能要经过 NO 或 N_2O 阶段，但目前对硝酸盐氮的还原反应历程还缺乏一致的认识。

催化还原修复技术：化学催化反硝化法研究始于 20 世纪 80 年代末，目前研究比较多的是以氢气为还原剂，Pd-Sn，或 Pd-Cu 等复合金属为催化剂的催化还原法。催化反硝化是一个异相催化过程，只有位于表面的金属原子才具备催化活性，因此应设法增加催化剂的比表面积。通常将活性金属以很薄的一层（几十纳米）负载于惰性物质上，如氧化铝、氧化硅、沸石等，并制成一定形状的颗粒。这样既增加了活性金属的比表面，又使得在反应后易于实现催化剂与出水的分离。化学催化反硝化有如下几个优点：①反应器的构造简单，化学反应的效率比较高，因此减少了操作费用。②不需要任何的二次处理。③处理以后的地下水水质稳定而且安全。④选择性去除硝酸，因而保持了原水的主要成分。

总的来说，处理地下水硝酸盐氮的三大类方法，各有利弊。生物修复技术需要后续处理。物理化学修复技术不能从根本上去除硝酸盐氮，只起到了转移作用。活泼金属还原修复技术，需要严格控制 pH 值，而且不能将硝酸盐氮彻底还原成氮气。催化还原修复技术，在实际的反应中，受不同反应条件的影响，仍有部分亚硝酸盐和氨氮生成，而且反应中传质因素影响了催化剂的活性和选择性。虽然催化还原法在实际中还未得到运用，但是催化还原法被很多学者认为是处理地下水硝酸盐技术中最具潜力的一种方法，因此寻找最佳的催化剂，提高催化剂的活性和最佳反应条件，是今后修复地下水中硝酸盐氮的研究重点之一。另外，纳米技术以及各种方法的联合作用，也是今后的研究方向之一。

5.6.3　石油烃污染地下水原位修复技术

石油开采过程中试油、洗井、油井大修、堵水、松泵、下泵等井下作业和油气集输、油箱或其他运输工具的渗漏以及地下储油罐的泄漏，都会造成油类经包气带土层进入地下水中，危害地下水资源。石油烃中含有多种致癌、致畸和致突变的化学物质，最常见的为苯系物（BTEX），即苯、甲苯、乙苯、二甲苯的混合物，其中苯和甲苯是致癌物质。由于地下水所处地理环境、地质环境和流动特点不同，要发现和确定其是否被污染比较困难，而一旦发现受到污染，则已经比较严重，要恢复则更加困难。国外的调查报告显示，受到石油烃污染的地下水，在污染源受到控制后，一般几十年都难以在自然状态下复原。所以，如何经济、快速、有效地去除地下水中石油烃污染物是各国环境学者和水文地质学者研究的热点。

石油烃污染地下水的修复方法较多，多数情况下，物理法和水动力控制法只作为一种临时性的控制方法。用抽出处理法清除污染，达到卫生标准的目标可能需要几十年甚至几百年。所以环境学者和水文地质学者转向原位修复技术（In-situ remediation）的研究，包括以下方法。

5.6.3.1 原位化学氧化

原位化学氧化（In-situ chemical oxidation，ISCO）是近年来提出的能够有效处理土壤及地下水中 BTEX 的一种技术。实践证明，ISCO 可作为生物修复和自然生物降解之前的一项经济而有效的预处理方法。目前 ISCO 所用的氧化剂主要是二氧化氯（ClO_2）和臭氧（O_3）。ClO_2 通常以气体的形式直接进入污染区，氧化其中的石油烃，在反应过程中几乎不生成致癌的三氯甲烷和挥发性有机氯。O_3 以气体的形式通过注射井进入污染区，可自行分解为 O_2，使水中的溶解氧（DO）含量增加，为后续微生物处理提供适宜的条件。虽然 ISCO 在地下水修复方面还处于初探阶段，但已表现出良好的处理效果。相信随着技术的成熟，ISCO 会在地下水修复中起到重要的作用。

5.6.3.2 原位电动修复

原位电动修复（In-situ electrokinetic remediation）是20世纪80年代末兴起的一门处理土壤和地下水污染的技术，可以清除一些石油烃污染物。电动修复具有独特的优点：环境相容性、多功能适用性、高选择性、适于自动化控制、低运行费用等，是一种绿色修复技术。目前国外对于原位电动修复石油烃污染地下水的研究较少，国内处于空白阶段，相信电动修复技术在不久的将来会广泛应用于石油烃污染地下水的原位修复。

5.6.3.3 渗透反应格栅技术

渗透反应格栅技术（Permeable reactive barrier）是近年来迅速发展的一种地下水污染的原位修复技术，应用于石油烃污染修复的反应格栅主要为生物降解格栅。生物降解格栅应用于石油烃污染地下水的治理是可行的，但要成功应用于实际工程仍不成熟。有许多方面需要进一步研究，如石油烃浓度与释氧化合物浓度的关系、地下水中其他物质对释氧格栅修复有效性的影响、达到修复目标所需要的时间等。

5.6.3.4 冲洗技术

对于石油烃类污染，通过注入水或蒸汽的办法，既冲洗孔隙介质中残留的石油烃，又可加速石油烃所在地区的地下水流动，提高下游抽水井中污染物的回收效率。石油烃残留在土壤中的主要原因是吸附和毛细截留，所以近年来冲洗法的研究主要围绕用表面活性剂溶液进行冲洗展开。表面活性剂既能增加石油烃在水中的溶解度，又可显著减小石油烃与水的界面张力，用表面活性剂溶液冲洗可以大大提高去除效率。

5.6.3.5 土壤气抽出技术

土壤气抽出技术（Soil vapor extraction，SVE）是指通过抽出井把非饱和区中的含气态污染物的土壤气抽出地层，从而达到消除污染物的目的。该法是当前有机污染物原位修复中十分有效的技术之一，其去除机理主要是挥发和生物降解。该技术应用于石油烃污染治理还有一些需要解决的问题，包括如何精确计算气体的逸出量、完成修复所需要的时间等。

5.6.3.6 地下水曝气技术

地下水曝气技术（Air sparging，AS）也称为生物注气技术（Bioventing），是原位修复石油烃污染的有效技术。实验表明，AS对于地下水石油烃污染的去除非常有效。虽然AS技术的运用还不到10年，但由于其成本低、效率高及原位操作的突出优势，从而很快代替了抽出处理技术，成为地下水石油烃污染修复技术的首选。

AS常与SVE技术联合使用（称为AS—SVE），通过联合应用，不仅可以收集饱和区和非饱和区中的可挥发性石油烃，而且以供氧为主要手段，促进石油烃的生物降解。

5.6.3.7 生物修复技术

生物修复技术（Bioremediation）是修复地下水及包气带土层石油烃污染的新方法，也是最有前途的方法，目前正大力发展。研究表明，石油烃在有氧和厌氧条件下均可降解。在美国和欧洲，生物修复技术早已在许多石油烃污染的土壤和地下水修复中得到应用。芳香烃的好氧生物降解是最快的，保持环境中有足够的O_2供微生物利用是必要的，地下水中石油烃的好氧生物降解受DO含量的控制。为了增加土壤和地下水中的DO含量，可以采用一些工程化的方法，充气和曝气技术在美国已经商业化，在许多原位修复中都有应用。

通常情况下，污染带中高浓度有机污染物好氧降解将很快消耗尽O_2，使污染带变为还原环境，从而使环境中厌氧微生物占优势。同时给地下水供氧存在一定的困难，所以近年来还原条件下去除BETX成为研究热点。在厌氧条件下，微生物可以利用NO_3^-、SO_4^-等作为电子受体，通过反硝化作用和硫酸盐还原作用降解BTEX。除实验室研究外，反硝化条件下BTEX的去除广泛地应用于实地修复。在美国加州，通过注射NO_3^-和SO_4^-，对受石油烃污染的海滩含水层进行了厌氧强化生物修复，BTEX发生了厌氧降解。对于在反硝化条件下BTEX能否降解，比较多的学者持否定态度，有些学者认为可以降解。关于BTEX的降解途径还不很清楚，有机物在地下环境中的生物降解是一个非常复杂的过程，一种有机物有可能转化为另一种毒性更大的有机物，今后应该加强这方面的研究。

原位生物修复技术的优点是费用低、环境影响小、处理水平高、可用于技术上难以应用的场地。此技术的主要缺点是不能降解所有的有机污染物，介质渗透性低时，微生物生长引起堵塞，降解不完全可能产生更有害的中间产物，引入营养可能引起污染，有机污染物浓度太低时不能满足微生物生长碳源的要求。地下水石油烃污染的实地修复中，往往是多种技术结合使用。

5.6.4 环境同位素技术

5.6.4.1 利用同位素技术确定地下水循环深度

地下水循环深度是地下水循环研究内容之一，体现了地下水补、径、排的总体特征，可以在一定程度上反映出地下水的可更新能力。一般说来，地下水循环深度大，表明地下水资源可更新能力较强，可开发利用程度高。在制定地下水资源开发利用规划及进行地下水资源管理时，需要了解当地地下水的可更新能力，而确定地下水循环深度便是一个很好的途径。

目前，用于研究地下水循环深度的方法主要有地下水动力学法和利用同位素的标志性和记时性的同位素水文地质学方法。由于地下水动力学方法需要地下水位及含水层参数等资料较多，因此在一些人类活动较少、基础资料贫乏的地区不太适用。在过去的几十年里，同位素水文地质学方法已被广泛地应用于水体的起源、年龄和径流途径的研究。氢、氧是组成水的元素，可以直接反映地下水的循环过程，从而成为水循环的理想示踪剂。其中，氢的放射性同位素氚（3H），因20世纪60年代全球范围内进行的大规模核爆试验、具备放射性和与水经历相同的演化过程而成为浅层地下水研究的理想示踪剂。大气中的CFCs浓度自20世纪40年代开始逐渐提高，至90年代逐渐达到平衡，成为近年来测定年龄在50年以内的地下水的重要同位素方法。因此，结合水文地质条件合理地分析水体环境同位素特征，可以确定出地下水的循环深度。

柳富田等（2008）在水文地质调查基础上，利用同位素技术对鄂尔多斯白垩系地下水盆地南北两区的地下水循环深度进行了研究。同位素数据表明，盆地北区现代水循环深度为210m左右，现代水循环更替速度较快；南区现代水循环深度大约为160m，水循环更替速度较北区稍慢。中深部环河组和洛河组地下水则保存着古地下水特征，地下水更替速度慢，因而可以加大北区地下水的勘察力度。

5.6.4.2 浅层地下水六氟化硫（SF_6）年龄测试技术

地下水年龄是水文地质研究的重要参数，特别是年轻地下水的年龄。当前，测定年轻地下水年龄方法的有3H（氚）法、3H-3He法、85Kr法和CFCs法。但氚法因3H逐年衰减，在应用上受到限制；3H-3He法价格昂贵，不易推广；85Kr法在国内尚无条件开展；CFCs法因其在大气中的含量逐年减少及其吸附性、降解作用等方面的影响而使其应用不理想。相反，SF_6法测年，则因其惰性（与85Kr相似）、大气浓度已知且逐年增加、测试简便（使用气相色谱仪）、能够测定1~30年地下水的年龄而受到国内外同行的青睐。

SF_6是一种无色、无嗅、无毒、不易燃烧的惰性气体。它在工业上主要用作高压电路电闸和变压器的绝缘材料以及金属镁生产中用于熔融操作的隐蔽气体等。周建伟等

（2007）对该系统装置进行了设计，地下水中 SF_6 的测试技术装置由 SF_6 提取系统和分析测试系统两部分组成，前者由剥离器、硅胶管、冷冻富集陷阱、六通阀、十通阀、高纯氮气钢瓶和载气过滤系统组成，后者由带电子捕获检测器（ECD）的气相色谱仪组成。他们通过实验测试，该系统测定 SF_6 的标准误差为 1.77%，对 SF_6 的最低检测极限为 1.0×10^{-12}，测定空气中的 SF_6 只需 10mL 气体，测定地下水样时只需 1.0L 水样。同时还编写了地下水 SF_6 年龄的计算程序，计算了石家庄市浅层地下水的年龄。

5.6.4.3 利用联合稳定同位素与水化学方法确定地下水污染源

地下水资源是人类十分宝贵的战略资源，地下水的水质和水量具有同等重要的地位。地下水污染具有隐蔽性和难以逆转性的特点，一旦污染，很难恢复。寻找地下水的污染来源显得尤为重要。地下水污染是废水参与地球水循环的结果，稳定同位素在全球水循环中的应用原理同样适用于研究地下水的地表污染源。

同位素是指原子核内质子数相同中子数不同的那些原子，分为稳定同位素和放射性同位素两种，前者指目前尚未发现存在放射性衰变的同位素，而后者则指具有放射性衰变的同位素。处于水循环系统中不同的水体，因成因不同而具有自己特征性的同位素组成，即富集不同的重同位素氢（^2H）和氧（^{18}O），通过分析不同环境中水体同位素的"痕迹"，可以示踪其形成和运移方式。正是基于这一点，水同位素或同位素水文学技术被广泛用于解决或帮助解决各类水资源、水环境问题，诸如水的成因、各类水（雨水、地表水、地下水）的相互作用及转化、地下水系统的封闭程度及水交替强度、各类水体的污染程度及污染源问题等。

在自然界中，稳定同位素组成的变化很小，因此一般用 δ 值来表示元素的同位素含量。δ 值是指样品中两种稳定同位素的比值相对于标准样品同位素比值的千分差值，如果地下水有几种不同地区的降水补给来源，而且在不同地区形成这些降水蒸发、凝结条件也各不相同，那么在不同地区降水来源的 $\delta D-\delta^{18}O$ 图上的直线就会出现不同的斜率和截距，据此就可以判断地下水的补给来源。利用这一原理，可以进行地下水污染源的追踪。地下水源如遭到地表污水的影响，利用稳定同位素方法，就可以判定该地下水与地表水之间的水力联系，确定污水的地表来源。

如张东等（2010）以焦作市群英河为例，利用稳定同位素在确定地表水与地下水之间水力联系的"指纹"作用，确定受污染地表水混入地下水的比例，同时结合水化学分析法，有力地说明了群英河对周围地下水的影响，为今后地下水污染的治理提供了可靠的依据。

5.6.4.4 利用 $\delta^{15}N$ 确定地下水氮污染来源

由于农业生产不断增加化肥用量以及城市污水断下渗，地下水中氮污染已成为日益严峻的问题，成为饮用水源的重要威胁。研究表明，饮用水中浓度的硝酸盐可能会引起严重的健康问题。

氮稳定同位素（$^{15}N/^{14}N$）被广泛地应用于各类水环境示踪无机氮来源、迁移和转化研究。地下水中硝酸盐是主要的氮形态，主要来源于农业化肥、土壤有机氮、动物排泄物、城市排污以及雨水。一般认为，不同氮源有相异的氮同位素信号，可以用来示踪氮污染和氮循环等，国内已有多位学者开展过这方面的研究工作。李思亮等（2005）利用$\delta^{15}N$对贵阳地下水氮污染来源分析表明，在贵阳地下水大多数样品中，$NO_3^- - N$是最主要的无机氮形态，城区地下水大部分含较高的$NO_3^- - N$；然而在城市污水和有些被明显污染的地下水中，NH_4^+却是最主要的无机氮形态，尤其是枯水期。丰水期地下水样有较低的$\delta^{15}N$值，受农业化肥等影响明显。丰水期地下水$NO_3^- - N$浓度随着Cl^-浓度升高而升高，表明丰水期地下水硝酸盐可能主要受混合作用等控制。而枯水期地下水中溶解氧与硝酸盐的$\delta^{15}N$值呈负相关关系，且相对于丰水期地下水具有较高的$\delta^{15}N$值、较低的硝酸盐浓度和较低的DIN/Cl，说明地下水环境中主要受土壤有机氮等影响，同时可能存在反硝化。

拓展阅读

世界灌溉工程遗产之红河哈尼梯田

中国水利名人——苏轼

思考题

1. 简述地下水管理的意义及难点。
2. 地下水管理主要目标和内容是什么？
3. 地下水含水介质类型和埋藏条件分别有哪些？
4. 地下水模拟技术有哪些？简述不同技术的优缺点。
5. 地下水修复技术有哪些？简述不同技术的优缺点。
6. 简述地下水补给的主要方法。地下水超采的危害有哪些？
7. 简述《地下水管理条例》出台对于推进地下水开发利用的意义。
8. 地下水超采区界定、分类、分级标准及其评价方法是什么？

第6章
农业水资源优化配置技术

本章学习要点

1. 认识并掌握水资源配置内涵与主要内容。
2. 认识并掌握农业水资源配置内涵与主要内容。
3. 认识并掌握农业水资源配置任务与分类。
4. 认识并掌握农业水资源配置面临的挑战。

6.1 水资源配置的内涵

6.1.1 水资源配置的基本定义

水资源配置（optimized allocation of water resources）是指在一个特定流域或特定的区域范围内，以有效、公平和可持续的原则，通过各种工程与非工程措施，考虑市场经济的规律和资源配置准则，通过合理抑制需求、有效增加供水、积极保护生态环境等手段和措施，对多种可利用的水源在区域间和各用水部门间进行的调配。实际上，水资源合理配置从广义的概念上讲就是研究如何利用好水资源，包括对水资源的开发、利用、保护与管理。在中国，特别是华北和西北地区，实施水资源合理配置具有更大的紧迫性。其主要原因：一是水资源的天然时空分布与生产力布局不相适应，二是在地区间和各用水部门间存在着很大的用水竞争性，三是水资源开发利用方式已经导致产生许多生态环境问题。

水资源配置应将流域水资源循环系统与人工用水的供、用、耗、排水过程相适应并互相联系为一个整体，通过对区域之间、用水目标之间、用水部门之间进行水量和水环境容量的合理调配，实现水资源开发利用、流域和区域经济社会发展与生态环境保护的协调，促进水资源的高效利用，提高水资源的承载能力，缓解水资源供需矛盾，遏制生态环境恶化的趋势，支持经济社会的可持续发展。

水资源的合理配置是由工程措施和非工程措施组成的综合体系实现的。其基本功能涵盖两个方面：在需求方面通过调整产业结构、建设节水型社会并调整生产力布局，抑制需水增长势头，以适应较为不利的水资源条件；在供给方面则协调各项竞争性用水，加强管理，并通过工程措施改变水资源的天然时空分布来适应生产力布局。两个方面相辅相成，以促进区域的可持续发展。

6.1.2 水资源配置的基本原则

第一，水资源配置以水资源供需分析为手段，在现状供需分析和有效增加供水、积极保护生态环境的可能措施进行组合及分析的基础上，对各种可行的水资源配置方案进行生成、评价和比选，提出推荐方案。

第二，水资源配置是水资源综合规划的重要内容，它以"水资源调查评价""水资源开发利用情况调查评价"为基础，结合"需水预测""节约用水""供水预测""水资源保护"等有关部分进行，其所提出的推荐方案应作为制定总体布局与实施方案的基础。在分析计算中，数据的分类口径和数值应保持协调，成果互为输入与反馈，方案与各项规划措施相互协调。水资源配置的主要内容包括基准年供需分析、方案生成、规划水平年供需分析、方案比选和评价、特殊干旱期应急对策制定等。

第三，水资源供需分析在流域和省级行政区范围内以计算分区进行，对城镇和农村须单独划分，并对建制市城市单独进行计算。现状年的城市范围为城市建成区，规划水平年的城市范围为城市规划区。流域与行政区的方案和成果应相互协调，提出统一的供需分析结果和推荐方案，然后再进行全国汇总、分析和平衡。

第四，水资源供需分析计算一般采用长系列月调节计算方法，以反映流域或区域的水资源供需的特点和规律。七大流域应采用长系列方法，主要水利工程、控制节点、计算分区的月流量系列应根据水资源调查评价和供水预测部分的结果进行分析计算。无资料或资料缺乏的区域，可采用不同来水频率的典型年法。

第五，水资源配置在多次供需反馈并协调平衡的基础上，一般进行 2~3 次水资源供需分析。一次供需分析是考虑人口的自然增长、经济的发展、城市化程度和人民生活水平的提高，按供水预测的"零方案"，即在现状水资源开发利用格局和发挥现有供水工程潜力的情况下，进行水资源供需分析。若第一次供需分析有缺口，则在此基础上进行第二次供需分析，即考虑强化节水、污水处理再利用、挖潜配套以及合理提高水价、调整产业结构、合理抑制需求和保护生态环境等措施进行水资源供需分析。若第二次供需分析仍有较大缺口，应进一步加大调整经济布局和产业结构及节水的力度，具有跨流域调水可能的，应考虑实施跨流域调水，并进行第三次供需分析。实际操作按流域或区域具体情况确定。水资源供需分析时，除考虑各水资源分区的水量平衡外，还应考虑流域控制节点的水量平衡。

第六，水资源配置工作应充分利用水资源保护部分工作的有关成果，对水功能区或控制节点的纳污能力与污染物入河控制量进行分析。对入河污染物量和水资源量进行区域与时间的调配。此外，在进行分区与节点的水量平衡时，应考虑水质因素，即供需分析中的供水应满足不同用水户的水质要求。对不满足水质要求的水量不应计算在供水之中。

第七，水资源配置应对各种不同组合方案或某一确定方案的水资源需求、投资、综合管理措施（如水价、结构调整）等因素的变化进行风险和不确定性分析。在对各种工程与非工程等措施所组成的供需分析方案集进行技术、经济、社会、环境等指标比较的基础上，对各项措施的投资规模及其组成进行分析，提出推荐方案。推荐方案应考虑市场经济对资源配置的基础性作用，如提高水价对需水的抑制作用，产业结构调整及其对需水的影响等，按照水资源承载能力和水环境容量的要求，最终应实现水资源供需的基本平衡。

第八，对干旱和半干旱地区及重点城市，在分析其水文情势和水资源配置推荐方案的基础上，应制定遇连续干旱年或特殊干旱年的水资源调配方案和应急预案。

6.1.3 基准年供需分析

基准年供需分析的目的是摸清水资源开发利用在现状条件下存在的主要问题，分析水资源供需结构、利用效率和工程布局的合理性，提出水资源供需分析中的供水满足程度、余缺水量、缺水程度、缺水性质、缺水原因及其影响、水环境状况等指标。缺水程度可用缺水率（指缺水量与需水量的比值，用百分比表示，以反映供水不足时缺水的严重程度）表示。通过分析计算分区内挖潜增供、治污、节水和外调水边际成本的关系，明确缺水性质（资源性、工程性和污染性缺水）和缺水原因，确定解决缺水措施的顺序，为水资源配置方案生成提供基础信息。例如，当计算分区内的挖潜增供边际成本、治污边际成本、节水边际成本1/3或均小于外调水边际成本时，其供需缺口应首先通过节水治污和内部挖潜来解决。

基准年供需分析是在现状的基础上，扣除现状供水中不合理开发的水量部分（如地下水超采量、未处理污水直接利用量和不符合水质要求的供水量以及超过分水指标的引水量等），并按不同频率的来水和需水进行供需分析。所以，基准年供需分析不等同于简单描述已发生的供需现状，其最主要的特征是现状供水中不合理的部分要扣除以及对应不同频率计算来水和需水。基准年不同频率的需水过程可以根据现状年的社会经济发展状况和工农业生产规模，采用现状相应于不同降雨频率的需水定额加以计算确定。

计算分区的来水系列主要采用近期下垫面条件下的河川径流还原和一致性修正后的系列；无长系列的计算分区，其所选择的丰、平、枯典型年来水过程应具有代表性。按现有水利工程格局和水资源调配方式分析统计计算分区供水能力，包括地表水（含外流域调水）、地下水及其他水源（如污水处理再利用、微咸水、海水等）等不同水源各项工程措施的供水能力。供需分析中的需水量及其分类可采用"水资源开发利用情况调查评价"和"需水预测"的成果。

6.1.4 规划水平年供需分析

水资源供需分析是水资源配置工作的重要内容。它按计算分区为单元进行计算，以流域或区域水量平衡为基本原理，对流域或区域内水资源的供、用、耗、排水等进行长系列调节算法或典型年分析法，得出不同水平年各流域（区域）的相关指标。供需分析计算一般应采用2~3次供需分析的方法。分析流域或区域内计算分区或控制节点的水资源供、用、耗、排水之间的相互联系，概化出水资源系统网络图，系统网络图要反映出各计算分区间的水力联系，是水资源供需分析的第一步工作。水资源系统网络图要反映影响供需分析中各个主要因素的内在联系，它是构建供需分析计算的基础。对于一个较大的系统（如一级流域、省级区），要考虑系统内区域之间的差异；以水资源三级区套地级行政区形成的分区作为计算分区，计算分区再进一步按城镇和农村分别统计，但对建制市要作为特别供需单元从计算分区中分离出来单独计算或对城市单独进行供需分析计算，城市范围如前所述。供需分析中，各项需水量、地表水资源量、地下水资源量，供、用、耗、排水量和污水处理再利用，微咸水、海水利用等要按计算分区统计列出，并提供流域（区域）主要控制节点的相应成果；跨流域调水要明确供水范围及可供水量。

6.1.4.1 供需分析计算方法的选择

根据系统网络图按照流域或区域水资源供需调配原则，采用水资源系统分析原理，选择合适的供需计算方法，进行不同方案的水资源供需分析。一般可以分为常规计算方法和模型计算方法。模型可分为模拟模型和数学规划模型，模拟模型具有直观易懂、仿真性强等优点，尤其适合构建输入—输出式的系统响应结构；数学规划模型一般为优化模型。使用何种计算方法取决于研究范围的具体情况、以往的工作基础、人员素质和资料条件，同时要考虑计算成果对客观条件扰动的灵敏度。各流域或省级行政区应综合分析本流域的特征，在比较方法的适应条件和优缺点的基础上，考虑现有技术条件，对水资源供需分析方法作出恰当选择。采用模型计算方法的，应利用已有资料对模型进行率定。

6.1.4.2 计算成果检验及可靠性分析

对水资源供需分析的计算成果要检验其合理性和精度。通过综合研究分析，结合各流域或区域特点制定一套合理的成果检验方法，建立相应的指标，对主要成果进行分析计算和统计，评价成果的可靠性。

6.1.4.3 水量平衡计算原理

水资源供需分析计算依据的是水量平衡原理。因此，对系统网络图中的蓄水工程（水库湖泊）、分水点、计算分区（进一步划分为城镇和农村）等都应建立水量平衡公式。

(1) 蓄水工程（水库湖泊）水量平衡公式

$$S_{t+1} = S_t + I_t + UQ_t - DW_t - IW_t - AW_t - EW_t - OW_t - ET_t - ST_t - DQ_t \quad (6.1.1)$$

式中，S_{t+1}、S_t分别为水库湖泊的时段初、末蓄水量；I_t为时段水库入流量（包括区间入流）；UQ_t为时段上游弃泄水量；DW_t、IW_t、AW_t、EW_t、OW_t分别为生活、工业、农业、环境和其他用水；ET_t、ST_t分别为蒸发和渗漏量；DQ_t为水库弃泄水量或正常供水区外引水量。

(2) 分水点或控制节点水量平衡公式

$$\sum_i TW_t^i = \sum_k \sum_i p(k, i, t) TW_t^i \quad （分水节点） \quad (6.1.2)$$

$$\sum_i INQ_t^i = \sum_i OUT_t^i \quad （控制节点） \quad (6.1.3)$$

式中，TW_t^i为分水点时段引水量；$p(k, i, t)$为时段t第i水源引水量向第k流向分配水量的分配系数；$\sum_i INQ_t^i$为节点所有入流量；$\sum_i OUT_t^i$为节点所有出流量。

(3) 计算分区地表水量平衡公式

1) 城市计算分区（地表水）：

$$CRW_t + CLW_t + CXW_t - CD_t - CI_t - CA_t - CE_t - CO_t - CET_t - CFT_t + CRW_t + CCW_t = 0 \quad (6.1.4)$$

式中，CRW_t、CLW_t、CXW_t分别为水库对城市供水量、城市当地可供水量以及外流域或区域对城市供水量；CD_t、CI_t、CA_t、CE_t、CO_t分别为城市生活用水、城市工业用水、城市农业用水、城市生态环境用水和城市其他用水；CET_t、CFT_t分别为蒸发、渗漏水量；CRW_t为城市退水；CCW_t为城市重复利用水量。

2) 农村计算分区（地表水）：

$$RRW_t + RLW_t + RXW_t - RD_t - RA_t - RE_t - RO_t - RET_t - RFT_t + RCW_t = 0 \quad (6.1.5)$$

式中，RRW_t、RLW_t、RXW_t分别为水库对农村供水量、农村当地可供水量以及外流域或区域对农村供水量；RD_t、RA_t、RE_t、RO_t分别为农村生活用水、农村农业用水、农村生态环境用水和农村其他用水；RET_t、RFT_t分别为蒸发、渗漏水量；RCW_t为计算分区内可作为地表水利用的农业灌溉回归水等。

(4) 计算分区地下水量平衡公式：

浅层地下水的采补关系按计算分区计算，应满足以下关系：

$$\sum_i W_i - \sum_o W_o = \mu F \Delta Z = \Delta V \quad (6.1.6)$$

式中，W_i为所在单元浅层地下水的输入项，如降水、渠系、河道、灌溉入渗补给和侧渗补给等；W_o为所在单元浅层地下水的输出项，如开采、潜水蒸发和满蓄溢流等；μ、F、$\triangle Z$分别为所在单元的地下水含水层的给水度、计算面积、水位变化；$\triangle V$为所在单元浅层地下水蓄水量的变化。

与采补有关的各项参数，如降水入渗补给系数、灌溉入渗补给系数、渠系入渗补给系数、河道渗漏补给系数、侧渗补给系数、潜水蒸发系数、给水度等，以及这些系数与补给量、损失量的关系，按计算分区提供。地下水平衡计算分区视城市和农村地下含水层分布状况而定，若城市和农村地下含水层分布均匀，且相互之间联系难以分割，则出于计算方便和成果可靠性考虑，计算分区以三级区跨省市为宜。

原则上供需分析应采用长系列调节计算，并给出各分区、控制节点、蓄水工程的供需分析计算月系列成果，以及按不同来水保证率和供水保证率各分区的供需分析成果。以此为基础，提出供水组成、水资源利用程度、污水处理再利用、水资源地区分配、缺水量、弃水量等成果，以及发电、航运、冲沙、生态环境、入海等河道内用水量结果。

如采用典型年分析法按来水保证率进行供需分析，也应给出各分区和总控制出口按不同来水保证率的供需分析计算成果。按典型年分析法进行水资源供需分析计算时，应设置蓄水工程年初、年末的蓄水量参数；参数设置的合理与否关系到供需分析计算结果的合理性。对年调节水库的始、末库容建议设置为兴利库容的1/2；对多年（设调节周期为n年）调节水库，不能将多年调节库容完全用于某一个典型年，不同典型年可使用相应分配份额的多年调节库容量。各流域或区域应根据具体情况恰当处理。

水资源供需分析在进行水量平衡分析时，要考虑与江河、湖泊的水功能区划和水资源保护成果的结合。要实现水量水质统一规划，同时在各计算分区也要考虑地下水量质的统一规划。具体计算方法和要求另行制定。

在进行供需分析时，要注意水量水质的统一配置。根据各河段地表水功能区的目标，生活取水只能是Ⅲ类及其以上水质的水；工业取水只能是Ⅳ类及其以上水质的水；农业灌溉取水只能是Ⅴ类及其以上水质的水；生态用水根据特定用途，取水最低等级为Ⅴ类。此外，对劣Ⅴ类水要做出专门的说明。地下水供水也应按相应的水质目标要求。

水资源供需分析是方案比选和评价的基础，方案的逐步生成须结合供需分析进行。供需分析成果中的各项指标应能够反映各规划水平年不同方案的水资源供需状况、水资源开发利用程度及结构、与水相关的生态环境状况、供水有效性及风险、各类人均、亩均指标以及相应的投资规模等。同时编绘出相应的成果图，以清晰地反映出各规划水平年不同方案人均水资源占有量、需求量、利用量及缺水量、亩均水资源利用量、地下水位变化及水环境变化等情况。

6.1.5 推荐方案评价

①方案比选应根据方案经济比较结果及社会、环境等因素综合确定。对比选的配置

方案及其主要措施要进行技术经济分析。对供需分析计算所得到的方案进行分析比较，选出优化的方案作为推荐方案。

②在完成多方案水资源供需分析的基础上，提出各方案的相应投入及预期效果，分析存在的主要问题，对拟定的方案集进行方案比选，提出推荐方案。对选择的推荐方案再进行必要的修改完善和详细模拟，确定多种水源在区域间和用水部门之间的调配，提出分区的水资源开发、利用、治理、节约和保护的重点、方向及其合理的组合等。

③评价方案要从水资源所具有的自然、社会、经济和生态等属性出发，分析对区域经济发展的各方面影响，采用完善的指标体系对其进行评价。评价体系应当建立在区域经济发展、工程建设与调度管理3个层次有机结合的基础上，全面衡量推荐方案实施后对区域经济社会系统、生态环境系统和水资源调配系统的影响。

④方案评价的指标应具有一定的代表性、独立性和灵敏度，能够反映不同方案之间的差别。各地可根据当地的特点制定评价指标。

⑤方案评价应根据高效、公平和可持续的原则，从技术、经济、环境和社会等方面进行，提出推荐方案在合理抑制需求、有效增加供水和保护生态环境方面的评价结果。

⑥对所推荐的方案按合理配置评价指标进行计算和分析。

6.1.6 特殊干旱期应急对策

6.1.6.1 特殊干旱期缺水情况分析

根据历史资料分析研究区域内出现来水保证率大于99%特枯水年或连续枯水年的次数、成因和旱灾特征。缺少特殊干旱期历史资料的地区，应根据水文资料及相似地区出现特殊干旱期的历史资料对特大干旱年和连续干旱年进行模拟并估计缺水情势。

6.1.6.2 特枯水年和连续枯水年段的衡量标准

各流域和省（自治区、直辖市）应根据当地的历史干旱分析和现实的防旱抗旱情况，从气象、水文、水资源、农业等多方面着手，以雨情、水情、土壤墒情、水库蓄水、实际发生的干旱年和干旱年段的相关信息作为指标，选择其中一个或多个指标进行组合，作为特枯水年和连续枯水年段的衡量标准。但由于各地水资源条件和工程条件不同，许多地区干旱和缺水不一定存在必然的联系。为便于实际操作，提出下列供参考使用的标准，各流域和省（自治区、直辖市）可根据各自的实际情况，参照选用。

(1) 降水

年降水量小于多年平均（正常年）值50%为特枯水年。

年降水量连续两年或两年以上的平均值小于多年平均（正常年）值30%为连续枯水年段。

(2) 径流

主要水库年来水小于多年平均（正常年）值50%以上为特枯水年。

主要水库来水连续两年或两年以上平均值小于多年平均值35%的为连续枯水年段。

（3）水库蓄水

主要水库汛末蓄水量小于正常年蓄水量30%的为特枯水年。

主要水库汛末蓄水量连续两年或两年以上小于正常年蓄水量50%的为连续枯水年段。

（4）墒情指数

参考当年的土壤墒情对农作物减产的影响程度，作为衡量特枯水年和连续枯水年段的辅助手段。

6.1.6.3 特殊干旱年基本要素分析

（1）供水量

干旱引起的供水水源减少情况分析，以及紧急情况下可动用的水量和增供的水量，确定特殊干旱期的应急供水水量。

（2）用水量

通过对研究区域各用水户的分析，合理确定特殊干旱期的基本用水水量及供水政策。

（3）缺水情势

着重分析特殊干旱期内不能满足用水要求的范围和人口及缺水时间。

上述基本要素作为规划的一般性要求，应针对本流域或本地区实际情况，对各类要素进行全面分析。

6.1.6.4 应急对策

缓解特殊干旱期缺水的对策应包括工程和非工程应急措施。制定防御特殊干旱预防性措施和应急对策。

（1）预防性措施

干旱的监测和预报。建立和完善干旱的监测和预报系统，及时掌握水资源供需状况，提高干旱灾害预测的能力。

建立抗旱指挥系统。加强防旱、抗旱指挥的组织和应变能力。

战略性资源储备。通过分析特殊干旱期的灾害情况及当地水资源特点，研究确定设置战略性水资源储备的可能性及其数量。

（2）应急对策预案

制定不同特殊干旱期和不同干旱等级的应急对策预案，是合理利用有限的供水量，确保居民和重要部门、重要地区用水，尽量减少总体损失的一项重要工作，也是对社会、经济、生态和环境会产生较大影响的措施。本部分工作可结合水资源配置工作中特殊干旱期的供需分析而进行。

在制定预案时，应优先保证人民生活用水，兼顾关系国计民生的重要工矿企业用水以及对人类生存环境起决定性影响的生态环境用水等。各地应根据当地实际情况确定应急用水的优先次序和相应的对策。

①制定跨省级区的水量分配方案和旱情紧急情况下的水量调度预案,经批准后执行。

②研究制定重要的供水水库在特殊干旱期的应急供水调度预案。如以水库供水可靠性最大、供水破坏恢复能力最强(指从供水破坏状态恢复到正常供水状态的历时最短)和时段最大缺水量最小等为目标的水库干旱期运行调度策略研制。

③研究实施跨流域或区域间临时调水的可能性。

④根据地下水资源情况,研究适当加大地下水开采的可能性及开采数量。

⑤降低用水标准,包括农业作物布局与结构的调整,减少农业供水。

⑥配水计划调整,如原来农业用清水的,在有条件时改用城市废污水。

⑦价格杠杆,通过临时性超标准用水的惩罚性收费以减少用水。

⑧用水优先次序调整,优先保证生活及城市的基本用水。

⑨供水方式调整,必要时定时定量供水,或以集中供水替代分散供水。

⑩向受灾区提供紧急援助措施,如居民生活用水采用水车送水等。

作为特枯水年和枯水年段的应急措施,属于短期和临时性的措施,必然会对正常的社会、经济、生活次序有所影响。因此,对于采取措施所引起的社会、经济、生态、环境的影响应进行必要的定量或定性的分析与评估。

6.2 农业水资源优化配置概述

6.2.1 农业水资源定义与特点

农业水资源泛指自然水资源中可用于农业生产的部分,一般包括降水、地表水、地下水和土壤水。随着国民经济的发展和科学技术水平的提高,污水、微咸水、农田排水,以及咸水与海水等劣质水经适当处理后也可用于农业生产,因此也可作为农业水资源的组成部分。在我国现行水资源评价中不包括对土壤水资源的评价,但对农作物而言,直接利用的是土壤水资源,其他水资源只有转化为土壤水时才能被作物吸收利用。我国农业水资源的特点如下。

①规划涉及范围广,分散性强。大型灌区通常都在30万亩以上,涉及多个不同县市或乡镇、地域面积大,分布范围广、需要优化水资源配置与灌排水工程,以实现水资源高效利用与洪、涝、渍、碱、旱、污综合治理。

②工程种类多。包括:蓄水设施(大、中、小水库及塘堰,河网、洼淀和地下含水层等),引水设施(有坝引水和无坝引水),提水设施,各级渠道及平交、立交和配水等建筑物,以及把各种水源转化为土壤水的多种田间工程。

③系统内水源类型多。河流水、水库水、当地径流、地下水、灌溉回归水、跨流域

引水、城市污水、微咸水等，不同水源的供水可靠性也不同，具有随机性和开发利用的不确定性。

④供水对象多，供水过程复杂，与降雨有关。不仅年内有变化，而且年际之间也不同。

⑤蓄水设施多，调节性能和连接方式比较复杂。连接方式上有串联、并联、混联；从渠库连接关系上又有相互独立、渠上库、渠下库以及可以反调节或补偿调节等多种类型。

⑥规划内容多。既涉及农业、交通、国土开发等多学科内容，又包含灌区水资源利用总体规划，土地规划，作物种植计划，灌水技术规划，工程布局，规模，实施顺序等。

⑦涉及部门和行政单位多。如何协调水利、农业、国土、环保、发改委等多个部门之间的关系，成为农业水资源规划中最为复杂的问题之一。

6.2.2 我国农业水资源配置面临的挑战

一是灌溉工程老化，灌排系统不配套，已严重威胁粮食安全。据统计，全国约400个大型灌区中有220个大型灌区老化失修，效益不能充分发挥；111座大型水库不同程度地存在险情；在调查的373座渠首建筑物中，严重老化损坏的占70%，失效的占16%，报废的占10%，完好的仅占4%。

二是水资源短缺与水资源浪费共存，水资源利用效率低下，农业供水安全保障面临新的挑战。据调查，农业灌溉用水约占全国总用水量的73%，全国每年农业缺水300亿m^3，每年约670万hm^2农田得不到灌溉，但同时存在实际灌溉用水量超过作物合理灌溉用水量0.5~1.5倍，灌溉水利用系数0.45左右，农作物水分利用率低（平均0.87kg/m^3）等问题。

三是水肥流失严重，农业面源污染治理迫在眉睫。我国农田氮肥利用率平均只有35%左右，每年超过1 500万t的废氮流失到农田之外。太湖农业面源污染排放的总磷和总氮分别占太湖地区排放总量的84%和83%。

四是现行体制和政策难以形成有效的节水机制，农业节水面临制度创新。现行灌区"等""靠""要"思想根深蒂固；传统工程水利成分占比高、技术含量低；缺少水权划分与水权交易制度，只管水利而缺少农业生产等其他部门的参与，极不利于节水增收，严重影响了灌区可持续发展。

五是地下水过度超采导致生态环境恶化。根据水利部公布的新一轮全国地下水资源评价显示，目前全国地下水漏斗区数量为100个以上，总面积达到1.5×$10^5 km^2$。这些漏斗区主要分布在华北平原、黄淮平原等北方地区，其中华北平原的漏斗区面积尤为突出。据统计，华北平原深层地下水已形成跨冀、京、津、鲁的区域地下水降落漏斗，有近7×$10^4 km^2$的地下水位低于海平面。地下水漏斗区的形成主要是由于超量开采地下水所致。

近年来，我国北方地区由于干旱缺水，不得不依靠地下水，导致每年地下水超采量超过 80 亿 m^3，形成地下漏斗区 56 个，面积达 8.7 万余平方千米，漏斗最深处达 100m 以上。

6.2.3 农业水资源配置的内容

6.2.3.1 农业水资源配置的目标和实质

农业水资源配置指在流域或特定的区域范围内，遵循有效性、公平性和可持续性的原则，利用各种工程与非工程措施，按照市场经济的规律和资源配置准则，通过合理抑制需求、保障有效供给、维护和改善生态环境质量等手段和措施，对多种可利用水源在区域间和各用水部门间进行的配置。其目标是兼顾水资源开发利用的当前与长远利益，兼顾不同地区与部门间的利益，兼顾水资源开发利用的社会、经济和环境利益，以及兼顾效益在不同受益者之间的公平分配。其实质是提高水资源的配置效率，一方面提高水的分配效率，合理解决各部门和各行业（包括环境和生态用水）之间的竞争用水问题；另一方面则提高水的利用效率，促使各部门或各行业内部高效用水。

6.2.3.2 农业水资源配置的具体内容

在空间上，通过跨地区、跨流域调水来调剂水资源的余缺；在时间上，通过水库等调节工程来解决年内和年际水资源分布不均匀的问题；在不同的国民经济用水部门间，按照协调发展的投入产出关系实行计划供水；在近期目标和长远目标之间，既注重满足当前需要，也要积极进行水资源的保护与治理，以形成水资源开发的良性循环；在开源与节流的关系上，坚持在节约的基础上扩大供水能力，控制需水的过度增长；在水资源的开发利用模式上，不仅重视原水的开发，更要注重污废水的再生处理及回用；在除害与兴利的关系上，要注重化害为利，将洪水转化为可用的水资源。

以灌区农业水资源优化配置为例，对于复杂的水资源系统，为了寻求具有可操作性的水资源调配方案，必须按水源、用户以及它们之间的关系进行细化，建立系统结构简图，并绘制节点图、划分子系统，然后进行求解，其具体内容包括：灌溉渠系间的优化配置，作物生育期间的优化配置，工业、生活、生态环境等优化配置。灌溉渠系间的优化配置的主要原则是下级配水渠道过水能力一定的条件下，为满足某次灌水要求，对配水渠道所辖的下级渠道进行编组排序，使总的配水时间不超过配水渠的配水周期，又使配水渠的流量过程线与下级渠道闸门的开关次序相匹配，以使水量损失最小。一般通过优化轮灌组合，以渠系总的配水时间最短或水量损失最小为目标，线性规划模型进行求解轮灌农渠的最佳组合。作物生育期间的优化配置的基本原则是以社会目标和生态环境目标为约束条件，作物优化配水模型的目标函数一般为灌溉总净效益最大。

6.2.4 未来研究重点

6.2.4.1 强化水资源的统一管理政策与机制研究

随着我国水资源短缺状况不断加剧，地区之间、部门之间争水矛盾会越来越突出，而农业作为弱势产业和用水大户水资源短缺情况会更为严重。当前水资源管理的机构设置上部门之间、流域和区域之间的事权划分不明晰，在水资源开发、保护与管理中职责交叉，不利于水资源统一和高效管理，有时甚至成为制约条件。必须改革现行的灌区水资源管理模式，对灌区地表水与地下水进行统一管理，建立统一的管理机构。水资源管理应充分采取经济和法律的手段，合理调整水价，争取立法解决地面水地下水的统一水权问题，在此基础上制定井渠结合的合理的水价。为了形成灌区良性经济激励和运行机制，在水资源调配中必须引入有效的经济手段，利用市场调控加以配置。生态是水资源配置合理性判别重要标准之一，应从生态目标的适宜性、生态用水保障程度等多方面对灌区水资源配置进行系统评价。

6.2.4.2 加强变化环境下灌区水资源循环转化规律研究

人类活动的加剧使得传统意义上的自然水循环系统已不能准确反映实际水循环过程，研究人类活动下灌区水源循环转化关系将会是水循环研究的前沿之一。对灌区的水资源研究，还应考虑与之相关的社会、经济、资源等因素的协调关系，以实现水资源的高效利用，这里的协调关系包括各行政区之间的用水调度协调、灌区多种水源供水量和供水时间的协调、水量与水质的协调以及水源循环系统与灌区系统之间的协调。探究灌区降水、地表水、地下水、外调水、中水之间相互循环转化关系；研发变化环境下灌区水资源评价新技术与多维水循环模拟模型；研发变化环境下作物需水量与灌水量新方法；探明气候变化和不同区域水管理计划的有效性之间的关系等。

6.2.4.3 加强灌区水资源承载力基础理论与评价新方法研究

开展基于"水—生态—社会、经济"复合系统下的"自然—人工—生态"多维水文循环过程与机制研究是水资源承载力研究的一个重要趋势。必须深入分析水资源在自然和社会中的循环转化规律，将水文及水资源作为纽带贯穿整个水资源承载力的研究体系中，从本质上探明水资源承载力复杂系统中水资源、社会经济和生态与环境等各个因素之间的互动关系，实现水资源承载力量化模型与分布式水文模型的耦合，将水资源承载力评价模型从集总式向分布式转移。

6.2.4.4 强化灌区水文生态系统调控技术研究

水文生态学的目标是水资源的可持续利用、人与自然和谐发展。当前，我国灌区水环境问题十分严峻，国外的水文生态学研究已经有了较好的基础，发展很快，国内相关研究起步较晚。我国水文生态学的思想是1988年，由李佩成院士和冯国章提出来的，集水文循环与生态进化及其共同的自然环境和人工环境于一体，具有耗散结构和远离平衡态的、开放的、动态的和非线性的复杂巨系统。灌区水文生态系统是人为地修筑引、输、配水渠道（管道）系统，将河水或井水引至田间，浇灌农田的灌溉工程；依靠灌溉工程保证作物、林果茁壮成长所需水分，配合光、热、气、土壤资源和生物资源的组合，形成具有良好农业生产条件的新的生态系统。生态文明灌区建设以生态学原理、可持续发展理论和社会主义经济学原理为依据，在灌区的改造和建设中，以人类文明美好、富裕、康乐为理念，以包括引水、用水、管水在内的先进生产力为手段，因地制宜地对灌区进行保护，推进节水养水、优质高产、生态健康和人水和谐等多目标协同健康。

6.2.4.5　加强灌区水资源实时风险调度与智能化管理技术研究

灌区水资源监测技术与方法是灌溉多水源调控的基础，发展水资源监测技术与方法在国家科学与发展中有着重要作用，将遥感技术、地理信息系统、全球卫星定位系统、计算机硬件和软件等现代高新技术应用于灌溉水资源监测，有助于保持我国在水资源科学和技术中的地位，并强化国家的经济发展。发展方向是将水文、水资源、生态、模拟技术、优化算法等领域的最新研究成果应用于灌溉多水源优化配置与调控。还需研究灌溉多水源多尺度同步监测技术、面向增加水文预报及需水预测精度的水资源云计算技术，构建扩充水资源需求决策边界的云服务体系；探索提高水资源效能的多水源平衡配置与智慧调度技术、保障水资源精准配送的过程控制技术，提出不断标准化的水联网与水效能匹配评价过程控制技术。

6.2.4.6　重视灌区水资源优化配置耦合技术研究

随着灌区功能的不断扩大与影响因素的不断增加，面对多种水源复杂的循环转化关系，单一的研究方法已不能准确反映灌区水源循环的实际情况，将多种方法耦合，扬长避短，充分发挥各优化方法的优势，将会是研究灌区水源循环转化关系的重要途径之一。深入研究基于水资源可持续利用的灌区多水源优化配置原则，探讨基于用水户利益驱动的多水源多功能水权转换准则，分析气候变化及人类活动与不同区域调配水计划有效性的关系；研发基于"经济社会发展、生态环境保护、水资源可持续开发利用"动态平衡的灌溉多水源调控模型及与遥感技术相结合的决策支持系统，提出基于生态友好型的不同灌溉模式与不同时空条件下的多水源调配模式与方案。

未来农业水资源优化配置研究要进一步面向国家战略需求和农业产业发展，根据我国水资源的时空分布特点与农业产业发展对水资源需求，强化上述6个方面的研究和应用实践工作。

6.3 农业水资源优化配置任务与分类

6.3.1 水资源可持续利用总体原则

通过制定水资源综合规划，查清水资源的现状，在分析水资源承载能力的基础上，提出水资源合理开发、高效利用、优化配置、全面节约、有效保护、综合治理、科学管理的布局和方案，作为今后一定时期内水资源开发利用与管理活动的重要依据和准则，促进和保障人口、资源、环境和经济的协调发展，以水资源的可持续利用支撑经济社会的可持续发展。

水资源可持续利用总原则包括以下 6 个方面：

第一，遵守有关国家法律、规范的原则。水资源规划是对未来水利开发利用的一个指导性文件、应该贯彻执行《中华人民共和国水法》《中华人民共和国水污染防治法》《中华人民共和国水土保持法》《中华人民共和国环境保护法》和《江河流域规划编制规范》等有关法律、规范。

第二，从全局出发，统筹兼顾局部要求的原则。水资源规划实际上是对水资源本身的一次人为再分配，需要把流域或区城水资源看成一个整体，全局分析水资源系统存在的问题与发展需求，使全局与局部辩证统一，才能保证规划达到总体最优目标。

第三，系统分析与综合开发利用的原则。水资源规划涉及多方面、多部门、多行业之间的供需关系，要求水资源规划时，既要对问题进行系统分析，又要采取综合措施，尽可能做到一水多用、一库多用、一物多能，最大可能满足各方面的需求，让水资源创造更多效益。

第四，因时因地制定规划方案的原则。受气候变化与社会经济发展影响，水资源系统效益是不断变化的。水资源规划时，既要因时因地合理选择开发方案，又要适当留有余地，使规划方案具有一定的适应能力。同时要有科学发展观，随时吸收新的资料和科学技术，分析新出现的问题。及时调整水资源规划方案，以满足不同时间、不同地点对水资源规划的需要。

第五，方案实施的可行性原则。选择水资源规划方案时，既要考虑所选方案经济、社会、生态环境综合效益，又要考虑方案实施的可能性，做到技术可行、经济合理。

第六，坚持水资源可持续利用的原则。要充分体现人与自然和谐理念，重视水资源开发利用，同时强化水资源的节约与保护，以提高用水效率为核心，把节约用水放在首位，采取多种手段发展节水工业、节水农业，建立节水型社会，重视污水处理回用和水环境的保护，进行水资源优化配置，实现水资源可持续利用。

6.3.2 农业水资源优化配置基本任务

通常，水资源综合规划的基本内容与任务包括以下几个方面：

①水资源及开发利用现状评价。

②制定节水、水资源保护和污水处理再利用规划。

③水资源开发利用潜力和水资源承载能力分析。

④制定水资源合理配置方案。

⑤提出水资源开发、利用、治理、配置、节约和保护的布局与措施。

⑥制定水资源可持续性管理的对策和措施，建立适应社会主义市场经济体制的水资源产权管理制度。

6.3.3 山丘区农业水资源优化配置

我国山区、丘陵地区（简称"山丘区"）分布很广，面积约占全国总土地面积的80%，耕地占全国总耕地面积近50%。山丘区地势起伏剧烈，地面高差大，坡度陡；一遇暴雨，汇流迅速，往往山洪成灾，并造成严重的土壤流失；无雨期间沟溪常常干涸，因水源不足而出现旱象。但是，山丘区的自然条件，也存在有利的方面，包括：地形起伏，峡谷众多，有利于筑坝建库，以蓄水抗旱、滞洪；河流坡度大，宜于发展水力发电和水力加工；地形坡度大，宜于自流引水灌溉；宜林宜草面积大，有利于发展多种经营。针对山丘区特点，制定正确的开发治理方针，便可有效地利用有利的自然条件，克服不利的自然条件，使农业得到全面发展。

在发展农业生产的过程中，我国山丘区兴建了许多引、蓄结合或蓄、引、提相结合的灌溉系统。它是这类地区比较合理的形式，包括3个组成部分：一是渠首引水、蓄水或提水工程；二是输配水渠道系统；三是灌区内部小型水库和塘堰以及小型提水工程。由于渠道系统似"藤"，灌区内部蓄水设施似"瓜"，故名为"长藤结瓜"式系统。这类系统具有下述特点：

①比较充分地利用了山丘区可能利用的水源。在非灌溉季节，利用渠道引取河水灌塘，以便用水紧张季节河水、塘水同时灌田；另外，傍山渠道还可以承接一部分坡面径流，引入渠道或塘堰，进行灌溉或存蓄。

②引水上山，盘山开渠，扩大了山丘区的灌溉面积，而且也为旱地改水田提供了有利条件。

③充分发挥了灌区内部塘堰的调蓄作用。由于塘堰有河流径流的补给，从而提高了塘堰的复蓄次数及抗旱能力。

④提高了渠道单位引水流量的灌溉能力。由于在渠系内部连接了许多山塘、平塘及小型水库等蓄水设施，能把非灌溉季节的渠道引水量（即河流径流）存蓄起来，以供灌

溉季节使用。这就是所谓"闲时灌塘,忙时灌田",从而提高了渠道单位引水流量的灌溉能力;单纯引水系统为1万亩左右,引蓄结合的系统可以提高到1.5万~2万亩,从而可以缩小渠道断面,或扩大灌溉面积。

⑤由于充分利用了灌区内部的塘堰(特别是小型水库)调蓄河流径流,因此,在河流上兴建大、中型水库时,可以在相当程度上减少河流水库的季调节容积。

山丘区灌溉系统的形式很多,主要有两种:一种是一河取水、单一渠首的灌溉系统。这是山丘区灌溉系统的基本形式,当利用灌区内小型塘库调蓄当地径流不能满足灌溉用水的要求,或者河流水源需要进行年调节或多年调节以满足灌溉、发电、防洪等综合利用要求时,则必须在河流上修建较大的水库,形成大、中、小蓄水工程联合运用的形式。另一种是多河取水、多渠首的灌溉系统。这种水利系统不仅由小网发展成大网,以解决山丘区流域之间水土资源不平衡的问题,成为地区水利规划的重要组成部分。横贯安徽省中部丘陵地区的淠史杭灌区,即是这类灌溉系统的例子。灌区以几条河流上的5座水库(磨子潭、佛子岭、响学甸、梅山、龙河口)作为其多河取水的渠首,加上灌区内部的地面径流,通过塘堰和中、小水库的调节,共灌溉土地1 096万亩,山丘区蓄引结合的灌溉系统规划的注意事项如下:

①干渠应布置在灌区的较高地带,以便自流控制较大的灌溉面积。其他各级渠道亦应布置在各自控制范围的较高地带。对面积很小的局部高地宜采用提水灌溉的方式。

②使工程量和工程费用最小。一般来说,渠线应尽可能短直,以减少占地和工程量。但山丘地区,岗、冲、溪、谷等地形障碍较多,地质条件比较复杂,若渠道沿等高线绕岗穿谷,可以减少建筑物的数量或减少建筑物的规模,但渠线较长,土方量大,占地较多;如果渠道直穿岗、谷,则渠线较短直,工程量和占地较少,但建筑物投资较大。究竟采用哪种方案,要通过经济比较才能确定。

③灌溉渠道的位置应按行政区划确定,尽可能使各用水单位都有独立的用水渠道,以利管理。

④最大限度地综合利用水资源,一水多用,先用后耗。山丘区的渠道布置应集中落差,以便发电和进行农副业加工。

⑤灌溉渠系规划应和排水系统规划结合进行,并做到高水高灌、高水高排、低水低灌、低水低排。在多数地区,必须有灌有排,以便有效地调节农田水分状况。通常先以天然河沟作为骨干排水沟道,布置排水系统,在此基础上,布置灌溉渠系。应避免沟、渠交叉,以减少交叉建筑物。

⑥灌溉渠系布置应和土地利用规划(如耕作区、道路、林带、居民点等规划)相配合,以提高土地利用率,方便生产和生活。

⑦渠道系统要安全可靠。

⑧灌溉渠道要与灌区塘、库采取合理的连接形式。渠道应该根据其所在位置、高程和充分发挥引蓄作用的原则加以连接。高塘只能调节本集水面积上的地面来水,对渠道起补给水量的作用,但是,渠水无法自流流入高塘(库)。当渠首为引水枢纽而且河流径流洪、枯变化较大时,在非灌溉季节,也可利用抽水机自渠道抽水灌塘(库),以备灌溉期灌田。库塘低渠道高时,要考虑库塘的反调节作用,这种情况下,低塘(库)能够承纳并调蓄经由高渠注入的灌溉水或外区地面水,并灌溉塘(库)以下的农田,但低塘(库)一般无法再将库水送回高渠灌溉高地。除非在非灌溉期塘(库)已由渠道引水充蓄的情况下,有必要时,也可用抽水机自塘库抽水济渠,借以灌溉高地。库塘与渠道高程差不多时,要尽量避免渠道直接穿过塘、库,以免塘库水位随渠水位变动,破坏塘库的调蓄作用。

⑨要考虑灌区内部中小型水库的反调节作用。引蓄结合的灌溉系统由于内部存在蓄水设施,其流量推算除了像一般渠系一样要考虑一定轮作制度下的最大灌水率及灌溉面积以外,还要考虑蓄水设施的调蓄制度。在蓄水设施中,由于塘堰抗旱能力较弱,一般只有 10~30d,所有灌溉面积仍需由渠道供水,故在确定渠道设计流量时,不考虑它的调蓄作用。灌区内中小水库的调蓄作用应在确定渠道的设计流量时加以考虑。此外,引洪渠道的设计流量按引水要求确定,可承纳山坡径流的渠道,其设计流量应包括入渠的山坡径流,而且其下游的断面不一定比上游小,这与常规渠道的断面向下游逐渐减小的情况不尽相同。

⑩蓄水设施布局与规模与水资源条件、用水需求、输配水工程相协调。

⑪不同调节性能的设施调度运行规则科学合理,一般先用塘堰供水、后中小型水库、最后大型水库,先低库后高库,先当地水后外引水。

⑫分区分片合理。

6.3.4 平原区农业水资源优化配置

平原灌区包括南方平原圩垸灌区、北方平原灌区、地表水地下水联合运用灌溉 3 类,西北内陆河融雪灌区有些虽然地处高原,气象和作物品种、种植条件等不同,但由于绿洲地势相对平坦,也可归于平原灌区。

通常,北方半干旱平原,自然条件复杂,旱涝碱洪渍等灾害相互影响,在发展灌溉的同时,必须兼顾防洪、除涝、防渍、改碱的要求。在宜井区要合理拟定布井方案,并通过区域性地下水平衡计算,提出适宜的采补方式。在易发生盐碱化的地区,应分析预测灌溉后的区域水盐动态,提出相应的防治措施。南方坪区,应在搞好防洪、除涝、防渍的基础上,合理安排灌溉系统,尽量做到田间渠系灌排分开,建立完整的灌排系统。在多泥沙的河道上引水,应妥善处理好泥沙,防止淤积渠系。引洪淤灌应防止渠道淤塞,达到厚、平、匀的淤地要求。

6.3.4.1 南方平原圩区农业水资源规划

南方圩区主要是指沿江滨湖的低洼易涝地区以及受潮汐影响的三角洲地区，这些地区均系江湖冲积平原，土壤肥沃，水河密布，湖泊众多，水源充沛，加上一般年份降水量丰富，所以自古以来，劳动人民就在江河两岸和沿湖滩地筑堤围垦，形成了大面积的水网圩区。

这一地区的特点是地形平坦，大部分地面高程均在江、河（湖）洪枯水位之间，每逢汛期，外河（湖）水位常常高于田面，圩区内渍水无法自流外排，往往涉渍成灾；特别大水年份，还常决口泛滥，严重影响农业生产。湖区地下水位较高，有的农田甚至常年冷浸，对旱作物和水稻生长极为不利。

新中国成立初期大力修堤建闸，联圩并垸，保证了防洪安全；继而在巩固堤防的同时，又广泛修建排灌系统，内排外引，并实行治河撇洪，计划围垦，大大减轻了洪涝威胁，扩大了耕地面积；之后在确保防洪的前提下，又大力发展机电排灌，进一步提高了圩区除涝、抗旱的能力。目前，平原圩区有较大一部分土地能够旱涝保收，已成为我国农业生产的重要基地。

6.3.4.2 北方平原地区农业水资源规划

北方平原地区，泛指淮河、秦岭以北的广大平原地区和地势比较开阔的山间盆地，这些地区年降水量较少且年内分配不均，经常发生干旱和洪涝灾害；由于蒸发量大，土壤中又含有一定盐分，不少地区还受到土壤盐碱化的威胁。长期以来，当地人民为了发展农业生产，不断地同自然灾害进行了斗争，特别在中华人民共和国成立以后大力整修河道，加固堤防和广泛修建灌溉排水系统，大大提高了防洪、抗旱和除涝的能力。

北方平原地区广大群众在与洪、涝、旱、碱等灾害长期斗争实践中加深了对自然规律的认识，创造和积累了丰富的经验，总结本区治水的基本经验，可概括为以下治理原则：

（1）因地制宜，旱、涝、碱综合治理

北方平原地区虽然有许多共同点，但由于所在的自然地理位置和气象条件的差异，各地存在的问题也不尽相同。正如前文所述，西北地区的主要问题是干旱和土壤盐碱化，淮北平原的主要威胁是易涝易旱，华北、东北等地则旱、涝、碱问题同时存在。即使在同一地区，不同部位，由于地形地貌条件、水文地质条件和水源分布情况不同，存在的问题也有很大的差异。例如，山前平原和平原河道的上游地区地势较高，排水通畅，涝碱威胁并不严重，干旱问题则比较突出；冲积平原和河流中下游平原坡水区，干旱现象虽有所减轻，但涝碱威胁则较上游严重；沿河湖洼地和滨海地区，地势低洼，排水不畅，涝碱问题则是地区的主要矛盾。因此，必须根据各地区不同部位的具体条件，因地制宜，分区治理。

洪、涝、旱、碱的产生均与地区的水分状况有关，它们之间又存在着紧密联系。例如，华北地区，春旱严重，土壤墒情不足，干旱使夏作物播种延迟。由于生长期推后，汛期到来时，作物尚在苗期，容易受涝，因而春季的干旱常使雨季涝灾加重。盐随水来，盐随水去，洪涝补充地下水，盐分随地下水向下游汇集，干旱季节，又随土壤水上升至地表，水分蒸发消失，而盐分则积聚在土壤表层，因此，洪、涝、旱又是发生土壤盐碱化的根源之一。由于旱、涝、碱之间存在着互为因果、互相制约的关系，单一的治理措施，不仅不能全面解决治水与改土问题，在一定条件下，反而会产生不良后果。例如单纯解决干旱问题，片面强调灌溉而忽略防碱，有灌无排，或灌溉不当，将会引起地下水位上升，导致土壤盐碱化；片面强调灌溉蓄水，忽略排水，也容易加重洪涝灾害。又如为了除涝治碱，片面强调排水降低地下水位，而忽视蓄水保水，土壤墒情不足，干旱问题就会突出。因此，平原易涝易碱地区对洪、涝、旱、碱等各种灾害必须综合治理。

(2) 全面规划，正确处理排、灌、蓄关系

在进行地区综合治理规划时，必须根据工农业用水需要，对地面水的利用和地下水的开发进行全面规划。总的原则是充分利用地面水和合理开发地下水。在规划中应根据地区地面水和地下水资源的分布情况统筹安排，在水源严重不足的地区，还必须适当引用外区来水。

为了充分利用降雨水、地面水和地下水等各种水资源，北方平原地区的治理，必须采用沟渠、水井和塘堰等多种水利设施，取长补短，相互配合。例如沟、渠与河流相通，源远流长，便于引水灌溉和除涝排水，但根据防渍治碱的要求，沟渠水位应控制在地面以下一定深度，利用村边塘堰蓄水，不占耕地、工程量小、与沟渠连通，可以互相补充，充分发挥排、灌、蓄、滞的作用。沟渠、塘堰引水蓄水灌溉不利于除涝、防渍和治碱，但却有引渗补给地下水、抬高地下水位、增加水井出水量的作用。在有浅层地下淡水的地区，利用水井抽水灌田，一方面补充地面水源的不足，另一方面又可以腾空地下库容，起到除涝防碱的作用。所以，机井在易旱易涝易碱地区兼有灌溉、排水、防渍和治碱等多种效益，并对调蓄利用地表水和地下水资源起着重要作用，在各项水利设施中居于重要地位，因而搞好机井建设，做到井渠结合，对北方平原的许多地区具有十分重要意义。

由于旱、涝、碱综合治理对排水、蓄水和灌溉的要求之间存在一定的矛盾，在实践中必须正确处理三者之间的相互关系。例如，利用泄洪、排涝河道和沟渠建闸蓄水灌溉的地区，在规划设计中，闸门应有足够的尺寸，以保证河道防洪除涝能力，在管理运用中，必须拟定河道沟渠的防洪、除涝、蓄水制度和水调配方案，并责成有关部门严格执行；在有地下咸水的易碱地区，利用河道和沟渠蓄水时，还要解决灌溉排水与除涝排咸之间的矛盾，雨季沟网应以排涝和蓄涝为主，旱季则应蓄排分开。部分沟道以排水为主，除短期可以容许引蓄外水灌田外，大部分时间应保证用来排除地下咸水。以引水或蓄水

灌溉为主的沟道，水位也应控制在一定的深度以下，以防土壤产生次生盐碱化。地下水库的规划设计和管理运用，也同样需要正确处理排、蓄、灌的关系。汛前通过井灌发挥井排的作用降低地下水位，腾空地下库容，蓄存汛期雨水和地表入渗水量，但在水位超过作物防渍允许的最高水位时，多余的地下径流则需通过沟渠和水井排出。

为了做到旱、涝、碱兼治，治水改土结合，水利措施还必须与农艺、植保、信息等措施密切结合。

6.3.4.3 地表水地下水联合运用

随着人口的增长及国民经济的发展，水资源的供需矛盾愈来愈尖锐，因此，联合运用地面水和地下水资源的重要性逐渐为更多的人所认识。实践表明，地表水和地下水的联合运用不仅可以增加水资源的利用量，同时还可以使农业生产条件得以改善。合理开发利用地下水，可以有效地调节控制地下水位，防止在纯渠灌区地下水位恶性上升，造成涝渍或土壤次生盐碱化，防止在纯井灌区地下水超采，地下水位急剧下降，形成大面积的地下水降落漏斗。

由于上述原因，即使在水资源较为充沛的地区，从经济、环境角度讲，也存在着地面水、地下水的合理开发利用问题。

地表水与地下水联合运用基本原理是根据地下水和地表水的动态特征，利用含水层空间的调蓄能力进行的。河川径流量动态变化大，而地下水径流量则较稳定，而且后者的流量高峰期要比前者滞后一段时间，这些特征就为地表水地下水的联合运用提供了条件。地表水与地下水联合运用的方式是：在枯水期（或干旱年份）地表水供水不足的情况下，要超量开采地下水来补充供水量，并且腾出地下含水层储水空间。在丰水期（或丰水年份），充分利用地表弃水进行地下水人工补给，以补偿枯水期已超采的地下水井。

应当注意，地表弃水对地下水的人工补给量取决于弃水量的多少、渗漏补给或人工回灌，以及含水层水空间的大小。因此，如果弃水量大，入渗补给条件好，加上含水层储水空间足够大时，充分开发地下库容可以起到水资源多年调节的作用。

地表水和地下水联合运用系统主要由地表水系统、地下水系统和用水系统组成。地表供水系统包括水源工程和输配水系统。水源工程可能是蓄水枢纽（如水库），也可能是无调节引水工程。地表水的存在形式在很大程度上取决于水源工程的类型和联合运用的方式。按照地表水源的存在形式及其复杂程度，可把地表水和地下水联合运用系统分为以下4种类型。

（1）地表水库与地下含水层（或称地下水库）的联合运用

地表水库与地下含水层联合运用形式的主要特点是，地表供水系统是有调蓄能力的水库，许多流域或地区可能包含有几个并联或串联的地表水库，而地下含水层可根据水文地质条件、自然地理条件、经济条件和行政区划、分为若干个特征不同的单元。根据地表供水系统、地下供水系统和用水系统的相对位置情况，可将地表水库与含水层联合运用系统进一步划分为以下几种基本类型。

①地表供水系统、地下供水系统和用水系统，三者相互独立。这种联合运用系统的开发和管理、类似于水文上独立的地表水库群。因此，可以单独确定每个子系统的开发费用和管理费用，在经济、水量储存、水量调配等方面，把地表水子系统与地下水子系统联合起来。

②地表供水系统和地下供水系统相互独立，而地下供水系统和用水系统相互作用，例如，农业灌溉用水的深层渗漏，成了地下含水层的补给源。

③用水系统与任何供水系统没有物理上的联系（如城市供水），而地表供水系统和地下供水系统是相互联系的。

④所有子系统之间都存在物理（包括水文、水力）上的联系。在某一子系统上损失掉的，常常可以在另一子系统上获得。子系统之间相互作用，有自然的和人为的两种形式。

（2）河流引水工程与地下含水层的联合运用

有些河流无蓄水水库，但有引水工程，在这些地区的水资源开发中，若有必要开采地下水，那么就存在河流引水与地下水联合运用的问题，这种联合运用系统的主要特点是，地表供水水源没有调蓄能力，依据天然径流供水，丰枯变化较大。因而发展人工回灌，发挥地下水库的调蓄作用就显得更为重要。

与地表水库和含水层联合运用系统类似，河流引水与含水层联合运用系统也可根据子系统在水文、水力上相互作用的情况，划分为4种基本类型，这里不再赘述。我们所关心的是河流引水量的多少和地下水可开采量的多少，特别是两者的比例。这种联合运用型式通常的运行规则有：

①优先利用河川径流。在丰水季节，尽可能利用河水灌溉，避免河水废弃；在干旱季节开采地下水，以提高供水保证率。

②发展人工回灌，把多余的径流引蓄到含水层，发挥地下水库对水资源的调蓄作用达到充分利用水资源的目的。

③保证地下水开采量与补给量的平衡。

（3）多种地表水源与地下水的联合运用

对于一个地区或一个流域来讲，地表供水水源常常是水库和河流兼而有之，有时还可能存在跨流域的调水。这种多种地表水源与地下水的联合运用型式，常常是地区开发或流域开发要研究的问题，往往具有下述特点：

①规模庞大。这种联合运用型式常常是地区或流域开发的研究课题，因而地表供水、地下供水和用水的数量均很大。

②结构复杂。这种联合运用型式不仅地表供水系统、地下供水系统和用水系统之间的相互关系复杂，而且上下游之间、子区与子区之间的关系也十分复杂。

③目标多样。地区或流域水资源的开发目标常常不是单一的，而是多样的。

（4）井渠结合的形式

井渠结合灌区实际上是渠井结合灌区和井渠结合灌区的统称，是采取井灌和渠灌相结合的方式联合运用地表水和地下水，力求在充分利用本地区水资源的条件下解决农业用水问题。严格来说，以地表水渠灌为主，地下水井灌为辅的灌区应称为渠井结合灌区，反之应称为井渠结合灌区。目前我国北方的大、中型灌区，大多数采用的是渠井结合灌溉的形式，只有少数单纯引洪补源的灌区才采取井渠结合形式。不管是渠井结合还是井渠结合，都是通过渠和井在灌区内的布局和调配灌溉用水量来优化灌区可用水资源，使其发挥最大效益。据此，可将这类灌区的灌溉形式分为渠井双灌和渠井分设两种类型。

渠井双灌又称井渠双配套，是同一灌溉地块，既能用地表水渠灌，又能用地下水井灌。采取这种灌溉形式的灌区，一般在农渠以下采用同一套灌溉系统，即渠水和井水都可以分别或同时进入农渠，再通过毛渠进入田间灌溉农作物；也有少数情况是井水直接进入干、支等骨干渠道甚至渠首水源。渠井双灌主要应用于丰产灌溉或高产值的作物灌溉，在这种情况下，需要勤浇浅灌，渠灌由于受水源和管理等限制，很难做到勤浇浅灌，因此需要用井灌来补充。另外，在已有输水渠道但渠水保证率很低的地方，也常采取这种形式，如灌区的下游或边缘，需要用井灌来提高其灌溉保证率。由于渠井双灌的同一地块要设置两套供水系统，增加了建设投资，因此需要获得较高的产值来补偿。

渠井分灌是在灌区一部分耕地上单独采用地表水渠灌，另一部分耕地上则单独用井灌，渠灌和井灌都有其独立的灌溉系统。采取这种形式的灌区，目前一般是在地表水渠灌的下游或渠水自流灌溉比较困难的耕地上打井进行井灌，其他地方全部实行地表水渠灌。也有少数灌区，因农业生产的需要，即使在地表水渠灌很方便的地方也单独采用井灌，以提高其用水保证率。

在井渠结合灌区，采用何种灌溉类型，直接关系到水资源的优化配置形式和农业高效用水，必须根据灌区的水源情况、作物种植结构、经济能力、环境保护等综合考虑，进行技术经济分析来确定。

6.3.5 非常规水资源化利用技术

水资源分为常规水源和非常规水源两种类型。非常规水源是指经处理后可以利用或在一定条件下可直接利用的再生水、集蓄雨水、海水及海水淡化水、矿坑（井）水、微咸水等。非常规水源是常规水资源的重要补充。开发利用再生水等非常规水源，可增加水源供给、减少污水排放、提高用水效率，对缓解全国水资源供需矛盾有重要作用。水利部表示，力争2024年非常规水年利用量超过180亿 m^3，地级及以上缺水城市再生水利用率超过 24%。

世界各地特别是干旱和季节性干旱地区的城市污水已广泛用于农业灌溉。据估计，目前世界上约有 1/10 的人口食用污水灌溉的农产品。污水灌溉的历史已经长达几个世纪。大规模的污水灌溉始于 19 世纪后期，1897 年，澳大利亚墨尔本市建成的 Werribee 污水灌区，灌溉面积约 1 万 hm^2，仍在正常运转。2021 年，美国城市污水再生回用总量约为 94 亿 m^3/a，其中 60% 用于灌溉；以色列污水利用率已达 70%，其中约 2/3 用于灌溉，灌溉用污水水量占总灌溉水量的 1/5；印度每年用于农田灌溉的污水占城市污水量的 50% 以上，墨西哥城 90% 的城市污水回用于农田灌溉、灌溉面积达 9 万 hm^2。自 1957 年，我国开始污水灌溉试验工作，到 20 世纪 90 年代，我国污水灌溉面积已达到 300 万 hm^2。

为了安全利用污水，不同国家或国际组织制定了一些标准。美国国家环境保护局 1992 年提出了《污水回用建议指导书》，包括了回用处理工艺、水质要求和监测以及适宜灌溉的作物和适宜的灌水技术等污水回用的各个方面。美国很多州也分别制定了污水灌溉水质标准，如：亚利桑那州污水回用标准允许用未经消毒的二级出水灌溉纤维作物、畜牧饲料作物和果实不接触灌溉水的果树；犹他州允许二级出水用于饲料作物以及有足够高度的食用作物（谷物、玉米等）的灌溉。以色列对于不同的灌溉项目制定了具体的污水灌溉回用标准，规定除去皮水果外，生食作物不得使用二级出水灌溉。世界卫生组织（WHO）对不同国家和地区污水灌溉回用的经验进行了总结，于 1973 年出版了《污水回用于农田灌溉和水产养殖的健康指南》。但上述标准和指南都是建立在零风险基础上的，指标要求较高。近年来，人们逐渐认识到零风险的要求难以达到，在实际应用中也无必要。因此，联合国粮食及农业组织（FAO）在世界各地开展污水灌溉的基础上，先后出版了污水处理与灌溉回用、污水灌溉水质控制两部技术报告，对回用于农业灌溉的水质要求和可以选用的污水处理方法进行了讨论。目前，国际上正在进行有关标准的重新修订。我国于 1979 年、1985 年、1992 年、2005 年和 2021 年先后 5 次颁布了《农田灌溉水质标准》。但迄今为止，涉及再生水的标准和指南仅有《水回用导则　再生水利用效益评价》（GB/T 42247—2022）、《水回用导则　再生水水质管理》（GB/T 41016—2021）、《水回用导则　再生水分级》（GB/T 41018—2021）、《再生水水质标准》（SL 368—2006）、《城镇再生水利用规划编制指南》（SL 760—2018）等。

6.3.5.1　劣质水灌溉原理

在我国劣质水灌溉的农田有旱田和水田之分，其净化过程和作用也各不相同。

（1）劣质水灌溉旱田

劣质水灌溉旱田的净化过程是由表层土的过滤截留、土壤团粒结构的吸附储存、微生物的氧化分解与固化吸收、作物的吸收作用以及土壤胶粒的交换过程组成，并在这一系列过程中不断补充新的腐殖质，从而又促进劣质水的利用和净化过程。因此，在农业劣质水灌溉中，劣质水的灌溉与利用是同时进行的，并且互为因果地结合在一起。此外，劣质水灌溉旱田应受到一定条件的制约。①对水质的限制，特别是对含有有毒物质的工业废劣质水，应在出厂前进行无害化处理；②对灌溉水量的限制，灌溉劣质水量不能超过作物蓄水量，否则会产生劣质水的大量深层渗漏，污染地下水，影响环境卫生等问题；③在雨季和作物非生长期，勿进行劣质水灌溉。

(2) 劣质水灌溉水田

劣质水灌溉水田，其净化作用是由藻菌共生、大气复氧、作物吸收等几部分组成，净化效果较高。当劣质水在水田中的停留时间为3~8d时，水中的BOD_5均在20mg/L以下，最低可达1~2mg/L，BOD_5的去除效果达90%以上，有的甚至高达98.9%，细菌总数去除率为50%~96%。

6.3.5.2 劣质水灌溉方法

灌溉制度是设计灌溉系统的基础，也是灌溉系统管理的主要依据。正确的灌溉制度，可以提高作物产量，充分发挥劣质水的水肥功效，同时还可以防止污染地下水和改变土壤肥效。

劣质水灌溉水稻，应选用耐肥品种，调配水肥，间歇晒田。应根据水稻的不同生育期，合理调配劣质水浓度，使田块各部分水肥分布均匀。采用间歇晒田措施，可以提高地温，改善土壤通气条件，提高土壤微生物降解有机物的能力，并可促进作物生长。

劣质水灌溉小麦、玉米，应以劣质水作底水基肥，掌握好不同生长期的需肥量，并根据土地肥瘠、作物生长壮弱情况，确定灌水次数和灌水量，每次灌水后注意松土保墒。对呈盐碱性的土壤，以少灌或不灌为宜。

劣质水灌溉蔬菜，应清水育苗，分散进水，配合基肥，控制灌水。种菜前应平整土地，先用劣质水作底水，幼苗期不宜灌溉劣质水，注意避免心叶部分沾染劣质水，清晨及晚上宜于灌水，切忌炎热时浇水。叶菜类需肥量大，宜多灌，果菜类应少灌。蔬菜类收获前10d和生食蔬菜，不宜用劣质水灌溉。

6.3.5.3 劣质水灌溉制度

劣质水灌溉一般有2种灌溉制度，即清污轮灌和清污混灌。

(1) 清污轮灌

清污轮灌是指在作物的全生育期某些次使用清水，某些次使用劣质水。其总体原则是不要求每次的灌溉水质均符合农田灌溉水质标准，但在全生育期内的平均水质应该满足灌溉水质标准。灌水期内的劣质水总量与水质有关，清水需要量为使得总体生育期内的平均水质可以满足灌溉水质标准的水量。

有了一定的劣质水灌溉量以后，需要在全生育期进行合理的分配，使得对作物的有害影响达到最小。根据现有的污灌经验，利用劣质水灌溉的优先顺序依次为：播前、非苗期、苗期。气温低时优于气温高时。

（2）清污混灌

清污混灌是指每次灌溉水均为清水和劣质水的混合，混合后的水质符合农田灌溉水质标准。利用该原则首先计算作物生育期内的总劣质水用量，劣质水在各次灌溉水中分配均按灌溉制度中各次灌溉定额占总灌溉水量的比例分配，清水的实际需求量由超标倍数最大的污染因子决定。

从环境影响上比较，混灌比轮灌要好。因为混灌保证了每次灌溉水质均符合灌溉水质标准，对作物的危害最小。轮灌虽然在平均水质上满足灌溉水质标准，但是可能会在某生育阶段导致受害减产等不良结果。

从灌水方式的操作上比较，轮灌比混灌好。轮灌的实际操作为劣质水灌溉期引用河水进行灌溉，清水灌溉时采用井水灌溉，清污轮灌采用一套渠系就可以操作；而清污混灌需要在水进入田间之前将清劣质水进行混合，具体的混合方式对渠系工程和管理提出了更高的要求。

6.3.5.4 微咸水利用

国内外利用微咸水灌溉已经积累了很多成功经验。如以色列利用 3~6g/L 微咸水灌溉果树、蔬菜、花卉等，以色列的微咸水利用技术已经相当成熟，不仅提高了水资源的利用效率，还促进了农业的发展；在美国西南部地区，微咸水被广泛应用于灌溉棉花、甜菜、苜蓿等作物，通过微灌技术，棉花的产量与传统淡水灌溉的产量相同或甚至更高；埃及利用微咸水进行灌溉已有 30 多年的历史；意大利利用 2~5g/L 微咸水灌溉已经有 20 余年历史。

我国河北、天津、新疆、内蒙古、宁夏、甘肃、陕西等地都有利用微咸水灌溉的经验。自 20 世纪 90 年代起，河北省沧州市开始探索微咸水灌溉小麦、玉米、棉花、蔬菜等，在中轻度盐碱地，每年春季冬小麦的拔节期，采用一次微咸水代替淡水进行灌溉，对小麦产量无负面影响，并能有效节约淡水资源。此外，通过咸水结冰灌溉技术，沧州市还成功改良了重度盐碱地，为农作物的生长提供了更好的条件。

微咸水灌溉的技术措施如下。

①在春秋两季控制地下水位。春秋两季土壤水分是以蒸发积盐为主，要把地下水控制在临界深度以下，截断或减少地下水对盐分的补给，控制土壤盐分上行是防治盐害的基本措施。

②咸水浇地要适时。小麦返青期抗盐能力弱，不宜浇咸水，小麦拔节后，抗盐能力增强、可用微咸水灌溉。

③微咸水灌溉适于大定额灌水。灌水定额要大于 $900 m^3/hm^2$，可降低土壤的含盐量。

④咸淡（碱性水）混浇水，搭配比例要符合灌水要求。因浅层水的含盐量、pH 值受

季节和降雨的影响而升降,故在用水前要进行含盐量和 pH 值的测定,根据测定结果进行比例搭配。

⑤咸水灌溉后要进行及时中耕,控制土壤返盐。中耕松土切断土壤毛细管,使松土层的水分减少,控制下层水分蒸发,减少盐分向地表聚集。

拓展阅读

中国古代奇迹工程坎儿井

中国水利名人——王景

思考题

1. 水资源配置的意义有哪些?
2. 水资源配置的基本原则是什么?
3. 简述你了解的农业水资源配置的场景。
4. 简述农业水资源配置的主要内容。
5. 简述农业水资源配置的发展趋势。
6. 简述我国农业水资源面临的挑战。
7. 简述山丘区、平原区农业水资源配置的异同点。

第 7 章
土壤理化指标测定实验

本章学习要点

1. 认识并掌握土壤孔隙度、容水度、持水度和给水度的测定原理和方法。
2. 认识并掌握土壤密度、孔隙度的测定原理和方法。
3. 认识并掌握土壤中毛管力和毛管水概念。
4. 认识并掌握恒定水头渗透实验方法和测定原理。
5. 认识并掌握变水头渗透实验方法和测定原理。

7.1 土壤给水度测定实验

7.1.1 实验目的

①认识水在土壤孔隙中的存在形式。
②掌握测定孔隙度、容水度、持水度和给水度的原理和方法。

7.1.2 实验方法和步骤

7.1.2.1 实验设备、仪器和材料

如图 7.1.1 所示,实验设备由试样筒、透水隔板、透水纱布、法兰、漏斗、开关 1、软管、开关 2、滴定管、固定螺栓、支架 1、支架 2 和底座组成,在支架 1 上设指针 1 和指针 2,分别代表试样筒内土样的底部和试样筒内土样的顶部。

实验用品和用具为土样、量筒、秒表、洗耳球、干布、装填土壤的小铁铲和捣实棒。

7.1.2.2 实验方法和步骤

①装填土样。准备好需要装填的土样,用烘干法将土样烘干,测出土壤的初始含水

第 7 章　土壤理化指标测定实验

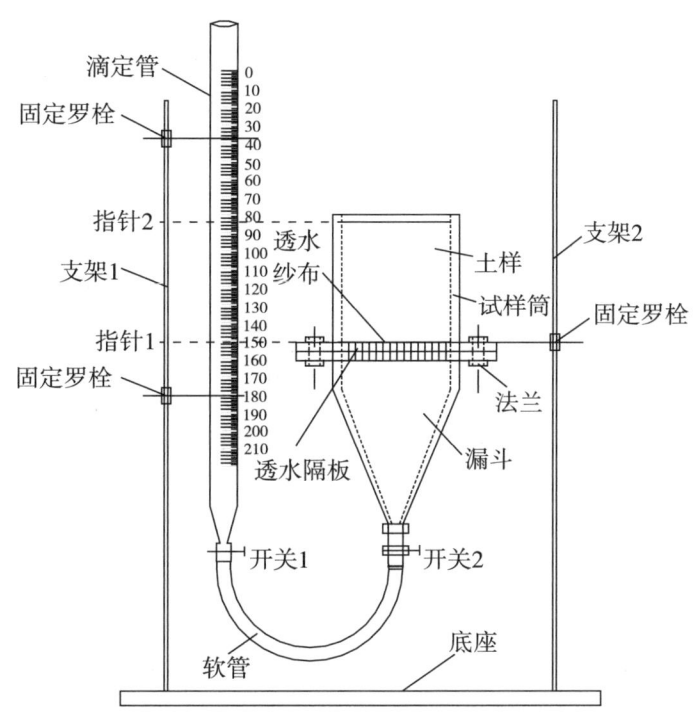

图 7.1.1　给水度实验仪

量和土壤重度，根据试样筒内需装填土样的体积计算出所需要装填的土壤重量，用装填土样的小铁铲将土样倒入试样筒，用捣实棒轻轻将土样捣实，并使土样表面高度与所要求的高度相同。

②记录有关参数。如试样筒的直径 D、装土高度 L、计算土壤总体积 V、记录滴定管的直径 d、计算滴定管的断面面积 A。

③关闭滴定管与试样筒之间的开关 2，给滴定管中充水，充水高度到刻度 0 或接近 0 的某数值，并记录。

④缓慢打开开关 2，使滴定管中水体进入到试样筒下部锥体部，并将试样筒逐渐抬高或者将滴定管逐渐向下降落，待滴定管中自由水面与安装在试样筒上的指针 1 所指高度相同时，记录滴定管中水位读数 h_1，该读数即为实际起点读数。

⑤测定总容水体积 W。逐渐提高滴定管或者降低试样筒，使试样筒中水位上升，当滴定管自由水面与安装在试样筒上部的指针 2 高度相一致时，停止抬升滴定管或降低试样筒，这时读取滴定管自由水面读数 h_2。(h_2-h_1) 乘以滴定管的面积 A 即为总容水体积 W。

⑥测定排水体积 W_v。降低滴定管的高度或慢慢升高试样筒的高度，使滴定管的液面与指针 1 所指高度一致时记下滴定管中的液面读数 h_3。(h_2-h_3) 乘以滴定管的面积 A 即为总排水体积 W_v。

⑦更换试样，重复上面的实验。
⑧实验结束后将仪器恢复原状。

7.1.3 数据处理和分析

7.1.3.1 数据实验记录（表 7.1.1）

实验设备名称：＿＿＿＿＿＿＿＿＿＿；仪器编号：＿＿＿＿＿＿＿＿＿＿；

同组学生姓名：＿＿＿＿＿＿＿＿＿＿。

已知数据：试样筒直径 $D=$＿＿ cm；土柱长度 $L=$＿＿ cm；试样体积 $V=$＿＿ cm³；

滴定管直径 $d=$＿＿ cm；滴定管面积 $A=$＿＿ cm²；漏斗体积=＿＿ cm³。

表 7.1.1　实验数据记录及计算表

试样名称	试样体积 (V) /cm³	自由水面下降与指针1同高 (h_1) /cm	自由水面下降与指针2同高 (h_2) /cm	容水体积 (W) /cm³	自由水面下降与指针3同高 (h_3) /cm	排水体积 (Wv) /cm³	持水体积 (Wr) /cm³	容水度 (W/V) /%	持水度 (Wr/V) /%	给水度 (Wv/V) /%	孔隙度 /%

实验日期：　　　　　　教师签名：　　　　　　学生签名：

7.1.3.2 成果分析

①试样体积为图 7.1.1 中透水隔板以上试样筒的体积。漏斗体积为透水隔板以下漏斗的体积。

②试样的容水体积为 $(h_2-h_1)A$，A 为滴定管的面积。

③试样的排水体积为 $(h_2-h_3)A$。

④容水度、持水度和给水度计算详见第 5 章。孔隙度数值上与容水度相同。

7.1.4 实验注意事项

①实验充水和放水时，要缓慢匀速，以尽可能地使得充水过程中排净空气。

②实验放水时，也要缓慢匀速的放水，直到滴定管中液面趋于稳定时（2min 内退水不足 1mL），再关闭开关 1 和开关 2。

③装试样时，首先用干布将试样筒擦干净再装试样。

7.2 土壤密度、孔隙度测定实验

7.2.1 实验目的

①掌握环刀法测定土壤密度的方法。
②掌握土壤含水量的测量方法。
③掌握土壤重度和土壤含水量的计算方法。
④掌握土水势的概念以及各分势的表示方法。
⑤掌握用张力计测量土水势的方法。

7.2.2 土水势的测量方法

土壤水势包括重力势、压力势、基质势、溶质势和温度势 5 个分势。由式 (4.1.23) 可知：单位重量土壤水分的总土水势（简称"总水势"）可表示为

$$\psi = \psi_g + \psi_p + \psi_m + \psi_s + \psi_T$$

式中，ψ_g 为重力势；ψ_p 为压力势；ψ_m 为基质势；ψ_s 为溶质势；ψ_T 为温度势；ψ 为总水势。在实际应用中，不是每个分势都是需要考虑的，而是可以根据研究的具体问题进行具体分析，根据前人的认识，通常溶质势和温度势都很小，也不好确定，所以可忽略不计。而实际生产中，温度对土壤水分的运动过程是有明显影响的，特别是在计算水分入渗时，冬季的温度与夏季的温度有巨大差异，仅就水的黏滞系数来讲，也有非常大的变化。根据作者的研究，在利用土壤水分基本方程计算水分运动过程时，如果考虑到各个参数的温度影响，其计算精度将大幅度提高，而几乎不需要进行调参的步骤，所以作者认为，能够考虑温度影响时最好不要将其忽略。

对于非饱和土壤水分，一般不考虑溶质势和温度势，土水势为重力势和基质势之和。对于重力势，可以根据所研究点的位置与参考状态的高差来决定，所以非饱和土壤水分土水势的测量主要是基质势的测量。

土壤水分熵值 S_e 目前没有明确的量值标准，所以温度势尚难以确定。许多研究者提出目前在研究土壤水分运动时，温度势的作用可以被忽略。但是从式 (5.1.28) 可以看出，S_e 实际上可以被认为是在其他条件不变的情况下，当土壤中某点温度与标准参考状态温度差为 1℃ 时，单位重量的水体从土壤中移动到标准参考状态所做的功。这样就可以采用在绝热条件下，测量出不同含水量的单位土体温度改变 1℃ 所消耗或者产生的功与干土在温度改变 1℃ 所消耗或者产生的功的差值来代表 S_e。

基质势测定的仪器常用张力计，张力计又称负压计，实际测量时将张力计与 U 形比压计相接，通过 U 形比压计测量张力计中的负压力值。张力计中压力的测量也可以采用真空压力表或负压传感器。

张力计是由陶土头、集水管组成，配以真空压力表（或 U 形比压计）或传感器形成土壤基质势测量系统。陶土头是一种由陶土材料烧制成的具有极小孔隙的器件，在一定的压力条件下，水能够透过孔隙，但孔隙中形成的水膜能够阻止空气通过。

在测量基质势时，首先将张力计陶土头埋置于土壤中被测点处，如图 7.2.1 中的 A 点，然后将 U 形比压计与陶土头相连接。当 U 形比压计中的压力差稳定时，表明张力计中的水势和陶土头周围土壤中的水势处于平衡状态，亦即 A 点的土水势 ψ_A 与 B 点的水势 ψ_B 相等。由于无溶质浓度和温度的差异，A、B 两点的溶质势和温度势分别相等，对于图 7.2.1（a）所示的情况，取过 B 点的水平面为参考状态，设 A 点距 B-B 水平面的距离为 z，由图中可以看出，U 形比压计的右端 B-B 水平面以上的水柱高度为 h，U 形比压计的左端 B-B 水平面以上的液体为水银和水，其中水柱高度为 h_1，水银柱高度为 $z-h_1$，z 为 U 形比压计的右端 B-B 水平面与陶土头轴线之间的距离，根据等势面原理，则 A 点的基质势为：

$$\psi_{Am} = h - h_1 - \frac{\rho_{Hg}}{\rho_w}(z - h_1) \tag{7.2.1}$$

一般的，水银的密度为 $\rho_{Hg} = 13.6\text{g/cm}^3$，水的密度 $\rho_w = 1.0\text{g/cm}^3$，代入式（7.2.1）得：

$$\psi_{Am} = h - h_1 - 13.6(z - h_1) \tag{7.2.2}$$

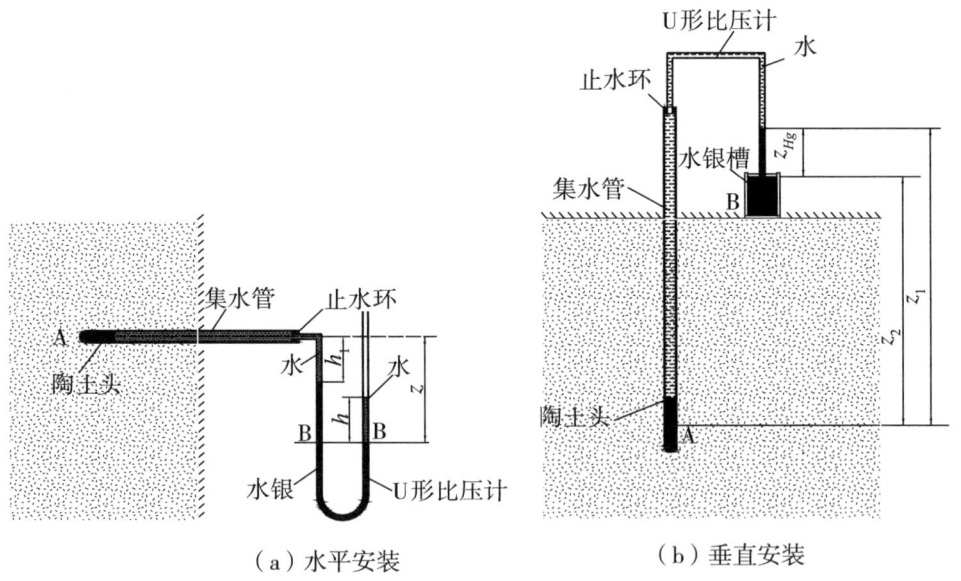

（a）水平安装　　　　（b）垂直安装

图 7.2.1　张力计测量基质势示意图

对于图 7.2.1（b）的水银 U 形比压计，当陶土头埋于土壤中的 A 点，水银槽 B 内的水银因土壤水吸力作用沿 U 形比压计升高 z_{Hg}，亦可写出 A 点的基质势为：

$$\psi_{Am} = z_1 - z_{Hg}(\rho_{Hg}/\rho_w) \tag{7.2.3}$$

式中，z_1 为水银柱顶部距 A 点的距离；z_{Hg} 为水银柱升高的高度。

因为 $z_1 = z_0 + z_{Hg}$，将 $\rho_{Hg} = 13.6\text{g/cm}^3$，$\rho_w = 1.0\text{g/cm}^3$ 代入式（7.2.3）得：

$$\psi_{Am} = z_0 - 12.6 z_{Hg} \tag{7.2.4}$$

式中，z_0 为水银槽的水银面距 A 点的距离。

如果采用真空压力表来测定负压值，则如图 7.2.2 所示。设真空压力表到陶土头中心的距离为 a，如果真空压力表满量程刻度为 $-100\sim0$，其表面读数 P 为 -100 时，相当于水势为 $-1\,000\text{cm}$，则基质势为：

$$\psi_{Am} = a - 10P \tag{7.2.5}$$

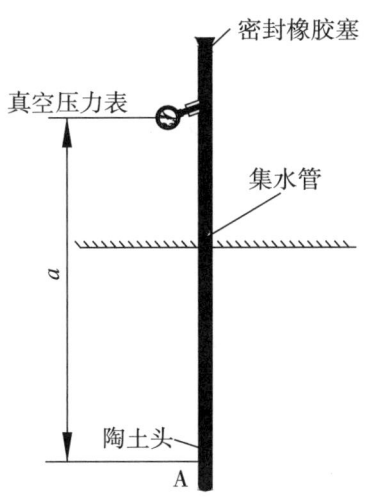

图 7.2.2　张力计与真空表测量基质势示意图

对于式（7.2.5），因为真空表的位置比测点处（陶土头位置）的位置高，所以真空表的读数是克服了该高度差以后的读数，因此测点处的实际基质势应该是真空表读数减去位置差 a 以后的值。

随着测量技术的发展，目前市面上已有多种土壤水势传感器或负压传感器，例如 Decagon 公司生产的 MPS-6 基质水势传感器，测量范围为 $-100\sim-9\text{kPa}$，利用土壤水势传感器可以直接测量土壤水分的水势，配以采集器就可以进行自动测量和自动记录。

土壤水的进气吸力与土壤的质地有关，一般轻质土壤或结构良好的土壤进气吸力较小，重质黏性土壤进气吸力较大。在一定的温度条件下，这种关系仅与土壤本身的特性有关。图 7.2.3 为土壤水分特征曲线示意图，图中曲线反映了土壤含水量 θ 随着土壤水吸力 s 的增大而减小的规律，但在土壤水吸力 s 小于临界土壤水吸力 s_a 时，土壤水分仍维

持饱和含水量 θ_s。

土壤水分特征曲线具有滞后现象，是指土壤基质势随土壤含水量的变化过程不呈单值函数。许多实验已证实，对于同一土壤，在恒温条件下，土壤吸湿过程和土壤脱湿过程测得的土壤水分特征曲线不重合，土壤吸水曲线和脱水曲线不重合的现象称为滞后现象（图 7.2.4）。土壤从饱和到干燥过程曲线称为主脱湿线；土壤从干燥到饱和过程曲线称为主吸湿线；土壤从部分湿润开始排水或从部分干燥到吸湿过程线称为扫描曲线。

土壤水分特征曲线的滞后现象在任何质地的土壤中均存在，但滞后影响的程度是不同的，土质越轻，滞后的影响越大，反之则滞后的影响越小。

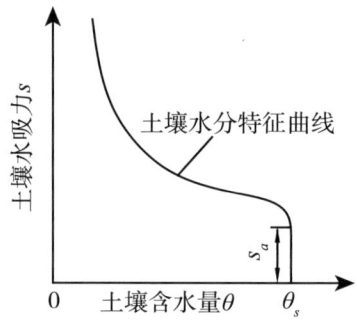

图 7.2.3　土壤水分特征曲线示意图

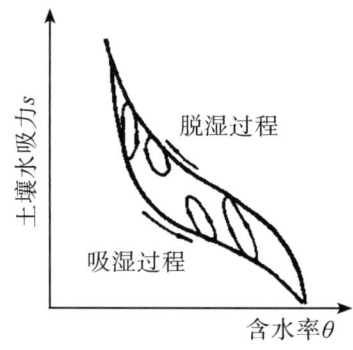

图 7.2.4　土壤水分特征曲线的滞后现象

滞后现象产生的原因很复杂，目前主要有 3 种理论解释这一现象：瓶颈理论、接触角理论和弯月面延迟形成理论。下面以瓶颈理论为例：

假定孔隙包括适当宽的空隙（半径为 R）和狭小的通道（半径为 r）（图 7.2.5）为便于分析，假定其接触角 $\alpha = 0$，$\cos\alpha = 1$。

如果原来土壤中充满水（a），当吸力大于 h_r 时，饱和土壤开始突然释水：

$$h_r = \frac{2T}{r} \tag{7.2.6}$$

而当这个孔隙重新湿润时,则吸力必须低到 h_R 以下,孔隙才突然充水:

$$h_R = \frac{2T}{R} \quad (7.2.7)$$

在式(7.2.6)和式(7.2.7)中 $R > r$,由此可知:

$$h_r > h_R \quad (7.2.8)$$

上式表明,孔隙释水所需吸力大于孔隙充水所需吸力;即脱湿>吸湿(吸力);故脱水过程取决于狭小通道半径,而吸水过程则取决于大孔隙的半径。水的这种不连续冲刺称为"飞跃",在粗砂中很容易观察到。在粗质的土壤于低吸力范围内最为明显;孔隙排水时的吸力较它们充水时吸力大得多(图7.2.5)。

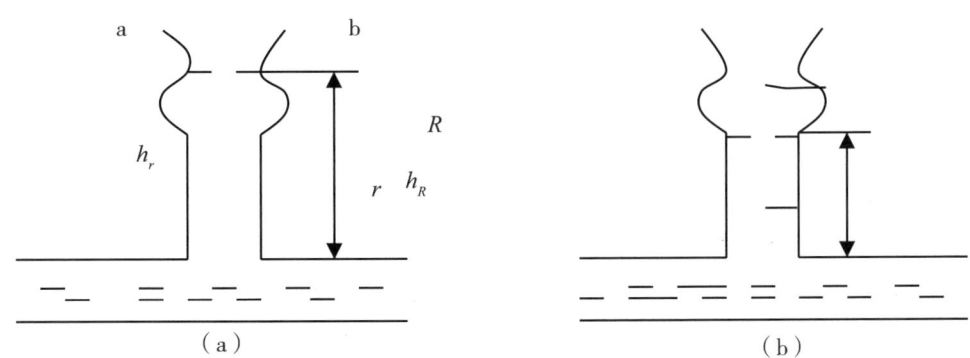

图 7.2.5 "瓶颈"作用决定在宽狭有变化的孔隙中水的平衡高度

(a) 在毛细排水(脱吸)时;(b) 在毛细上升(吸水)中 ($h_c = \frac{2T\cos\alpha}{\gamma \cdot r}$)

7.2.3 实验仪器设备和方法

7.2.3.1 土壤密度和含水量测定的设备和仪器

土壤密度测定常用的方法有环刀法、蜡封法、灌砂法和灌水法。环刀法操作简单、准确,是室内外常用的方法。

土壤含水量测定的方法有烘箱烘干法、微波炉法、时域反射(TDR)法、中子仪法等,其中烘箱烘干法是目前国际上常用的方法,也是对其他测定方法进行标定的标准方法。

不管用何种方法测定土壤含水量,均会存在误差。误差的主要来源有偶然误差和系统误差。偶然误差由于仪器精度或取样的不一致造成。系统误差主要由取样的过程和仪器的系统偏差造成,而取样过程是一定会出现系统偏差的。按照水量平衡法对比测试的结果分析,烘箱烘干法会使土壤含水量比实际值降低1%~3%。原因如干燥的取土钻黏附水分、取样器取样时没有及时称重和加盖密封造成土壤表面蒸发干燥散失水分、或由于用烘箱对土样烘干后土样的基质吸力极大且没有及时加盖和称重而吸附外界空气水分使得所测土壤干土重量增加。因此不管是采取试样还是对试样进行烘干后的操作,均应及时加盖密封和称重，防止产生较大的系统误差。

测量仪器为体积为 100cm³ 或 50cm³ 的钢制环刀，精度为 0.01g 的电子天平，烘箱或微波炉，削土刀，辅助压实手柄，塑料板或者玻璃板，小铁铲，干燥器，滤纸。

7.2.3.2 土壤水吸力测定的设备和仪器

土壤水吸力测量的传统设备如图 7.2.6 所示。由图 7.2.6 可以看出，土壤水吸力测定的设备由土盒、土盒盖、固定套管、顶丝、张力计、真空压力表组成。土盒为长方形，长 10cm、宽 7cm、装土壤部分高 10cm；在土盒的上面设土盒盖，土盒盖用顶丝与土盒连在一起，以保证土盒内土壤不蒸发或少蒸发；在土盒盖的中心设一固定套管，固定套管内装张力计，固定套管内径比张力计外径稍大，张力计集水管用顶丝和套管相固定；在集水管上方设密封橡胶塞；在土盒盖上面设灌水孔，灌水孔布置形式为梅花形，灌水孔上用橡胶板遮盖；在土盒的底部设置支腿，以方便土盒的搬运。

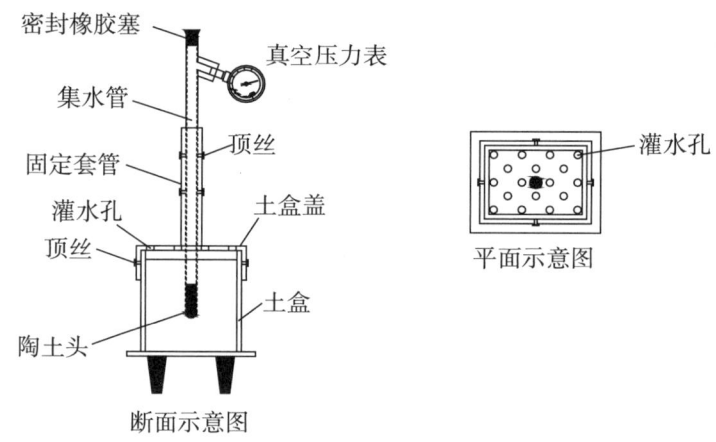

图 7.2.6　土壤水吸力传统测量设备

土壤水吸力也可以采用土水势传感器自动测量，测试设备如图 7.2.7 所示。由图中可以看出，实验设备的土盒部分与传统的实验设备相同，不同的是在土壤中埋设了两个传感器，即土壤水势传感器和土壤水分传感器，土壤水势传感器用于测量土壤水的吸力，

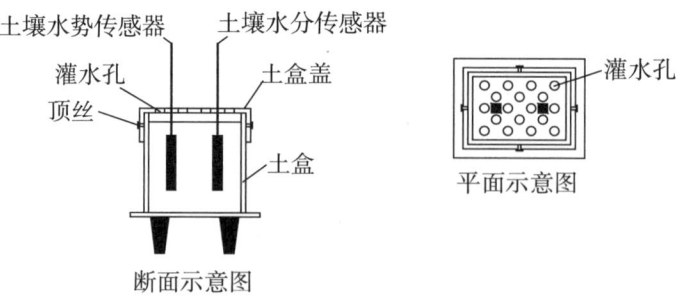

图 7.2.7　土壤水吸力和含水量自动测量设备

土壤水分传感器用于测量土壤含水量。测量、数据采集和处理系统为土壤水分水势采集器和计算机。

测量仪器和材料为电子天平、热风风扇、小铁铲、洗耳球、针管针头、橡胶板、量筒、橡皮捣实锤、毛刷、测尺。

7.2.3.3 土壤密度与含水量的实验方法和步骤

①选取具有代表性的地段，先在采土处用铁铲铲平，要保证铲土过程中不对所要采取的原土造成压实或疏松。

②将已知体积和重量的环刀编号，环内壁涂抹极薄层凡士林，一般需取 5 个平行样品。

③将环刀刀口向下放在铲平的土样上，用辅助压实手柄垂直压入土中，使土样适当高出环刀上缘为止，用削土刀将环刀上缘的多余土样切除。切除方法为垂直下切法，以保证切除过程不扰动土样的原始结构，每刀切除的厚度大约为 2mm，将切除的土样小心剥离直至切除完成，在环刀上缘用平板（可以是塑料板或者玻璃板等）做顶盖板进行保护。

④用手按住顶盖，然后用削土刀切开环刀周围的土样，并挖取一定深度，使取出的环刀下缘留有适当多余凸起的土壤，挖起环刀，翻转使下缘向上，仍然采用如上所述的垂直下切法切掉下缘多余的土壤。

⑤在刀口下缘一端垫上滤纸，立即加上下缘盖板以免水分蒸发，擦净环刀外面的土。

⑥将土样放在天平上称出湿重。

⑦将盛有土样的环刀除去顶盖，放入烘箱中，在（105±2）℃下烘干。烘干时间因土的类别不同而不同，对于黏性细颗粒，烘干时间为 12h，对于黏质粉土和粉土，烘干时间不小于 6h，对其他土可参考相关标准。如果用微波炉烘烤，在额定电压（220V），微波管功率大于等于 750W 环境下，同时放置 4 个土样进行微波炉烘干脱水时，对于黏性细颗粒土壤，烘烤时间为 25min，对于其他土样烘干时间为 15~20min。需要注意的是用微波炉烘烤时，不能将金属环刀直接放入微波炉内，要将环刀内的土样盛入微波炉专用器皿进行烘干，否则会发生燃烧或者高温熔结事故；对于含铁土壤（该种土壤一般重度比较大，耕层自然重度大于 1.55g/cm^3）不能用微波炉法进行烘干。

⑧将烘至设定时间的土样在烘箱内自然冷却，或者放入干燥器中进行冷却。在打开烘箱门后应快速给土样加盖密封并及时称重。

⑨实验结束后将仪器恢复原状。

7.2.3.4 土壤水吸力的实验方法和步骤

①取自然风干的土碾碎，过 2mm 筛，称出土样的干重度和初始土壤含水量。

②张力计准备，一般的国产张力计能够承受的负压大约为 700mmHg。进行张力计使

用前准备时，需要将张力计以及表头中的空气排出。排气方法是给装有表头的张力计灌满无气水（可以采用沸水冷却后及时使用的水），具体操作方法是在张力计橡胶塞上插入注射用针头，使针头尖刚好露出橡胶塞小端表面，将橡胶塞塞入集水管上口并压紧，针头中将会有水冒出，再将针头与针管连接，用针管抽气排除水中、集气管管壁和真空表中气体。重复灌水与抽气的过程，当真空压力表的指针指向相当于 700mmHg 时（不同的真空表其标称单位不同，有些真空表采用 Pa 或 MPa 为单位，应进行换算），说明排气过程达到使用要求，然后灌满水插紧橡胶塞，拔出针头，将张力计陶土头浸入水中待用。

③给土盒装土样。用天平称出土样盒以及盖板的重量，按每 5cm 分层给盒中装土，根据重量法计算出每层装土体积的重量，用感量电子天平称出所需装土的重量，在装土样时，用小铁铲分层装填，每装一层，用橡皮捣实锤捣实，用毛刷将表面刮毛，再装填下一层。装好后用电子天平称出盒与土的总重量，计算出实际所装干土重量与所含水的重量。

需要注意的是，对于壤土，由于张力计测量范围的限制，一般使装土的初始含水量不低于 12% 的重量含水量为宜，否则过低的土壤含水量在张力计插入后会快速吸水，造成张力计内负压超过承受范围而通过陶土头孔隙进气，这样就破坏了张力计的使用条件。

④用取土钻穿过固定管，取出张力计安装部位的土体，取土的深度要使张力计陶土头中心高度与土的中心高度相当，然后再称出取过土后的盒与土重，计算得到最终的干土重与水重；将准备好的张力计通过固定管插入土壤，并保证陶土头与土壤紧密接触并用顶丝固定。再将安装好张力计的土盒称重，得到总重量，实际测量时，只需要称出总重量变化，就可计算出土壤含水量，读出对应的表头读数计算就得到土壤水分特征曲线上对应该含水量的土壤水基质势，并用式（4.2.40）计算得到土壤水吸力。不断改变土壤含水量，读出对应值就可得到土壤水分曲线的分布点。

当采用土壤水势传感器和土壤水分传感器测量时，只需要在装土时埋入传感器，通过改变土壤含水量，测计传感器数据即可得到土壤水分特征曲线的分布点。

⑤用针管通过灌水孔将水注入土壤中以改变土壤含水量，每次改变的量大约为 5% 的重量含水量，每次加水后应再次称重，以确定准确的加水量。

⑥加水后将橡胶板盖在灌水孔上，以免土盒内的水分蒸发，等待水分在土壤中入渗和均化，一般地，均化过程大约需要持续 48h，也可以根据张力计表头读数的稳定性进行判断。

⑦重复第 5 步至第 6 步 N 次。

⑧用本章的实验仪器也可以进行土壤水分特征曲线的脱湿过程实验，步骤如下：步骤一，在吸湿过程进行完成后，去掉土盒盖上的橡胶板。步骤二，打开电热风扇，并将

电热风扇对准土盒进行吹风约 2h，关闭风扇，盖上橡胶板。电扇与土盒的距离保持在 1.0m 左右。步骤三，待 48h 左右使土壤中水分分布达到均匀状态，测量读取张力计读数，或用计算机采集土壤水势和土壤水分。步骤四，重复步骤一、二、三 n 次。直到土壤吸力接近张力计满量程附近时停止脱湿过程，实验即可结束。

⑨实验结束后将仪器恢复原状。

7.2.4 数据处理和分析

实验设备名称：_____；仪器编号_____。

同组学生姓名：_____。

已知数据：烤箱温度 $T =$ ____ ℃；烘烤时间 $t =$ ____ h。

7.2.4.1 实验数据及计算结果

①土样湿密度、干密度和土壤含水量实验记录及计算见表 7.2.1。

表 7.2.1　土样湿密度、干密度和土壤含水量实验记录及计算

样品编号	环刀重/g	湿土加环刀重/g	湿土重/g	土样体积/cm³	湿密度 (ρ_t)/(g/cm³)	干土加环刀重/g	干土重/g	干密度 (ρ_b)/(g/cm³)	水分重/g	质量含水量	体积含水量

学生签名：　　　　　　　教师签名：　　　　　　　实验日期：

②土壤水吸力和土壤含水量实验记录及计算见表 7.2.2。

表 7.2.2　土壤水吸力和土壤含水量实验记录及计算

张力计测量方法		自动测量方法	
土壤含水量测量值/%	土壤水吸力测量值/cm	土壤含水量测量值/%	土壤水吸力测量值/cm

(续表)

张力计测量方法		自动测量方法	
土壤含水量测量值/%	土壤水吸力测量值/cm	土壤含水量测量值/%	土壤水吸力测量值/cm
学生签名：	教师签名：		实验日期：

7.2.4.2 结果分析

（1）土壤密度和含水量结果分析

①湿土重=湿土加环刀重-环刀重。

②土样体积为环刀的体积。

③湿密度=湿土重/土样体积。

④干土重=干土加环刀重-环刀重。

⑤干密度=干土重/土样体积。

⑥水分重=湿土重-干土重。

⑦用式（4.1.4）和式（4.1.5）计算土壤的湿重度和干重度。

⑧用式（4.1.6）计算土壤的孔隙度。

⑨质量含水量=水分重/干土重。

⑩体积含水量=质量含水量×ρ_b。

⑪将5个土样的湿密度、干密度和含水量分别取平均值，即为本次实验结果。

（2）土壤水吸力和土壤含水量结果分析

①如果用真空压力计测量土壤水的吸力，则基质势用式（4.2.40）计算，土壤水吸力用式（4.1.31）计算。

②如果用土壤水势传感器和土壤水分传感器测量土壤水吸力和土壤含水量，则可直接测取读数。

③土壤重量含水量用式（4.1.8）计算。

④绘制土壤水分特征曲线，即土壤水吸力与土壤含水量的关系，分析其变化规律。

7.2.5 实验注意事项

①对于不同的土质，土样提取的方法不一样，在实验中必须严格按照相关标准提取

土样，土样提取后应立即进行称重，并放在烘箱中烘烤，以免水分散失而产生误差。

②在进行土壤密度和含水量实验中，要严格控制烘箱或微波炉的温度。

③在给张力计排气时，注意针管只能抽水抽气而不能压水压气，以防破坏真空表的使用条件。

④在进行土壤水吸力和含水量测量时，张力计或传感器一定要固定好，不可随意抽动，以防止陶土头或传感器与其周围土壤产生脱离现象。

7.3 土壤毛细水测定实验

7.3.1 实验目的

①掌握土壤毛细水上升高度的测量方法。

②观察水在毛细管力的作用下，砂土的孔隙中因毛管作用液面上升的最大高度和时间。

③加深对土壤中毛管力和毛管水概念的理解。

④探讨毛细水上升高度与进气吸力之间的关系。

⑤分析当量孔径关系中参数的来源。

7.3.2 实验原理

土壤是由一系列大小不同的不规则颗粒组成，土壤颗粒之间的微小孔隙可被概化为一系列孔径不等的圆形毛管，这一概念是毛管束理论建立的基础。在毛管中水分和空气的界面呈现弯月面形状，水分在这个弯月面下承受一种吸引力，称为毛管力，毛管力的产生主要是土壤颗粒与水之间的表面张力。土壤中的毛管水就是依靠毛细管的吸引力而被保持在土壤孔隙中的水分。土壤孔隙的毛管作用强度因毛管直径而异。一般认为当孔隙直径大于 8mm 时毛管力的作用就几乎消失；直径在 8~0.1mm 时毛管作用就逐渐显露出来；直径在 0.01~0.001mm 内毛管作用最为明显；如果直径小于 0.001mm，则其间为薄膜水所填充，几乎不起毛管作用，其水分在土壤中保存和运动的性质发生了变化，在土壤学中，将薄膜水部分也可以看作是滞留含水量，这一思想是两区模型建立的基础。

影响砂土中毛细管上升高度和上升速度的主要因素有土壤颗粒成分、孔隙度、结构、水温、矿化度、水的化学成分、黏滞度及土的电化学成分等。

毛管上升高度的观测一般采用肉眼观测法，该方法就是通过观察干土（砂）标本在下端有饱和的充分供水条件下，湿润的上界面在土样标本中上升的高度。这种方法直观、方便，但是应用条件的限制比较多。当土壤初始含水量大于某值（黏土的质量含水量大约 12%，砂土的质量含水量大约 8%）就很难观测到毛管水上升时的湿润界面了；一般情况下，土壤水分的分布并不是非常明显的分段式函数，只有在水分快速升高时才能产生明显的干湿界面。在毛管水上升到一定高度后,进一步上升的速度快速衰减,而界面处含水量在基质势作用下发生再分布现象,界面将越来越不明显。因此,采用管状土壤标本进行毛管上升实验,只能对比不同毛管直径条件下,毛管上升初期的差异,无法得到毛管水上升的最终结果(可参考土壤水分特征曲线的特征进行分析)。以下就传统上对毛管水上升过程的分析和认识进行介绍。

毛管水的移动主要决定于毛管力,在毛管水进行垂直上升运动时,其上升高度取决于毛管力的大小。如果假定毛管是圆筒形,如图 7.3.1 所示,设圆筒直立于水槽内,其半径为 r,受毛管力的作用,毛管内的水面上升高度为 h,且水面呈凹月面,管中水面的曲率半径为 R,凹月面与管壁所形成的湿润角为 α,α 表示管壁对水柱上升的引力方向,引力的大小在数值上等于表面张力 σ。设水柱的重量为:

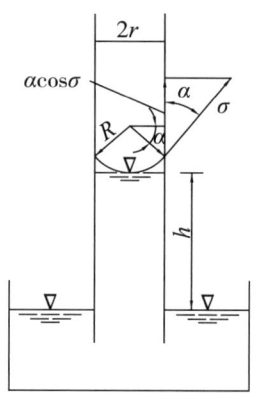

图 7.3.1 毛管水受力分析示意图

$$G = \gamma \pi r^2 h \tag{7.3.1}$$

沿铅直方向引力的总和为:

$$F = 2\pi r \sigma \cos\alpha \tag{7.3.2}$$

根据力的平衡原理,$G = F$,则由式(7.3.1)和式(7.3.2)得:

$$h = \frac{2\sigma}{\gamma r} = \frac{4\sigma}{\gamma d} \tag{7.3.3}$$

式中,h 为毛细水上升高度;r 为毛细管半径;d 为毛细管直径;σ 为表面张力系数;γ 为水的重度。

在常温条件下,即水的温度为 20℃ 时,$\sigma = 0.073\ 6\text{N/m}$,水的重度可取为 $\gamma = 9\ 800\text{N/m}^3$,代入式(7.3.3)得:

$$h = \frac{4\sigma}{\gamma d} = \frac{3 \times 10^{-5}\text{m}^2}{d} = \frac{30}{d} \tag{7.3.4}$$

式中,d 的单位为 mm,h 的单位为 mm。

7.3.3 实验仪器和设备

实验设备为基于卡明斯基毛管上升高度测定仪的原理制成的。卡明斯基毛管上升高度测定仪是根据土中发生毛管现象时，弯液面产生基质吸力使毛管中静水压强小于大气压强，两者的差值相当于毛管水上升高度乘以水的密度（标准条件下水的密度等于 $1g/cm^3$），利用连通管测定毛管水上升高度等于支持下降水柱高度的等压面原理测得的。

实验设备由底座、水箱、支架、立杆和有机玻璃管组成，如图 7.3.2 所示。底座位于整个装置的最下部，用于固定立杆和放置水箱。支架用于固定立杆和有机玻璃管。水箱位于底座之上，由有机玻璃制成，给有机玻璃管提供水源，水箱上设放水孔，以放空水箱中的水。有机玻璃管由支架固定于水箱之上，有机玻璃管的直径为 2~3cm，高度为 70cm，有机玻璃管底部装透水隔板，透水隔板上用纱布包裹，各管内填充不同粒径的沙粒，用于观测毛管水的上升高度。

实验其他仪器和材料，沙样：细沙，粒径 0.1~0.25mm；小颗粒中沙，粒径 0.25~0.5mm；大颗粒中沙，粒径 0.5~1mm；粗沙，粒径 1~2mm；漏斗、捣实棒、秒表、量筒、直尺。

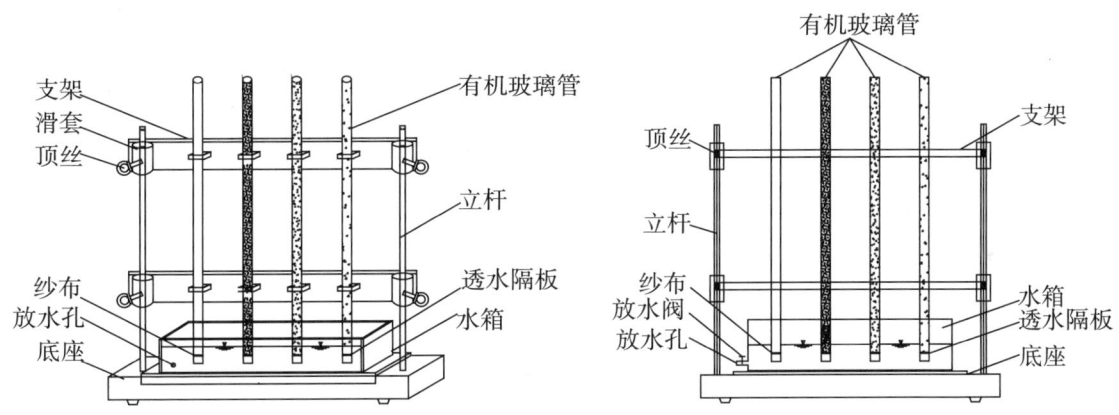

图 7.3.2 土壤毛细水测定实验仪

7.3.4 实验方法和步骤

①装样。将欲测沙样按不同粒径的沙粒从细到粗分类，用漏斗分别依次装入 4 根有机玻璃管中，每装入 2~3cm 高度用捣实棒轻轻敲击管壁振捣，使沙样密实均匀。

②将装满沙样的有机玻璃管固定在支架上，用滑套上的顶丝调节装有沙样的有机玻璃管，使其底端位于水箱中。

③用量筒向水箱注水，使水箱中的水面高出有机玻璃管底部 1~2cm。

④注水入水箱后，当有机玻璃管中的水面刚刚与水箱水面齐平时开始计时，以水箱中水面线为基点，用钢尺测量不同有机玻璃管的毛管上升高度并记录。观测时间间隔由密到疏，分别为 5min、10min、20min、30min、60min、120min……，测量和记录各时间

毛细管水上升的高度,直到毛细管水上升稳定到最高点为止。实验过程中,注意水箱水面高度要保持不变。

⑤当有机玻璃管中的水面保持不变或上升过程很缓慢时,停止实验,测量此时各管中毛细水面上升高度。

⑥实验结束后将仪器恢复原状。

7.3.5 数据处理和分析

实验设备名称:_____;仪器编号_____。

同组学生姓名:_____。

已知数据:毛细有机玻璃管直径 d_1 = ____ cm, d_2 = ____ cm, d_3 = ____ cm, d_4 = ____ cm。

沙粒粒径范围:细沙:____ mm,小颗粒中沙:____ mm,大颗粒中沙:____ mm,粗沙:____ mm。

7.3.5.1 实验数据及计算结果

实验记录及计算见表7.3.1。

表7.3.1 毛细管上升高度和时间记录及计算

沙粒直径/mm	观测时间/min	上升高度/cm	沙粒直径/mm	观测时间/min	上升高度/cm	沙粒直径/mm	观测时间/min	上升高度/cm	沙粒直径/mm	观测时间/min	上升高度/cm

学生签名: 教师签名: 实验日期:

7.3.5.2 结果分析

①在同一坐标系内,建立4种粒径沙样的毛管水上升高度与时间的关系曲线,分析其变化规律。

②比较4种沙样的关系曲线，分析不同沙样在实验初期和后期，毛管水上升速度的差异及原因。

③用式（7.3.4）求各沙样的毛细管直径。

7.3.6 实验注意事项

①装填沙样时，一定要均匀和捣实。

②在测量毛细水上升的过程中，秒表不能停，直到毛细水不上升时才能停表。

③在用式（7.3.4）计算毛细管上升高度时，毛细管直径 d 的单位取 mm，计算的水面上升高度 h 的单位亦为 mm，量纲才能和谐。

7.4 恒定水头渗透实验

7.4.1 实验目的

①测定通过沙体的渗透流量与测压管水头，计算通过沙体的水头损失和流速。

②计算沙体的水力坡度 J。

③计算均质沙的渗透系数 k。

④确定水流通过沙体的雷诺数，判别实验是否适应达西定律。

⑤将渗透系数 k 换算为水温为 10℃ 时的标准渗透系数 k_{10}。

7.4.2 实验仪器和设备

实验设备为自循环实验系统，如图 7.4.1 所示。可以看出，实验设备由底座、盛沙筒和进水系统组成。

盛沙筒为圆形，用透明有机玻璃制作。在盛沙筒底部设进水管，底部以上一定距离处安装滤板1，在滤板1上部设透水纱布，透水纱布上面装填实验沙，在盛沙筒管壁上划有分层线，分层线为每次装沙的高度线，在实验沙的上部装入另一块滤板2，滤板2的上部一定距离处设一矩形帽，矩形帽的底部为出水孔，出水孔的水流流入下部的量筒中，量筒放置在支架上，周围设密封圈止水，量筒底部设放水管与供水箱连接，放水管上设放水阀门。在圆筒的侧面设3根测压管，以测量测压管水头和渗流的水力坡度。

进水系统由供水箱、水泵、支架、移动盛水盒和出水管组成。支架的作用是支撑移动盛水盒和测压管。在盛水盒中设上水管、溢流板、溢流管和出水管。上水管与水泵相连接、为了调节移动盛水盒中的流量，在移动盛水盒与水泵之间设上水阀门。溢流管与供水箱相连接形成回路。出水管与盛沙筒底部的进水管相连接，在进水管上设放空阀门，以放空盛沙筒中的水。为了调节进入盛沙筒的流量，还在出水管与进水管之间设进水阀门，以改变流量的大小。

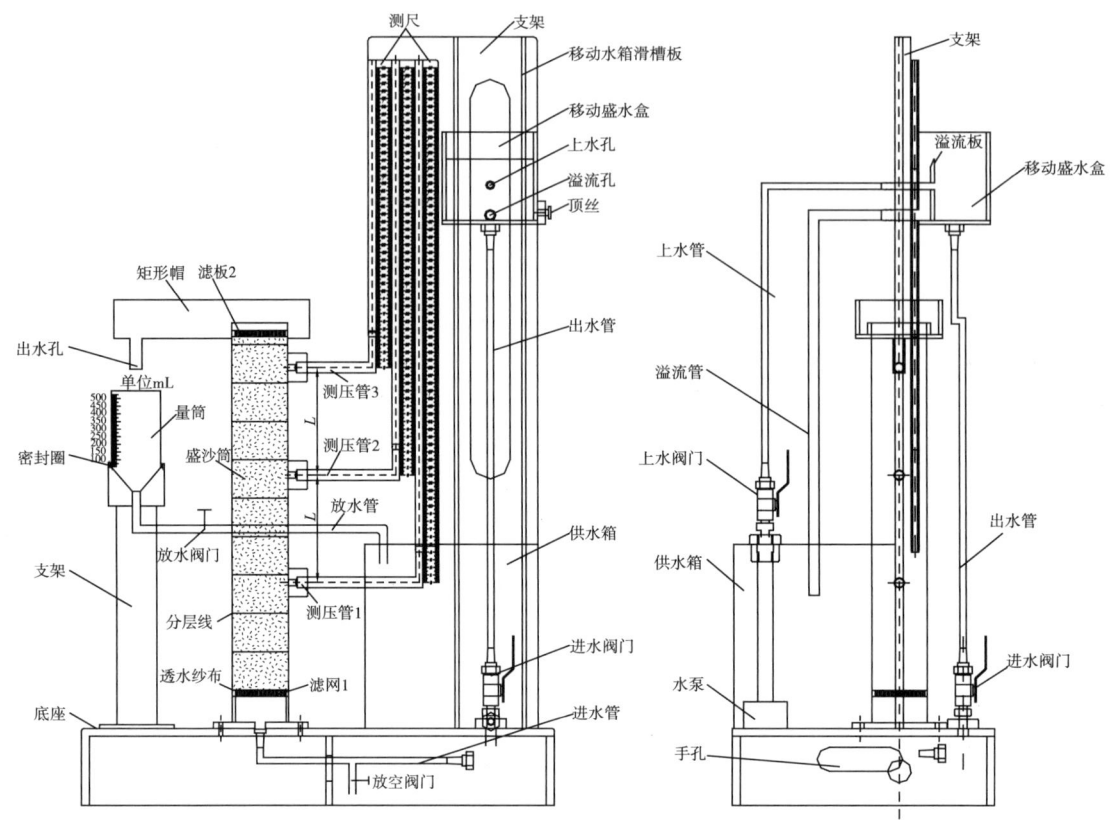

图 7.4.1　恒定水头达西渗透定律实验仪

测量仪器为捣实棒、量筒、洗耳球、秒表、测尺和温度计。

盛沙圆筒侧面的 3 根测压管间距相等，之间的距离均为 L。设 3 根测压管的目的一方面是测量水流的水头损失，另一方面是对测量精度进行校核。在达西渗透实验中，如果在圆筒中装填的实验沙是均质和均匀的，则当恒定水流通过盛沙圆筒时，测压管 1 和测压管 2 的水头差应该与测压管 2 和测压管 3 的水头差相等。然而实际测量结果可能不相等，这是由于在装填实验沙时，由于人工操作过程不一致使得盛沙筒内各点实验沙的密实程度不均匀，或由于排气不充分使得实验沙内存在不均匀气囊，或由于实验沙不均匀使得沙的重度不一致。如果在实验中出现这种情况，应该取两个测压管水头差的平均值作为平均水头损失或者直接用测压管 1 和测压管 3 的差值计算水力坡度。

7.4.3　实验方法和步骤

①准备沙样。根据《土工试验方法标准》（GB/T 50123—2019）对沙样进行筛分，测定沙样的平均粒径 d 或 $d50$ 或 $d10$ 和土壤的孔隙率 n。

②记录已知数据，如盛沙圆筒的直径 D、测压孔间距 L、沙样的平均粒径 d 或 $d50$ 或 $d10$ 等。

③在盛沙圆筒中装入实验沙。在装填实验沙时应按盛沙筒中的分层线分层装填,计算出每层的体积,然后按照重量法计算出每层体积应该装填的沙重;将称量好的实验沙装入盛沙圆筒,边装边用捣实棒轻轻捣实,每层的捣实以所装填的沙刚好达到该层规定的厚度为止。

④将移动盛水盒放在适当位置,打开水泵,使移动盛水盒盛满水,并保持溢流状态。

⑤关闭放空阀门,适当打开进水阀门到一定开度,自下而上缓慢供水,以便使沙样饱和并将实验沙中的空气排出,在浸泡水位接近沙样的顶面时关闭进水阀门。如有条件,最好用无气水进行浸泡。

⑥待浸泡一定时间后,打开进水阀门,使水流进入实验沙体,并从盛沙筒上部溢出,经矩形帽下部的出水孔流入量筒中,再由量筒底部的放水管流入供水箱,等待水流的稳定。

⑦待水流稳定后,关闭通往供水箱的放水阀门,等水流刚刚进入量筒的底部或某一值时用秒表开始记录时间,同时测量两测压管的压差,用温度计测量水温。等到量筒中的水面达一定值时按下秒表,记录量筒中水的体积,则流量为体积除以时间。

⑧打开量筒底部的放水阀门,使量筒中的水流进入供水箱,并准备下一次测量。

⑨调节移动盛水盒的高度或进水阀门的开度,改变流量,重复第6步和第7步n次。

⑩实验结束后将仪器恢复原状。

⑪如果长时间不做实验,应打开进水管上的放空阀门,排出盛沙筒中的水,以防水长期存放而变质。

7.4.4 数据处理和分析

实验设备名称:_____;仪器编号_____。

同组学生姓名:_____。

已知数据:盛沙筒直径 $D =$ ____ cm;盛沙筒面积 $A =$ ____ cm^2;测压管之间距离 $L =$ ____ cm。水温 $T =$ ____ ℃,水流运动黏滞系数 $\nu =$ ____ cm^2/s;孔隙率 $n =$ ____。

7.4.4.1 实验数据及计算结果

达西渗透实验数据记录及计算见表 7.4.1。

表 7.4.1 达西渗透实验数据记录及计算

测次	测管1读数/cm	测管2读数/cm	测管3读数/cm	$\triangle h_1$/cm	$\triangle h_2$/cm	$\triangle h$/cm	体积/cm^3	时间/s	Q/(cm^3/s)	J	v/(cm/s)	k/(cm/s)	k_{10}/(cm/s)	Re

(续表)

测次	测管1读数/cm	测管2读数/cm	测管3读数/cm	Δh_1/cm	Δh_2/cm	Δh/cm	体积/cm³	时间/s	Q/(cm³/s)	J	v/(cm/s)	k/(cm/s)	k_{10}/(cm/s)	Re

学生签名：　　　　　　教师签名：　　　　　　实验日期：

7.4.4.2　结果分析

①Δh_1 =测管1读数−测管2读数，Δh_2 = 测管2读数 − 测管3读数，$\Delta h = (\Delta h_1 + \Delta h_2)/2$ 为平均测压管水头差，Q = 体积/时间，$v = Q/A$，$J = \Delta h/L$，Re 用式（4.2.36）或式（4.2.37）计算。

②渗透系数 k 用式（4.2.22）计算。

③点绘 $v \sim J$ 的关系曲线，其斜率即为渗透系数 k。

④求雷诺数，判断渗流是否符合达西渗透定律。

⑤将实际测量的渗透系数 k 换算为水温为 10℃ 时的标准渗透系数 k_{10}。

7.4.5　实验注意事项

①当渗流量为零时，两测压管水面应保持水平，如不平，可能是测压管中有空气或测压管漏水，应排除空气或排除漏水后再实验。

②实验时流量不能过大，流量过大可能会使沙土浮动，也可能使雷诺数较大而超出达西定律的适用范围。

③实验时要始终保持移动盛水盒中的溢流板上有水流溢出，以保证水头为恒定流。

④测量流量时，关闭放水阀门一定要等到量筒中的水面刚刚到达量筒的底部或某一值时开始记录时间，按下秒表时要同时记录量筒中的水位上升高度，否则可能会引起较大的测量误差。

7.5　变水头渗透实验

7.5.1　实验目的

①掌握变水头达西渗透实验的原理和方法。

②测定黏性土壤的渗透系数 k。

7.5.2 实验原理

对于黏性较大的土壤，由于渗透系数很小，土样标本在一定时间内的渗流总水量就很小，或为了满足测量精度而测定总水量的时间需要很长，采用恒定水头装置（见第五章）进行测定受蒸发和温度变化影响的实验误差会逐渐变大，所以需采用变水头实验来提高测量精度和效率。所谓变水头实验，是指在整个实验过程中，水头和流量随时间而变化的实验方法。

图 7.5.1 所示为变水头实验装置原理示意图。设盛试样的容器断面面积为 A，变水位管断面的面积为 a，在某一时刻 t 作用于试样上的水头为 h，经过 dt 时段后，变水位管中的水头降落 dh，则在 dt 时段内流经试样的水量为：

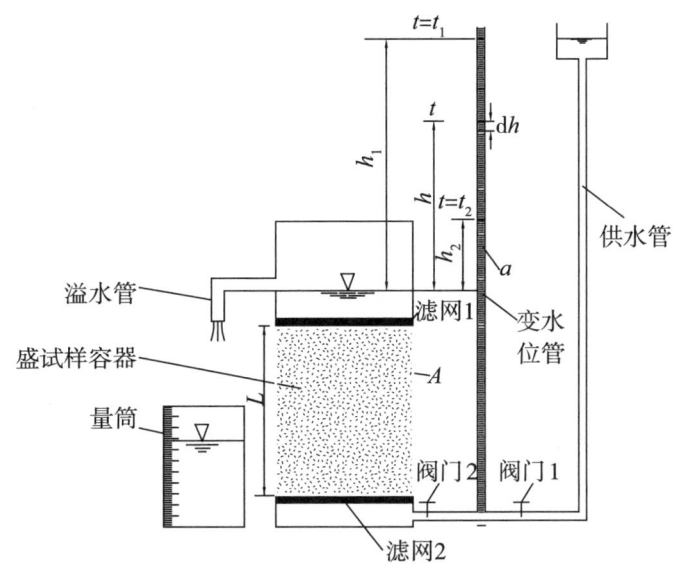

图 7.5.1　变水头实验装置示意图

$$dQ = -adh \tag{7.5.1}$$

式中，a 为变水位管的断面面积。负号表示流出水量 Q 随水头的降低而增加。

同一时段内，作用于试样上的水力坡度为 $J = h/L$，根据达西定律，其水量应为：

$$dQ = kJAdt = k\frac{h}{L}Adt \tag{7.5.2}$$

式中，A 为盛试样容器的断面面积；J 为水力坡度；L 为试样高度。

由式（7.5.1）和式（7.5.2）得：

$$dt = -\frac{aL}{kA}\frac{dh}{h} \tag{7.5.3}$$

对式 (7.5.3) 的左边从时间 t_1 到 t_2，右边从水头 h_1 到 h_2 积分得：

$$t_2 - t_1 = \frac{aL}{kA}\ln\frac{h_1}{h_2} \tag{7.5.4}$$

则由式 (7.5.4) 得渗透系数为：

$$k = \frac{aL}{A(t_2 - t_1)}\ln\frac{h_1}{h_2} \tag{7.5.5}$$

已知影响实际渗透流速 v' 的因素有水流的压强梯度 $\Delta p/L$、水流的密度 ρ 和动力黏滞系数 μ、土壤的平均粒径 d 和某些无量纲系数如颗粒的形状系数 λ_1、粒径大小的分布和充填方式 λ_2, …等。写成公式为：

$$F(v', \Delta p/L, \rho, \mu, d, \lambda_1, \lambda_2 \cdots) = 0 \tag{7.5.6}$$

对式 (7.5.6) 进行量纲分析，可得：

$$F\left(\frac{\Delta p/L}{d^{-1}\rho v'^2}, \frac{\mu}{d\rho v'}, \lambda_1, \lambda_2 \cdots\right) = 0 \tag{7.5.7}$$

式 (7.5.7) 可以写成：

$$\frac{d\Delta p/L}{\rho v'^2} = f_1\left(\frac{\mu}{d\rho v'}, \lambda_1, \lambda_2 \cdots\right) \tag{7.5.8}$$

式 (7.5.8) 可以进一步写成：

$$\frac{d\Delta p/L}{\rho v'^2} = \frac{\mu}{d\rho v'}f_2(\lambda_1, \lambda_2 \cdots) \tag{7.5.9}$$

整理式 (7.5.9) 得：

$$v' = \frac{d^2\Delta p}{L\mu}f_3(\lambda_1, \lambda_2 \cdots) = \frac{\gamma}{\mu}d^2 f_3(\lambda_1, \lambda_2 \cdots)\frac{\Delta p/\gamma}{L} \tag{7.5.10}$$

式中，$\Delta p/\gamma = \Delta h$ 为测压管水头差；$\Delta h/L = J$ 为水力坡度。

将式 (7.5.10) 中水流通过土壤的实际流速用断面平均流速来表示，即 $v = nv'$，则式 (7.5.10) 变为：

$$v = \frac{\gamma}{\mu}nd^2 f_3(\lambda_1, \lambda_2 \cdots)J \tag{7.5.11}$$

式中，n 为孔隙率。

设 $K = nd^2 f_3(\lambda_1, \lambda_2 \cdots)$ 为土壤的透水率，则：

$$v = K\frac{\gamma}{\mu}J \tag{7.5.12}$$

设 $k = K\dfrac{\gamma}{\mu}$ 为渗透系数，则：

$$v = K\frac{\gamma}{\mu}J = kJ \tag{7.5.13}$$

与式（4.2.30）比较可以看出，由量纲分析得到的渗透流速与水力坡度的关系与理论分析完全一致。影响渗透系数的因素仍然为土壤的透水率 K、水流的重度 γ 和动力黏滞系数 μ。

如果从管流的层流流速分布公式分析，也可以得到同样的结论。

由水力学已知水在圆管中作层流运动时的流速公式为：

$$v' = \frac{\gamma}{8\mu} R^2 J \tag{7.5.14}$$

式中，R 为圆管的半径；v' 为水流在圆管中流动的流速。

设土柱中渗流层的厚度为 L，断面面积为 A，体积为 V，渗流层的孔隙率为 n，孔隙体积为 nV，在体积 V 中颗粒所占的体积为 V_d，则有：

$$V = V_d + nV \tag{7.5.15}$$

由式（7.5.15）得：

$$V_d/V = 1 - n \tag{7.5.16}$$

再设渗流层中颗粒的平均粒径为 d，单个颗粒的体积 V'_d 为：

$$V'_d = \pi d^3/6 \tag{7.5.17}$$

设渗流层中有 N 颗平均粒径为 d 的颗粒，则体积 V 中颗粒所占的体积 V_d 为：

$$V_d = NV'_d = N\pi d^3/6 \tag{7.5.18}$$

土柱中厚度为 L、半径为 R 的渗流层的体积 V 为：

$$V = \pi R^2 L \tag{7.5.19}$$

比较式（7.5.18）和式（7.5.19）得：

$$\frac{V_d}{V} = \frac{N\pi d^3}{6\pi R^2 L} = \frac{Nd^3}{6R^2 L} \tag{7.5.20}$$

将式（7.5.16）代入式（7.5.20）得：

$$R^2 = \frac{Nd^3}{6(1-n)L} \tag{7.5.21}$$

将式（7.5.21）代入式（7.5.14）得：

$$v' = \frac{Nd^3}{48L} \frac{\gamma}{\mu} \frac{1}{1-n} J \tag{7.5.22}$$

渗流的断面平均流速为 $v = nv'$，则 $v' = v/n$，代入式（7.5.22）得：

$$v = \frac{Nd^3}{48L} \frac{n}{1-n} \frac{\gamma}{\mu} J = K \frac{\gamma}{\mu} J = kJ \tag{7.5.23}$$

式中，$k = K\dfrac{\gamma}{\mu}$，$K = \dfrac{Nd^3}{48L} \dfrac{n}{1-n}$。

因为 N、L 为常数，所以由式（7.5.23）可以看出，影响渗流系数的主要因素仍为土

壤的孔隙率 n，颗粒的粒径 d，水流的动力黏滞系数 μ 和水流的重度 γ，与量纲分析完全一致。

7.5.3 实验仪器和设备

实验设备为自循环变水头达西渗透实验系统，如图 7.5.2 所示。实验设备由底座、盛土壤容器、供水箱、水泵、稳水箱、变水位管和进水系统组成。

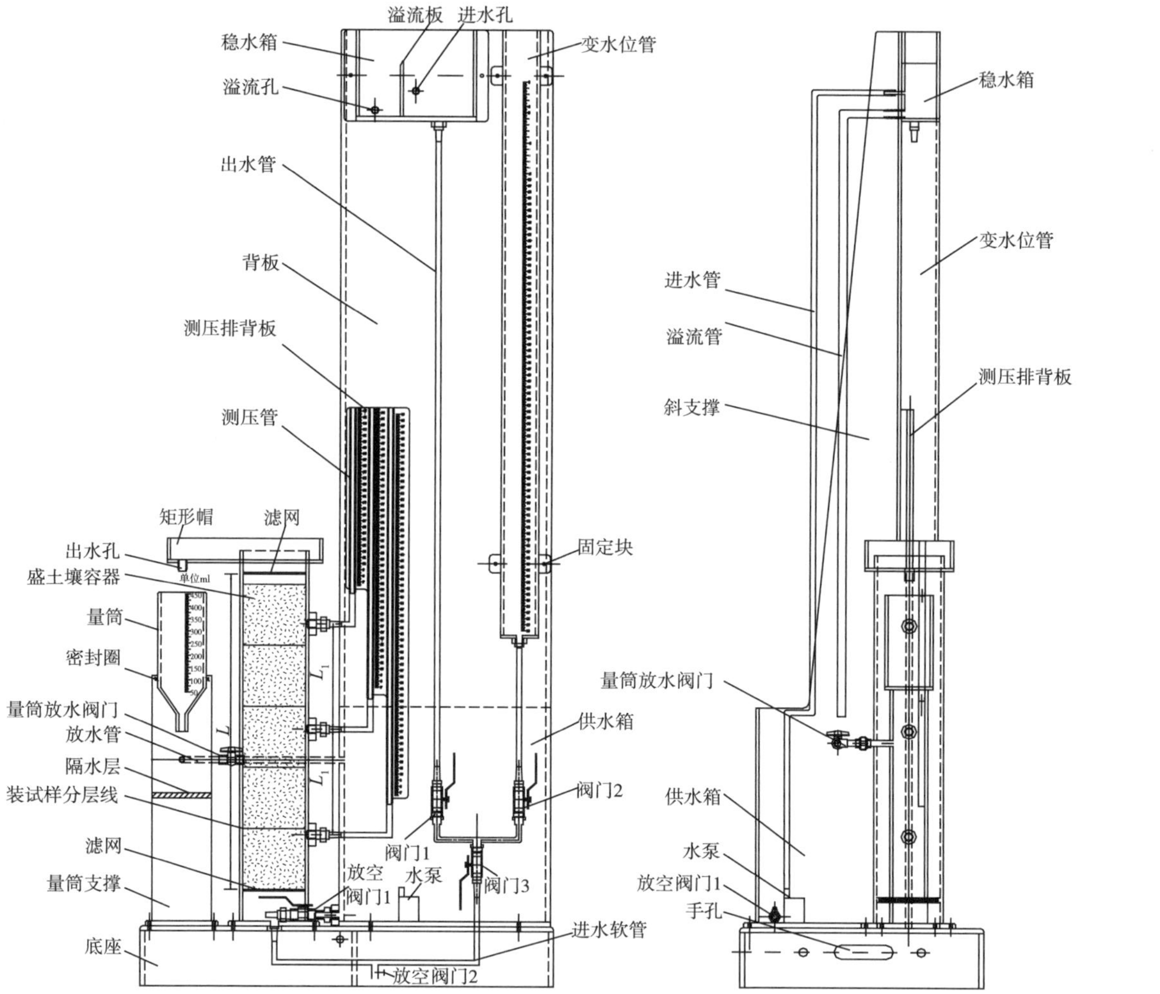

图 7.5.2　变水头达西渗透定律实验仪

底座相当于仪器的底盘，在底座的两端设手孔，以方便仪器搬运。盛土壤容器为圆形，用透明有机玻璃制作。盛土壤容器上刻画了装试样分层线，在盛土壤容器的底部设进水软管，进水软管上设放空阀门 2 以放空盛土壤容器内的水，底部以上一定距离处安装滤网，在滤网上部装填实验土壤。在盛土壤容器的上部再设一层滤网，滤网上面设矩形帽，矩形帽的底部为出水孔。出水孔的水流流入下部的量筒中，量筒固定在量筒下面的量筒支撑上，并在量筒与量筒支撑周围设密封圈，以防水流溢出，量筒支撑和量筒之间设隔水层，在量筒支撑的侧面设量筒放水阀门和放水管，放水管与供水箱相连通。

进水系统由供水箱、放空阀门1、水泵、背板、稳水箱、进水管、变水位管、阀门1、阀门2和阀门3组成。供水箱和水泵的作用是给仪器供水，在供水箱下部设放空阀门1，以放空供水箱中的水。背板的作用是支撑测压管、稳水箱和变水位管，在背板的后面设一斜支撑，以保证背板的稳定性。在稳水箱中设进水管、溢流板、溢流管和出水管。进水管与水泵用软管相连接，溢流板的作用是保持稳水箱中的水头恒定，溢流管与供水箱用软管相连接。出水管与阀门1、阀门2和阀门3相连接。变水位管通过阀门2、阀门3与进水软管相连接，变水位管上设测尺，以测量管中的水位变化和渗流的水力坡度。

测量仪器为量筒、捣实棒、秒表、洗耳球、测尺和温度计。

变水头达西渗透定律实验仪既可以测量变水头渗流的渗透系数，也可以测定恒定水头渗流的渗透系数，测量时只要将阀门2关闭，即变为恒定水头测量装置。为了用变水位渗流实验装置测量恒定水头的渗透系数，在盛土壤容器的侧面设置3根测压管，以用于恒定水头测量，设置3根测压管的目的见7.4.2中介绍。

7.5.4　实验方法和步骤

①准备土样。对土样进行筛分，测定土样的平均粒径 d 或 d50 或 d10 以及孔隙率 n。

②记录已知数据，如盛土壤容器的直径 D 和面积 A、变水位管的直径 d0 和面积 a、实验土样的高度 L。

③在盛土壤容器中装入实验土样。实验土样应分层装填，首先计算出每层的体积；然后按照重量法计算出每层体积应该装填的土样重量；最后将称量好的土样装入盛土壤容器，边装边用捣实棒轻轻捣实，每层的捣实以所装填的土样刚好达到该层规定的厚度为止。

④待第一层实验土壤装填完成后，再装入下一分层的实验土壤，直至全部装填完成为止。

⑤打开水泵，使稳水箱盛满水，并保持溢流状态。

⑥打开量筒放水阀门。

⑦打开阀门1和阀门2，关闭阀门3，使水流进入变水位管，要保持变水位管中有一定的水位。

⑧关闭阀门1和进水软管上的放空阀门2，打开阀门3，使水流通过进水软管进入盛土壤容器中，从盛土壤容器上面的矩形帽中流出，并从矩形帽下面的出水孔流入量筒中，再从量筒放水阀门经放水管流入供水箱。

⑨当出水孔有水流流出时，开始记录变水位管中的水面读数、起始时间，按照预定时间间隔（或水头间隔）记录水头和时间的变化（每次测定的水头差应大于10cm）。

⑩将变水位管中的水位变换高度,待水位稳定后根据步骤 7 至步骤 9 重复实验,一般需要重复 5~6 次。

⑪测量水温。

⑫实验结束后将仪器恢复原状。

⑬如果长时间不进行实验,应该打开放空阀门 2 放空盛土壤容器内的水,以防水变质。

如果要测量恒定水头渗流的渗透系数,只需要在实验时将阀门 2 关闭,其方法见第 4 章的恒定水头达西渗透实验。

7.5.5 数据处理和分析

实验设备名称:_____;仪器编号_____。

同组学生姓名:_____。

已知数据:盛土壤容器直径 $D =$ ____ cm;盛土壤容器面积 $A =$ ____ cm^2;

盛土壤高度 $L =$ ____ cm;变水位管直径 $d_0 =$ ____ cm;变水位管面积 $a =$ ____ cm^2;

土壤粒径 $d(d_{10}) =$ ____ mm;水温 $T =$ ____ ℃;水流运动黏滞系数 $\nu =$ ____ cm^2/s。

7.5.5.1 变水位达西渗透实验记录及计算

变水位达西渗透实验记录及计算见表 7.5.1。

表 7.5.1 变水位达西渗透实验记录及计算表

测次	h_1/cm	h_2/cm	时间 t_1/s	时间 t_2/s	k/(cm/s)	k_{10}/(cm/s)
1						
2						
3						
4						

(续表)

测次	h_1/cm	h_2/cm	时间 t_1/s	时间 t_2/s	k/(cm/s)	k_{10}/(cm/s)
5						

学生签名：　　　　　　　　教师签名：　　　　　　　　实验日期：

7.5.5.2 结果分析

①根据已知的盛土壤容器面积 A、盛土壤高度 L、变水位管面积 a 和每次测量的水头 h_1、h_2、时间 t_1、t_2，代入式（7.5.5）直接计算渗透系数 k。

②根据多次测量的渗透系数 k，取其均值即为试样的渗透系数。

③将实测的渗透系数换算为温度为10℃时的标准渗透系数。

7.5.6 实验注意事项

①在测量变水位管中的水位 h_1、h_2 时，应同时记录时间 t_1 和 t_2，否则可能会因为读数不同步造成较大的测量误差。

②应同时准备两块秒表测量时间，这是因为水头从 h_1 下降到 h_2 时需要记录时间，但这时水头还在变化，从 h_2 继续向下降落，同时还需要记录继续向下降落的水位的时间，这时可以用另一块秒表记录这段时间，以此类推。

拓展阅读

世界文化遗产之大运河

中国水利名人——郭守敬

思考题

1. 毛细水是由什么原因引起的？
2. 土壤中的毛细水上升高度与毛细管直径有何关系？
3. 实验时为什么要保持移动盛水盒中的溢流板上有水流溢出才能测量流量和测压管水头？
4. 达西定律适用的雷诺数范围是多少？如何通过实验判别达西定律的适用性？
5. 分析渗透速度 v 与水力坡度 J 的关系，其斜率代表了什么？为什么说达西渗透定律为线性定律？
6. 为什么要将某一温度下测量的渗透系数换算成水温为 10℃ 下的标准渗透系数？
7. 影响渗透系数 k 的因素有哪些？
8. 在什么情况下需要用变水头的方法测定渗透系数？
9. 对于同一土壤试验样品，定水头实验和变水头实验测量的结果是否相同？

第 8 章
土壤水分扩散实验

本章学习要点

1. 认识并掌握积水条件下土壤垂直入渗累积入渗量和入渗率的测量方法。
2. 认识并掌握水平土柱入渗特征参量的测量和计算方法。
3. 认识并掌握垂直土柱法测量土壤入渗量和入渗率的方法。
4. 认识并掌握垂直入渗条件下土壤渗吸湿润锋位置的测量方法。

8.1 土壤垂直渗吸实验

8.1.1 实验目的

①掌握积水条件下土壤累积入渗量和入渗率的测量方法。
②掌握积水条件下土壤渗吸过程中湿润锋位置的测量方法。
③掌握土壤渗吸速度的测量方法。
④根据实验绘制土壤渗吸速度（土壤渗吸率）随时间的变化关系，分析其变化规律，并与 Green-Ampt 入渗模型进行比较，验证 Green-Ampt 入渗模型的正确性。

8.1.2 实验设备和仪器

8.1.2.1 土壤垂直渗吸实验设备和仪器

从图 8.1.1 可以看出，实验仪器由实验台、背板、马氏瓶、垂直土柱四部分组成。实验台由底座支撑。实验台上设有背板，背板用支撑固定在实验台上。马氏瓶由固定螺丝固定在背板上，马氏瓶长 5cm、宽 3cm、高 25cm，马氏瓶上设有灌水漏斗、进水通气管、马氏瓶进气口、放气阀、测尺和进水阀。垂直土柱放在实验台上，土柱直径为 5cm，高为19cm，土柱上有测尺，土柱下方设透水隔板和排水孔。马氏瓶和土柱之间由软管连接。

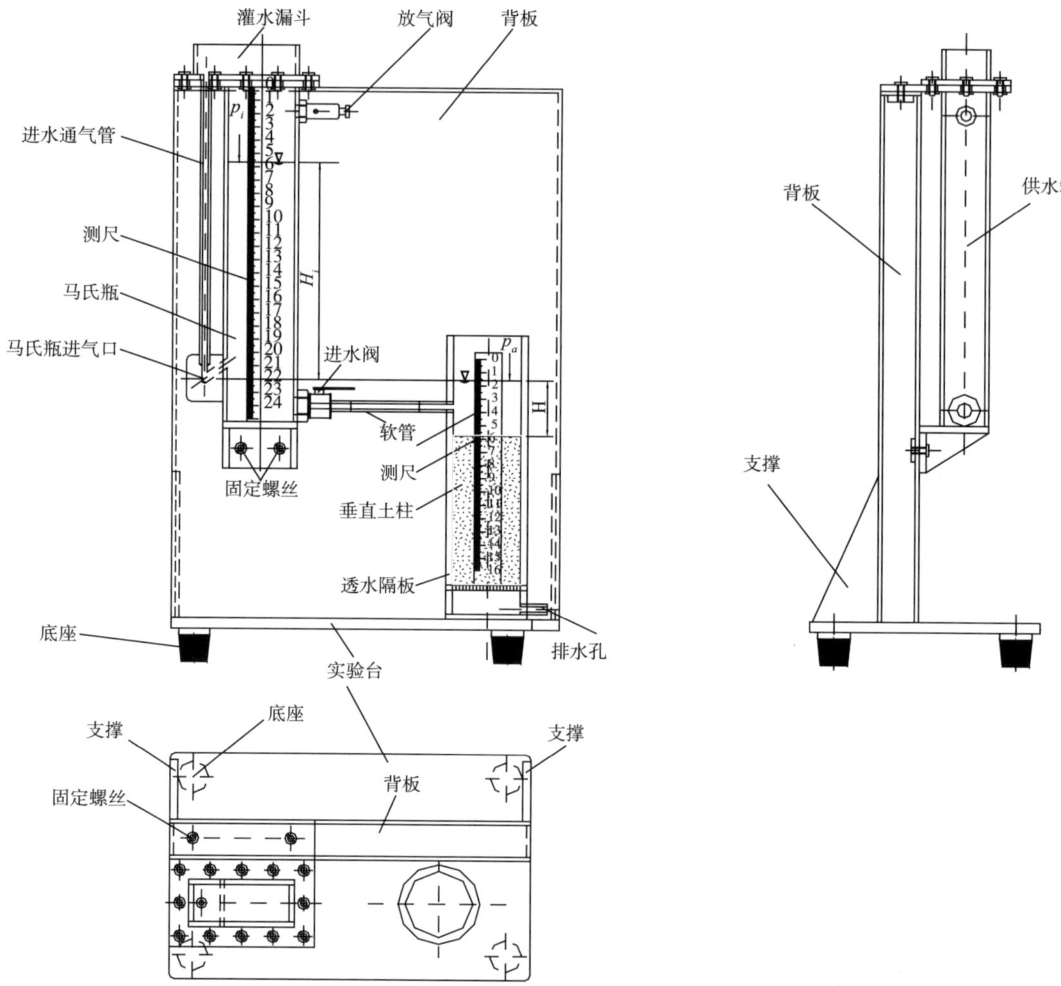

图8.1.1　土壤垂直渗吸实验设备

实验仪器为秒表、量筒、烧杯、带手把的滤纸、止水夹、洗耳球、直尺、橡皮捣实锤、毛刷等。

当马氏瓶通过软管给土柱供水时，马氏瓶内水面以上的空气压强为 p_i，水深为 H_i，马氏瓶进气口的压强为该水平面的大气压强 p_a，土柱土壤表层的水面与马氏瓶进气口同高，压强亦为 p_a，土柱土壤表面的水深为 H，如图8.1.1所示，以土柱的土壤表面为基准面，由能量方程可得：

$$p_a + \gamma H = p_i + \gamma H_i + \gamma H \tag{8.1.1}$$

式中，H_i 为马氏瓶进气口以上的水深；γ 为水的重度；H 为土柱表面水深。

当土壤吸渗水分，使得土柱表层的水面下降，H 减小，这时式（8.1.1）左面的压强小于式（8.1.1）右面的压强，为了保持平衡，马氏瓶中的水流将流向土柱，瓶内进气口以上的水深 H_i 减小，瓶内该平面的压强低于进气口处同平面的大气压强，马氏瓶进气口外的大气压将气体压入瓶内，表象上可以观察到自进气口有气泡进入瓶内，以增大马氏瓶内水面以上空气的压强 p_i，同时土柱土壤表面的水深增加至原水深 H，马氏瓶中的水流停止流动，以达到新的平衡。以上过程不断反复，使得马氏瓶中的水流自动供给土柱土壤，以保持水深 H_i 基本维持稳定。由此可见，利用马氏瓶提供稳定水头的供水系统，土壤表面以上工作水头实际上是不稳定的，土面以上水位一直处于微小的波动状态，根据相关测试数据分析，马氏瓶各部分设计比较理想时，所提供的水位可以稳定在1mm之内，如果设计不合理，水位的波动幅度可以达到5mm之多，严重的水位波动会造成测定数据的波动，引起较大的实验误差。因此，在使用马氏瓶作为恒定水头供水装置时，一定要认真分析使用条件，从而设计出各部分的合理结构。马氏瓶作为恒定水位供水装置在许多试验中得到广泛使用，以上介绍的马氏瓶装置是在马里奥特原创原理上进行适当改进后的结构形式，近些年来，根据实验需要，西安理工大学张建丰教授等基于马里奥特基本原理对马氏瓶进行了系列研究和创新，分别介绍如下。

8.1.2.2　串联式恒压供液装置

串联式恒压供液装置是根据马氏瓶原理设计的，其工作原理如图 8.1.2 所示，图中 A 为密闭容器，E 为用水单元。在密闭容器的侧面设进气孔 B。设密闭容器内水面上作用的压强为 p_i，进气口的压强为大气压强 p_a，密闭容器内水深为 H_i，由于用水单元 E 顶部为开敞式，用水单元 E 液面上作用的压强亦为大气压强 p_a，所以点 B、C、D 为等压面，以等压面 0—0 为基准面，则由能量方程得：

$$p_a = p_i + \gamma H_i \tag{8.1.2}$$

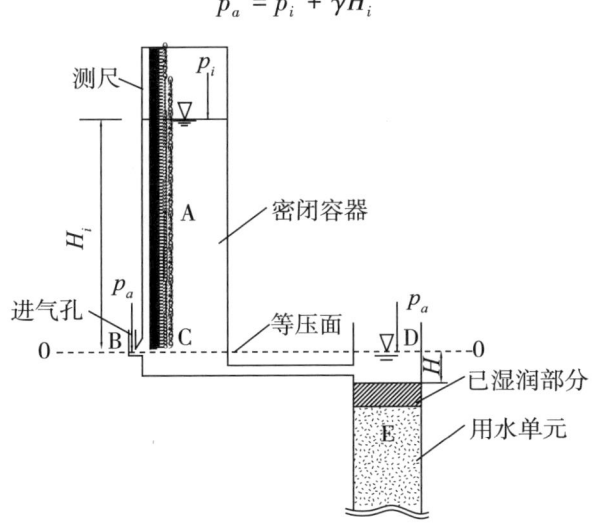

图 8.1.2　串联式恒压供液装置工作原理

式中，p_i 为密闭容器内水面上的气体压强；H_i 为容器内液面至 0—0 线的高度，即等压面以上水深。

由式（8.1.2）可以看出，作用在密闭容器液面上的压强 p_i 小于大气压强 p_a，即为负压强。

当用水单元 E 用水时，D 点处的液面要下降，这时各点的压力将不再平衡，C 点的压强大于 D 点的压强，形成压强差，密闭容器 A 中将有液体在此压力差的作用下流向用水单元 E 中，则密闭容器 A 中的液面将下降，水深 H_i 会减小，因此，$\gamma H_i + p_i < p_a$，在大气压的作用下，将有空气通过进气口的 B 点进入到密闭容器 A 中，以提高 p_i，使系统重新达到平衡。随着用水单元 E 中液体量的不断需求，以上供液和进气的过程将不断重复。当然，只有当 B 点的供气能力大于从密闭容器 A 中向用水单元 E 中供液的能力时，这一稳定状态才能够保持。

在许多情况下，需要测量用水单元 E 中用液量的变化过程，这一要求可以通过在密闭容器 A 边壁上设置的测尺上读出来。当密闭容器 A 中需液量比较大而且需液过程并不是很快时，密闭容器 A 的体型就要比较大。这样密闭容器 A 中单位刻度代表的液量就比较大，其读数误差会相应的增加。

为此开发了串联式供液装置如图 8.1.3 所示。从图中可以看出，串联式供液装置由密闭容器 1、密闭容器 2 和用水单元构成。

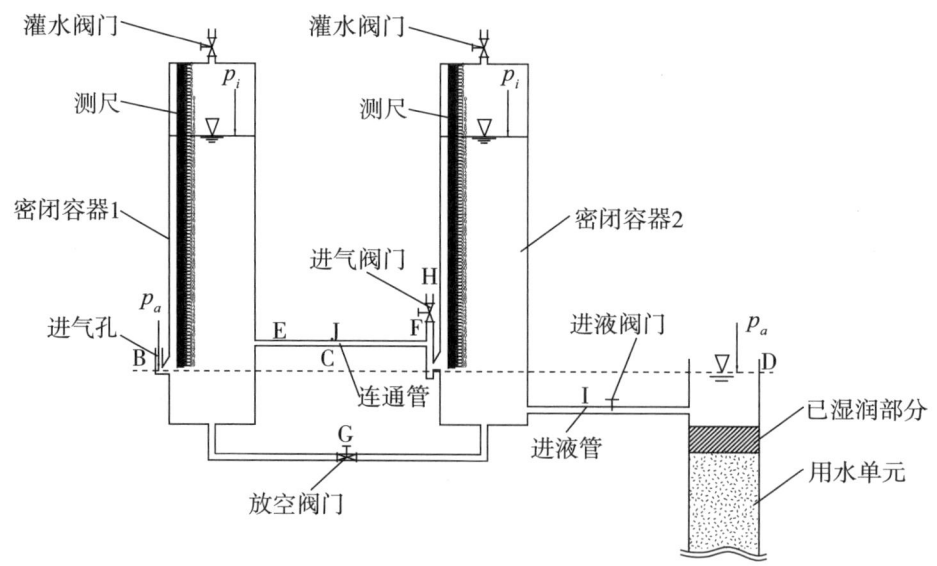

图 8.1.3　串联式恒压供液装置

在密闭容器 1 恒压供液装置上增加了一个出液出气孔 E，在密闭容器 2 恒压供液装置上增加了进液进气孔 F，E 的开孔高度位于大气压面 B、C、D 平面，F 的开孔高度比 B、C、D 大气压面略高 3~5mm。在密闭容器 1 恒压供液装置的出水口安装放空阀门 G，在其打开情况下保持密闭容器 1 和密闭容器 2 的水力联系,在实际使用中该阀门应保持开启状态。在密闭容器 2 与用水单元之间设进液管 I,进液管上设进液阀门,在密闭容器 2 恒压供液装置的进气口安装进气阀门 H,串联工作时,H 是关闭的,在密闭容器 1 和密闭容器 2 之间用连通管 J 相连接,用以保持两个容器之间的气体联系。

串联恒压供液装置的工作过程如下:

当密闭容器 1 和密闭容器 2 装置中装满待用液体后,通过进液管 I 和进液阀门向外适当放出待用液,当进气孔 B 有气泡开始进入容器时,说明供液系统已经达到压力平衡状态,可以正常使用。

工作时,随着用水单元的用水,密闭容器 1 中的液体将经密闭容器 2 供给用水单元,密闭容器 1 中的液面开始下降,通过进气孔 B 补充空气给密闭容器 1 中的密封空腔,其过程与上述马氏瓶原理的过程相同。

当密闭容器 1 中的液面下降到 B、C、D 气压面时,空气将由进液进气孔 E 通过密闭容器 2 的进气口进入到密闭容器 2 中,这时密闭容器 2 中的液面开始下降,以后的工作过程与前述过程相同。

8.1.2.3 高压式恒压供液装置

在相关的实验中,有时需要较高的水头(如 5m 以上的水头)、较小的流量和水量,流量的计量精度要求很高,比如地下渗灌灌水实验,如果用传统的马氏瓶供水,就需要将其放置在很高的位置上,因而给实验操作和数据读取造成困难。为了克服仪器操作和读数的困难,张建丰等基于传统马氏瓶原理研制了一种新型的供水装置,即高压式恒压供液装置。

高压式恒压供液装置的工作原理是在原马氏瓶内的液面上作用一个压强,此压强大于大气压强,在此压强的作用下,使得原马氏瓶的高度不变,但作用在马氏瓶内的水头提高了,从而实现了较高水头条件下的恒压供水过程,仪器的操作和读数与普通马氏瓶相同。

高压式恒压供液装置如图 8.1.4 所示,它由高压气罐、密闭容器(马氏瓶)和用水单元 3 部分组成。

高压气罐为钢制高压容器,在高压气罐的一侧装空压机作为压力源,在空压机后面装进气管,在进气管上安装进气控制阀控制进气量,高压气罐内的压力大小由电接点压力表测量,电接点压力表可以自动控制高压气罐中的压力,在高压气罐的另一侧设置输气管,输气管上安装出气控制阀门,输气管与密闭容器的进气口(s 点)相连通。密闭容器上设读数测尺,顶部设灌水管和灌水阀门,底部设出水管和出水阀门,在出水管上安装出液管压力表,以测量出水管的压力。出水管与用水单元相连通。

高压式恒压供液装置的工作过程如下:

打开密闭容器上的灌水阀门，关闭密闭容器底部出水管上的出水阀门，关闭输气管上的出气控制阀门，用灌水管对密闭容器灌水至顶部附近的某一高度，然后关闭灌水阀门。打开进气管上的进气控制阀，开启空压机给高压气罐充气加压，当压力升至设置的需要值时，电接点压力表接点断开，空压机停止供气。打开出气控制阀门，这时高压气体通过输气管进入密闭容器，使得密闭容器液面上的压强 p_i 大于大气压强 p_a。打开出水管上的出水阀门为供水单元提供恒定水头供水，随着密闭容器内液体不断的流出，高压气罐内的气体不断地注入密闭容器内，从而高压气罐内的压强会有所降低，当罐内压强降至压强的设定下限时，电接点压力表接点闭合，空压机开始工作，给高压气罐补充空气，当压力升至设定的上限时，电接点压力表接点再一次断开，空压机停止供气，如此反复，可保证高压气罐内输出的压强基本保持稳定。为了保证出水管的输出压强达到要求值，高压罐内压强的下限设定为输出压强的1.1~1.2倍，上限设定为输出压强的1.3倍，高压气罐的体积为密闭容器体积的10倍左右，以防止频繁启动空压机而影响输出压强的稳定。

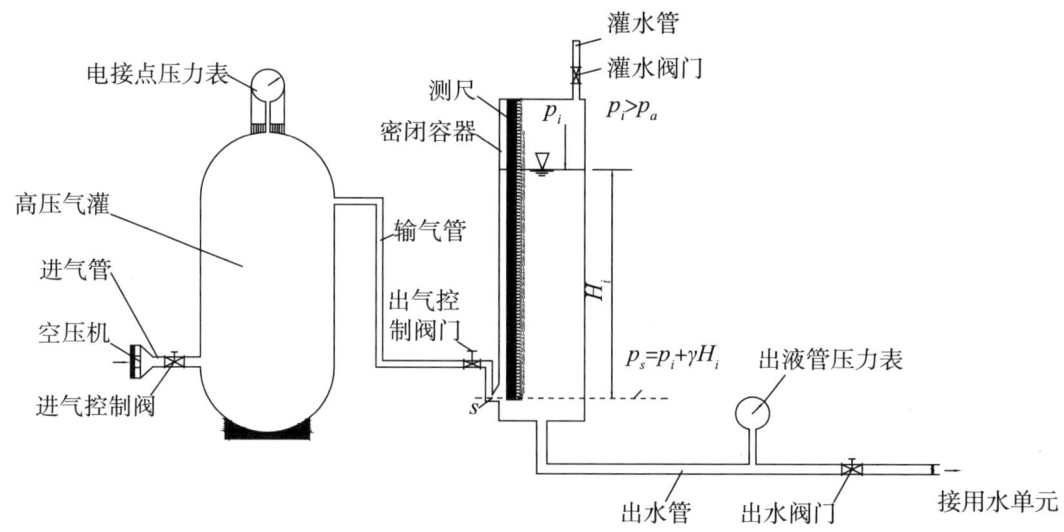

图 8.1.4　高压式恒压供液装置

8.1.3　实验方法和步骤

以下实验方法和步骤所采用的仪器设备为土壤垂直渗吸实验设备（图 8.1.1）。

①取直径 5cm 的滤纸一张，置入垂直土柱透水隔板上。

②取自然风干的土碾碎过 2mm 筛，与细粉砂按一定比例混合。

③装土样。将混合好的扰动土装进圆柱筒中，装土高度为 11.5cm。在装土样时，应分层装填，每装一层，用橡皮锤捣实，用毛刷将表面刷毛，再装下一层。

④将进水阀和垂直土柱之间的软管拔开，使土柱与马氏瓶分离。

⑤给马氏瓶灌水。打开马氏瓶上的放气阀，关闭进水阀。用盛水量筒通过灌水漏斗

给马氏瓶灌水,当马氏瓶中水面到达放气阀出口高度附近时为止。如果在灌水过程中灌水漏斗不下水,可用洗耳球将灌水漏斗中的空气排出,空气排出后再继续灌水。马氏瓶水位达到要求时将放气阀关闭。

⑥缓慢打开进水阀门,当马氏瓶进气口开始有气泡进入马氏瓶时,关闭进水阀。并观察进水通气管中水位是否稳定在马氏瓶进气口,如果水位稳定,说明马氏瓶可以正常工作。

⑦连接进水阀和垂直土柱之间的软管。

⑧已知土柱的直径为5cm,土层表面以上的水深为2cm,土层表面以上水的体积为39.27cm³,用烧杯盛入体积为39.27cm³的水量待用。

⑨在土样的表面盖一层带手把的滤纸。

⑩记录马氏瓶中的初始水位。

⑪各项工作准备好后,打开进水阀,紧接着将量杯中备用的水倒入土柱上端,倒水时动作要轻,以免扰动土样。备用水倒入后,取出带手把的滤纸,进水阀打开的同时用秒表开始计时。

⑫测量和记录。在初始时入渗速度快,一般每60s记录一次马氏瓶的水位读数,同时用测尺测量土壤湿润峰的位置,以后随着入渗速度减小,记录时间的间隔可适当加大至300s左右,直到土柱中的土壤完全发生渗透,且土柱下端出水并达到稳定为止。

⑬实验结束后将仪器恢复原状。

8.1.4 数据处理和分析

实验设备名称:_____;仪器编号_____。

同组学生姓名:_____。

已知数据:马氏瓶长 a = ____ cm;宽 b = ____ cm;马氏瓶横截面积 A_1 = ____ cm²;土柱半径 R = ____ cm;土柱横截面积 A_2 = ____ cm²;土柱高度 L = ____ cm;土柱筒表面水深 H = ____ cm。

8.1.4.1 实验记录及计算

实验记录及计算见表8.1.1。

8.1.4.2 结果分析

①入渗量的计算,Δt 时段内的入渗量为:

$$\Delta F(\Delta t) = h_i \times A$$

式中,A 为马氏瓶横截面积。

$h_i = t_i$ 时刻的马氏瓶读数 $- t_0$ 时刻的马氏瓶读数

累积入渗量为

$$F(t) = A \sum_{i=1}^{n} h_i$$

②用式（4.3.24）和式（4.3.25）分别计算入渗率和累积入渗量并将计算结果与实际的累积入渗量进行比较，分析其误差以及误差的原因。

③也可以在直角坐标系中绘制出入渗量 $F(t)$ 与入渗时间 t 的关系，拟合出方程 $F = F(t)$。然后对其求导数得 $f(t) = \mathrm{d}F(t)/\mathrm{d}t$，即为入渗率（入渗速度）。

④在直角坐标系中绘制土壤入渗率（入渗速度）与入渗时间的关系，分析入渗率（入渗速度）随时间的变化规律。

⑤绘制湿润锋运移距离与时间的关系，分析湿润锋随时间的变化规律。

表 8.1.1　垂直入渗实验记录及计算

时间 (t_i)/s	间隔时间 (Δt)/s	累计时间 (t)/s	马氏瓶水面读数/cm	水位下降值 (h_i)/cm	土柱筒水面读数/cm	湿润锋深度 (z_f)/cm	累积入渗量 $[F(t)]$/cm³	入渗速度/(cm/min)

学生签名：　　　　　　教师签名：　　　　　　实验日期：

8.1.5　实验注意事项

在实验开始前，首先应检查马氏瓶是否漏气，检查的方法是使马氏瓶中充满水，关闭放气阀，如果进水通气管中的水位不断上升，说明马氏瓶上部有漏气现象。漏气的原因可能是放气阀没关紧，也可能是灌水漏斗与水箱之间接缝处漏气，或者马氏瓶粘接缝有开裂。放气阀没关紧产生的漏气，只要将放气阀关紧即可；灌水漏斗与水箱之间接缝处漏气，应打开灌水漏斗与马氏瓶之间的螺栓，将灌水漏斗与马氏瓶之间的接触面擦干净，再涂一薄层凡士林，然后再上好螺栓即可；马氏瓶粘接缝有开裂时，擦干马氏瓶，用三氯甲烷粘接。处理好后再进行加水工作，如果水位稳定，说明马氏瓶可以正常工作。然后打开进水阀让马氏瓶与土柱之间的连接管道完全充水，然后将准备好的备用水用烧杯迅速倒入土柱顶部以提供供水水头所需水量，如果在连接管道中封闭有气囊，将导致短时间内马氏瓶不供水，引起土柱上水位的较大下降，影响实验过程和结果。

在实验过程中，一旦开始测量，中途秒表不能停，直到测量结束才能按下秒表。

8.2 非饱和土壤水分水平扩散实验

8.2.1 实验目的

①掌握水平土柱法测量土壤水分扩散率 $D(\theta)$ 的原理和方法。
②掌握水平土柱入渗特征参量的测量和计算方法。

8.2.2 实验计算实例

本算例：已知西峰黄土的干重度 $\gamma_s = 1.35 \text{g/cm}^3$，土柱直径为9.2cm，土柱段长度为80cm，实验时间为 $t = 1\,502\text{min}$，用 γ 射线法测量土壤的含水量 θ_i。实测土壤含水量 θ_i 与入渗距离 x_i 的关系如表8.2.1所示。

8.2.2.1 土壤水分运动扩散率 $D(\theta)$ 的计算

根据实测的土壤含水量 θ_i 和入渗距离 x_i 列表计算，如表8.2.1所示。在计算时，表中第1列为实测入渗距离 x_i；第2列为实测含水量 θ_i；第3列为 Δx_i，即表中第1列数据的第2行减去第1行，第3行减去第2行的结果，以此类推；第4列为 $\Delta \theta_i$，即表中第2列数据的第2行减去第1行，第3行减去第2行的结果，以此类推；第5列为 $-\Delta x_i/\Delta \theta_i$；第6列为 x_i 的平均值 $\bar{x}_i$，即表中第1列数据的第1行与第2行的算术平均值，第3行与第2行的算术平均值等，以此类推；第7列 $\bar{x}_i \Delta \theta_i$；第8列为 $\sum \bar{x}_i \Delta \theta_i$；第9列为 $(\Delta x_i/\Delta \theta_i)/(2t)$，$t$ 为实验时间，即 $t = 1\,502\text{min}$；第10列为土壤水分运动的扩散率 $D(\theta_i)$，即用表8.2.1中的第8列乘以第9列得到。

表8.2.1 土壤水分运动扩散率计算

1	2	3	4	5	6	7	8	9	10
x_i /cm	θ_i /(cm³/cm³)	Δx_i /cm	$\Delta \theta_i$ /(cm³/cm³)	$-\Delta x_i/\Delta \theta_i$ /cm	$\bar{x}_i$ /cm	$\bar{x}_i \Delta \theta_i$ /cm	$\sum \bar{x}_i \Delta \theta_i$ /cm	$(\Delta x_i/\Delta \theta)/(2t)$ /(cm/min)	$D(\theta_i)$ /(cm²/min)
45.9	0.030 5								
45.8	0.050	-0.10	0.019 5	5.128	45.85	0.894	0.894	0.001 707	0.001 526

(续表)

1	2	3	4	5	6	7	8	9	10
45.6	0.100	-0.2	0.05	4.00	45.70	2.285	3.179	0.001 332	0.004 233
45.4	0.150	-0.2	0.05	4.00	45.50	2.275	5.454	0.001 332	0.007 262
45.0	0.200	-0.4	0.05	8.00	45.20	2.260	7.714	0.002 663	0.020 543
44.4	0.250	-0.6	0.05	12.00	44.70	2.235	9.949	0.003 995	0.039 743
43.6	0.300	-0.8	0.05	16.00	44.00	2.200	12.149	0.005 326	0.064 7084
42.5	0.350	-1.1	0.05	22.00	43.05	2.153	14.302	0.007 324	0.104 742
40.6	0.400	-1.9	0.05	38.00	41.55	2.078	16.380	0.012 650	0.207 204
36.8	0.450	-3.8	0.05	76.00	38.70	1.935	18.315	0.025 300	0.463 362
35.2	0.460	-1.6	0.01	160.00	36.00	0.360	18.675	0.053 262	0.994 674

8.2.2.2 土壤累积入渗量 $F(t)$ 和入渗率 $f(t)$ 的计算

土壤累积入渗量用式（5.3.63）计算，式（5.3.63）可以表示为差分形式，即：

$$F(t) = \int_{\theta_0}^{\theta_s} x \mathrm{d}\theta = \sum_{\theta_0}^{\theta_s} \overline{x_i} \Delta \theta_i \tag{8.2.1}$$

由表 8.2.1 可以看出，表中的第 8 列最后一行即为该时刻土壤的累积入渗量 $F(t)$，由表中的数据可得 $F(t) = 18.675$ cm。

水平入渗吸渗率 S 可由式（4.3.64）计算，即：

$$S = F(t)/t^{1/2} = 18.675/1\,502^{1/2} = 0.482$$

该黄土土壤入渗率 $f(t)$ 可由式（8.2.2）计算，即：

$$f(t) = \frac{1}{2} S t^{-1/2} = 0.241 t^{-1/2} \tag{8.2.2}$$

实测该黄土水平入渗距离 x 和土壤含水量 θ 的关系如图 8.2.1 所示。

由图 8.2.1 可以看出，该黄土的土壤含水量 θ 随着入渗距离 x 的增加而迅速衰减，在土柱的进水端，土壤含水量为饱和土壤含水量或接近土壤饱和含水量，在土柱的远端，土壤含水量等于土壤初始含水量。

将表 8.2.1 结果绘于图 8.2.2 得到该黄土的土壤水分运动扩散率 $D(\theta)$ 与土壤含水量 θ 的关系图，由图 8.2.2 可以看出，土壤水分运动扩散率 $D(\theta)$ 随着土壤含水量 θ 的增大而增大，当土壤含水量 θ 较小时，土壤水分运动扩散率 $D(\theta)$ 变化较小，但当土壤含水量增大到接近土壤的饱和含水量时，土壤水分运动的扩散率 $D(\theta)$ 急剧增大且接近一常数。

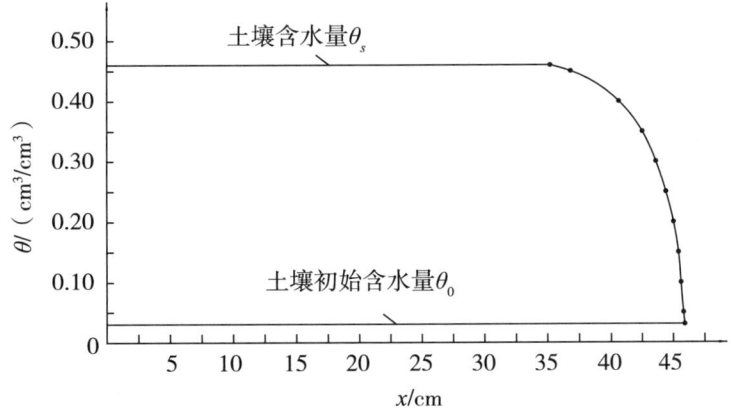

图 8.2.1　某黄土土壤含水量 θ 与入渗距离 x 的关系

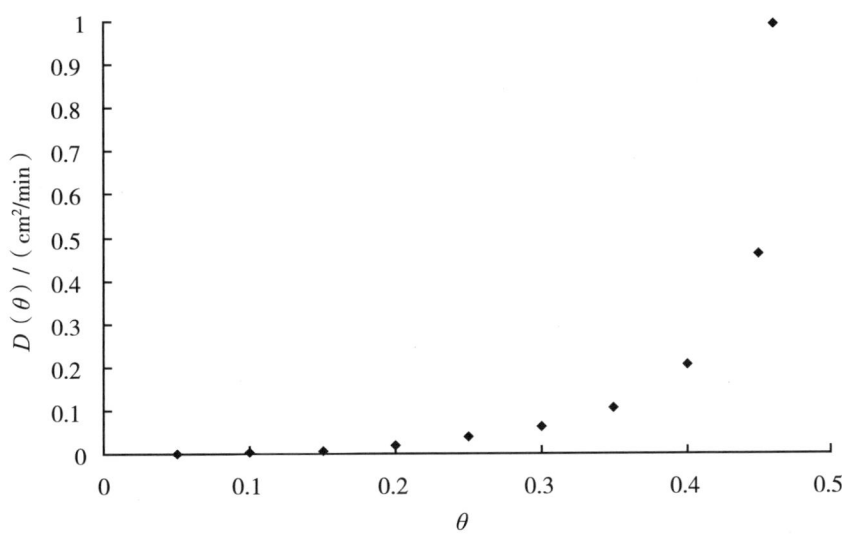

图 8.2.2　某黄土土壤水分运动扩散率 $D(\theta)$ 与土壤含水量 θ 的关系

8.2.3　实验仪器和设备

实验装置如图 8.2.3 所示。由图中可以看出，实验装置由实验台、背板、马氏瓶、水平土柱 4 部分组成。实验台上设有背板，背板用支撑固定在实验台上，背板上设固定块，用以固定马氏瓶。马氏瓶由固定螺丝固定在背板上，供水马氏瓶长 5cm、宽 6cm、高 80cm，马氏瓶上设有灌水孔、橡皮塞子、马氏瓶进气口、放气阀、测尺，马氏瓶的下端设三通，三通的一端接土柱，另一端接排水阀。水平土柱用支柱支撑在实验台上，土柱直径为 10cm，长为 100cm，在土柱的前端为水室，水室直径为 10cm，长为 10cm，水室与进水阀相连接，水室顶部设排气放水阀，下部用灌水软管与灌水漏斗连接。土柱的两端设滤网，顶部每隔5cm设取土样口，取土样口用橡皮塞堵住，土柱上有装土分层线，间隔为5cm。

实验仪器与材料为土样、秒表、烧杯、洗耳球、灌水漏斗、止水夹、量筒、取土铝盒、取土样器、烘箱、天平、直尺、凡士林、夯土器等。

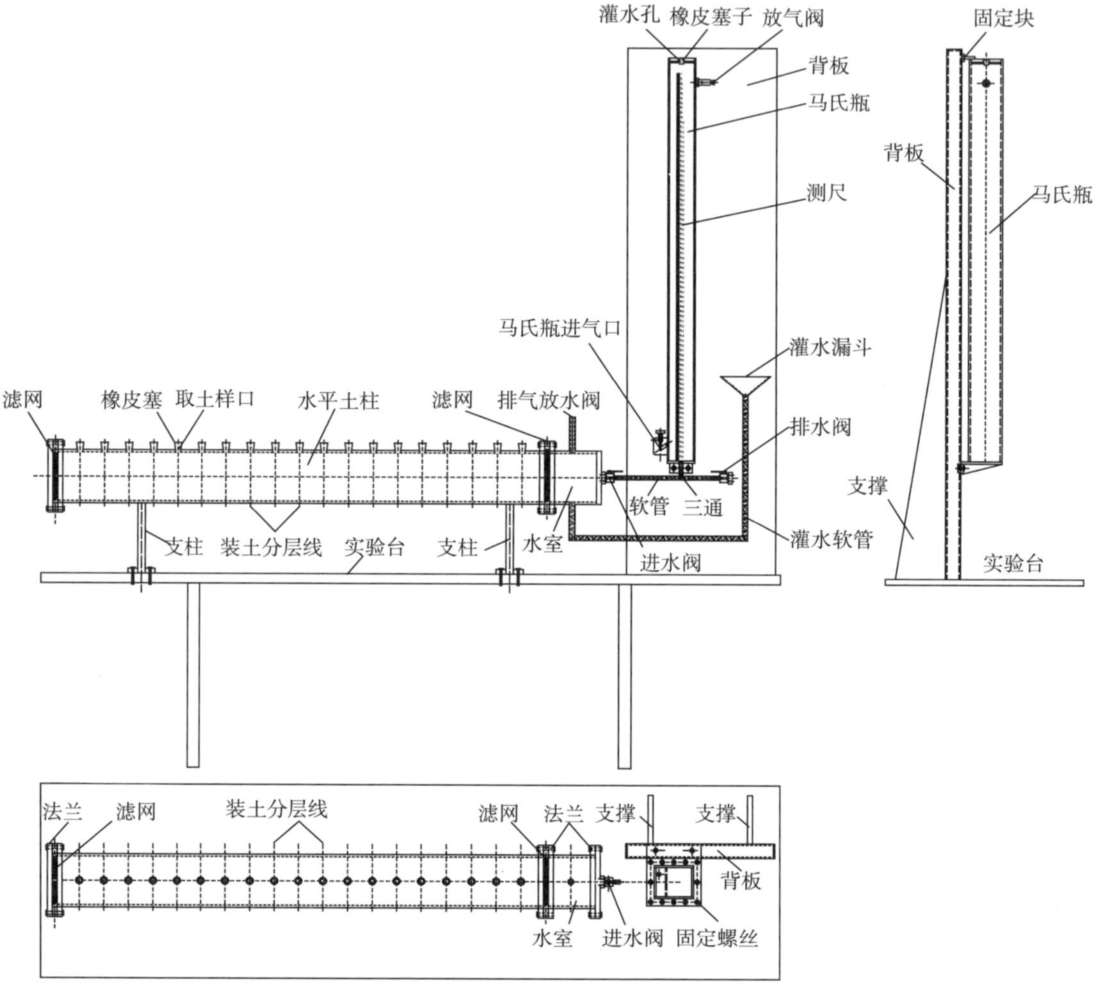

图 8.2.3　水平土柱实验装置

8.2.4　实验方法和步骤

①取自然风干的土碾碎过2mm筛，测定土样的干容重和初始含水量。

②装填土样。利用重量法计算出每层装土厚度土样的重量，装填土样时将水平土柱垂直放置，打开土柱上一侧的法兰和滤网，然后分层填装土样，每层装土厚度为5cm，每层装土时都要用夯土器击实，并且保证层与层之间的良好接触。

③给马氏瓶灌水。打开马氏瓶上的放气阀，关闭进水阀和排水阀，用盛水量筒通过

灌水孔给马氏瓶灌水，当马氏瓶中水面到达放气阀出口高度时为止。如果在灌水过程中灌水孔不下水，可用洗耳球将灌水孔中的空气排出，空气排出后再继续灌水。马氏瓶中的水位达到要求时将放气阀门关闭。

④土柱中的土样装填完成后，安装相应的法兰和滤网，然后将土柱放平，用软管将进水阀和马氏瓶下端的三通相连接。

⑤将马氏瓶进气口位置设置在比水平土柱水室顶部排气放水阀管嘴底部高出2~5mm的位置。

⑥开始实验。准备好与水室的体积同体积的水量，打开排气放水阀，打开进水阀，使马氏瓶开始给水室供水，同时将备好的水量用灌水漏斗装入水室，灌水完成后用止水夹将灌水软管夹住。

⑦测量和记录。在打开进水阀的同时记录入渗时间和马氏瓶的初始水位，实验中每隔30min读取一次马氏瓶的水位和土柱湿润锋的值。待水平土柱中的湿润锋到达整个土柱的2/3~4/5时，关闭进水阀，停止计时并读取马氏瓶中的水位，同时将灌水漏斗放低，将水室中的水通过灌水漏斗放掉，放掉后用止水夹夹住灌水软管。

⑧从湿润锋附近开始，用事先准备好的取土样铝盒和取土样器迅速取土样，用烘干法测出每个取样口的土样含水量。

⑨实验结束后将仪器恢复原状。

8.2.5 数据处理和结果分析

实验设备名称：_____；仪器编号_____。

同组学生姓名：_____。

已知数据：马氏瓶长 $a =$ ____ cm；宽 $b =$ ____ cm；马氏瓶横截面积 $A_1 =$ ____ cm^2；土柱直径 $d =$ ____ cm；土柱横截面积 $A_2 =$ ____ cm^2；土柱装土段长度 $L =$ ____ cm；土壤试样的干重度 $\gamma_s =$ ____ g/cm^3；入渗总时间 $t =$ ____ min。

8.2.5.1 实验过程记录

实验过程记录见表8.2.2。

表8.2.2 水平土柱入渗实验记录

时间 t/min	马氏瓶水面读数/cm	湿润锋长度（x_f）/cm

(续表)

时间 t/min	马氏瓶水面读数/cm	湿润锋长度（x_f）/cm
学生签名：	教师签名：	实验日期：

8.2.5.2 各取样口含水量测量及参数计算

各取样口含水量测量及参数计算见表 8.2.3。

表 8.2.3 取样口含水量测量及参数计算

土样编号	距离(x)/cm	铝盒号	湿土重（带盒）/g	干土重（带盒）/g	盒重/g	水重/g	干土重/g	质量含水量	体积含水量	$\lambda = xt^{-1/2}$ /(cm/min$^{1/2}$)
学生签名：			教师签名：				实验日期：			

质量含水量计算公式为：

$$\theta_m = \frac{土壤水质量}{烘干土质量} = \frac{湿土重 - 干土重}{干土重} \tag{8.2.3}$$

体积含水量计算公式为：

$$\theta_v = 质量含水量 \times \frac{土壤重度}{水的密度} \tag{8.2.4}$$

水的密度可取 $1g/cm^3$。

8.2.5.3 实测土壤含水量和土壤水分运动扩散率计算

实测土壤含水量和土壤水分运动扩散率计算见表 8.2.4。

表 8.2.4 实测土壤含水量和土壤水分运动扩散率计算

1	2	3	4	5	6	7	8	9	10
x_i /cm	θ_i /(cm^3/cm^3)	Δx_i /cm	$\Delta \theta_i$ /(cm^3/cm^3)	$-\Delta x_i / \Delta \theta_i$ /cm	$\bar{x}_i$ /cm	$\bar{x}_i \Delta \theta_i$ /cm	$\sum \bar{x}_i \Delta \theta_i$ /cm	$(\Delta x_i/\Delta\theta)/(2t)$ /(cm/min)	$D(\theta)$ /(cm^2/min)

8.2.5.4 结果分析

①根据表 8.2.2 实测的马氏瓶水位的下降高度，计算水平土柱的入渗水量。

②在直角坐标系中绘制土壤湿润锋与入渗时间的关系，累计入渗量与时间的关系，分析湿润锋随时间的变化规律，入渗率随时间的变化规律。

③将取出的湿土样放在天平上称出湿土重（连盒），然后放在烘箱内烘烤，烘烤的温度设为 100~105℃，烘烤时间为 6~12h。烘烤完后将土样取出放在天平上称出干土重（连盒），则质量含水量为：

$$\theta_m = \frac{土壤水质量}{烘干土质量} = \frac{湿土重(带盒) - 干土重(带盒)}{干土重 - 盒重}$$

体积含水量可由式（8.2.4）求出。

将求得的土壤含水量记录在表 8.2.3 中，并计算参数 $\lambda(\theta)$。

④根据实测的水平入渗距离 x 和土壤含水量 θ，通过表 8.2.4 求土壤水分运动的扩散

率 $D(\theta)$。

⑤根据表 8.2.4 的数据绘制入渗距离 x 与土壤含水量 θ 的关系图和土壤水分运动扩散率 $D(\theta)$ 与土壤含水率 θ 的关系图。

⑥分析入渗距离 x 与土壤含水量 θ 的分布规律。

⑦分析土壤水分运动扩散率 $D(\theta)$ 随土壤含水率 θ 的变化规律。

⑧求 $S = \int_{\theta_i}^{\theta_s} \lambda(\theta) \mathrm{d}\theta = t^{-1/2} \int_{\theta_i}^{\theta_s} x \mathrm{d}\theta = t^{-1/2} \sum_{\theta_i}^{\theta_s} \bar{x} \Delta\theta$。

⑨由式（5.3.64）和式（5.3.65）求土壤的水平入渗量 $F(t)$ 和水平入渗率 $f(t)$。

⑩将计算的土壤入渗量与实测的入渗量比较，分析测量结果的正确性。

8.2.6 实验注意事项

①实验前首先检查马氏瓶是否漏气。

②在开始实验前，将准备好的备用水用烧杯通过灌水漏斗迅速倒入水平土柱，水倒完后，用止水夹夹住灌水软管，然后打开进水阀开始计时和测量。

③在实验过程中，一旦开始测量，中途秒表不能停，直到测量结束才能按下秒表。

④实验结束后，应立即关闭进水阀，迅速将水室中的水放掉，水放掉后，要用止水夹夹住灌水软管。

⑤取土样时要按规定的方法提取，并注意土样编号、铝盒编号和距离相对应。

8.3 垂直土柱入渗实验

8.3.1 实验目的

①掌握土壤垂直入渗的原理及其 Philip 方程和 Parlange 方程的求解过程。

②掌握垂直土柱法测量土壤入渗量和入渗率的方法。

③掌握垂直入渗条件下土壤渗吸湿润锋位置的测量方法。

8.3.2 实验仪器和设备

实验设备如图 8.3.1 所示。

由图 8.3.1 可以看出，实验设备由底板、垂直土柱、马氏瓶、支柱 4 部分组成。底板用固定螺栓固定在地面上，底板上设有支柱，支柱焊接在底板上，垂直土柱用固定螺丝固定在底板上。垂直土柱直径为 10cm，高为 90cm，在土柱的下部设排气孔板，孔板上设通气孔，土柱上部通大气，侧面设进水口，土柱另一侧面从进水口下面 5cm 开始设取土样口，每个取土样口的间距为 5cm，在土样口上标有每层装土样线，取土样口用橡皮塞堵住。马氏瓶由固定支架、滑套和顶丝固定在支柱上，马氏瓶长 5cm、宽 6cm，高

第 8 章 土壤水分扩散实验

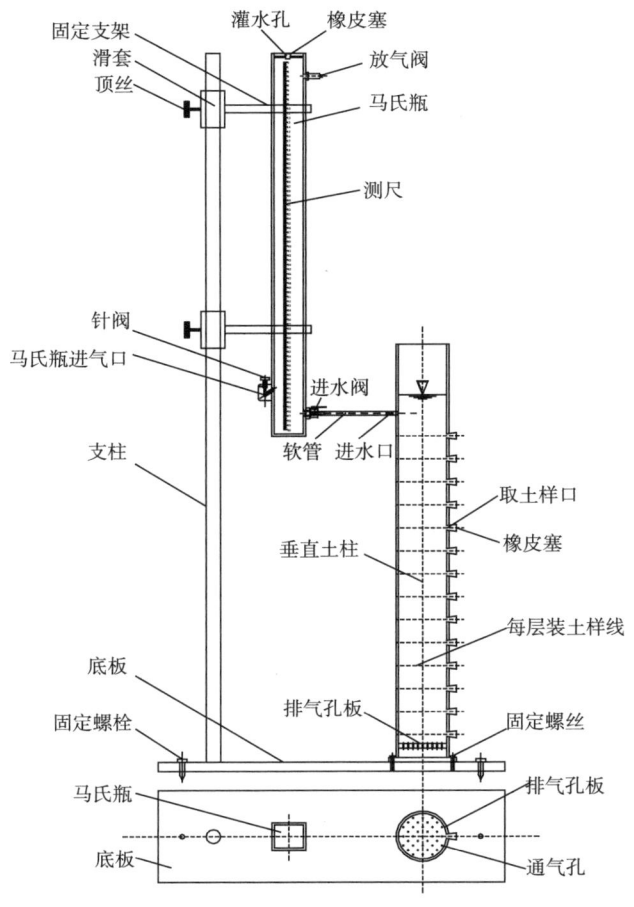

图 8.3.1 垂直土柱实验设备

80cm，马氏瓶上设有灌水孔、橡皮塞、放气阀、测尺、马氏瓶进气口、针阀和进水阀。进水阀用软管与土柱的进水口相接通。

实验材料和仪器为土样、秒表、烧杯、洗耳球、灌水漏斗、量筒、取土铝盒、取土样器、烘箱、天平、直尺、毛刷、夯土器等。

8.3.3 实验方法和步骤

①制作土壤整段标本。取自然风干的土碾碎过 2mm 筛，测定土样的干重度和初始土壤含水量。

②检查马氏瓶并给马氏瓶装水。关闭马氏瓶上的进水阀，打开马氏瓶放气阀和马氏瓶顶部的橡皮塞，用灌水漏斗通过灌水孔向马氏瓶内装满水，水装满后用橡皮塞子堵住灌水孔，关闭马氏瓶放气阀，检查马氏瓶是否漏水漏气，如发现漏水或漏气，需进行检修，直至不漏水不漏气为止。检修完成后再给马氏瓶装满水。

③装填土样。装土前先称取每层（每层厚 5cm）所要填土的重量，将称好的土样分

层装入土柱。每层装入土后都要先整平，然后用夯土器击实，使得装入的土与该层事先标定好的每层装土样线相平齐，然后用毛刷将土面刷毛，以保证土体的均一性和层与层之间的良好接触，然后再进行下一层土的填装。

④已知土柱的直径为 10cm，土层表面以上的水深为 5cm，土层表面以上水的体积为 392.7cm³，用烧杯或量筒盛入体积为 392.7cm³ 的水量待用。

⑤设定土柱表层水面高度位置，调整马氏瓶进气口的高度，使其高度与土柱表层水面设计高度同高。

⑥在土样的表面盖一层带手把的滤纸。

⑦各项工作准备好后，打开进水阀和马氏瓶上的针阀，同时用秒表开始计时，然后将烧杯或量筒中备用的水倒入土柱上表面，倒水时动作要轻，以免扰动土样。备用水倒入后，取出带手把的滤纸。

⑧测量和记录。在打开进水阀门的同时记录入渗时间和马氏瓶的初始水位，实验中每隔 3～30min（入渗初始阶段间隔短，随着时间推进逐渐延长）读取一次马氏瓶的水位和土柱湿润锋的值。一直到设计入渗过程进行完毕，关闭进水阀门，停止计时。

⑨从湿润锋附近开始，用事先准备好的铝盒和取土样器迅速取土样，用烘干法测出每个取样口的土样含水量。

⑩实验结束后将仪器恢复原状。

8.3.4 数据处理和分析

实验设备名称：_____；仪器编号_____。

同组学生姓名：_____。

已知数据：马氏瓶长 $a =$ ____ cm；宽 $b =$ ____ cm；马氏瓶横截面积 $A_1 =$ ____ cm²；土柱直径 $d =$ ____ cm；土柱横截面积 $A_2 =$ ____ cm²；土柱装土高度 $H =$ ____ cm；土壤干重度 $\gamma_s =$ ____ g/cm³；土壤初始含水量 = ____；入渗总时间 $t =$ ____ min。

8.3.4.1 实验过程记录

实验过程记录见表 8.3.1。

表 8.3.1 垂直入渗实验记录

时间 (t) /min	马氏瓶水面读数 /cm	土壤入渗量/ (cm³/cm²)	湿润锋长度 (z) /cm	$\varphi_1(\theta) = zt^{1/2}$ / (cm/min$^{1/2}$)

(续表)

时间 (t)/min	马氏瓶水面读数/cm	土壤入渗量/(cm^3/cm^2)	湿润锋长度(z)/cm	$\varphi_1(\theta) = zt^{1/2}$/($cm/min^{1/2}$)

学生签名：　　　　　　教师签名：　　　　　　实验日期：

注：土壤入渗量为马氏瓶水面下降高度乘以马氏瓶的截面面积除以土柱的截面面积。

8.3.4.2　各取样口土壤含水量测量及参数计算

各取样口土壤含水量测量及参数计算见表8.3.2。

表8.3.2　取样口土壤含水量测量及参数计算

土样编号	距离(z)/cm	铝盒号	湿土重（带盒）/g	干土重（带盒）/g	盒重/g	水重/g	干土重/g	质量含水量/%	体积含水量/%

学生签名：　　　　　　教师签名：　　　　　　实验日期：

8.3.4.3　结果分析

①将取出的湿土样放在天平上称出湿土重（连盒），然后放在烘箱内烘烤，烘烤的

温度设为 100~105℃，烘烤时间为 6~12h。烘烤完后将土样取出放在天平上称出干土重（连盒），则质量含水量为：

$$\theta_m = \frac{\text{土壤水质量}}{\text{烘干土质量}} = \frac{\text{湿土重（带盒）} - \text{干土重（带盒）}}{\text{干土重} - \text{盒重}}$$

体积含水量可由式（8.2.4）求出。将实测结果记录在表 8.3.2 中。

②根据表 8.3.1 实测的马氏瓶下降的高度，计算垂直土柱的入渗水量。将求得的土壤入渗量记录在表 8.3.2 中。

③在直角坐标系中绘制土壤含水量和湿润锋与入渗时间的关系，分析含水量和湿润锋随时间的变化规律。

④根据实测的垂直距离 z 和入渗时间 t，求 $\varphi_1(\theta) = zt^{-1/2}$，拟合出 $\varphi_1(\theta)$ 与含水量 θ 的变化关系式，将此关系式代入 $S = \int_{\theta_i}^{\theta_s} \varphi_1(\theta) d\theta$ 积分求吸渗率 S。如不能拟合成公式，则可以应用算例的方法计算，计算过程见表 8.3.1。

⑤将吸渗率 S、入渗量 $F(t)$ 和入渗时间 t 代入式（4.3.88），反求系数 A。

⑥用式（4.3.89）求入渗率 $f(t)$。

⑦也可以直接拟合入渗率与湿润锋、入渗率与时间的关系，分析其变化规律。

8.3.5 实验注意事项

①装土时，试样干重度的选取必须符合实际，并且在装土样时保证层与层之间的良好接触，否则在入渗时会出现分层现象，影响最终的实验结果。

②在开始实验前，先打开进水阀开始计时和测量，紧接着将准备好的备用水用烧杯或量筒倒入垂直土柱内，水倒完取出滤纸。

③在实验过程中，一旦开始测量，中途秒表不能停，直到测量结束才能按下秒表。

④实验结束后，应立即关闭进水阀门，停止秒表。

⑤实验结束后，应迅速从湿润锋附近开始取土测土壤含水量，取土速度要快，如果取土时间较长，土样在空气中停留过长时间，会造成土壤含水量的损失，从而导致实验结果不准确。

⑥取土样时要按规定方法提取，并注意土样编号、铝盒编号和距离相对应。每取完一个土样，要将取土器擦干净，然后再取下一个土样。

拓展阅读

世界灌溉工程遗产之紫鹊界梯田

中国水利名人——潘季驯

思考题

1. 马氏瓶的工作原理是什么，为什么能够维持恒定水头？
2. 影响土壤垂直入渗的因素有哪些？
3. 入渗水头对入渗过程有何影响？
4. 串联式马氏瓶与普通马氏瓶相比有什么改进和优点？
5. 高压式马氏瓶的原理是什么？有什么优点和缺点？
6. 水平土柱马氏瓶的工作原理是什么？
7. 水平土柱直径对入渗实验有何影响？
8. 影响土壤水分运动扩散率的因素有哪些？
9. Philip 垂直入渗理论的适应条件是什么？
10. 垂直土柱入渗和水平土柱入渗的异同点是什么，入渗方程的参数有什么联系和特点？
11. 垂直土柱马氏瓶的工作原理与水平土柱是否相同？

第 9 章
田间水分转化实验

本章学习要点

1. 认识并掌握盘式入渗的实验原理和盘式入渗仪测量土壤入渗量的方法。
2. 认识并掌握双环入渗的实验原理。
3. 认识并掌握降雨入渗的实验原理和方法。
4. 认识并掌握沟灌实验的理论和方法。
5. 认识并掌握土壤稳定蒸发和非稳定蒸发的理论。
6. 认识并掌握水位观测的设备和方法。

9.1 盘式入渗实验

9.1.1 实验目的

①掌握盘式入渗的实验原理。
②掌握盘式入渗仪测量土壤入渗量的方法。
③掌握盘式入渗仪测量土壤饱和导水率的方法。

9.1.2 实验原理

当土壤表面有积水时,入渗的初始阶段受土壤毛细管作用控制,随着时间的延长,水源大小和几何形状以及重力均影响入渗速率。对于均质土壤,入渗速率最终会达到稳定值,这一稳定速率是由毛细管、重力、积水面积及水压力大小所控制。

盘式入渗仪又称负压式入渗仪,是用于测量非饱和导水率、吸渗率、宏观毛管上升高度等土壤水动力参数的仪器,适于野外实地监测和室内测量,具有不破坏土样、省时、省力、计算精度高等优点。其原理是利用负压管为储水管提供一个稳定的负压,通过一个圆盘界面对土壤进行负压入渗。试验时通过调节负压大小,记录累积入渗时间和累积入渗量,然后分析得到所需的土壤水动力参数。根据研究,可以通过改变盘式入渗仪上面压力的大小,计算出土壤孔隙的大小。

1988 年,Perroux 等首次利用盘式入渗仪进行了非饱和界面的入渗研究。Ankeny 等研究了盘式入渗仪的自动监控系统,该系统在贮水管的底部和上部安装了两个传感器。缺点是对两个传感器分别进行标定时会引起一定的误差。2002 年,Casey 和 Derby 对 Ankeny 等人的装置进行了改进,用一个差分传感器代替两个传感器,测量精度提高了两个数量级。2003 年,Schwart 和 Evett 将 TDR 应用于盘式入渗仪,使得测量精度进一步提高。2011 年,林琳等设计了用差压传感器的自动记录盘式入渗仪,该仪器主要采用传感器和 TDR 两种方法记录储水管中的水位变化,设计了采集系统和记录系统。

对盘式入渗仪的入渗模型,前人也做了大量的研究。其中 Whiteand 和 Sully 的入渗模型是 1987 年提出的,该模型假定稳定负压对应的导水率 $K=0$,推导出了用单个圆盘渗透仪的单个吸力入渗数据计算土壤导水的参数,但该模型最困难的是确定稳态入渗率。1993 年,Hussen 和 Warruck 提出了一个入渗模型的经验公式,通过实验可以确定 3 个未知数,即土壤的吸水系数、稳态入渗量和常数。1991 年,Ankeny 等推导了用相同盘径同一地点 2 个或 2 个吸力以上的入渗数据计算土壤导水参数的方法,该模型为线性方程组,结构简单,计算方便,但在计算水力传导度时会遇到稳态入渗时间无法确定的问题。1997 年和 1998 年,Zhang 提出了利用单个盘,2 个或 2 个以上吸力任意时刻的入渗数据计算该条件下的土壤导水参数,其中 1997 年提出的公式形式与 Philip 的垂直入渗公式相似,但式中的系数 S 和 A 用 c_1 和 c_2 代替。

Philip 一维入渗模型为:

$$F(t) = St^{1/2} \tag{9.1.1}$$

式中,$F(t)$ 为一定供水压力下的累积入渗量;t 为吸渗时间;S 为一定供水压力下的吸渗率。

Haverkamp 入渗模型在形式上与 Philip 的垂直入渗公式一样,即:

$$F(t) = St^{1/2} + At \tag{9.1.2}$$

式中,A 为稳渗率。

Haverkamp 给出了 A 的经验公式为:

$$A = \frac{1.4K}{3} + \frac{0.75S^2}{r(\theta_0 - \theta_s)} \tag{9.1.3}$$

式中,K 为土壤的导水率;r 为圆盘半径;θ_0 为初始体积含水量;θ_s 为最终体积含水量。

对式(9.1.2)求导数得 Haverkamp 三维入渗率的改进式为:

$$f(t) = \frac{dF(t)}{dt} = \frac{1}{2}St^{-1/2} + A \qquad (9.1.4)$$

Vandervaere 入渗模型为：

$$F(t) = F(c) + S\sqrt{t-t_c} + A(\sqrt{t-t_c})^2 \qquad (9.1.5)$$

式中，$F(c)$ 和 t_c 为湿润接触沙层所需的水量和时间。

对式 (9.1.5) 中的时间 $\sqrt{t-t_c}$ 求导数得：

$$\frac{dF(t)}{d\sqrt{t-t_c}} = S + 2A\sqrt{t-t_c} \qquad (9.1.6)$$

因为随着渗吸时间的增加，t_c 相对于 t 变得越来越小，可以忽略不计，则：

$$\frac{dF(t)}{d\sqrt{t}} = S + 2At^{1/2} \qquad (9.1.7)$$

当表面有一半径为 r 的圆形积水，水势为 ψ_0，稳定入渗量 Q 的计算方法，即：

$$Q = \pi r^2 (K_0 - K_n) + 4r\psi_m \qquad (9.1.8)$$

式中，Q 为累积总入渗量；r 的圆盘半径；K_0 为水势 ψ_0 时的土壤导水率；K_n 为初始土壤水势 ψ_n 时的土壤导水率；ψ_m 为基质势。

许多实验结果证明该公式适用于较长时间入渗过程的情况。

对于相对较干的土壤，K_n 远小于 K_0，可以忽略。基质势 ψ_m 与导水率的关系为：

$$\psi_m = K_0 \lambda_c \qquad (9.1.9)$$

式中，λ_c 为宏观毛管上升高度或平均孔隙长度。λ_c 越大，相对于重力而言，毛细管对入渗的影响就越大。

λ_c 与土壤吸渗率和导水率有关，其经验表达式为：

$$\lambda_c = bS^2 / [(\theta_s - \theta_0)K_0] \qquad (9.1.10)$$

式中，b 为常数，其值在 0.5~0.785 之间，对于大田土壤，b 的平均值为 0.55。

将式 (9.1.9)、式 (9.1.10) 代入式 (9.1.8)，忽略 K_n 得：

$$Q = \pi r^2 K_0 + \frac{4rbS^2}{\theta_s - \theta_0} \qquad (9.1.11)$$

由式 (9.1.11) 解出 K_0 得：

$$K_0 = \frac{Q}{\pi r^2} - \frac{4bS^2}{(\theta_s - \theta_0)\pi r} \qquad (9.1.12)$$

在圆盘入渗初期，毛管力控制的入渗与积水面积（圆盘面积）大小无关，在较短的入渗期内，近似为一维入渗，这样，累积入渗量与土壤吸渗率以及时间有以下关系：

$$S = \frac{Q}{\pi r^2 t^{1/2}} \qquad (9.1.13)$$

式中，t 为入渗时间。

9.1.3 实验仪器和设备

实验设备如图 9.1.1 所示。由图 9.1.1 可以看出，实验设备由马氏瓶负压管、支柱、入渗盘和储水管 4 部分组成。马氏瓶负压管直径为 6cm，高度为 100cm，在负压管的不同高度设置了 4 个马氏瓶通气孔，通气孔用针阀控制，在马氏瓶通气管的上方设进水孔和进水孔控制阀，侧面设连接口、连接口阀门和测尺，底部用固定螺栓固定在地面上。支柱的作用是固定马氏瓶负压管，支柱上设固定支架、滑套和顶丝，固定支架与马氏瓶负压管连接在一起，滑套可以调节固定支架的位置，顶丝用来固定滑套。入渗盘直径为 18cm，厚度为 1.5cm，在入渗盘的下面设入渗膜，入渗膜下面为一层厚度为 1.5cm 的细沙，细沙下面为土壤。在入渗盘的上面设储水管，储水管直径为 4cm，高度为 100cm，在储水管侧面设进水阀和测尺，上方设抽气孔和抽气孔控制阀。马氏瓶负压管和储水管之间用软管连接。

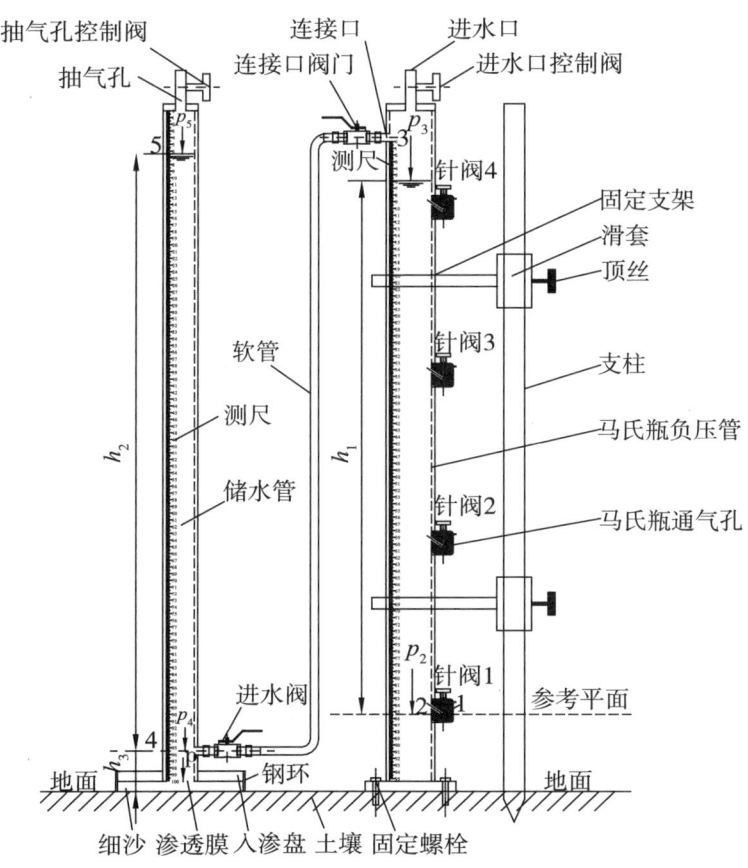

图 9.1.1 盘式入渗仪

实验材料和仪器为土样、秒表、洗耳球、灌水漏斗、量筒、取土环刀和铝盒、喷壶、烘箱、天平、刮尺、夯土器、水准仪或水平尺、内径为 18.5cm 的钢环等。

设图9.1.1中马氏瓶通气孔的针阀1打开，其他针阀关闭。以图9.1.1的参考平面为基准面，设位置1的压强为大气压强p_a，根据等压面原理，位置2的压强$p_2 = p_a$，由能量方程得位置3的压强p_3为：

$$p_3 = p_a - \gamma h_1 \tag{9.1.14}$$

式中，h_1为马氏瓶负压管内水面至参考平面的距离；γ为水的重度。

因为位置3与位置4用软管连通，当连接口阀门和进水阀打开时，位置4的压强p_4与位置3的压强p_3相同，由此可求储水管水面的压强p_5为：

$$p_5 = p_4 - \gamma h_2 = p_3 - \gamma h_2 = p_a - \gamma h_1 - \gamma h_2 \tag{9.1.15}$$

设土壤表面的压强为p，由能量方程可得：

$$p = p_5 + \gamma h_2 + \gamma h_3 = p_a - \gamma h_1 - \gamma h_2 + \gamma h_2 + \gamma h_3 = p_a - \gamma(h_1 - h_3) \tag{9.1.16}$$

设大气压强p_a为零，则作用在土壤表面上的负压水头为：

$$p/\gamma = -(h_1 - h_3) \tag{9.1.17}$$

式（9.1.17）表明，作用在土壤表面上的水头为马氏瓶负压管参考平面以上水深h_1与储水管位置4到土壤表面的距离h_3之差的负值，即作用在土壤表面上的水头为负水头。

在实际运行中，位置4的负压值保持不变，因此，就给渗透膜位置提供了一个稳定的负压水头，而渗透膜与土面之间仅有一薄层细沙，因此可以认为在土面上提供了一个稳定的负压水头，这个负压水头的大小等于位置4的负压水头减去土面到位置4的距离。储水管中的水分在土壤水势的作用下，将向土壤中入渗，就形成了负压条件下的入渗过程。

实验时如果需要改变位置4的负压值，则根据实验设计的负压值，选择打开适合位置马氏瓶通气孔上的针阀，并使其他针阀处于关闭状态，其负压的计算方法仍然采用式（9.1.17），但需注意此时的h_1为打开的马氏瓶进气口到水面的距离。

9.1.4 实验方法和步骤

①选好测点，除去测点上的植被，并把土层表面整平，测定点的半径要大于入渗盘底座的半径。

②在整平后的地面上将内径为18.5cm（稍大于圆盘外直径18cm）的钢环置于测点上并压紧，用水准仪或水平尺调平钢环，然后在其里面铺200~300目的石英砂（如图9.1.1所示），用喷壶喷少许水使沙层湿润并用夯土器夯实，石英沙夯实后（夯实过程中注意不要动钢环）用刮尺沿钢环四周刮平。铺设沙层的目的在于使渗透膜和土壤表层能够紧密连通。

③关闭连接口阀门和所有马氏瓶负压管进气口的针阀，打开进水口控制阀，在马氏瓶负压管的进水口用漏斗和量筒为马氏瓶负压管加水，水面位于负压管的连接口之下，

关闭进水口控制阀，然后打开需要采用的某个马氏瓶进气口的针阀，检查其气密性，若该处进气口不出水且水位稳定，则说明负压管不漏气，然后关闭进气口针阀，可以继续下面的步骤。

④将调整好的负压管立于土面，用支柱上的固定支架将其固定，并用顶丝将滑套顶紧。

⑤给储水管充水。将马氏瓶负压管与储水管之间的连接软管自连接口处分开，打开进水阀，打开抽气孔控制阀，用漏斗通过连接软管给储水管灌水，有条件时也可以采用真空泵通过抽气孔抽气，而将连接软管的管口放入水体中利用抽水的方式给储水管灌水。当储水管内水位到达储水管顶部附近时，停止灌水，关闭抽气孔控制阀，将连接软管的管口放在与进水阀相应的高度附近，将会有少量的水从储水管中流出，如果储水管是密封不漏气的，在流出少量水后，负压水管中的水位将保持在某一高度不变；如果储水管中水位持续下降，说明储水管密封破坏，需要进行修理。确认储水管完好情况下，关闭进水阀，将软管与连接口连接，并保证连接完整不会漏气，并观测记录所用水的水温。

⑥擦干附着在入渗盘面的水珠。将入渗盘轻轻放在沙层上并稍作旋转，使沙层与渗透膜紧贴在一起。

⑦打开连接口阀门和进水阀，开始计时并读取储水管的初始读数，最初每隔60s读数一次，读数10次以后每隔300s读数，然后逐渐增加读数的时间间隔。

⑧入渗结束后，立即拿开入渗仪，铲去沙层并用铝盒采集表层2~3cm的土样放在密闭容器中，将所采的样品带回室内，测定土壤重度和含水量。

⑨实验结束后将仪器恢复原状。

9.1.5 数据处理和分析

实验设备名称：_____；仪器编号_____。

同组学生姓名：_____。

已知数据：入渗盘半径 $r =$ ____ cm；入渗盘横截面积 $A_1 =$ ____ cm^2；储水管半径 $r_1 =$ ____ cm；储水管横截面积 $A_2 =$ ____ cm^2；储水管初始水面读数 $H_0 =$ ____ cm；$h_3 =$ ____ cm；水温 $T =$ ____ ℃。

9.1.5.1 实验过程记录

实验过程记录见表9.1.1。

9.1.5.2 土壤含水量测量及参数计算

土壤含水量测量及参数计算见表9.1.2。

表 9.1.1　盘式入渗实验记录表

测量时间 (t) /s	储水管水面读数 (h_i) /cm	$H_0 - h_i$ / cm	储水管水量/ cm^3	入渗量 (Q) cm^3/s

学生签名：　　　　　　教师签名：　　　　　　实验日期：

表 9.1.2　土壤含水量测量及参数计算表

土样编号	铝盒号	湿土重（带盒）/g	干土重（带盒）/g	盒重/g	水重/g	干土重/g	重量含水量	体积含水量

学生签名：　　　　　　教师签名：　　　　　　实验日期：

9.1.5.3　成果分析

①根据表9.1.1实测的储水管水面的下降高度，计算进入土壤的水量，将计算结果记录在表9.1.1中。水量的计算公式为

$$V = \pi r_1^2 (H_0 - h_i)$$

式中，V为进入土壤的水体积；r_1为储水管半径。

②计算入渗量。入渗量为水的体积除以入渗时间。将求得的入渗量记录在表格9.1.1中。

③用式（9.1.8）计算吸渗率S。将求得的入渗量记录在表格9.1.1中。

④将取出的湿土样放在天平上称出湿土重（连盒），然后放在烘箱内烘烤，烘烤的

温度设为 100~105℃，烘烤时间为 6~12h。烘烤完后将土样取出放在天平上称出干土重（连盒），则质量含水量为

$$\theta_m = \frac{土壤水质量}{烘干土质量} = \frac{湿土重(带盒) - 干土重(带盒)}{干土重 - 盒重}$$

体积含水量可由式（4.1.21）计算。将实验结果记录在表 9.1.2 中。

⑤求初始体积含水量 θ_0 和最终体积含水量 θ_i 的平均值。

⑥用式（9.1.7）计算导水率 K_0。

⑦用式（9.1.5）计算平均孔隙长度 λ_c，即宏观毛细管上升高度。

⑧在直角坐标系中绘制土壤入渗量与时间的关系，分析入渗量随时间的变化规律。

⑨在直角坐标系中绘制土壤导水率与时间的关系，分析导水率随时间的变化规律。

9.1.6 实验注意事项

①测试点地表整平时，不能破坏土壤结构。

②钢环要埋入地面以下一定深度，在填沙、夯实沙子时，钢环必须保持不动。

③钢环表面要用水准仪或水平尺调平，才能保证沙面的水平。

④入渗盘的渗透膜应该和沙面紧密接触。

⑤在实验过程中，一旦开始测量，中途秒表不能停，直到测量结束才能按下秒表。

⑥实验结束后，应迅速移开入渗盘，铲去沙子取土样，取土速度要快，如果取土时间长时，土样在空气中停留过长时间，会造成含水量的损失，从而导致实验结果的不准确。

⑦取土样时要按规定的方法提取，并注意土样编号、铝盒编号和取土位置相对应。每取完一个土样，将取土器擦干净，然后再取下一个土样。

9.2 双环入渗实验

9.2.1 实验目的

①掌握双环入渗的实验原理。

②掌握双环入渗仪测量土壤入渗量的方法。

③掌握双环入渗仪测量土壤饱和导水率的方法。

9.2.2 实验原理

土壤的入渗规律受到许多因素的影响，特别是在野外原位条件下，土壤的入渗规律难以确定，最早的思想就是将大田一个较大面积上的入渗概化为一个点的入渗问题来看待，从而开发出了所谓单环入渗法和双环法入渗法。单环入渗法就是在田间用一个一定直径范围内的入渗实验来研究该地段上土壤入渗规律的方法。其核心就是用一个一定高

度的圆环切入到土壤表面以下一定深度，然后在圆环内进行充分供水条件的入渗，地表以上的水深一般控制在 5.0cm 左右，测出水进入土表的过程就可得到入渗规律，并将长时间入渗末段的入渗率近似地作为土壤饱和导水率。该方法由于入渗环深入土壤表面以下的部分相对于入渗湿润锋的推进长度要小很多，通过揭示入渗后湿润区域的分布特征认为，在湿润锋推进长度大于入渗环切入土壤表面以下的深度后，湿润的范围除了向下推进的部分外，还有一部分水分向入渗环所代表的投影面积范围以外的区域进行了横向扩展，这样的入渗实验结果就不能完全代表一个单纯的垂直一维入渗，在此基础上开发出了双环入渗法。双环入渗法就是将两个大小不同的同心圆环切入到地表以下某深度，在地表以上留出一定的高度，同时给内环和外环内的土壤表面以上形成一定的水深条件，造成充分供水的垂直一维入渗，外环的主要作用就是保证内环在入渗过程中其范围内的湿润锋始终是垂向推进的，而外环的湿润锋在一定深度后有少量水分会横向扩散，为了保证外环的入渗锋面与内环的入渗锋面推进速度一致，而在内外环之间的地表以上所形成的入渗水头适当高于入渗内环的入渗水头。我国的水文地质部分曾经大量采用双环入渗法进行田间土壤饱和导水率的测量，积累了一定的经验，将内环面积确定为 1 000cm² 左右即可基本代表大田实验结果，因此建议在开展入渗时最好能够在土壤表面先铺设一层沙以减小集中渗流对大田实际测定结果造成的影响。

实验中，记录入渗水量和相应时刻的数据，通过分析得到土壤的入渗率曲线，在较长时间入渗的后期，当入渗率接近稳定时，所测的值可以近似认为是土壤的饱和导水率 $K(\theta_s)$。

设时段入渗量为 Q，Δt 为入渗时段，A 为内环的横截面面积，则近似的饱和导水率为：

$$K(\theta_s) = \frac{Q}{A\Delta t} \tag{9.2.1}$$

9.2.3 实验仪器和设备

双环入渗仪实验设备如图 9.2.1 所示，由马氏瓶、支柱、双环入渗仪以及辅助设施组成。马氏瓶内径为 14cm，高度为 155cm，在马氏瓶下部合适位置设马氏瓶进气孔，马氏瓶进气孔根据需要可设一个或多个，进气孔用针阀控制，在马氏瓶的上方设灌水孔和橡皮塞，侧面设放气阀、测尺和放水阀。支柱的作用是固定马氏瓶，支柱上设固定支架、滑套和顶丝，固定支架与马氏瓶连接在一起，滑套可以调节固定支架的位置，顶丝用来固定滑套。

入渗环分为内环和外环。内环的内径为 28cm，外径为 30cm，外环的内径为 58.4cm，外径为 60cm，双环入渗仪入渗环高度均为 20cm，其中 10cm 埋入地下，10cm 露出地面。内环用无缝钢管制作，表面采用镀铬处理，外环用焊接钢管制作。为了使钢管顺利插入土里，在进入地面 10cm 高度范围内将钢管的外缘打磨成刀口形，内缘尺寸不变，在内环

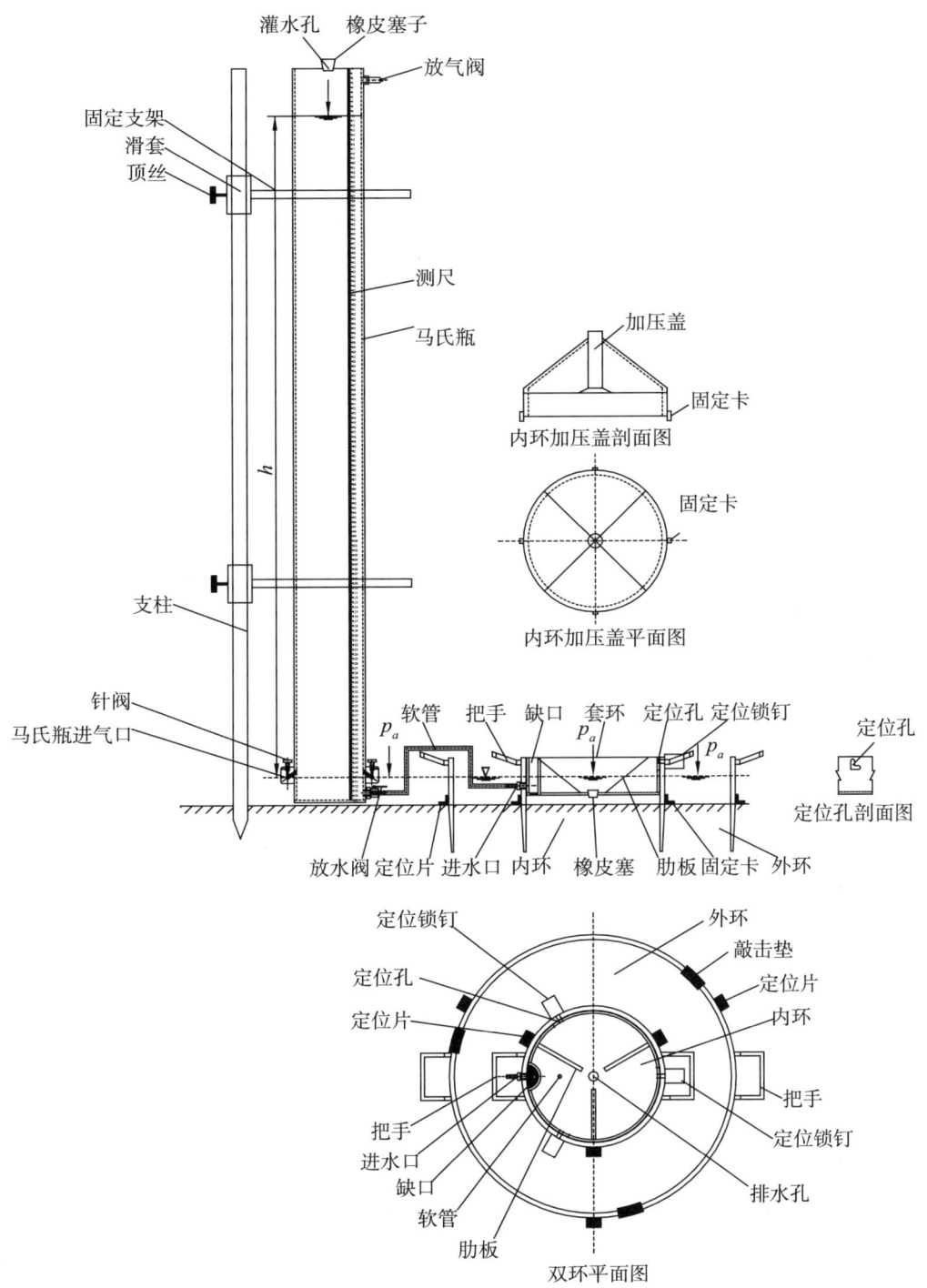

图 9.2.1 双环入渗仪

和外环的外侧各设了 3 个定位片，定位片的位置距环底部 10cm，当内外环的定位片刚刚接触地表时，表明内环和外环的入土深度为 10cm。在内环上面设加压盖，在外环上设了

3个敲击垫，以便双环入土时便于加压和击打。入渗内环上装有两个把手，以便实验结束时提起入渗环。

在以往的双环设计中，有两个主要的缺点：一是由于内环直径一般较大，将环压入土壤时常因受力不均匀而使土壤横向断裂，或由于振动使土体结构松散，环壁与土壤接触不良，使水沿环壁产生集中渗漏，影响实验的效果和量测精度。二是内环直径大，面积大，当环内入渗水头发生微小变化时，水量的变化很大，水头不稳定将造成较大的测量误差，实验精度难以保证，实验资料的可靠性较差。

为了解决以上两个问题，张建丰等对双环入渗仪的内环做了改进，主要有两个方面：第一，在内环上面设加压盖，加压盖与内环接触处为圆形，内外径与内环相同，加压盖的中间为铁棒，四周由钢板和支撑焊接而成，在加压盖的四周焊接四个固定卡，在安装内环时，将加压盖套在内环上，通过打击加压盖可使内环均匀受压而平稳进入土体，从而避免土体扰动以及因入渗环边壁与土壤接触不良引起的集中渗漏。第二，在内环中加了一个套环，套环的底部用透明有机玻璃制作，套环的外径略小于内环的内径，设计套环的外径为27.6cm，在内环和套环之间留有2.0mm的空隙，套环的高度为12cm，实验时保持底面距离地面2cm，在套环壁面的适当位置设3个定位孔，定位孔为"L"形，定位锁钉穿过定位孔与内环连接在一起。当套环处于定位孔的高位时，表明其套环底面距地面2cm，当套环处于定位孔的低位时，其底面与地面处于同一水平。

在套环的侧壁上留有一个半圆形的透明缺口，缺口半径为2.5cm，在缺口的底板上设多个小孔以保持缺口处的水与内环中的水体联系。缺口的作用是可以观测和测量环内的水深、传递水流、稳定内环里的水位和地面免受冲刷。当水流通过进水口进入缺口时，通过缺口底部的多个小孔流向内环，小孔对水流有阻隔消能作用，使进入内环的水流比较稳定，由于受缺口底板的阻隔，水流不直接冲击地面，使得地面免受冲刷。

为了在间歇入渗时排水方便，在套环的底部开有一个直径为2cm的排水孔。在进行入渗实验时，可将排水孔用橡皮塞塞住，需要排水时，拔掉橡皮塞，将套环旋转一个角度后向下压就可使水进入套环中，当水全部进入套环中后，塞上橡皮塞，提出套环，排水过程即完成。套环内收集的排水可以通过量筒进行测量，并与入渗初始加水量进行比较，其差值可以用来校正入渗数据系列等的初始入渗率。

套环的优点是减小了内环的表面积，提高了内环水流的稳定性，保护内环地面不受水流冲刷，在实验过程中，还可以通过套环的透明有机玻璃底板观察土壤入渗状况和土壤表面变化，提高了测量的灵敏度和精度。

实验仪器为代表性的入渗地面、榔头、秒表、洗耳球、灌水漏斗、量筒、盛水器等。

9.2.4 实验方法和步骤

①选择有代表性的地块，该地块没有人、畜踩压和机械碾压过。

②将内环和外环放入需要试验的地块，用手先将内、外环压入土里，然后在内环上扣入加压盖，用榔头均匀地打击加压盖和外环上的敲击垫，当内外环的定位片刚刚接触地表时，表明内环和外环的入土深度为10cm。

③去掉内环上的加压盖，将套环放入内环中，将定位锁钉对准定位孔的高位，表明套环的底面距地面2cm，将定位锁钉拧紧，用橡皮塞将套环底部的排水孔堵住。

④将支柱固定在地面上，检查支柱是否牢固。将支柱上的固定支架调节到合适位置，并用顶丝将滑套固定。

⑤安装马氏瓶。将马氏瓶固定在支柱上，调节马氏瓶的高度，使马氏瓶进气口与内环中的设计水面同高。

⑥关闭马氏瓶上的针阀和放水阀，拔掉灌水口的橡皮塞，用灌水漏斗和量筒向马氏瓶中加水，当马氏瓶中水位达到放气阀附近停止加水，塞紧灌水口橡皮塞，关闭放气阀。

⑦检查马氏瓶是否漏气或漏水。将软管接在放水阀上，微开放水阀，使马氏瓶内减压，直至软管不连续出水为止，关掉放水阀；打开马氏瓶进气口上的针阀，则马氏瓶进气口可能有少量水溢出。少许，马氏瓶进气口应停止溢水，如持续溢水，说明上面的灌水口或进气阀密封不好，应进行修理。如果不持续溢水，说明马氏瓶正常待用。

⑧将放水阀和内环进水口用软管连接。

⑨设定内外环中的入渗水头 h，计算内外环所需的水量。对于内环：

$$V_1 = \pi r_1^2 h_1 + \pi (r_1^2 - r_0^2)(h - h_1) \tag{9.2.2}$$

对于外环：

$$V_2 = \pi (r_3^2 - r_2^2) h \tag{9.2.3}$$

式中，h 为内外环地面以上的水深；h_1 为内环中套环底面距地面的距离，取为2cm；r_0 为套环的外半径；r_1 为内环的内半径；r_2 为内环的外半径；r_3 为外环的内半径；π 为圆周率；V_1 为内环所需保持水头的水量；V_2 为外环所需保持水头的水量。

一般入渗水头可定为5~6cm，如果取水深为5cm，对于内环，其所需水量为：

$$V_1 = \pi r_1^2 h_1 + \pi (r_1^2 - r_0^2)(h - h_1) = \pi \times 14^2 \times 2 +$$
$$\pi (14^2 - 13.9^2) \times (5 - 2) = 1\,249.03 \text{ cm}^3$$

对于外环，其所需水量为：

$$V_2 = \pi (r_3^2 - r_2^2) h = \pi (29^2 - 15^2) \times 5 = 9\,676.11 \text{ cm}^3$$

用盛水器准备好内外环所需的初始水量。

⑩准备好秒表和记录纸，记下马氏瓶的初始水位。

⑪实验开始，将内环准备好的水量倒入套环中，打开放水阀门，待水流进入内环时，拔掉套环底部的橡皮塞，同时启动秒表计时，待入渗环中自由水面与套环内水面相同时，塞上橡胶塞，堵住套环中心孔。在不同时刻记录马氏瓶中的水位值于表9.2.1中。

⑫在向内环加水的同时，将外环准备好的水量倒入内外环之间，由于外环的作用只是保证内环入渗区为垂直入渗，所以外环水面与内环水面不必同高，实验中外环水面最好高于内环水面1~2cm，所以在实验过程中要不断的给外环补水，所补充的水量不用记录。

⑬入渗进行一段时间后，入渗量将会减小。为进一步提高灵敏度，则应将马氏瓶进气孔中的一个关闭。

⑭当实验进行至马氏瓶中的单位时间供水量稳定不变时，实验停止。

⑮实验停止后，将套环中橡皮塞拔掉，迅速将套环下压至地面，这时内环中没有下渗的水流进入套环中，当水全部进入套环后，用橡皮塞堵住排水孔，取出套环，排水过程结束。记录进入套环内的水量。

⑯实验结束后将仪器恢复原状。

9.2.5 数据处理和分析

实验设备名称：_____；仪器编号_____。

同组学生姓名：_____。

已知数据：套环外半径 r_0 = ____ cm；内环内半径 r_1 = ____ cm；内环外半径 r_2 = ____ cm；外环内半径 r_3 = ____ cm；入渗水头 h = ____ cm；入渗时间 t = ____ min。

马氏瓶内径 R = ____ cm；马氏瓶横截面面积 A = ____ cm^2；

马氏瓶初始水面读数 H_0 = ____ cm。

9.2.5.1 实验过程记录

实验过程记录见表9.2.1。

表9.2.1 双环入渗实验记录表

入渗时间（t）/min	马氏瓶水面读数（H_t）/cm	$H_0 - H_t$ /cm	入渗水量（Q）/cm^3	导水率（K）/（cm/s）

(续表)

入渗时间（t）/min	马氏瓶水面读数（H_t）/cm	$H_0 - H_t$ /cm	入渗水量（Q）/cm^3	导水率（K）/（cm/s）
学生签名：	教师签名：		实验日期：	

注：入渗时间开始时每 1min 测读一次，10min 后每 2min 测读一次，1h 后每 5min 测读一次。

9.2.5.2 成果分析

①根据表 9.2.1 实测的马氏瓶水面的下降高度，计算马氏瓶进入土壤的水量，将计算结果记录在表 9.2.1 中。水量的计算公式为

$$Q = \pi R^2 (H_0 - H_t)$$

式中，Q 为 t 分钟内进入内环土壤的水量；R 为马氏瓶半径；H_0 为初始马氏瓶水面读数；H_t 为各时间间隔马氏瓶的水面读数。

②计算导水率 K。导水率 K 用式（9.2.1）计算。将求得的导水率记录在表格 9.2.1 中。

③在直角坐标系中绘制土壤入渗量与时间的关系，分析入渗量随时间的变化规律。

④在直角坐标系中绘制土壤导水率与时间的关系，分析导水率随时间的变化规律。

⑤在直角坐标系中绘制土壤导水率与入渗量的关系，分析导水率随入渗量的变化规律。

9.2.6 实验注意事项

①测试点地表应平整，在安装内外环时不能破坏土壤结构。

②在安装马氏瓶时，应轻拿轻放，特别注意马氏瓶进气口、放水阀、放气阀不能损坏。

③在安装套环前，最好在排水孔下方的地面上放一些植被，以免灌水时破坏地面。

④在实验过程中，需要给外环不断地补充水量，操作比较麻烦。如果可能，可以再设一个马氏瓶专门给外环供水。

⑤在实验过程中，一旦开始测量，中途秒表不能停，直到测量结束才能按下秒表。

⑥实验结束后，应迅速拔掉套环中的橡皮塞，将套环下压，使内环中的剩余水量快速进入套环内，然后塞上橡皮塞，提出套环，将套环中的水倒入量筒进行计量。

⑦在计算内环进入土壤的水量时，应该是马氏瓶的水量+加内环的定量水量−套环中的剩余水量。

⑧实验结束后，应将内外环用清水洗净。

⑨仪器使用一段时间后，应对马氏瓶进行保养和维护。

9.3 降雨入渗实验

9.3.1 实验目的

①掌握测量降雨强度的方法。
②掌握降雨入渗的实验原理和方法。
③掌握定雨强条件下用 Green-Ampt 模型计算入渗率的方法。

9.3.2 降水与入渗

9.3.2.1 降水

大气中的水分以各种形式降落到地面，称为降水。降水是自然界水循环和水量平衡的基本要素之一，是形成径流的必要条件。降水形式包括雨、雪、冰、雹、霜、霰等，但从补给河川径流来说，以雨和雪为主，而降雨与水文现象的关系最为密切。

降雨的形式有锋面雨、地形雨、对流雨和台风雨。锋面雨分为冷锋面雨和暖锋面雨，前者降雨强度大、历时短、雨区面积小；后者降雨强度小、历时长、雨区广；地形雨是由于丘陵、高原、山脉等迫使暖湿气流上升而引起的降雨，多发生在山地的迎风面；对流雨又称雷阵雨，强度大、雨区小、历时短；台风雨是热带海洋上的风暴带到大陆来的降雨，一般属于狂风暴雨。

降雨可用降雨量、降雨历时、降雨强度、降雨面积和降雨中心位置等指标来描述，称为降雨特性。

降雨量：一定时段内降落到地面的总雨量，常以水层深度表示，以 mm 计。

降雨历时：指一次降雨过程所经历的时间，包括降雨过程中的短暂间歇在内，常以分（min）、时（h）或天（d）计算。

降雨强度：单位时间内的降雨量，以 mm/min、mm/h 或 cm/h 计。

降雨面积：降雨所覆盖的水平面积，以 km^2 计。

降雨中心：降雨覆盖面积上降雨最为集中降雨强度最大且范围较小的局部区域。

根据《降水量等级》（GB/T 28592—2012）划分标准，对降水量和降水量等级等术语进行定义，重点对 24h 和 12h 的降雨量与降雪量等级进行了划分；其中降雨量共划分为 7 个等级（表 9.3.1），包括微量降雨（零星小雨）、小雨、中雨、大雨、暴雨、大暴雨、特大暴雨。降雪量同样划分为 7 个等级（表 9.3.2），分别为微量降雪（零星小雪）、小雪、中雪、大雪、暴雪、大暴雪以及特大暴雪。

表 9.3.1 不同时间的降雨量等级划分

降雨等级	12h 降雨总量/mm	24h 降雨总量/mm
微量降雨（零星小雨）	<0.1	<0.1
小雨	0.1~4.9	0.1~9.9
中雨	5.0~14.9	10.0~24.9
大雨	15.0~29.9	25.0~49.9
暴雨	30.0~69.9	50.0~99.9
大暴雨	70.0~139.9	100.0~249.9
特大暴雨	≥140.0	≥250.0

表 9.3.2 不同时段的降雪量等级划分

降雪等级	12h 降雪总量/mm	24h 降雪总量/mm
微量降雪（零星小雪）	<0.1	<0.1
小雪	0.1~0.9	0.1~2.4
中雪	1.0~2.9	2.5~4.9
大雪	3.0~5.9	5.0~9.9
暴雪	6.0~9.9	10.0~19.9
大暴雪	10.0~14.9	20.0~29.9
特大暴雪	≥15.0	≥30.0

目前对雨量的观测主要有人工读数雨量器和自记雨量计。在一次降雨历时中，雨量可能时大时小，也可能时停时下，各点雨量、强度和持续时间是不同的。而雨量站用雨量器或雨量计观测到的雨量为点雨量，如果要求得一个流域或地区在一定时段内的平均降雨量，即面雨量，可以用算术平均法、等雨量线法和泰森多边形法计算。其中算术平均法最为简单，即将所研究的流域内各雨量站同时期的降雨量相加，再除以站数，得出的算术平均值为该流域的平均降雨量，即：

$$\bar{h} = \frac{h_1 + h_2 + h_3 + \cdots + h_n}{n} \tag{9.3.1}$$

式中，h_1、h_2、h_3、h_n 为各雨量站同时段（相同起讫时间）的降雨量；$\bar{h}$ 为计算流域同时段的平均降雨量；n 为站数。

9.3.2.2 入渗

入渗是指水渗入土壤的过程。入渗可以分为 3 个阶段，即自由入渗阶段、顶托入渗阶段和渗透阶段，如图 9.3.1 所示。

自由入渗阶段：土表的水受重力、土壤分子力、毛管吸力等作用而渗入土壤的过程称为自由入渗。

顶托入渗阶段：当入渗的湿润前锋到达某界面后，湿润锋面的前移过程停止，而使得入渗边界至湿润锋面之间土壤水分含量不断聚集的过程称为顶托入渗阶段。

有时也把第一、二阶段合称为非饱和入渗。

渗透阶段：当入渗界面至湿润锋面之间土壤孔隙接近或者完全被水充满时，水分主要受重力作用而透过界面向下作稳定的渗流运动，称为渗透阶段，属于饱和入渗。

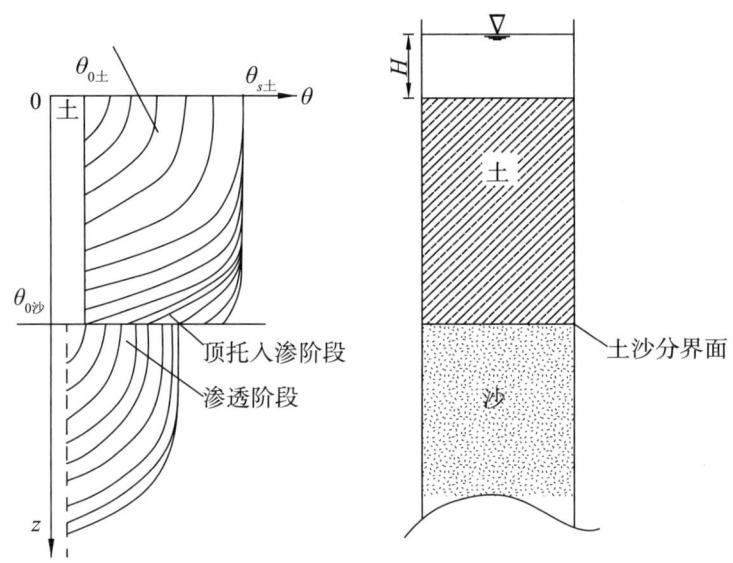

图 9.3.1　入渗的 3 个阶段

入渗对于土壤水、地下水和植物生长是一种补给。

入渗初期，由于土壤干燥，水分主要在分子力的作用下迅速被表层土壤所吸附，此时入渗率最大。随着入渗的继续和土壤含水量的增加，分子力和毛管力作用逐渐减弱，入渗率也随之降低。当土壤水分达到并超过田间持水量以后，大孔隙中的水分主要在重力作用下入渗，入渗率逐渐趋于稳定，接近为常数。

天然情况下的土壤入渗率与土壤的性质、前期土壤含水量和降雨时程分配有关。就单点入渗而言，如果设某一时段的降雨强度为 R，土壤的入渗能力（入渗率）为 $f(t)$，在一次实际降雨过程中，可能出现 $R > f(t)$，$R = f(t)$ 或 $R < f(t)$ 3 种情况，当前两种情况发生时，实际入渗率为 $f(t)$，当 $R < f(t)$ 时，实际入渗率为 $f(t) = R$。

9.3.2.3　定雨强条件下的降水入渗过程

设定雨强为 R_0，入渗时间为 t，入渗率为 $f(t)$，降雨强度 $R_0 = f(t)$ 时的入渗时间为 t_p。在开始入渗后一段时间内，当 $t < t_p$ 时，由于降雨强度 R_0 小于土壤的入渗率 $f(t)$，

所以实际的入渗率即为降雨强度 R_0，如图 9.3.2 中的 ab 线所示；当 $t = t_p$ 时，降雨强度正好等于入渗率，即 $R_0 = f(t)$；当 $t > t_p$ 以后，降雨强度大于土壤的入渗能力，即 $R_0 > f(t)$，此时实际的入渗率为 $f(t)$，如图 9.3.2 中的 bc 线所示。当 $t > t_p$ 时，超出入渗率的降雨则形成地表积水或地表径流，如图 9.3.2 中的阴影线所示。因此可以将降雨入渗过程分为两个阶段：第一阶段为降雨强度控制阶段，这一阶段为无压入渗；第二阶段为土壤入渗能力控制阶段，为积水入渗或有压入渗。两阶段的交点即为积水点。

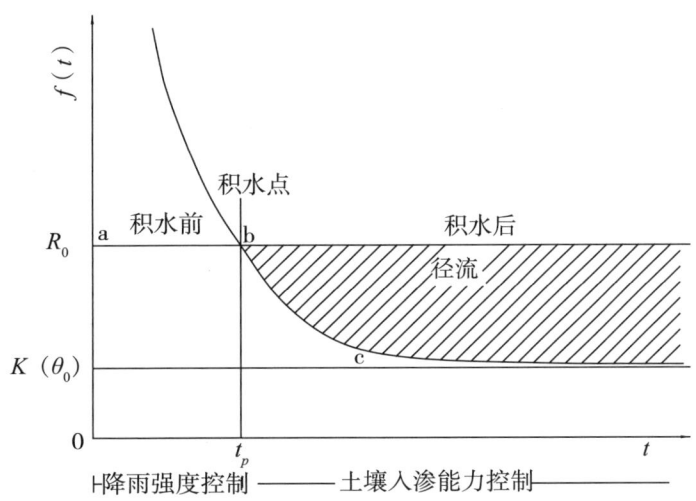

图 9.3.2　入渗率曲线与稳定降雨强度下的入渗过程

9.3.2.4　定雨强条件下的降水入渗模型

降雨入渗过程可以采用 Philip 入渗模型、Green-Ampt 入渗模型以及 Horton 等经验公式进行模拟。由于 Green-Ampt 入渗模型比较简单，具有较强的物理概念基础，所以常用于对降雨入渗的计算。Green-Ampt 入渗模型为干土积水入渗模型，1973 年，Mein 和 Larson 改进了 Green-Ampt 入渗模型，提出了定雨强条件下的降水入渗计算方法。

Green-Ampt 入渗模型在第 5 章已介绍过，已知累积入渗量为式（5.3.2），入渗时间为式（5.3.5），将式（5.3.2）变形代入式（5.3.5）可得：

$$K(\theta_s)t = F(t) - (H + s_f)(\theta_s - \theta_0)\ln\left[1 + \frac{F(t)}{(H + s_f)(\theta_s - \theta_0)}\right] \quad (9.3.2)$$

对式（9.3.2）求导数可得入渗率公式为：

$$f(t) = K(\theta_s)\left[1 + \frac{(H + s_f)(\theta_s - \theta_0)}{F(t)}\right] \quad (9.3.3)$$

式（9.3.2）和式（9.3.3）为根据 Green-Ampt 假定推导得到的入渗总量和入渗率的计算公式，式中符号同前。

根据 Green-Ampt 入渗模型可以分析降雨条件下入渗率的计算方法。

设稳定降雨强度为 R_0，由以上分析可知，只有当降水强度大于土壤的入渗能力时，地表才形成积水。记开始积水的时间为 t_p，由式（9.3.3）可知，入渗率 $f(t)$ 随着累积入渗量 $F(t)$ 的增加而减小，当累积入渗量达到某值，即 $F_p(t)$ 值时，$f(t) = R_0$，此时地面开始积水，由于不是由 $t = 0$ 时开始积水，故不能直接由式（9.3.2）计算累积入渗量。

当以 R_0 等雨强开始降雨入渗，实际入渗过程为非充分供水的入渗，土壤表面无积水，土壤瞬时入渗率随着降雨入渗的持续降低，其与降雨强度相等所需的时间为 t_p；假定给该土壤直接进行积水入渗，由于是充分供水条件的入渗，其累积入渗量达到与非充分供水的入渗相同值所用的时间为 t'_p，t'_p 也称为积水状态下累积入渗量为 $F_p(t)$ 时的虚拟入渗时间，显然 $t'_p < t_p$，所以在应用 Green-Ampt 入渗模型时，Mein 和 Larson 认为需对式（9.3.2）进行修正，修正后的公式为：

$$K(\theta_s)[t - (t_p - t'_p)] = F(t) - (H + s_f)(\theta_s - \theta_0)\ln\left[1 + \frac{F(t)}{(H + s_f)(\theta_s - \theta_0)}\right]$$
(9.3.4)

当 $F(t) = F_p(t)$ 时，$t = t_p$，则由式（9.3.4）可得开始积水时累计入渗量 $F_p(t)$ 的计算式为：

$$K(\theta_s)t'_p = F_p(t) - (H + s_f)(\theta_s - \theta_0)\ln\left[1 + \frac{F_p(t)}{(H + s_f)(\theta_s - \theta_0)}\right] \quad (9.3.5)$$

当 $F(t) = F_p(t)$、$f(t) = R_0$ 时，由式（9.3.3）得：

$$f(t) = R_0 = K(\theta_s)\left[1 + \frac{(H + s_f)(\theta_s - \theta_0)}{F_p(t)}\right] \quad (9.3.6)$$

由式（9.3.6）解出：

$$F_p(t) = \frac{(H + s_f)(\theta_s - \theta_0)}{R_0/K(\theta_s) - 1} \quad (9.3.7)$$

开始积水时，$t_p = F_p(t)/R_0$，则：

$$t_p = \frac{F_p(t)}{R_0} = \frac{(H + s_f)(\theta_s - \theta_0)}{R_0[R_0/K(\theta_s) - 1]} \quad (9.3.8)$$

当 $t \leq t_p$ 时，即可由式（9.3.7）计算土壤的总入渗量。

当 $t > t_p$ 时，土壤表面有积水，则累积入渗量由式（9.3.4）解出：

$$F(t) = K(\theta_s)[t - (t_p - t'_p)] + (H + s_f)(\theta_s - \theta_0)\ln\left[1 + \frac{F(t)}{(H + s_f)(\theta_s - \theta_0)}\right]$$
(9.3.9)

式中，t'_p 可以由式（9.3.5）解出：

$$t'_p = \frac{F_p(t)}{K(\theta_s)} - \frac{(H + s_f)(\theta_s - \theta_0)}{K(\theta_s)}\ln\left[1 + \frac{F_p(t)}{(H + s_f)(\theta_s - \theta_0)}\right] \quad (9.3.10)$$

如果地表水层厚度 H 很小，对入渗影响可不考虑时，则式（9.3.9）、式（9.3.6）和式（9.3.10）可简化为：

$$F(t) = K(\theta_s)[t-(t_p - t'_p)] + s_f(\theta_s - \theta_0)\ln\left[1 + \frac{F(t)}{s_f(\theta_s - \theta_0)}\right] \quad (9.3.11)$$

$$f(t) = K(\theta_s)\left[1 + \frac{s_f(\theta_s - \theta_0)}{F_p(t)}\right] \quad (9.3.12)$$

$$t'_p = \frac{F_p(t)}{K(\theta_s)} - \frac{s_f(\theta_s - \theta_0)}{K(\theta_s)}\ln\left[1 + \frac{F_p(t)}{s_f(\theta_s - \theta_0)}\right] \quad (9.3.13)$$

在用式（9.3.11）计算 $F(t)$ 时，需要试算或迭代计算，为了避免试算，可以先假定 $F(t)$，再计算时间 t，则式（9.3.11）可以写成：

$$t = (t_p - t'_p) + \frac{F(t)}{K(\theta_s)} - \frac{s_f(\theta_s - \theta_0)}{K(\theta_s)}\ln\left[1 + \frac{F(t)}{s_f(\theta_s - \theta_0)}\right] \quad (9.3.14)$$

算例：设一种土壤的饱和含水量 $\theta_s = 0.48$，初始含水量为 $\theta_0 = 0.20$，饱和导水率 $K(\theta_s) = 0.05\text{cm/h}$，湿润锋处的土壤水吸力 $s_f = 25\text{cm}$，稳定降雨强度 $R_0 = 0.6\text{cm/h}$，地表水层很薄，可忽略不计，试计算土壤的累积入渗量和入渗率。

解：

由式（9.3.7）计算开始积水时的入渗量 $F_p(t)$，当不计地表水层 H 时，有：

$$F_p(t) = \frac{s_f(\theta_s - \theta_0)}{R_0/K(\theta_s) - 1} = \frac{25 \times (0.48 - 0.20)}{0.6/0.05 - 1} = 0.6364(\text{cm})$$

由式（9.3.8）计算开始积水的时间 t_p

$$t_p = F_p(t)/R_0 = 0.6364/0.6 = 1.061(\text{h})$$

由式（9.3.13）计算积水状态下累积入渗量为 $F_p(t)$ 时的虚拟入渗时间 t'_p

$$t'_p = \frac{F_p(t)}{K(\theta_s)} - \frac{s_f(\theta_s - \theta_0)}{K(\theta_s)}\ln\left[1 + \frac{F_p(t)}{s_f(\theta_s - \theta_0)}\right]$$

$$= \frac{0.6364}{0.05} - \frac{25 \times (0.48 - 0.20)}{0.05}\ln\left[1 + \frac{0.6364}{25 \times (0.48 - 0.20)}\right] = 0.5457(\text{h})$$

将已知的 t_p、t'_p、θ_s、θ_0、s_f 和 $K(\theta_s)$ 代入式（9.3.14）和式（9.3.12）计算不同累积入渗量所需的时间 t 和入渗率 $f(t)$，即：

$$t = 0.5135 + \frac{F(t)}{0.05} - 140\ln\left[1 + \frac{F(t)}{7}\right]$$

$$f(t) = K(\theta_s)\left[1 + \frac{s_f(\theta_s - \theta_0)}{F(t)}\right] = 0.05\left[1 + \frac{7}{F(t)}\right]$$

列表计算如下，计算时，先假定入渗量 $F(t)$ 求时间 t，再计算入渗率 $f(t)$，计算结果见表 9.3.3。

表 9.3.3 入渗量 $F(t)$ 和入渗率 $f(t)$ 计算

$F(t)$/cm	t/h	$f(t)$/(cm/h)	备注
0	0	0.600 0	自由入渗
0.646 3	1.075 9	0.591 5	
0.7	1.170 1	0.550 0	积水入渗
0.8	1.363 6	0.487 50	
0.9	1.580 1	0.438 89	
1	1.819 1	0.400 00	
1.1	2.080 0	0.368 18	
1.2	2.362 1	0.341 67	
1.3	2.665 1	0.319 23	
1.4	2.988 5	0.300 00	
1.5	3.331 7	0.283 33	
1.6	3.694 2	0.268 75	
1.7	4.075 7	0.255 88	
1.8	4.475 7	0.244 44	
1.9	4.893 7	0.234 21	
2	5.329 5	0.225 00	
2.1	5.782 5	0.216 67	
2.2	6.252 4	0.209 09	

绘制 $F(t)$ 和 $f(t)$ 与时间 t 的关系如图 9.3.3 所示。由图 9.3.3 可以看出，降雨入渗总量随着时间的增加而增加，入渗率随着时间的增加而减小。两条曲线的交汇点即为地面积水时间。

9.3.3 实验仪器和设备

9.3.3.1 降雨强度测量的仪器

降雨强度一般用雨量器测量。雨量器有人工雨量器和自记雨量器两种。自记雨量器有虹吸式、翻斗式、称重式、软盘斗式、融雪式雨量器、光学雨量器和雷达雨量器。本节只介绍人工雨量器和虹吸式自记雨量器。

(1) 人工雨量器

人工雨量器由雨量筒和雨量杯两部分组成，如图 9.3.4 所示。雨量筒包括承雨器、漏斗、储水筒、储水器和器盖，用于观测和收集降水。雨量杯用于测量降水量。

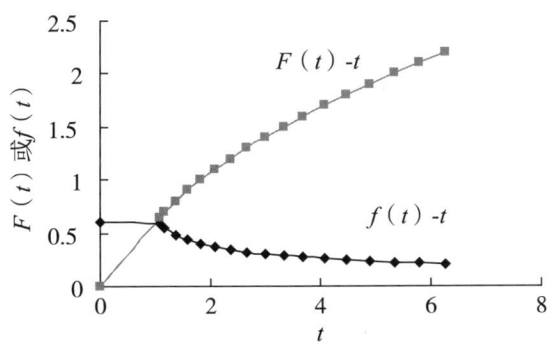

图 9.3.3　降雨入渗率（或入渗总量）与入渗时间的关系

承雨器为圆筒状，内径为 200mm，安装时器口距离地面 700mm，在承雨器内嵌入一个漏斗，漏斗内壁光滑，倾角为 40°～45°，极限情况下，进入承雨器的降水不溅出承雨器口外。在漏斗的下方设储水器，储水器的作用是收集雨水。

雨量杯内径为 40mm，其截面积为承雨器的 1/25，即在承雨器内 1mm 的降雨量，倒入雨量杯内的高度为 25mm，高度放大了 25 倍。因此雨量杯的刻度即以 25mm 高度作为降雨量 1mm 的标定值。雨量杯的刻度精确至 0.1mm，最大刻度为 10.5mm，最小刻度为 0.1mm。

人工雨量器还可以测量降雪，方法是当降雪时，仅用外筒作为盛雪器具，待雪融化后计算降水量。

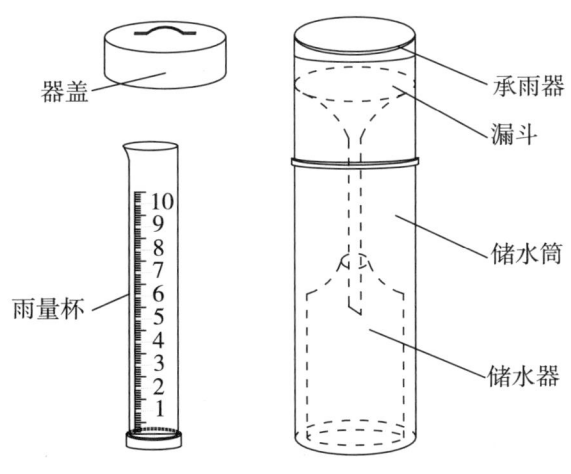

图 9.3.4　人工雨量器

(2) 虹吸式自记雨量器

虹吸式自记雨量器是利用虹吸原理来测量降水量的仪器，可以连续测量液态降水量、降雨强度和降水起止时间。

虹吸式自记雨量器由承雨器、漏斗、小漏斗、浮子、浮子室、虹吸管、储水器、笔档、自记钟筒、记录笔和观察窗组成，如图 9.3.5 所示。

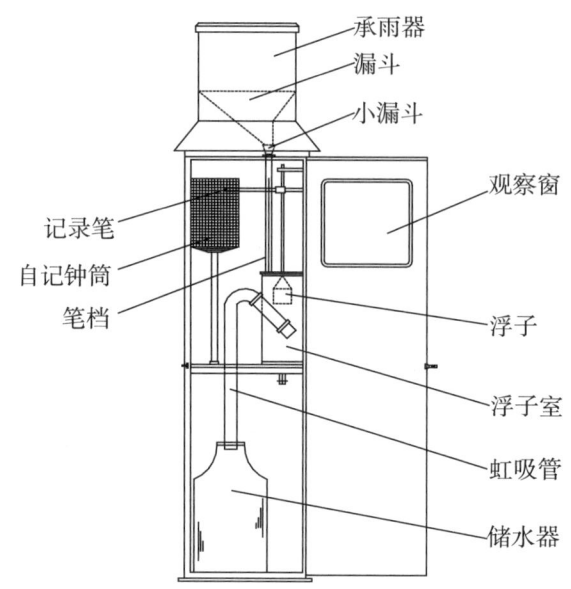

图 9.3.5　虹吸式自记雨量器

降雨进入承雨器后，经下部的漏斗注入小漏斗流入浮子室，浮子室是一个圆筒，在浮子室的左下侧有一个斜形管状的壶口，上面可插入虹吸管，浮子室内装入浮子，当降雨进入浮子室时，浮子上升，在浮子杆上装有记录笔，记录笔随浮子上升而上升，并自动在自记钟筒的记录纸上画出曲线。当浮子室内的降水深度达到 10mm 时，由于虹吸作用虹吸管将浮子室内的全部降水迅速排出存放在储水器内，此时笔杆跟着下落到"0"线位置，若仍有降水，则笔杆又重新开始上升，如此往返持续记录降雨过程。

承雨器内径为 200mm，浮子室内径为 63mm。由于承雨器的截面积为浮子室截面积的 10 倍，因而记录笔在自记纸上的上升高度是实际降水深度的 10 倍，即每 0.1mm 的降水量在自记纸上的线距是 1mm，所以虹吸式自记雨量器的分辨率为 0.1mm，降雨强度适用范围为 0.01~4.0mm/min。

记录纸上记录的曲线为累计曲线，横坐标表示时间，纵坐标表示降雨量，曲线的斜率即为降雨强度。因此虹吸式自记雨量器的记录纸上可以确定出降雨的起止时间、雨量大小、降雨量累计曲线和降雨强度的变化过程。

9.3.3.2　针管式降雨装置

自 20 世纪 90 年代开始，国内外学者已经研制了 4 种类型的模拟降雨的装置，分别为喷嘴式、管网式、悬线式和针管式。喷嘴式降雨装置是指水从喷嘴或喷孔喷出形成雨滴，缺点是降雨均匀度比较低，控制范围不好限定；管网式降雨装置是指在实验管道上每隔一定的距离钻出小孔，水从孔中喷出形成雨滴，缺点是灵活性差、受压力影响大，不易控制，雨滴直径过大；悬线式降雨装置与管网式降雨装置比较相似，水滴流出出水孔后随着孔口外悬挂的一段细线下行，在细线末端以初速度为零条件下滴形成降雨，该方式的缺点是雨滴降落到地面时难以达到天然降雨落地的终点速度，其降雨强度也不好控制；针管式降雨装置是指水在较低压力下通过针头流出形成间断的雨滴下落而达到模拟降雨目的的一种降雨器，该方式模拟降雨的雨滴直径比较均匀、通过更换针头的粗细和改变施加在针头上的水压力来控制降雨强度，通过调整针头位置距离地面的高度可以模拟雨滴落地速度，是进行小型模拟降雨的较好装置。

针管式降雨装置如图9.3.6所示。由图中可以看出，针管式降雨装置由垂直土柱、马氏瓶、降雨器、固定支架、集雨筒、量筒和雨量杯组成。

垂直土柱高100cm，直径15cm，在土柱的底部设孔板，孔板用法兰连接在一起，孔板上面铺一层细纱网，下面为排气室，土柱上设装土线，装土线的间距为5cm，在垂直土柱的土面上方3~5mm处（如果有径流流出，则相当于土面上部水深 $H=3\sim5$mm）开一高10mm、宽度为20mm的扁孔，扁孔外设集雨盒，集雨盒的底部设径流管，径流管的出口设径流量筒，径流可以通过扁孔流入集雨盒，再通过集雨盒流入径流管，然后流入径流量筒，以测量径流量；在土柱的顶部设活动集雨筒，集雨筒可以叠放在垂直土柱上，在集雨筒的侧面设集雨管，集雨管的出口设雨量杯，以测量降雨量和降雨强度；马氏瓶一侧设马氏瓶进气口和针阀，马氏瓶上部设放气阀、灌水孔、橡皮塞子。马氏瓶的侧面设测尺，以观测马氏瓶中的水位变化，在马氏瓶的下部装连接管和放水阀，连接管与降雨装置相连接；降雨装置由水室、医用针头、水位观测管和测尺组成，针头按梅花形布置，针头密度可以根据要求设计，针头的粗细可以根据降雨强度的不同使用不同的针头型号，水位观测管的作用是在针头上部形成不同的水头，水位观测管的水面与马氏瓶进气口同高，可以通过调节马氏瓶的高度来调节水位观测管的水面高度，水面高度不同，降雨强度也不同，一般的，降雨装置针头以上水位高度与降雨强度之间呈线性关系，降雨入渗实验前需先标定雨强与水位观测管内水头的关系；固定支架由支柱、滑套和顶丝组成，用来支撑垂直土柱和马氏瓶。

实验材料与仪器为土样、秒表、洗耳球、灌水漏斗、止水夹、取土铝盒、取土样器、烘箱、天平、塑料布和直尺。

9.3.4 实验方法和步骤

9.3.4.1 实验前的准备工作

①根据实验需要，将待实验土样自然风干碾碎过2mm筛，用烘箱烘干后称出土样的干重度，计算初始含水量 θ_0。

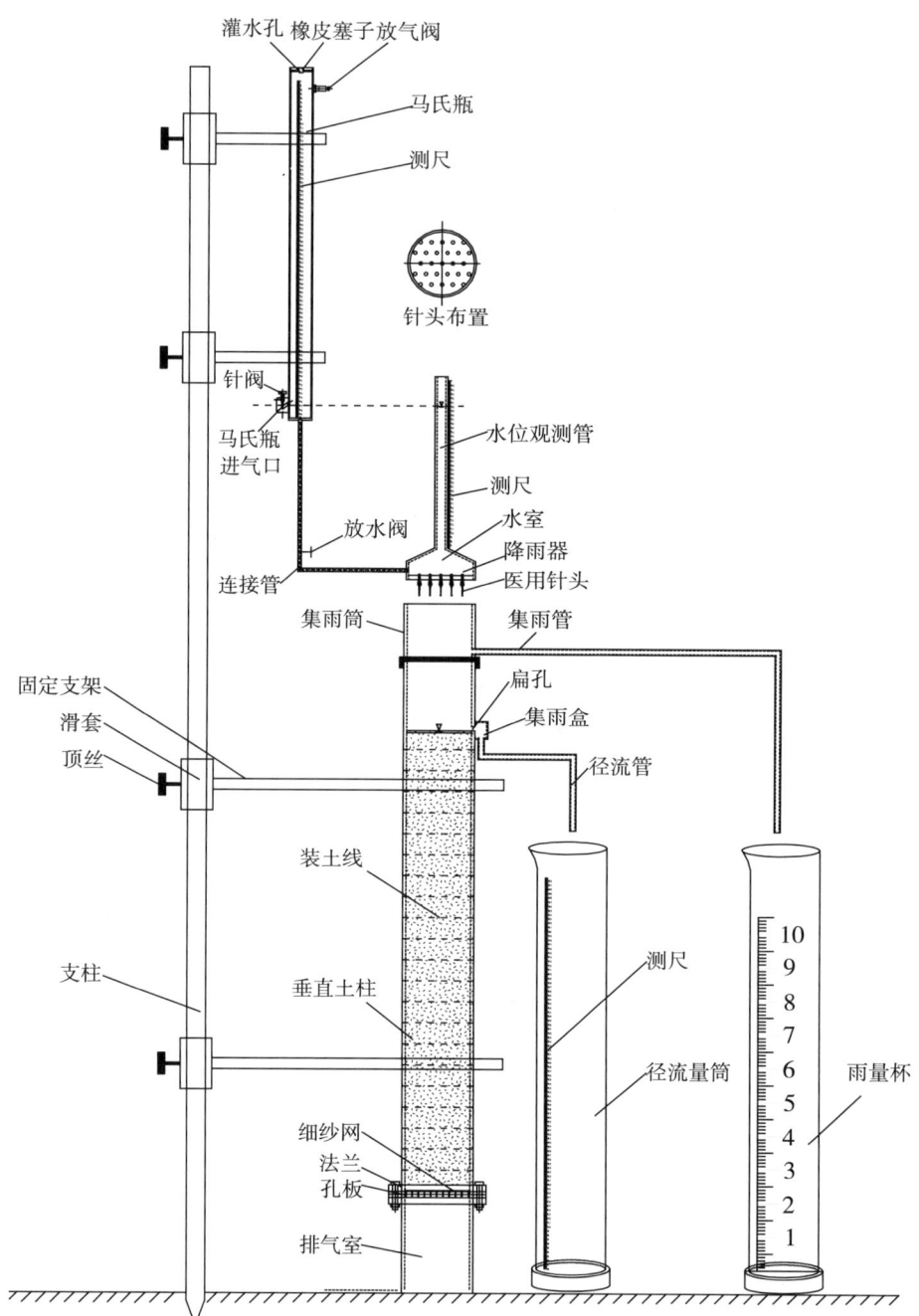

图 9.3.6 针管式降雨装置

②将土样取出一部分,装入饱和土壤的达西渗透实验装置(第4章),测定土壤的饱和导水率 $K(\theta_s)$。并用烘干法测定饱和土壤的含水量 θ_s。

③测量土壤湿润锋处的吸力 s_f,测量方法见第4章。绘出土壤水吸力与土壤含水量

的关系，即土壤水分特性曲线，土壤湿润锋处吸力 s_f 一般可用土壤的进气吸力值代替，即土壤开始排水的临界吸力值。

④将土样分层装入土柱，每层厚度为5cm，每层装土时都要用夯土器击实，每夯实一层，将其上表面5mm范围的土层进行疏松（该范围内土壤的干重度比设计要求的干重度高15%以上），以保证层与层之间的良好接触并使层间节理发育尽可能降低。每层装土的重量用式（9.3.15）计算：

$$G_s = \gamma_d (1 + \theta_m) V \tag{9.3.15}$$

式中，G_s 为换算后某一刻度的土重，g；γ_d 为土样的设计干重度，g/cm³；θ_m 为土样的初始质量含水量，%；V 为某一刻度土柱装土的体积，cm³。

9.3.4.2 降雨量和降雨强度的调试和标定方法

①将活动雨量筒放在垂直土柱的上方，与垂直土柱叠放在一起，如图9.3.6所示，再将雨量杯放在集雨管的下方。

②调节马氏瓶的高度，使马氏瓶进气口高度位于降雨装置水位观测管某高度。

③关闭马氏瓶与降雨装置之间连接管上的放水阀，给马氏瓶装满水，记录马氏瓶的初始水面读数。

④打开放水阀，使水流通过放水阀进入降雨装置，开始降雨，观测降雨器上面的水位观测管中水头的变化，直到水位观测管的水头达到马氏瓶进气口的高度。

⑤当水位观测管中的水头稳定后，说明降雨强度已为某定雨强，开始记录降雨历时和雨量杯中的水深，降雨历时可根据需要设置。

⑥测量降雨装置顶部的水位观测管水头读数。

⑦求降雨量和降雨强度。降雨量由雨量杯直接读出，降雨强度为降雨量除以降雨历时。

⑧当一次降雨实验完成后，调节马氏瓶的高度，使得水位观测管中的水头提高或降低，重复第6至第7步 N 次。

⑨绘制降雨器水头与降雨强度的关系，得到该条件下降雨器的水位—雨强关系公式以备后用。

⑩标定结束后关闭放水阀。

9.3.4.3 土壤入渗实验的方法和步骤

①根据设计降雨强度，利用水位—雨强关系公式计算出降雨器上的水位值，调节马氏瓶的高度达到相应位置，给马氏瓶充满水，打开放水阀，待水位观测管中的水面达到设计高度并保持恒定。

②去掉垂直土柱上的集雨筒，使雨水降入土壤表面，开始记录入渗时间。

③观测记录垂直土柱中土壤湿润锋的变化情况，初始时入渗速度快，可每5min测量

一次，以后可根据需要设定测量时间。

④当土壤表面有积水（积水深度 H 设计为 5mm）且形成径流时，径流将从径流管流出，这时记录形成径流的开始时间，用量筒测量某一时段的径流总量 V_i。

⑤当土壤的湿润峰达到入渗装置的某一深度时，关闭放水阀门，记录实验停止的时间。

⑥计算径流量，径流量 q 等于量筒中的水量 V_i 除以测量时间 t。

9.3.5 数据处理和分析

实验设备名称：_____；仪器编号_____。

同组学生姓名：_____。

已知数据：针头直径 $d =$ ____ cm；针头间距 $b =$ ____ cm；降雨器直径 $D =$ ____ cm^2；

土壤干重度 $\gamma_g =$ ____ g/cm^3；土壤初始体积含水量 $\theta_0 =$ ____ cm^3/cm^3；

土壤初始质量含水量 $\theta_m =$ ____；土壤饱和体积含水量 $\theta_s =$ ____ cm^3/cm^3；

土壤饱和导水率 $K(\theta_s) =$ ____ cm/min；土壤水吸力 $s_f =$ ____ cm；

马氏瓶的横截面积 $A =$ ____ cm^2；土柱的横截面积 $F =$ ____ cm^2。

9.3.5.1 实验过程记录和计算

①降水量和降水强度实验过程记录及计算见表 9.3.4。

表 9.3.4　降水量和降水强度实验记录和计算表

降水历时/min	降水量/mm	降水强度/（mm/min）	水位观测管水头读数/cm
学生签名：	教师签名：		实验日期：

②湿润锋与入渗时间的测量结果记录见表 9.3.5。

表 9.3.5 湿润锋与入渗时间的关系

入渗时间/min	入渗深度/cm	入渗时间/min	入渗深度/cm
学生签名：	教师签名：		实验日期：

9.3.5.2 成果分析

(1) 降水量和降雨强度成果分析

①根据表 9.3.2 绘制降水量和降水强度与水位观测管水头的关系。

②分析降雨量和降雨强度与水位观测管水头的变化规律，拟合出降雨强度与水位观测管水头关系的经验公式。

(2) 土壤入渗成果分析

①当土壤表面有积水时，可以认为地面表层湿度刚达到土壤的饱和湿度，可在土壤表层取样测定土壤的饱和含水量 θ_s；也可以根据饱和土壤的达西渗透实验取样测定土壤的饱和含水量 θ_s。

②土壤的饱和导水率 $K(\theta_s)$ 可根据饱和土壤的达西渗透实验确定，实验方法见第 4 章。

③土壤的进气吸力 s_f 可根据第 4 章的一维土柱测量土壤水分特征曲线的方法确定。

④根据表 9.3.5 绘制湿润锋与入渗时间的关系，分析湿润锋与入渗时间的变化规律。

⑤计算进入土壤的总入渗水量，计算公式为：

$$W_i = h_i \times A \tag{9.3.16}$$

式中，A 为马氏瓶横截面积；$h_i = t_i$ 时刻的马氏瓶读数 $- t_0$ 时刻的马氏瓶读数；W_i 为总入渗水量。

⑥计算土壤的入渗量。当土壤表面无积水时，土壤的入渗量为：

$$F(t_i) = W_i / F \tag{9.3.17}$$

当土壤表面有积水时，根据入渗总量计算 t_i 时刻进入土壤的累积入渗量为：

$$F(t_i) = (W_i - V_i)/F \tag{9.3.18}$$

式中，F 为土柱的横截面积；V_i 为 t 时段内量筒中的径流总水量。

⑦计算径流量。径流量 $q = V_i / t$。

⑧根据实测的饱和土壤含水量 θ_s、初始土壤含水量 θ_0、土壤饱和导水率 $K(\theta_s)$、降雨强度 R_0、土壤水吸力 s_f 和土壤表面积水深度 H，由式（9.3.7）计算开始积水时的累计入渗量 $F_p(t)$，由式（9.3.8）计算 $F_p(t)$ 时的入渗时间 t_p，由式（9.3.13）计算 t'_p，由式（9.3.11）计算土壤的累积入渗量 $F(t)$，由式（9.3.12）计算土壤的入渗率 $f(t)$。

⑨将以上计算结果与实验进行对比分析，验证 Green-Ampt 降水入渗模型。

9.3.6 实验注意事项

①在制作降雨装置时，针头的间距和排列以及针头的粗细对降水强度和土壤入渗率的影响很大，所以要严格按照设计尺寸制作降雨装置。

②安装降雨装置时，必须按设计要求安装，特别注意针头不要碰弯和损坏。

③在土柱中装土时，试样干重度的选取必须符合实际，在装土时要保证层与层之间的良好接触。否则会影响实验结果。

④在实验过程中，一旦开始测量，中途秒表不能停，直到测量结束才能按下秒表。

⑤实验结束后，应立即关闭放水阀，停止计时。

9.4 沟灌入渗实验

9.4.1 实验目的

①掌握沟灌入渗实验的理论和方法。

②了解影响沟灌土壤入渗率的因素，沟的不同形状对沟灌入渗特性的影响。

③掌握测量单沟和双沟情况下土壤入渗规律的方法。

④绘制不同时刻土壤入渗湿润锋的界面，分析沟灌条件下土壤湿润锋的变化规律。

⑤根据 Kostiakov 入渗模型，通过试验确定相关参数，掌握实验参数的确定方法。

9.4.2 实验原理

地面灌溉方法主要有沟灌、畦灌、淹灌、漫灌和波涌灌溉等。其中沟灌是地面灌溉中普遍应用于中耕作物的一种比较节水的灌水方法。沟灌是指灌溉水流经作物行间垄沟，借助重力与毛管作用湿润土壤的灌水方法，又称重力灌水法。

实施沟灌技术，首先要在作物行间开挖灌水沟，水从输水渠道进入灌水沟后，在流动的过程中，沿沟壁的湿润边界在重力作用和土壤毛细管作用下向周围湿润土壤。沟灌的优点是不会破坏作物根部附近的土壤结构，不导致田面板结，能减少土壤蒸发损失，适合于宽行距的植物如黄瓜、西瓜、西葫芦、番茄、豆类、草莓和果树等，沟灌不适合窄行距作物。

灌水沟的坡度一般为 0.5%~2%，当坡度较大时，可以与地形等高线成锐角，使灌水沟获得适宜的坡度。沟的间距视土壤性质而定，一般轻质土壤的间距较窄，为 50~60cm，中质土壤为 65~75cm，重质土壤为 75~80cm。具体情况需根据作物类型和种植要求而定。

灌溉水沿灌水沟向土壤中入渗时受重力及土壤基质吸力两种力的作用，重力作用主要使沿灌水沟流动的灌溉水垂直下渗，而土壤基质吸力或毛细管力的作用除使灌溉水向下湿润外，亦向周围扩散，甚至向上浸润，因此，沿灌水沟断面不仅有纵向下渗湿润土壤，同时也有横向入渗浸润土壤，由于在沟长方向各个断面土壤沟灌入渗基本相似或相同，所以沟灌入渗一般简化为二维入渗。

灌水沟中纵、横两个方向的浸润范围主要取决于土壤的透水性能与灌水沟中的水深，或灌水沟中水流浸润的时间长短。由于轻质土壤灌水沟中的水流受重力作用，其垂直下渗速度较快，而向灌水沟周围沟壁的侧渗速度相对较弱，所以其土壤湿润范围呈长椭圆形，如图 9.4.1 中的砂性土壤湿润范围曲线所示；重质土壤其基质吸力相对较大，导水率相对较小，因此灌水沟中水流通过沟底的垂直下渗与通过沟壁的侧渗接近平衡，故其土壤湿润范围呈扁椭圆形，如图 9.4.1 中的黏性土壤湿润范围曲线所示。

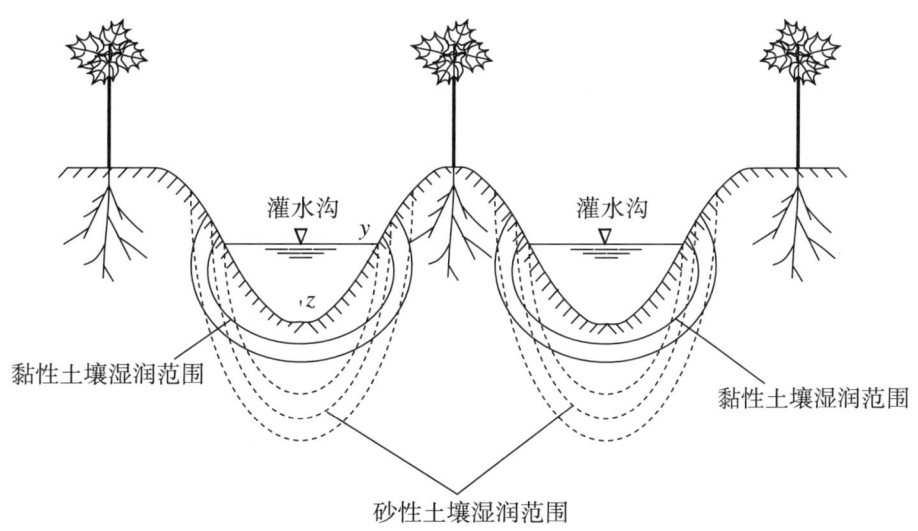

图 9.4.1　沟灌水分入渗示意图

沟灌的水力特性，一般从沟面的水流特性与非饱和土壤的入渗特性两方面进行分析和表达。

对于沟面水流特性，可以应用明渠非恒定流有流量流出或流入时的圣维南基本方程，即：

连续方程 $$\frac{\partial A}{\partial t} + \frac{\partial Q}{\partial x} \pm f(t) = 0 \quad (9.4.1)$$

运动方程 $$i = J_f + \frac{\partial h}{\partial x} + \frac{1}{g}\frac{\partial v}{\partial t} + \frac{v}{g}\frac{\partial v}{\partial x} \quad (9.4.2)$$

式中，A 为渠道的过水断面面积；Q 为通过渠道中的流量；$f(t)$ 为单位沟长上的入渗率 [流入沟渠时 $f(t)$ 前取负号，流出沟渠时 $f(t)$ 前取正号，因为土壤入渗时流出了沟渠，所以 $f(t)$ 前取正号]；i 为灌水沟的底坡；J_f 为作用于单位重量液体上的阻力，称为摩阻坡度，可以表示为 $J_f = Q^2/(C^2 A^2 R)$；h 为渠中水深；v 为渠中水流的流速，$v = Q/A$；g 为重力加速度；x 为沿沟长方向的距离。

对于沟灌，由于水流运动比较平缓，因此可以假定沿程各点符合明渠均匀流条件，所以沟灌时水流的运动方程式（9.4.2）中等号右端的后三项可以省去，其运动方程简化为：

$$i = J_f = \frac{Q^2}{C^2 A^2 R} \quad (9.4.3)$$

或：

$$Q = AC\sqrt{Ri} \quad (9.4.4)$$

式中，R 为水力半径；$C = R^{1/6}/n$ 为谢才系数，n 为糙率。

对于非饱和土壤的入渗特性，假设土壤为各向同性、均质的多孔介质，不考虑土壤内部的空气阻力、温度以及蒸发对入渗的影响，任一点的土壤含水量为 θ，则沟灌入渗的微分方程采用土壤水分运动基本方程的二维表达式，即：

$$\frac{\partial \theta}{\partial t} = \frac{\partial}{\partial y}\left[D(\theta)\frac{\partial \theta}{\partial y}\right] + \frac{\partial}{\partial z}\left[D(\theta)\frac{\partial \theta}{\partial z}\right] + \frac{\partial K(\theta)}{\partial z} \quad (9.4.5)$$

式中，y、z 为平面坐标，如图 9.4.1 所示，规定 z 向下为正；t 为入渗时间，其他符号同前。

式 (9.4.5) 为 y、z 方向的二阶偏微分方程，目前还无法求出解析式，一般多采用数值解。

近年来，用于二维非饱和土壤入渗模型的经验公式有 Philip 入渗模型、Kostiakov 入渗模型、王文焰的浑水入渗模型等。

Kostiakov 入渗模型为：

$$F(t) = at^m \quad (9.4.6)$$

$$f(t) = \frac{\partial F(t)}{\partial t} = mat^{m-1} \quad (9.4.7)$$

式中，$F(t)$ 为单位沟长上的累积入渗水量；t 为入渗时间；a、m 为经验参数；

Kostiakov 入渗模型实质上为一维入渗模型，1982 年，Elliott 和 Walker 在采用动水法进行沟灌入渗特性测定的基础上，对 Kostiakov 的一维入渗模型进行了修正，修正后的入

渗模型可以用于二维入渗,修正后的入渗模型为:

$$F(t) = at^m + f_0 t \tag{9.4.8}$$

$$f(t) = \frac{\partial F(t)}{\partial t} = mat^{m-1} + f_0 \tag{9.4.9}$$

$$f_0 = \frac{Q_{in} - Q_{out}}{L} \tag{9.4.10}$$

式中,f_0 为二维稳定入渗率;Q_{in} 为进入实验沟段的流量;Q_{out} 为流出实验沟段的流量;L 为沟段长。

王文焰等的浑水入渗模型为:

$$F_{hun}(t) = At^B \tag{9.4.11}$$

式中,$F_{hun}(t)$ 为浑水的累积入渗水量;A 和 B 为系数。

王文焰认为,系数 A 的含义为第一分钟末的累积入渗量。在土壤质地、前期含水量、入渗水流的含沙量一定的条件下,它是反映土壤入渗能力大小的重要参数之一。如果以清水条件下的系数 A(以 A_0 表示)为基准,并以不同的含沙量 S 与 A/A_0 来表示土壤的入渗能力随不同含沙水流浓度的衰减程度,以 α、β 分别表示 A/A_0 和 B/B_0,则:

$$\alpha = \frac{A}{A_0} = 1 - aS^c \tag{9.4.12}$$

$$\beta = \frac{B}{B_0} = 1 + bS^d \tag{9.4.13}$$

式中,a、b、c、d 为经验系数。

将式(9.4.12)和式(9.4.13)代入式(9.4.11):

$$F_{hun}(t) = \alpha A_0 t^{\beta B_0} \tag{9.4.14}$$

对式(9.4.14)求导数得浑水的入渗率 $f_{hun}(t)$ 为:

$$f_{hun}(t) = \frac{dF_{hun}(t)}{dt} = \alpha \beta A_0 B_0 t^{\beta B_0 - 1} \tag{9.4.15}$$

影响沟灌入渗的因素比较复杂,包括:沟的底坡、形状、沟长、糙率,沟中水深,土壤的重度、孔隙特征、初始含水量、入渗时间等,如果是多沟,还与沟的间距有关。

9.4.3 实验仪器和设备

9.4.3.1 沟灌实验仪器的研究现状

沟灌入渗的田间实验一般采用动水法或静水法。动水法是通过记录流入和流出实验沟段的水量来获得测试沟段的入渗规律;静水法是通过记录维持恒定水头所加注于沟段的水量来获得测试沟段的入渗规律。

动水法和静水法测量二维土壤入渗率的仪器主要有循环沟灌入渗仪,人工注水静水法入渗仪、改进的人工注水静水法入渗仪和沟灌静水入渗仪等。

1982年，Malano提出了循环沟灌入渗仪，该仪器的实验操作属于动水法，能较好的模拟实际沟灌的几何条件和水力条件，缺点是设备复杂、实验操作难度大，推进水流的水力坡度大，湿周沿程变差大，所测得的入渗规律并非设计湿周条件下的入渗规律。1957年，Bondurant研制了沟灌入渗仪，也称改进的人工注水静水法入渗仪，该方法将人工注水改为水箱注水，将人工控制沟内水位改为在沟段进水管管口设置浮球阀控制沟内水位，使得实验精度和自动化程度得到了有效提高，但该仪器控制水位的精度较低，使得实验数据离散性较大。1993年，孙西欢和张建丰提出了沟灌静水入渗仪，该仪器由马氏瓶、实验段内套、窄缝漏斗、供水阀和退水阀组成，马氏瓶既可以供水，也可以控制沟中的水位，由于马氏瓶法能够较好的保持沟内水位稳定、再加上为实验段设置了减小实验沟段内自由水面面积的内套，使得实验精度大幅度提高，同时马氏瓶自动供水减少了初始注水工作量，而窄缝漏斗进行初始水量补充方法的使用减小了初始加水对试验段沟面的冲刷，退水阀的设置使得测试段余水在不扰动沟的几何特性条件下迅速排出。在沟灌静水入渗仪基础上，研制了室内沟灌实验设备用于单沟或双沟入渗实验规律的测定。

9.4.3.2 沟灌实验设备和仪器

实验设备如图9.4.2和图9.4.3所示，图9.4.2为单沟沟灌入渗仪，图9.4.3为双沟沟灌入渗仪。

由图中可以看出，实验设备由底座、马氏瓶、实验槽和固定支架4个部分组成。底座起支撑实验槽和固定支架的作用；在支座的上方设实验槽，实验槽长80cm，宽20cm，高70cm，在实验槽中设沟，沟的形状根据需要设定，可以是矩形、三角形、梯形、圆形、抛物线形、双曲线形或其他形状，可以是单沟、双沟或多沟，实验槽的底部设排水管，为了分层装土和绘制湿润锋的轮廓线，在实验槽中给出了y、z坐标系和坐标线，单沟的坐标原点设在沟底，双沟的坐标原点设在沟的最高处，坐标线的间距为5cm，实验时可以根据该坐标系和坐标线测量土壤的湿润界面。固定支架由固定块固定在实验槽的两个侧面。马氏瓶由顶丝固定在固定支架上，马氏瓶长5cm、宽6cm，高100cm，马氏瓶上设有灌水孔、橡皮塞、马氏瓶进气口、放气阀、测尺，马氏瓶的下端设进水管，进水管的一端接马氏瓶，另一端通过软管与实验槽相连接，进水口高于土壤的最低点，低于沟中的水面，在进水管上设进水阀。

实验仪器为实验专用细沙、筛子、秒表、烧杯、洗耳球、灌水漏斗、止水夹、量筒、取土铝盒、取土样器、烘箱、天平、直尺、凡士林、夯土器、塑料膜、画笔、方格纸等。

9.4.4 实验方法和步骤

①制作土壤标本，用烘箱烘干后称出土样的干重度，计算初始含水量。

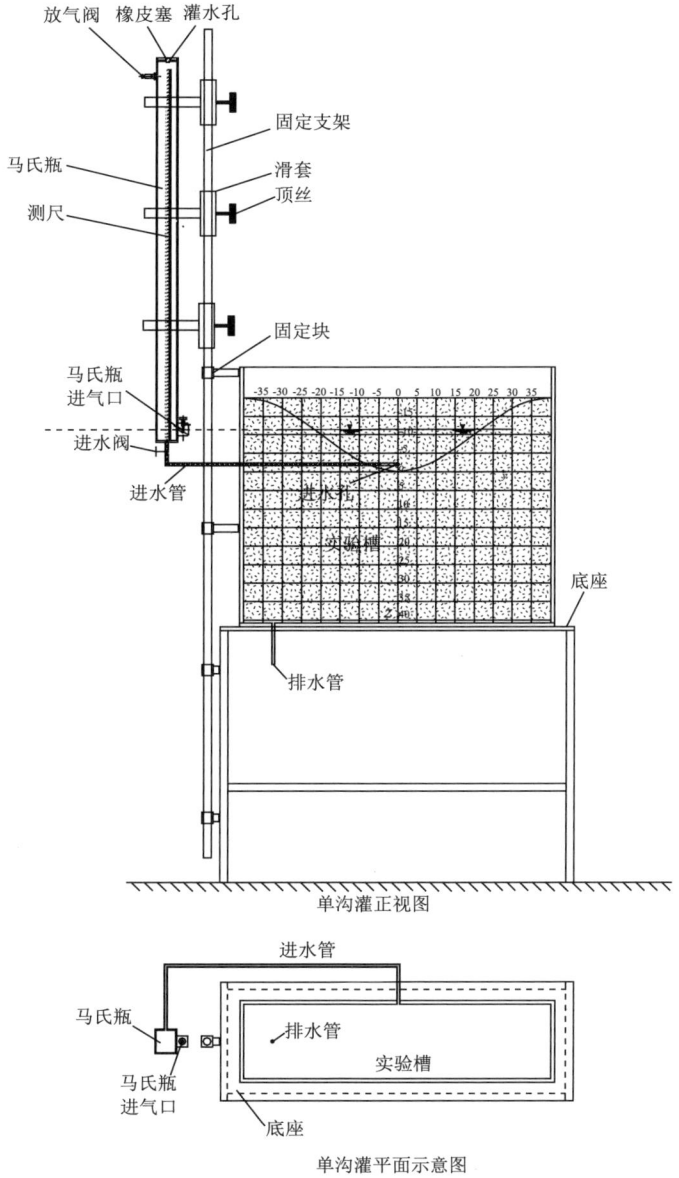

图 9.4.2 单沟沟灌入渗仪

②在实验槽中分层填装土样，每层厚度为 5cm，按重量法计算出每层土样的重量，然后分层装入，每层装土时都要用夯土器击实，并且保证层与层之间的良好接触。当土样装到某一高度时，按照沟的形状做出水沟并将周围夯实。

③根据沟的形状和沟内的设计稳定水深，计算出过水断面面积，面积乘以水槽的长度即为水的体积。用量筒盛同体积的水待用。

④在实验槽沟上面的土壤上面铺一层塑料膜，防止马氏瓶供水和倒水时水流冲刷沟面引起土壤表面的冲刷。

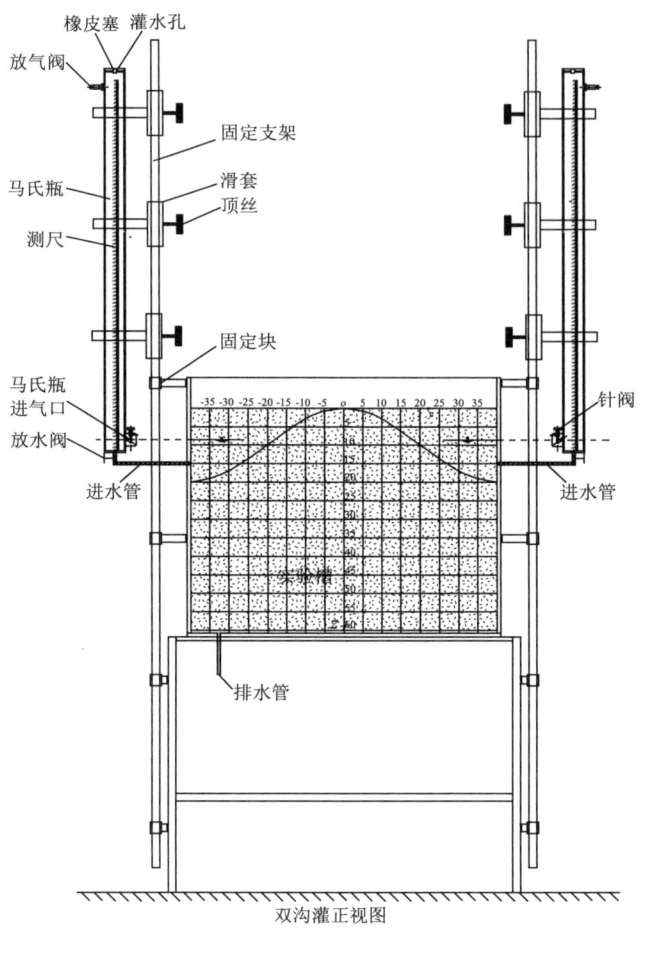

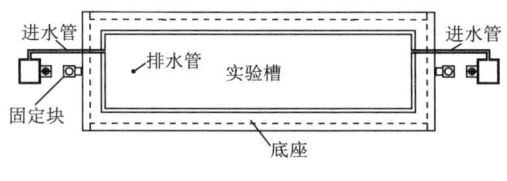

图 9.4.3 双沟沟灌入渗仪

⑤用止水夹夹住排水管。

⑥打开马氏瓶供水,开始记录马氏瓶的初始读数,同时将待用水倒入水沟中,同时抽掉塑料膜,使水渗入土壤,用秒表记录开始入渗的时间。

⑦观察马氏瓶读数和土壤的入渗情况,每隔一定的时间记录马氏瓶的下降高度,湿润锋的周界范围,用画笔在实验槽的玻璃板上绘出湿润锋的轮廓线,根据实验槽中给出的坐标系和坐标线在方格纸上或计算机上绘制湿润锋界面的坐标。

⑧实验结束后,关闭马氏瓶,停止计时,将仪器恢复原状。

9.4.5 数据处理和分析

实验设备名称：_____；仪器编号_____。

同组学生姓名：_____。

已知数据：马氏瓶长度 = ____ cm；马氏瓶宽度 = ____ cm；马氏瓶横截面积 A = ____ cm^2；

马氏瓶初始读数 H_0 = ____ cm；沟长 L = ____ cm；沟的横截面积 A_1 = ____ cm^2；实验槽宽度 = ____ cm；沟中最大水深 = ____ cm；土壤干重度 γ_d = ____ g/cm^3；

土壤初始含水量 θ_0 = ____；入渗总时间 t = ____ min；待用水体积 = ____ cm^3。

9.4.5.1 实验过程记录和计算

入渗时间及土壤入渗量计算见表 9.4.1。

表 9.4.1　入渗时间及土壤入渗量计算表

入渗时间 (t) / min	马氏瓶水面读数/cm	累积入渗总量 $[F(t)]$ /cm^3	入渗时间 (t) / min	马氏瓶水面读数/cm	土壤入渗量 $F(t)$ /cm
学生签名：		教师签名：		实验日期：	

注：土壤的总入渗量应为马氏瓶的下降高度乘以马氏瓶的断面面积，加上待用水体积。

湿润锋轮廓线测量及记录。各时段 t_i、t_{i+1}、…、t_n 所测得土壤的湿润锋轮廓线记录见表 9.4.2。由于土壤湿润锋在灌水沟中心线两侧对称分布，所以只需测量 1/2 剖面，绘图时按对称分布绘出另一半。

表 9.4.2　各时段湿润锋轮廓线测量和记录表

入渗时间 (t)/min	湿润锋读数/cm													
	y/cm													
	z/cm													
	y/cm													
	z/cm													
	y/cm													
	z/cm													
	y/cm													
	z/cm													
	y/cm													
	z/cm													

9.4.5.2　成果分析

①根据表 9.4.1 绘制土壤的入渗量 $F(t)$ 和时间 t 的关系，拟合出计算公式，确定 Kostiakov 入渗模型的参数 a 和 m。

②根据表 9.4.2 绘制不同时刻的土壤入渗界面，分析土壤入渗界面即湿润锋的变化规律。

③根据式（9.4.7）计算沟灌土壤的入渗率，分析土壤入渗率随时间的变化规律。

9.4.6　实验注意事项

①试样的选取非常重要，由于土样在干湿交替过程中会产生裂缝，所以最好用细沙作为实验样本。并且在装试样时须保证层与层之间的良好接触，否则会影响实验结果。

②在安装马氏瓶时，马氏瓶进气口与沟中的设计水面需在同一高度。

③抽塑料膜时要把握速度，抽的太快容易引起沟面冲刷，太慢则影响自由入渗。

④在实验过程中，一旦开始测量，中途秒表不能停，直到测量结束才能按下秒表。

⑤实验过程中应避免灯光直接照射和室内温度过高，以防水量蒸发对实验结果的影响。

9.5　土壤蒸发实验

9.5.1　实验目的

①了解土壤蒸发过程的阶段性划分。

②掌握土壤稳定蒸发和非稳定蒸发的理论。

③掌握测定土壤蒸发的实验方法。

④掌握实验资料的分析方法。

9.5.2 实验仪器和设备

稳定蒸发的实验设备如图 9.5.1 所示。由图 9.5.1 可以看出，实验设备由土柱马氏瓶、土柱马氏瓶支架、土柱、水盒、水盒马氏瓶、支架、日光模拟灯、温度控制器和电风扇组成。

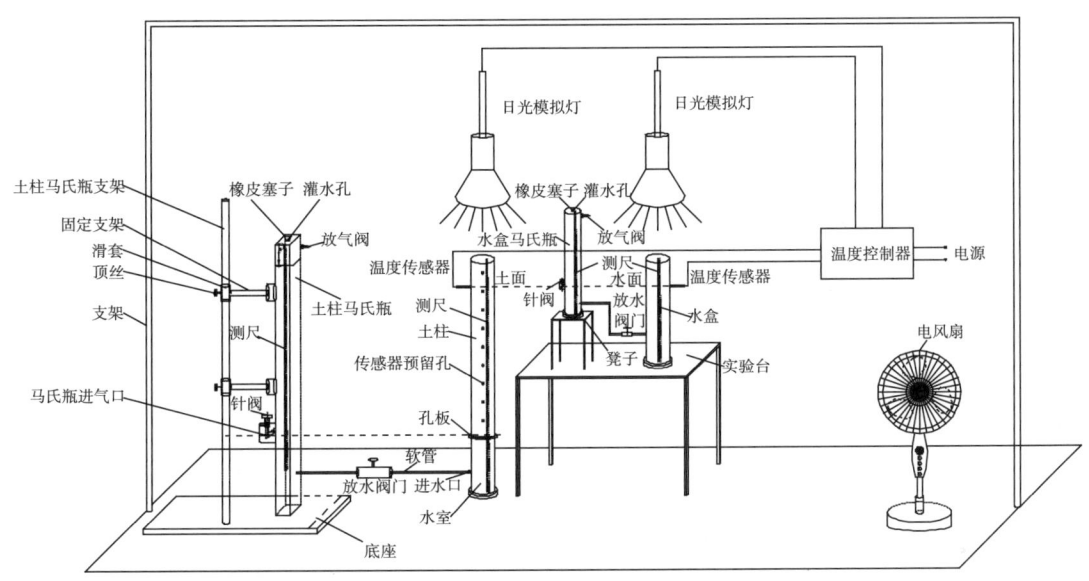

图 9.5.1 稳定蒸发实验设备

土柱马氏瓶和水盒马氏瓶由马氏瓶进气口、针阀、放气阀、橡皮塞、灌水孔和马氏瓶上的测尺组成。土柱马氏瓶支架由顶丝、滑套、固定支架组成。土柱马氏瓶和土柱马氏瓶支架一起固定在同一底座上。土柱直径为 20cm，高度为 100cm，土柱底部设水室、孔板、测尺和传感器预留孔。在土柱和马氏瓶之间设放水阀门和进水口，放水阀门和进水口用软管与马氏瓶和土柱相连接。水盒放在实验台上，其直径与土柱直径相同，在水盒的旁边另设一个马氏瓶，马氏瓶放在支架上，用以给水盒供水。支架用来固定日光模拟灯、电线等。

土柱上的传感器预留孔，用以安装测量土壤水分传感器和土壤水势等传感器。美国生产的 5TE 土壤水分传感器可以同时测量土壤的含水量、温度和电导率；MPS 传感器可以测量土壤的水势（吸力）。

温度传感器和日光模拟灯由温度控制器控制，用于调节土柱或水盒表层的温度与辐射。当土柱或水盒表层的温度高于设定值时，温度控制器关闭对应的日光模拟灯，当温度低于设定的温度时，温度控制器打开对应的日光模拟灯，电风扇亦用来配合日光模拟灯调节室温。

计算机主要进行数据的采集和分析。数据采集主要为土壤含水量、温度、电导率、土壤的水势或吸力。

9.5.3 实验方法和步骤

①取自然风干的土碾碎过 2mm 筛，用烘箱烘干后称出土样的干重度，计算初始的土壤含水量 θ_0。

②装填土样。装土前先称取每层（一层厚 5cm）所要填土的重量，将称好的土样分层装入土柱。每层装入土后都要先整平，然后用夯土器击实，使得装入的土与该层事先划定好的每层装土样线相平齐，然后用毛刷将土面刷毛，以保证土体密度的均一性和层与层之间的良好接触，然后再进行下一层土的填装。

③在土柱的预留孔位置装入测量土壤含水量、温度、电导率、土壤吸力等传感器，并将传感器引线与计算机连接。

④将放水阀门和进水口用软管连接。

⑤关闭土柱马氏瓶和水盒马氏瓶上的针阀和放水阀门，打开放气阀，拔掉灌水孔上的橡皮塞子，用灌水漏斗和量筒向马氏瓶中加水，当马氏瓶中水位达到放气阀附近时停止加水，塞紧灌水孔上的橡皮塞子，关闭放气阀，并检查马氏瓶工作是否正常。

⑥给水盒装水，装水高度与土柱中的土壤表面高度同高。

⑦调整土柱马氏瓶进气口的高度，使土柱马氏瓶进气口的高度与土柱上孔板上表面同高；水盒马氏瓶进气口的高度与水盒的水面同高。

⑧设定土表和水面温度，打开日光模拟灯和温度控制器，调节温度控制设定温度，使之达到要求的温度，一般温度设定在 65℃以下，过高会造成有机玻璃土柱壁和水盒壁变形。温度控制器可以自动控制土柱土面和水盒水面的温度保持在设定值附近，当土柱或水盒的表面温度超过设定的温度时，温度控制器自动关闭对应的日光模拟灯，当温度低于设定的温度时，温度控制器自动打开对应的日光模拟灯。

⑨打开土柱马氏瓶下面的放水阀门，给土柱供水，由于在实验中土柱内孔板上表面的水面保持不变，所以可认为地下水位为定水位。待土柱中的水面刚刚达到孔板的上表面时，打开水盒马氏瓶的放水阀门，记录给土柱供水的马氏瓶和给水盒供水的马氏瓶中水面的初始读数，同时按下秒表开始计时。

⑩按一定的时间间隔，观测土壤湿润锋的上升高度，测量土柱马氏瓶和水盒马氏瓶水面下降的高度。

⑪按一定的时间间隔用土壤水分传感器测量土壤的含水量、温度和电导率；用 MPS 传感器或张力计测量土壤的吸力。根据测量结果点绘土壤含水量 θ 与湿润锋的上升高度 z

的关系，观测土壤含水量 θ 与 z 的变化，当到某时刻 θ 与 z 的曲线变化很小时，可以认为已达到了稳定蒸发，而在达到稳定蒸发以前的实验曲线应为非稳定蒸发。

⑫当湿润锋到达土柱的土壤表面，并经过长时间的蒸发，并由 θ 与 z 的变化曲线或者土柱马氏瓶供水速度判断已达到稳定蒸发时，关闭进水阀门。同时测量终了时刻的土柱马氏瓶和水盒马氏瓶的水面下降高度、土壤的含水量、温度、电导率和土壤吸力。

⑬实验结束后将仪器恢复原状。

9.5.4 数据处理和分析

实验设备名称：＿＿＿＿＿＿＿＿＿＿；仪器编号＿＿＿＿＿＿＿＿＿＿＿＿。

同组学生姓名：＿＿＿＿＿＿＿＿＿＿。

已知数据：土柱马氏瓶横截面积 $A_1 =$ ＿＿ cm^2；水盒马氏瓶横截面积 $A_2 =$ ＿＿ cm^2；土柱半径 $R =$ ＿＿ cm；水盒半径 $r =$ ＿＿ cm；土柱和水盒横截面积 $A =$ ＿＿ cm^2；土柱土壤段高度 $H =$ ＿＿ cm；土壤干重度 $\gamma_g =$ ＿＿ g/cm^3；土壤初始含水量 $\theta_0 =$ ＿＿；

土柱马氏瓶初始水面读数 $H_0 =$ ＿＿ cm；水盒马氏瓶水面初始读数 $h =$ ＿＿ cm。

9.5.4.1 实验记录

马氏瓶水面读数、入渗水量和湿润锋高度实验记录见表 9.5.1，断面含水量和土壤吸力实验记录见表 9.5.2。

表 9.5.1 马氏瓶水面读数、入渗水量和湿润锋高度实验记录表

入渗时间 (t) /min	土柱马氏瓶水面读数 (H_i) /cm	$H_0 - H_i$ / cm	入渗水量 (V) /cm^3	湿润锋高度/ cm	水盒马氏瓶水面读数 (h_i) /cm	蒸发强度 $E = (h - h_i) t$ mm/d

(续表)

入渗时间 (t) /min	土柱马氏瓶水面读数 (H_i) /cm	$H_0 - H_i$ /cm	入渗水量 (V) /cm³	湿润锋高度/cm	水盒马氏瓶水面读数 (h_i) /cm	蒸发强度 $E=(h-h_i)t$ mm/d

学生签名：　　　　　　　指导教师签名：　　　　　　　实验日期：

表 9.5.2　断面含水量和土壤吸力实验记录表

时间 (t) /min	含水量 θ 和吸力 s																	入渗水量 (V) /cm³
	断面 1		断面 2		断面 3		断面 4		断面 5		断面 6		断面 7		断面 8		
	θ	s	θ	s	θ	s	θ	s	θ	s	θ	s	θ	s	θ	s	

学生签名：　　　　　　　教师签名：　　　　　　　实验日期：

9.5.4.2　成果分析

①根据表 9.5.1 实测的土柱马氏瓶水面的下降高度，计算土柱马氏瓶进入土壤的水量，将计算结果记录在表 9.5.1 中。水量的计算公式为：

$$V = A_1(H_0 - H_i) \qquad (9.5.1)$$

式中，V 为 t 时段内进入土壤的水量；A_1 为土柱马氏瓶的横截面面积；H_0 为初始马氏瓶水面读数；H_i 为 t_i 时刻马氏瓶的水面读数。

②计算蒸发强度。根据水盒马氏瓶测量的水面下降高度计算水面蒸发强度 E，单位为 mm/d，即：

$$E = \frac{水盒马氏瓶初始水面读数(mm) - 实验结束时水盒马氏瓶水面读数(mm)}{天数}$$

(9.5.2)

③绘制不同时刻的土壤含水量 θ 与 z 的关系。

④绘制不同时刻的土壤吸力 s 与 z 的关系。

⑤根据土壤表面蒸发强度 E，当土壤已达到稳定蒸发时，计算土壤的非饱和导水率 $K(s)$：

$$K(s) = \frac{E}{\partial s/\partial z - 1} = \frac{E}{(s_{i+1} - s_i)/\Delta z - 1}$$

(9.5.3)

式中，s_i 为第 i 个吸力断面的土壤吸力；s_{i+1} 为第 $i+1$ 个吸力断面的土壤吸力；Δz 为两个断面之间的距离。其中 s_i 和 s_{i+1} 由传感器测量。

⑥根据实验测量结果，绘制吸力 s 与 $K(s)$ 的关系，并表示成式（4.4.7）的形式，求出其中的系数 a_1、a_2 和 m。

⑦根据 m 值在式（4.4.9）至式（4.4.29）中选择相应的公式，计算土壤深度 z 与土壤吸力 s 的关系。

⑧将计算的吸力 s 与 z 的关系与实测的进行对比，说明其变化规律和差异。

9.5.5　实验注意事项

①装土时，试样干重度的选取必须符合实际，并且在装土时保证层与层之间的良好接触，否则在土壤蒸发时会出现分层现象，影响最终的实验结果。

②在安装土壤水分传感器和土壤水势传感器或张力计时要按规定位置安装，尤其是土壤水势传感器或张力计的位置对计算非饱和导水率的影响很大。

③在做稳定蒸发实验时，土柱马氏瓶进气口与土柱孔板的上表面一定要安装在同一高度，水盒马氏瓶进气口与土壤表面在同一高度。

④在实验过程中，要严格控制环境条件，否则稳定蒸发可能变为非稳定蒸发。

⑤在实验过程中，一旦开始测量，中途秒表不能停，直到测量结束才能按下秒表。

⑥实验结束后，应立即关闭进水阀门，停止计时关闭日光模拟灯和温度控制器。

9.6　水位测定实验

9.6.1　实验目的

①掌握水位观测的设备和方法。

②了解不同类型水位计测量水位的原理和使用方法。

③掌握水位测量和日平均水位的计算方法。

9.6.2 实验原理

9.6.2.1 水位高程和基面

水位是指河流、湖泊、水库及海洋等水体的自由水面相对于某一基准面的高程，其单位以 m 计。规范规定在人工测量水位时，测量精度为 0.01m，而对于自动测量要求，其精度不低于 0.02m，并且自动观测必须在每天早上用人工观测的数据进行调校。基准面也称基面，基面是确定水位和高程的起始水平面。高程是指某点到基面的垂直距离。赋予基面原点以高程，就形成一个高程基准。

水位高程基准有 4 种类型：地区或国家基准、假定高程基准、测站自定义高程基准、冻结水准点高程相应高程基准，习惯上称为绝对基面、假定基面、测站基面和冻结基面。

绝对基面：将某一海滨地点平均海平面的高程定为 0m 作为水准基面称为绝对基面。我国现在统一规定的绝对基面为黄海基面。

假定基面：在缺乏水准点可以引据的情况下，可以暂时给测站基本水准点或临时水准点假定一个高程值，以此作为测站高程测量计算的起算点。假定基面多用于临时断面、应急监测和不影响水位使用的情况。本次实验所采用的就是假定基面，假定各组所在测量断面河床最低点以下 1cm 处为零点，即假定基面在河床最低点以下 1cm 处。

测站基面：自建一个自定义高程控制系统称为测站基面。测站基面的零点高程略低于测站历年最低水位或河床最低点以下 0.5~1.0m；对于水深较大的河流可以取历年最低水位以下 0.5~1.0m。

冻结基面：是绝对基面的一个特殊使用形式。它是在联测地区或国家高程系统后，测站基本水准点开始启用时，把水准测量所确定的绝对高程值冻结不变，长期使用，从而在基本水准点下推定了一个与绝对基面非常接近的水准面，这个水准面即为冻结基面。

水位是最基本的水文观测项目，是水利建设、防汛抗旱和航运的重要依据。在堤防、水库、坝高、电站、堰闸、灌溉、排涝等水利工程建设的规划、设计、施工、管理运用中都必须应用水位资料；其他工程如航道、桥梁及涵洞、船坞、港口、给水、排水、公路路面标高的确定等也需要用到水位资料。

水位与高程数值一样，要指明其所用基面才有意义。图 9.6.1 是测站基面方式下的基准面、水准点、水尺零点和水位关系示意图。图 9.6.2 是冻结基面方式下的基准面、水准点、水尺零点和水位的关系示意图。

9.6.2.2 日平均水位的计算

平均水位是某观测站不同时段水位的均值或同一水体各观测点同时水位的均值。日平均水位是指在某一水位观测点日内水位的平均值。

日平均水位的计算有面积包围法和算术平均法。在计算时多采用面积包围法。

(1) 面积包围法

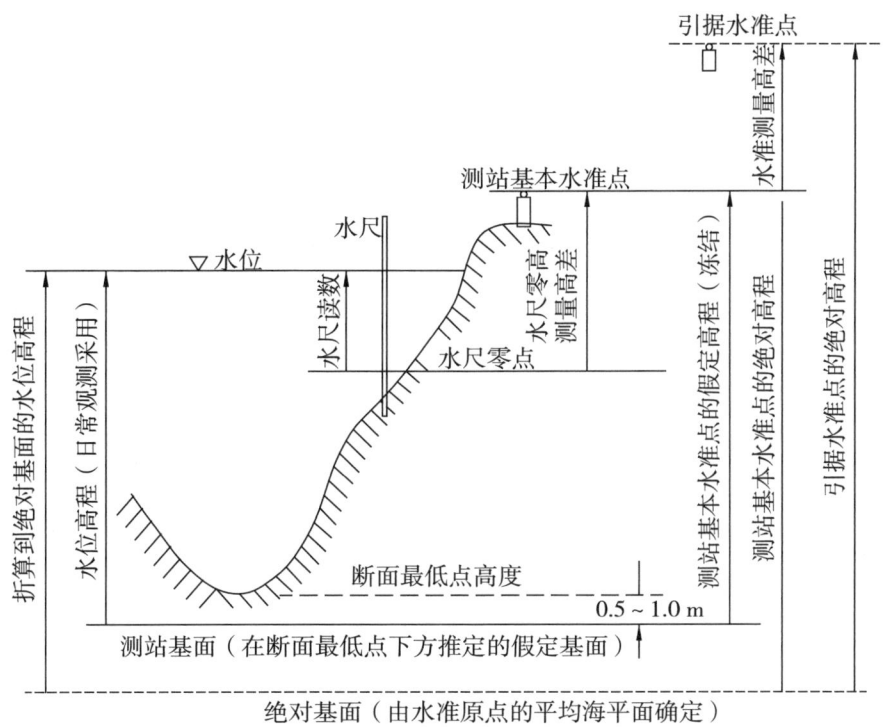

图 9.6.1　测站基面方式下的基准面、水准点、水尺零点和水位关系

将该日从零时至 24 时的水位过程线与横轴所包围的面积除以 24h，即得日平均水位。该法适用于日内水位变化剧烈、观测次数多但观测时距不等的情况。面积包围法计算日平均水位的公式为：

$$\bar{z} = \frac{1}{2\sum_{i=1}^{n}\Delta t_i}[(z_0+z_1)\Delta t_1 + (z_1+z_2)\Delta t_2 + (z_2+z_3)\Delta t_3 + \cdots + (z_{n-1}+z_n)\Delta t_n]$$

(9.6.1)

式中，$\bar{z}$ 为面积包围法计算的日平均水位，m；Δt_i 为各相邻测次间的时距，h；z_i 为各测次的水位值，m；z_0 为零时的水位值，m；z_n 为 24 时的水位值，m。

因为 $\sum_{i=1}^{n}\Delta t_i = 24$，所以式 (9.6.1) 可以写成：

$$\bar{z} = \frac{1}{48}[(z_0+z_1)\Delta t_1 + (z_1+z_2)\Delta t_2 + (z_2+z_3)\Delta t_3 + \cdots + (z_{n-1}+z_n)\Delta t_n]$$

(9.6.2)

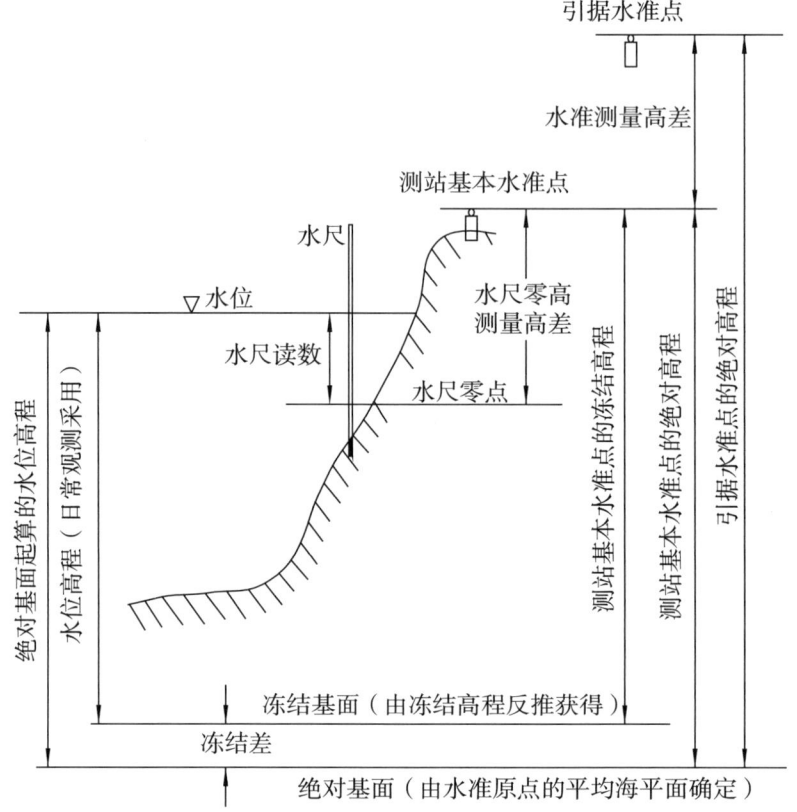

图 9.6.2 冻结基面方式下的基准面、水准点、水尺零点和水位关系

对式（9.6.2）重新整理得：

$$\bar{z} = \frac{1}{48}\left[z_0 \Delta t_1 + z_1(\Delta t_1 + \Delta t_2) + z_2(\Delta t_2 + \Delta t_3) + \cdots + z_{n-1}(\Delta t_{n-1} + \Delta t_n) + z_n \Delta t_n\right]$$

(9.6.3)

如果测量时距相等，可采用如下简易的面积包围法计算日平均水位，即：

$$\bar{z} = \frac{1}{m}\left[\frac{z_0}{2} + z_1 + z_2 + \cdots + z_{n-1} + \frac{z_n}{2}\right]$$

(9.6.4)

式中，m 为测量日内等时距的时段数，$m = n - 1$。

在用面积包围法计算日平均水位时，可以简化计算，即将自记水位计过程线上摘录的相邻转折点之间的水位视作直线变化，以折线过程线视作实际水位过程，如图 9.6.3 所示。

必须注意，在用面积包围法计算日平均水位时，要求有 0 时和 24 时的水位值。

而实际测量中该两个值是很难获取的，因此如果没有观测 0 时或 24 时的水位值，应根据前、后日相邻水位进行直线内插法求出 z_0 和 z_{24}，如图 9.6.4 所示。

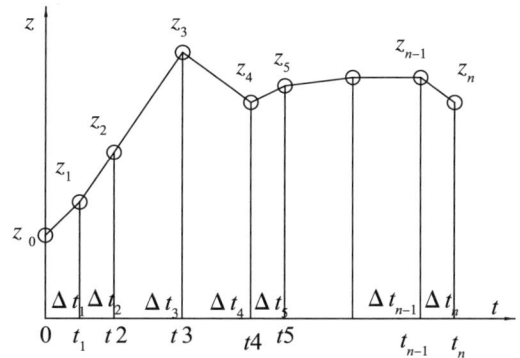

图 9.6.3 面积包围法计算简图

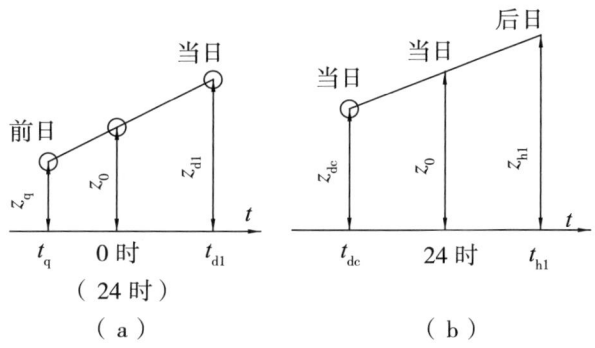

图 9.6.4 直线内插法示意

z_0 的计算公式为：

$$z_0 = z_q + \frac{24 - t_q}{24 + t_{d1} - t_q}(z_{d1} - z_q) \quad (9.6.5)$$

式中，z_0 为当日零时的水位值；z_q 为前日距零时最近的一次水位测量值；z_{d1} 为当日 t_{d1} 时的水位测量值；t_q 为前日距当日零时最近的一次的测量时间；t_d1 为当日距零时最近的一次测量时间。

z_{24} 的计算公式为：

$$z_{24} = z_{dc} + \frac{24 - t_{dc}}{24 + t_{h1} - t_{dc}}(z_{h1} - z_{dc}) \quad (9.6.6)$$

式中，z_{24} 为当日 24 时的水位值；z_{dc} 为当日 24 时前距 24 时最近一次的水位测量值；z_{h1} 为后日 t_h1 时的水位测量值；t_{dc} 为当日 24 时前距 24 时最近的一次测量时间；t_{h1} 为后日距前日 24 时最近的一次测量时间。

算例：根据表 9.6.1 用面积包围法计算 6 日的日平均水位。

表 9.6.1 5日、6日和7日不同时刻水位测量

时刻/h	5日	6日					7日
	18：00	8：00	11：00	13：00	17：00	19：00	8：00
水位/m	3.47	3.69	3.80	3.85	3.95	4.03	4.59

解：

由表9.6.1可以看出，6日没有0时的实测水位，也没有24时的实测水位，需用5日18时的实测水位和7日8时的实测水位插值求解6日0时和24时的水位，然后才能用面积包围法计算6日的日平均水位。

6日0时的水位，由表中可以看出，$z_q = 3.47\text{m}$，$t_q = 18\text{h}$，$z_{d1} = 3.69\text{m}$，$t_{d1} = 8\text{h}$，代入式（9.6.5）得

$$z_0 = z_q + \frac{24 - t_q}{24 + t_{d1} - t_q}(z_{d1} - z_q) = 3.47 + \frac{24 - 18}{24 + 8 - 18} \times (3.69 - 3.47) = 3.56(\text{m})$$

6日24时的水位，由表中可以看出，$z_{dc} = 4.03\text{m}$，$t_{dc} = 19\text{h}$，$z_{h1} = 4.59\text{m}$，$t_{h1} = 8\text{h}$，代入式（9.6.6）得

$$z_{24} = z_{dc} + \frac{24 - t_{dc}}{24 + t_{h1} - t_{dc}}(z_{h1} - z_{dc}) = 4.03 + \frac{24 - 19}{24 + 8 - 19} \times (4.59 - 4.03) = 4.25(\text{m})$$

测量时段为 $\Delta t_1 = 8 - 0 = 8\text{h}$，$\Delta t_2 = 11 - 8 = 3\text{h}$，$\Delta t_3 = 13 - 11 = 2\text{h}$，$\Delta t_4 = 17 - 13 = 4\text{h}$，$\Delta t_5 = 19 - 17 = 2\text{h}$，$\Delta t_6 = 24 - 19 = 5\text{h}$。

由此得6日各测量时刻的水位和测量时段如表9.6.2所示。

表 9.6.2 6日各测量时刻的水位和测量时段

时刻/h	0	8：00	11：00	13：00	17：00	19：00	24：00
水位/m	3.56	3.69	3.80	3.85	3.95	4.03	4.25
时段 Δt_i/h		8	3	2	4	2	5

由式（9.6.2）计算6日的平均水位为：

$$\bar{z} = \frac{1}{48}[(z_0 + z_1)\Delta t_1 + (z_1 + z_2)\Delta t_2 + (z_2 + z_3)\Delta t_3 + \cdots + (z_{n-1} + z_n)\Delta t_n]$$

$$= \frac{1}{48}[(3.56 + 3.69) \times 8 + (3.69 + 3.80) \times 3 + (3.80 + 3.85) \times 2 +$$

$$(3.85 + 3.95) \times 4 + (3.95 + 4.03) \times 2 + (4.03 + 4.25) \times 5]$$

$$= 3.84(\text{m})$$

（2）算术平均法

将多次测量值相加，除以测量次数，即为观测的平均水位。该法适用于一日内水位

变化缓慢，或水位变化较大，而且是等时距人工观测或从自记水位计上摘录时，可用此法。对于本实验模拟河道的测量数据，也可以用此法计算，即：

$$\bar{z}_s = \frac{1}{n} \sum_{i=1}^{n} z_i \tag{9.6.7}$$

式中，n 为观测次数；$\bar{z}_s$ 为用算术平均法计算的日平均水位；z_i 为各次观测的水位。

用算术平均法计算日平均水位与用面积包围法计算的日平均水位相差不能超过2cm。

需要强调的是，算术平均法只适用于水位变幅较小的等时距测量的情况，对于水位变化剧烈，且测量不是等时距时应采用面积包围法计算日平均水位。

（3）河道站和湖泊站水位观测的基本要求

①在水位平稳时，每日8:00时观测一次。

②水位变化较大时或出现涨落较缓慢的峰谷时，采用四段制测量，于每日2:00时、8:00时、14:00时、20:00时进行观测。

③洪水期或水位变化急剧时，可每隔1~6h观测一次，洪水暴涨暴落时，根据需要加密测次，为每半小时或若干分钟观测一次，准确测得出现的峰、谷水位和完整反映水位变化过程。

④在稳定封冻期，没有冰塞现象且水位平稳时，可每2~5d观测一次，但月初月末2d必须观测。

⑤在枯水期水位变化缓慢时，每日观测2次于8:00时、20:00时进行观测，若20时观测确有困难的测站，可提前至其他时间观测。

9.6.3 实验仪器和设备

水位观测的仪器有水尺和自记水位计。用水尺观测水位称为直接观测；而用自记水位计观测水位称为间接观测。

9.6.3.1 水尺

按水尺断面性质和作用的不同，水尺分为基本水尺、辅助水尺、比降水尺、最高水位水尺（洪峰水尺）。

基本水尺是水文站和水位站用来观测水位的主要水尺。

辅助水尺是当测验河段出现横比降或在利用堰闸、涵洞等测流设施，有淹没出流时，在河流对岸或下游专门设立的水尺。

比降水尺是为观测河流水面比降而在测验河段上、下游所设立的水尺。

最高水位水尺（洪峰水尺）是汛期专门用于测记洪峰水位的水尺。

水尺可分为直立式、倾斜式、矮桩式和悬垂式4种，其中直立式应用最为普遍，其他3种则根据地形和需要而定。

水尺上设有专门的刻度，可以直接观测水位，人工看水位主要用水尺板或水尺桩，

观测时记录水尺读数,水位按式(9.6.8)计算,即:

$$水位=水尺零点高程+水尺读数 \quad (9.6.8)$$

式中,水尺零点高程是指水尺板上刻度起点的高程,可以预先测量出来。

水尺设置的位置必须便于观测人员接近,直接观读水位,并应避开涡流、回流、漂浮物等影响。在风浪较大的地区,必要时应修建静水井与河道观测断面连通,将水尺设置在静水井中测量水位。

9.6.3.2 自记水位计

自记水位计是由感应器、传感器以及记录装置3部分组成自动测量水位的仪器。水位传感器有超声波传感器、压力传感器、液深传感器和浮子传感器。自记水位计可以测记整个水位的变化过程。

自记水位计有浮子式水位计、压力式水位计、超声波水位计、气泡水位计和雷达水位计等,下文主要介绍浮子式水位计、压力式水位计、超声波水位计3种水位计。

(1)浮子式水位计

浮子式水位计是利用水面的浮子随水面一同升降,并将它的运动通过比例轮传递给记录装置或指示装置的一种水位自记仪器。由感应部分、传动部分、记录部分、外壳等部分组成。浮子式水位计按记录时间长短分为日记型、旬记型、月记型。

(2)压力式水位计

压力式水位计主要由压力传感器、引压管路(包括信号和供电电缆)、测量仪器和显示仪器组成。其原理是通过用压力传感器或压力变送器测量出测点的静水压强值,根据水体重度计算出测点以上的水面高度,推算出对应的水位值。根据压力接触原理可以分为水下直接测量和通过通气管传递水下压力的气泡式间接测量的方式,所用传感器为压力式传感器。

(3)超声波水位计

超声波水位计是一种把声学和电子技术相结合的水位观测仪器。利用超声波在不同介质中的传播特性差异,将换能器安装在水下(液介式)或水上(气介式)某一已知高程位置,通过记录换能器脉冲源所发射超声波信号,测量超声波通过水面反射的往返时间来测量水位的仪器。

非接触式超声波水位传感器的工作原理如图9.6.5所示。在测量水位时,传感器向水面发射超声波,到达水面反射后又传回传感器,从发射到接收之间有一段时间差 t,可由式(9.6.9)计算传感器至水面的距离:

$$H = 0.5ct \quad (9.6.9)$$

式中,c 为超声波的传播速度;H 为传感器到水面的距离;t 为超声波从发射到接收的时间。

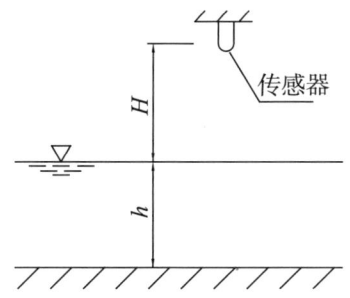

图 9.6.5 非接触式超声波水位传感器的工作原理

知道 H 后即可利用传感器的安装高程计算出水面高程。

由于外部环境如温度、湿度、气压等因素的影响，使得超声波的传播速度有一些波动，影响测量精度。

9.6.4 实验方法和步骤

9.6.4.1 模拟河道测量时段的模拟方法

在教学实验中，测量时段受课时限制，无法像原型水位测验一样进行长时间观测，为了在有限的课时内使学生掌握水位测验的过程，实验过程可以按两种方法进行：

①将实验过程按 1h 分为 6 个时间段，即每 10min 为一个时间段，模拟时段为4：00时、8：00 时、12：00 时、16：00 时、20：00 时和 24：00 时。这种方法为等时距测量方法，日平均水位直接可以用算术平均法计算。

②将实验过程确定为 70min，前 5min 模拟前日最后一次测量的水位（相当于前日的 22：00 时）。中间 60min 模拟当日测量的水位。当日测量的水位不一定按等时距测量，可以分为 8：00 时（20min）、12：00 时（间隔 10min）、16：00 时（间隔 10min）和 20：00 时（间隔 10min）。最后到 70min 时模拟后日第一次测量的水位（相当于后日 2：00 时）。这种方法为不等时距测量，而且没有测量 0：00 时和 24：00 时的水位，日平均水位可以用面积包围法计算，在计算时 0：00 时和 24：00 时的水位时需用插值法求出，计算公式为式（9.6.5）和式（9.6.6）。

9.6.4.2 模拟河道水位测量

①熟悉河道的特征，记录河道的测量断面，确定各测量断面的河底高程。

②打开水泵，观测水流现象，调节渠道下游的电动尾门，调整河道水深为合适深度，描述河道的水流流态。

③通过调节管道的进水阀门来模拟河道流量依次增大或减小。选定 4 个增大过程的流量和 3 个减小过程的流量（即流量增大过程选 4 个不同时段的闸门开度、减小过程选 3 个不同的阀门开度）作为一场洪水模拟过程。但需注意在实验开始时测量一次水位。测量可以按照表 9.6.3 的时间进行。

表 9.6.3 水位等时距测量模拟时间

模拟时间	前 5min	中间 60min						后 5min
		10min	20min	30min	40min	50min	60min	
原型时间/h	前日22：00时	当日4：00时	当日8：00时	当日12：00时	当日16：00时	当日20：00时	当日24：00时	后日2：00时

④打开计算机，监控水位传感器的水位变化和流量传感器的流量变化。

⑤测量水位和流量。每次调节阀门后，待到达测量时间，按计算机上的采集键，即可同步采集各种水位计和流量计的水位和流量，采集结束后计算机自动将采集到的数据进行保存。如果用人工测量，则同步由人工读取直立式水位计的水面读数，该读数加测量断面的河底高程即为水位高程。

⑥每个时刻的水位和流量测 3 次，计算时采用该时刻水位的平均值。

⑦一次测量完成后，按照选定的流量过程调节进水阀门的开度，重复第 5 步和第 6 步 7 次，其中 4 个增大过程的流量，3 个减小过程的流量。

⑧实验结束后将仪器恢复原状。

9.6.5 数据处理和分析

9.6.5.1 水位实验记录（表 9.6.4、表 9.6.5）

表 9.6.4 计算机采集的水位测量记录

测量时间/min	模拟原型时间/h	水位计 1	水位计 2	水位计 3	水位计 4	水位计 5	水位计 6
5	前日 22：00 时						
测次水位平均值/m							
15	当日 4：00 时						
测次水位平均值/m							
25	当日 8：00 时						
测次水位平均值/m							

(续表)

测量时间/min	模拟原型时间/h	水位计1	水位计2	水位计3	水位计4	水位计5	水位计6
35	当日 12:00 时						
测次水位平均值/m							
45	当日 16:00 时						
测次水位平均值/m							
55	当日 20:00 时						
测次水位平均值/m							
65	当日 24:00 时						
测次水位平均值/m							
70	后日 2:00 时						
测次水位平均值/m							
最终水位平均值/m（算术平均法）							
最终水位平均值/m（面积包围法）							

学生签名：　　　　　　教师签名：　　　　　　试验日期：

表 9.6.5　人工读取的水位测量记录

测量时间/min	模拟原型时间/h	水尺1	水尺2	水尺3	水尺4	水尺5	水尺6
5	前日 22:00 时						

(续表)

测量时间/min	模拟原型时间/h	水尺1	水尺2	水尺3	水尺4	水尺5	水尺6
测次水位平均值/m							
15	当日4:00时						
测次水位平均值/m							
25	当日8:00时						
测次水位平均值/m							
35	当日12:00时						
测次水位平均值/m							
45	当日16:00时						
测次水位平均值/m							
55	当日20:00时						
水位平均值/m							
65	当日24:00时						
测次水位平均值/m							
70	后日2:00时						
测次水位平均值/m							
最终水位平均值/m（算术平均法）							

(续表)

测量时间/ min	模拟原型 时间/h	水尺1	水尺2	水尺3	水尺4	水尺5	水尺6
最终水位平均值/m （面积包围法）							
学生签名：		教师签名：			试验日期：		

9.6.5.2 结果分析

①根据表9.6.4和表9.6.5，确定各水位计和水尺测量的各点的水位。

②日平均水位的计算可采用面积包围法或算术平均法，即式（9.6.2）和式（9.6.7）计算。

在用算术平均法计算日平均水位时，取表9.6.4和表9.6.5中模拟时段为当日的4：00时、8：00时、12：00时、16：00时、20：00时和24：00时，其中0：00时用测量时间为5min时的水位值。在用面积包围法计算日平均水位时，取表9.6.4和表9.6.5中前日的22：00时，当日的8：00时、12：00时、16：00时、20：00时和后日的2：00时，0：00时和24：00时需用插值法求出。

将两种计算结果进行比较，分析其差值产生的原因。

9.6.6 实验注意事项

①实验中应注意分工合作，协调好每个人的测量项目。

②为了减少水位观测的误差，在用直立水尺读取水面读数时，眼睛尽可能平视水面，以减小读数误差。

拓展阅读

世界灌溉工程遗产之内蒙古河套灌区

中国水利名人——林则徐

思考题

1. 盘式入渗的实验原理是什么？
2. 盘式入渗测定的导水率是土壤的饱和导水率还是非饱和导水率？
3. 盘式入渗仪马氏瓶的工作原理是什么？
4. 简述盘式入渗仪的优缺点。
5. 双环入渗的实验原理是什么？
6. 双环入渗与单环入渗有什么不同，哪个精度高，为什么？
7. 在内环中加套环有什么优点，对实验有无影响？
8. 内环尺寸对土壤的饱和导水率有无影响，如果有影响，应如何改变内环的尺寸，使之将影响减少到最小？
9. 降雨量和降雨强度是什么关系，在实验中如何测量降雨量和降雨强度？
10. 简述降雨入渗和其他入渗方式（如灌溉入渗、河渠入渗）的相同点和不同点。
11. 通过降雨入渗实验，简述土壤湿润锋随时间的变化规律。
12. 沟灌实验为二维入渗实验，分析二维入渗与一维入渗的相同点和不同点。
13. 影响沟灌的主要因素有哪些？
14. 沟灌入渗的渠道剖面、沟中水深、沟的坡度对土壤入渗率和土壤含水量有什么影响？
15. 简述不同水位计的适用条件及优缺点。
16. 描述整个河道水流特点（如流速、水位的变化等），根据水位观测数据，画出实验时段的水位历时曲线。
17. 计算日平均水位时，面积包围法和算术平均法有何不同，哪种方法计算的精度高，为什么？

第 10 章
地下水渗流模拟实验

本章学习要点

1. 认识并掌握用电模拟实验来研究渗流问题的原理和方法。
2. 认识并掌握地下水非均匀渗流模拟实验的原理和方法。
3. 认识并掌握测量有压渗流流量的实验原理和方法。
4. 认识并掌握测量潜水完整井流量的实验原理和方法。
5. 认识并掌握测量承压水完整井流量的实验原理和方法。

10.1 渗流的电模拟实验

10.1.1 实验目的

①了解用电模拟实验来研究渗流问题的原理和方法。

②用电模拟实验仪测量坝基渗流的等电位线（等势线），再根据流网的性质绘出流线。

③利用流网求解渗流要素。

10.1.2 实验原理

10.1.2.1 渗流场和电流场的拉普拉斯方程

电模拟实验是苏联学者巴甫洛夫斯基（Н. Н. Павловский）于 1918 年提出来的，1920 年首次用于土堤及其地基的渗流模拟实验中；此后苏联学者阿拉文（В. И. Аравин）、德鲁任宁（Н. И. Дружинин）、古金马赫（Л. И. Гутенахер）、谢斯塔可夫（В. М. Шестаков）等对电模拟的理论、实验方法、造型技术、模型材料、仪器设备等进行了研究与改进，使电模拟实验得到了进一步的发展；20 世纪 30 年代，西方学者马拉瓦（L. Malavard）、魏可夫（R. D. Wyckoff）、墨斯卡特（M. Muskat）、齐尔兹（E. C. Childs）、马尔（P. H. Marre）、卡普拉斯（W. J. Karplus）、李普曼（G. Liebmann）、雷夏（S. C. Redshaw）、路希顿（K. R. Rushton）等相继对电模拟开展过研究，促进了电模拟实验的发展和应用。

用电模拟实验研究渗流问题，是基于水在多孔介质中的流动服从达西定律和电流在导电介质中的流动服从欧姆定律，二者具有相似性。渗流场和电流场符合相同的数学物理方程，通过测量电流场中的有关物理量可以得到渗流场中的有关物理量，这种方法叫作水电比拟实验法，也叫电模拟实验法。

已知渗流的达西定律为：

$$v = -k\frac{\partial H}{\partial L} \tag{10.1.1}$$

式中，v 为渗流的流速；k 为渗透系数；$H = p/\gamma + z_0$ 为渗流水头；p 为渗透压强；γ 为水的重度；z_0 为相对于某参照基面的位置水头；L 为渗透距离。

渗流场的连续方程为：

$$\frac{\partial v_x}{\partial x} + \frac{\partial v_y}{\partial y} + \frac{\partial v_z}{\partial z} = 0 \tag{10.1.2}$$

式中，v_x、v_y 和 v_z 为渗流流速 v 在 x、y、z 方向的渗透流速。

当渗流场的土壤各向异性时，式（10.1.1）可以写成：

$$v_x = -k_x\frac{\partial H}{\partial x}$$

$$v_y = -k_y\frac{\partial H}{\partial y} \tag{10.1.3}$$

$$v_z = -k_z\frac{\partial H}{\partial z}$$

式中，k_x、k_y 和 k_z 为 x、y、z 方向的渗透系数。

将式（10.1.3）代入式（10.1.2）可得各向异性土壤渗流的连续方程为：

$$\frac{\partial}{\partial x}\left(k_x\frac{\partial H}{\partial x}\right) + \frac{\partial}{\partial y}\left(k_y\frac{\partial H}{\partial y}\right) + \frac{\partial}{\partial z}\left(k_z\frac{\partial H}{\partial z}\right) = 0 \tag{10.1.4}$$

对于各向同性的土壤，$k_x = k_y = k_z$，则式（10.1.4）可以写成：

$$\frac{\partial^2 H}{\partial x^2} + \frac{\partial^2 H}{\partial y^2} + \frac{\partial^2 H}{\partial z^2} = 0 \tag{10.1.5}$$

式（10.1.4）和式（10.1.5）称为渗流水头的拉普拉斯方程。

将 $H = p/\gamma + z_0$ 代入式（10.1.5）可得渗流压强的拉普拉斯方程为：

$$\frac{\partial^2 p}{\partial x^2} + \frac{\partial^2 p}{\partial y^2} + \frac{\partial^2 p}{\partial z^2} = 0 \tag{10.1.6}$$

同样，电流场的电流密度为：

$$i = -\sigma \frac{\partial V}{\partial L'} \tag{10.1.7}$$

根据欧姆定律，电流密度 i 在 x、y、z 方向的投影为：

$$i_x = -\sigma_x \frac{\partial V}{\partial x}$$

$$i_y = -\sigma_y \frac{\partial V}{\partial y} \tag{10.1.8}$$

$$i_z = -\sigma_z \frac{\partial V}{\partial z}$$

式中，i_x、i_y 和 i_z 为电流密度 i 在3个坐标 x、y、z 方向的投影；σ_x、σ_y 和 σ_z 为电导系数 σ 在3个坐标 x、y、z 方向的投影；V 为电位（电压）。

已知电流的连续方程的克希荷夫定律（电荷守恒）为：

$$\frac{\partial i_x}{\partial x} + \frac{\partial i_y}{\partial y} + \frac{\partial i_z}{\partial z} = 0 \tag{10.1.9}$$

将式（10.1.8）代入式（10.1.9）得：

$$\frac{\partial}{\partial x}\left(\sigma_x \frac{\partial V}{\partial x}\right) + \frac{\partial}{\partial y}\left(\sigma_y \frac{\partial V}{\partial y}\right) + \frac{\partial}{\partial z}\left(\sigma_z \frac{\partial V}{\partial z}\right) = 0 \tag{10.1.10}$$

当电流密度 i 各向同性时，则 $i_x = i_y = i_z$，式（10.1.10）变为：

$$\frac{\partial^2 V}{\partial x^2} + \frac{\partial^2 V}{\partial y^2} + \frac{\partial^2 V}{\partial z^2} = 0 \tag{10.1.11}$$

式（10.1.10）和式（10.1.11）即为电位（或电压）的拉普拉氏方程。

比较式（10.1.4）和式（10.1.10）或式（10.1.6）和式（10.1.11）可以看出，渗流场和电流场可以用同一形式的数学物理方程式，即拉普拉斯方程。正是由于两种物理场可以用同一形式的数学方程，所以在边界条件相似的电模型中可以通过测量等电位（势）线来代替渗流中的等水头线。

进一步证明如下：

设渗流场与电流场之间的几何比尺为 λ，渗流水头 H 和电位 V 之间的相似比尺为 λ_H，x、y、z 为渗流场的坐标，x'、y'、z' 暂且代表电拟实验模型的坐标［因为渗流场已用 x、y、z 来代表，这里暂时用 x'、y'、z' 代替式（10.1.11）中的 x、y、z］，则电流场与渗流场的关系为：

$$x' = x/\lambda$$
$$y' = y/\lambda$$
$$z' = z/\lambda \quad (10.1.12)$$
$$\lambda_H = H/V$$

将式（10.1.12）代入式（10.1.11）可得：

$$\frac{\lambda^2}{\lambda_H}\left(\frac{\partial^2 H}{\partial x^2} + \frac{\partial^2 H}{\partial y^2} + \frac{\partial^2 H}{\partial z^2}\right) = 0 \quad (10.1.13)$$

因为 λ^2/λ_H 不为 0，所以：

$$\frac{\partial^2 H}{\partial x^2} + \frac{\partial^2 H}{\partial y^2} + \frac{\partial^2 H}{\partial z^2} = 0 \quad (10.1.14)$$

式（10.1.14）与式（10.1.5）相同，由此可以看出，只要渗流场与电流场遵守几何相似条件，则式（10.1.5）和式（10.1.11）所描述的现象是彼此相似的。

渗流场和电流场的其他相似关系如表 10.1.1 所示。从表中可以看出，如果用导体来做渗流区的模型，以电场模型代替按一定比例缩小的渗流区域，做到几何相似和边界条件相似，则导体中的等电位线就相当于渗流区的等水头线，导体中的电流密度就相当于渗透流速，导体中的电流强度就相当于渗流的流量。

表 10.1.1 渗流场与电流场的其他相似关系

渗流场	电流场
水头 H	电位 V
等水头线（等势线）$H=$ 常数	等电位线 $V=$ 常数
渗流流速 v	电流密度 i
渗透系数 k	导电系数 σ
渗透流量 $Q = kJA$ （J 为渗流坡度；A 为渗流过水断面面积）	电流强度 $I = \sigma E\omega$ （E 为电动势；ω 为导体的横截面积）
在不透水边界上 $\partial H/\partial n = 0$ （n 为不透水边界的法线）	在绝缘边界上 $\partial V/\partial n = 0$ （n 为绝缘边界的法线）
透水面 （入渗或出渗面）	电导体面 （铜极板或汇流板）

10.1.2.2 模型比尺

渗流场和电流场的模型比尺分析。

设渗流场（原型）与电流场（模型）的相似比尺为：

$$\lambda = L/L'$$
$$\lambda_H = H/V$$
$$\lambda_k = k/\sigma \qquad (10.1.15)$$
$$\lambda_v = v/i$$

式中，λ 为几何比尺或长度比尺；λ_H 为压强比尺或水头比尺，λ_k 为渗透性（或导电性）比尺；λ_v 为流速比尺或单位面积上的流量比尺。

将式（10.1.15）的关系代入式（10.1.7）得：

$$v = -(\frac{\lambda \lambda_v}{\lambda_k \lambda_H})k\frac{\partial H}{\partial L} \qquad (10.1.16)$$

将式（10.1.16）与式（10.1.1）比较可得：

$$\frac{\lambda \lambda_v}{\lambda_k \lambda_H} = 1 \qquad (10.1.17)$$

或

$$\lambda_v = \lambda_k \lambda_H / \lambda \qquad (10.1.18)$$

式（10.1.17）和式（10.1.18）即为确定渗流场与电流场相似关系的相似准则。

设原型渗流量为 Q，模型电流为 I，则：

$$Q = vA \qquad (10.1.19)$$
$$I = i\omega \qquad (10.1.20)$$

式中，A 为渗流的断面面积；ω 为电流通过导体的横截面面积。

设流量比尺为 λ_Q，由式（10.1.19）和式（10.1.20）得：

$$\lambda_Q = \frac{Q}{I} = \frac{vA}{iA_0} = \lambda_v \lambda^2 \qquad (10.1.21)$$

将式（10.1.18）代入式（10.1.21）得：

$$\lambda_Q = \lambda \lambda_k \lambda_H \qquad (10.1.22)$$

比较式（10.1.21）和式（10.1.22）可得：

$$Q = \lambda_Q I = \lambda \lambda_k \lambda_H I \qquad (10.1.23)$$

将式（10.1.23）中的比尺关系代换成原物理量，则得三维电模拟实验渗流量的基本关系为：

$$Q = \lambda \frac{k}{\sigma} H \frac{I}{V} = \lambda \frac{k}{\sigma} \frac{H}{R} \qquad (10.1.24)$$

式中，R 为模型中上下游极板间的电阻。

对于导电液厚度为 δ 的二维模型，因其代表宽度 $b = \lambda\delta$，则单宽流量为：

$$q = \frac{Q}{b} = \frac{\lambda}{\lambda\delta}\frac{k}{\sigma}\frac{H}{R} = \frac{k}{\delta\sigma}\frac{H}{R} \qquad (10.1.25)$$

为了得到这种相似并正确反映实际渗流情况，在设计模型时必须满足模型电流场和渗流场的几何相似和边界条件相似，以图 10.1.1 所示的闸坝底部渗流为例，说明如下。

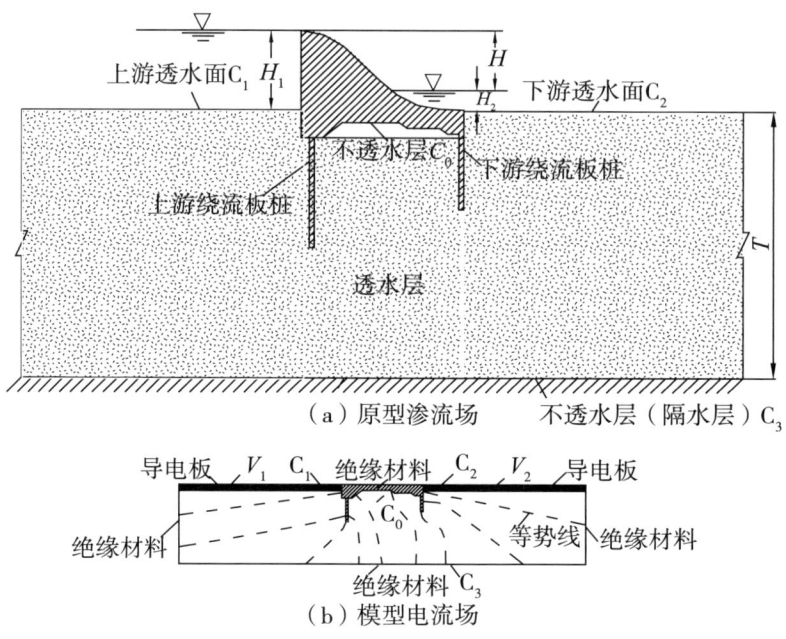

图 10.1.1 渗流实验模型

（1）模型电流场和渗流场的几何相似

图 10.1.1（a）为一闸坝建筑物的渗流场，图中 T 为渗流场的透水层厚度，H_1 为坝的上游水深，H_2 为坝的下游水深，H 为坝的上、下游水位差。建筑物的上游面 C_1 和下游面 C_2 均为透水层，建筑物的底部 C_0 和地基 C_3 均为不透水层，建筑物放在透水层中，为了减小建筑物底部的扬压力，在建筑物的底部设不透水的上游绕流板桩和下游绕流板桩以增加渗径。由于闸坝的上游水位高于下游水位，水将由闸坝的上游渗入闸坝的下游，在闸坝的底部形成渗流场。

实验时，取建筑物的地基轮廓和建筑物的上、下游一定长度（具体计算见下面详述）作为研究对象，根据几何相似原理设计渗流区的范围。渗流区的范围确定以后，将渗流区的外部边界按一定比例做成一个几何相似的盘子，盘底以透明平板绝缘玻璃制作。盘内模型的周界用不透水的绝缘材料做成几厘米高的边墙，围成一个和渗流场几何相似的区域，再在模型包围的区域内盛以均匀的导电溶液，这样就在盘内形成了一个几何相似的均匀导电模型电流场。

（2）模型电流场和渗流场的边界条件相似

渗流场和电流场的各种边界条件必须相似，其模拟方法为：不透水边界可用绝缘材料模拟；透水边界为一等势线，可用等电位的导体模拟，如图 10.1.1（b）所示。图中 V_1 为上游电压（势）边界，V_2 为下游电压（势）边界，虚线表示流场的等势线。图中上

游透水面 C_1 和下游透水面 C_2 用导体模拟，例如导电铜板。建筑物底部不透水层 C_0、地基不透水层 C_3、不透水板桩以及其他不透水周界用绝缘材料制作，例如有机玻璃。

（3）渗流系数与导电液物理性质相似

渗流区域为均质岩层时，模型中导电液也应是均质的，渗流系数与导电液的导电系数应该符合相似比。如果渗流区域岩层不是均匀的，则模型内代表不同岩层所用导电液的导电系数与相对应的岩层渗透系数的比值应当是常数，也就是具有相同的相似比。

10.1.2.3 电模拟实验装置的原理和模型实验材料

电模拟实验装置是基于欧姆定律和惠斯登电桥原理制成的。图 10.1.2 所示为惠斯登电桥，图中 I_1 和 I_2 为电流，R_1、R_2、R_3、R_4 为电阻，R_1 和 R_2 以及 R_3 和 R_4 均为串联，然后再并联到 a、b 两点构成有 4 个臂的电桥。如果在 c、d 两点接电位计，当电位计的指针指向零时，表示 c、d 两点无电位差或者说 c、d 两点的电位相同，根据欧姆定律，则：

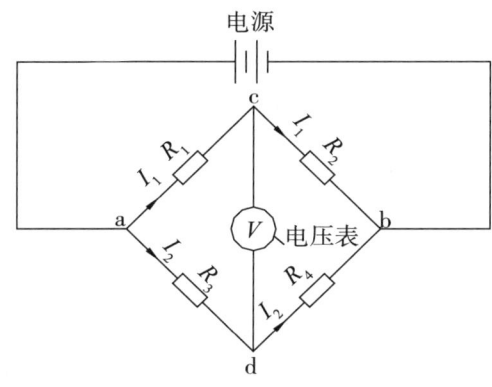

图 10.1.2　惠斯登电桥

$$I_1 R_1 = I_2 R_3$$
$$I_1 R_2 = I_2 R_4 \quad (10.1.26)$$

由此得：

$$\frac{R_1}{R_2} = \frac{R_3}{R_4} \quad (10.1.27)$$

因为 $R_3 = (V_a - V_d)/I_2$，$R_4 = (V_d - V_b)/I_2$，故式（10.1.27）可写成：

$$\frac{R_1}{R_2} = \frac{R_3}{R_4} = \frac{V_a - V_d}{V_d - V_b} \quad (10.1.28)$$

式中，V_a、V_d、V_b 为图 10.1.2 相应点的电位（电压）。

又因为 $\dfrac{R_2 + R_1}{R_1} = \dfrac{R_2}{R_1} + 1 = \dfrac{V_d - V_b}{V_a - V_d} + 1 = \dfrac{V_a - V_b}{V_a - V_d}$，则：

$$\frac{R_1}{R_1+R_2} = \frac{V_a - V_d}{V_a - V_b} \tag{10.1.29}$$

式（10.1.29）表明，在并联电路中，ac 段电阻与 acb 段全长电阻的比值等于另一支电路 ad 间的电位差与全路 adb 间总电位差的比值。

将该原理用于模型，可组成图 10.1.3 所示的两并联电路。其中一支电路，被电位测点（相当于原理图中的 c 点）分为 R_1 和 R_2，形成电桥的两个臂，另外一支电路，被另一测点（相当于原理图中的 d 点）分为 R_3 和 R_4，形成电桥的另外两个臂，当两测点之间连接的电流计中无电流通过时，该电路系统就满足了式（10.1.28）或式（10.1.29），如果不断改变测点 c 在该支电路中的位置，就相当于改变了 R_1 和 R_2 的值和比例，当加在 a 和 b 之间的电压不变时，c 点的电压就随着位置的改变而改变，为了保持电桥平衡，则 d 点的位置也要随着 c 点的变化而改变，利用这种原理就能测得模型上不同位置的等位（势）线的位置或某位置的电位。

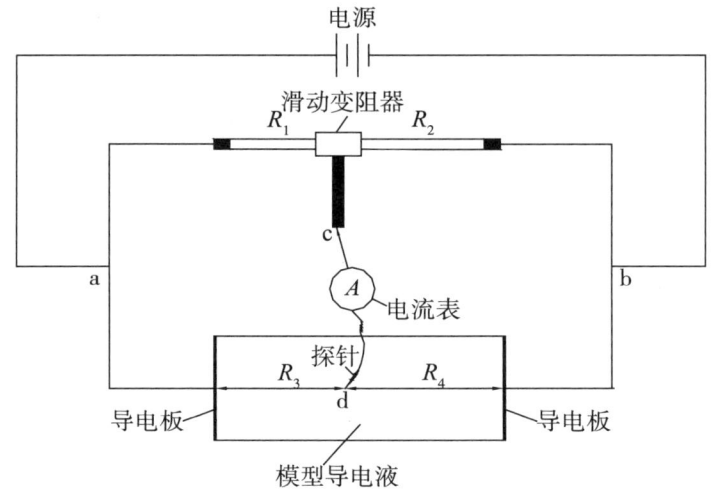

图 10.1.3　电桥测量线路

在实际应用中也可以不用滑动变阻器，滑动变阻器可用多个相同阻值的串联电阻 R 代替，如图 10.1.4 所示。

在测量时设波段开关，利用波段开关则可以同样起到滑动变阻器的作用。

根据上述原理制作电模拟实验装置，该装置由两部分组成，即电路系统和渗流场模拟系统。

电路系统包括电源、可分压电路支路，分压电压测量电压表，等电位测量装置。

其中电源一般采用交流电，对于导电液来讲，其中导电的主要是离子，如果采用直流电，则容易产生电离现象，经过大量测试，电离现象比较小的交流电频率在 1 000Hz 左右；而该频率的电源可以通过低频信号发生器产生，也可以通过模拟和数字电路制作，

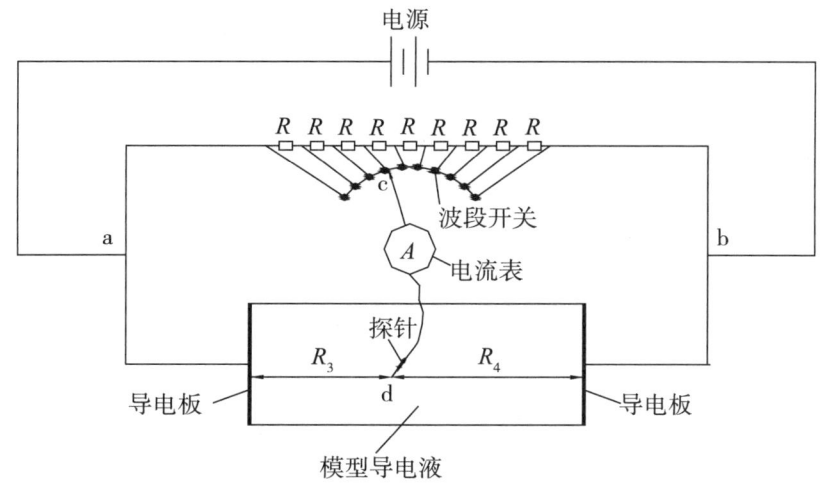

图 10.1.4　电桥测量线路

电源部分电压等级一般选用 5~12V；可分压电路支路部分由电位器或者等电阻串联电路、电阻切换装置、分压电压测量表组成；等电位测量装置包括验电器（微小电流测量表）或者电压表或者蜂鸣器（也可以是耳机）和探针。

渗流场模拟系统如上所述，其中电导液一般采用硫酸铜溶液，可以根据需要配比不同浓度的硫酸铜溶液，并测量其导电系数；最新的应用也有直接采用自来水的情况，如果自来水导电性不够，可以在自来水中加入少量食盐以增加导电性；还有一种透明导电薄膜也可用于替代电导液开展电模拟实验，采用导电薄膜时，渗流场的模拟部分相对更为简单，即直接做一个平板，平板上设置坐标系统，在其上铺贴根据渗流场几何形状裁剪出的薄膜，加上上、下游导体材料即可。

10.1.2.4　电模拟实验设计模型的取值范围

在规划设计模型时，需要有所研究区域的水文地质、工程地质、建筑物结构和计划控制水位的原始资料和数据。对于闸坝均值透水地基上的渗流实验，模型比尺需根据实验精度的必要性和设备条件的可能性来选择。一般模型的几何比尺取值常为几十至几百，模型上、下游河床的截取范围以不影响实验结果精度为准。

设地基的透水层厚度为 T，水工建筑物的长度为 L，如图 10.1.5（a）和图 10.1.5（b）所示，水工建筑物上、下游透水河床应取的长度 l 可近似地用式（10.1.30）计算：

$$l = 2T \tag{10.1.30}$$

当建筑物底部有板桩时，长度 l 可适当缩小。

如果地基的透水层很厚或不存在隔水层时，可在建筑物地下轮廓线水平长度的中心取一半圆状，如图 10.1.5（c）所示，半圆的半径为：

$$R = 1.5L \text{ 或 } R = 3S \tag{10.1.31}$$

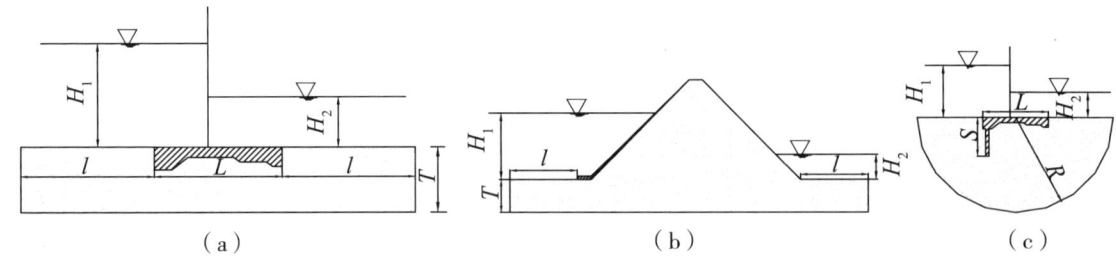

图 10.1.5　电模拟实验模型范围

式中，S 为板桩的深度。

由式（10.1.31）计算的半径取大值作为实验值。

10.1.2.5　流速势函数与流函数

在恒定流场中垂直于某一平面的同一垂直线上，所有液体质点均具有平行于这个平面的相同运动，则称这种流动为恒定平面流动。在恒定平面流动中，如果液体的质点没有角变形，或者说角速度等于零，则称为恒定平面有势流动，简称为恒定平面势流。在恒定平面势流中，有两个重要的函数，即流速势函数 φ 和流函数 ψ。

由水力学已知，质点流速场不形成微小质团转动的流动称为有势流动（也叫无涡流动），简称势流。如果把流场中的流速用函数 φ 的梯度来表示，这个函数 φ 就称为流速势函数，简称势函数，所以速度势的梯度就是流场中的速度。在渗流场中，势函数 φ 常用液体的位置势能和压强势能来表示，即 $\varphi = z + p/\gamma$；对于一般的地下水流动，实际流速很小，流速水头可以忽略不计，重度 γ 在一定的水温情况下为一常数，所以可近似地认为地下水的总水头 H 就等于测压管水头 $z + p/\gamma$，即 $H = z + p/\gamma$，由此可知流速势函数 $\varphi = H$。

流线是指某一瞬时在流场内的一条几何曲线，在该曲线上的每个液体质点的速度向量都与该曲线相切，所以流线表示液体的瞬时流动方向，它是速度场中的向量线。因为流函数是对流线方程的积分得到的，也可以说，对流线方程的积分所得到的函数关系称为流函数。流函数是描述流速场的另一个沿流线为常数的标量函数，所以流函数的等值线就是流线。

恒定平面势流中由 φ 值相等的点连成的线称为等势线，由 ψ 值相等的点连成的线称为等流函数线或流线。前人研究证明等势线与流线互相正交。由流线簇和等势线簇所组成的互相正交所形成的网格称为液体流动的流网，或简单地说，流线和等势线互相正交所形成的网状图形即为流网。

在平面 x、y 方向的流速 v_x、v_y 与流速势函数 φ 及流函数 ψ 的关系为：

$$v_x = \partial \varphi / \partial x$$
$$v_y = \partial \varphi / \partial y \quad (10.1.32)$$

$$v_x = \partial \psi / \partial y$$
$$v_y = -\partial \psi / \partial x \tag{10.1.33}$$

比较式（10.1.32）和式（10.1.33）可得：

$$v_x = \partial \varphi / \partial x = \partial \psi / \partial y$$
$$v_y = \partial \varphi / \partial y = -\partial \psi / \partial x \tag{10.1.34}$$

满足式（10.1.34）关系的两个函数在数学上称为共轭函数，或称 Cauchy-Riemann 条件。说明在恒定平面势流中，流速势函数 φ 和流函数 ψ 互为共轭函数。利用这个关系，只要知道流速 v_x 和 v_y，就可推求 φ 和 ψ，或者知道其中一个函数就可推求另一个函数，叫作函数的互换性。利用流速势函数和流函数的这种性质，结合给定的边界条件，可在电模型实验中测出两组曲线群，如果对换模型的边界条件，两组曲线可以互换，这也是由电模拟实验能够测量流线的理论依据。

对式（10.1.32）求流速 v_x 和 v_y 的偏导数得：

$$\partial v_x / \partial x = \partial^2 \varphi / \partial x^2$$
$$\partial v_y / \partial y = \partial^2 \varphi / \partial y^2 \tag{10.1.35}$$

将式（10.1.35）代入式（10.1.2），因为是恒定平面势流，$v_z = 0$，由此得：

$$\partial v_x / \partial x + \partial v_y / \partial y = \partial^2 \varphi / \partial x^2 + \partial^2 \varphi / \partial y^2 = 0 \tag{10.1.36}$$

可见流速势函数满足连续性方程式（10.1.2）。

同理，对式（10.1.33）求流速 v_x 和 v_y 的偏导数得：

$$\frac{\partial v_x}{\partial x} = \frac{\partial^2 \psi}{\partial y \partial x} = \frac{\partial^2 \psi}{\partial x \partial y}$$
$$\frac{\partial v_y}{\partial y} = \frac{-\partial^2 \psi}{\partial x \partial y} \tag{10.1.37}$$

将式（10.1.37）中的第一式与第两式相加，仍得 $\partial v_x / \partial x + \partial v_y / \partial y = 0$，可见流函数仍然满足连续性方程。

在恒定平面有势流动中，质点的角速度为：

$$\omega_z = \frac{1}{2} \left(\frac{\partial v_y}{\partial x} - \frac{\partial v_x}{\partial y} \right) = 0 \tag{10.1.38}$$

由式（10.1.38）得：

$$\partial v_y / \partial x = \partial v_x / \partial y \tag{10.1.39}$$

将式（10.1.34）中的 $v_x = \partial \psi / \partial y$ 和 $v_y = -\partial \psi / \partial x$ 代入式（10.1.39）整理得：

$$\frac{\partial^2 \psi}{\partial x^2} + \frac{\partial^2 \psi}{\partial y^2} = 0 \tag{10.1.40}$$

式（10.1.36）和式（10.1.40）表明，流速势函数和流函数均满足拉普拉斯方程，在数学上满足拉普拉斯方程的函数称为调和函数。

由以上分析可以得出，在恒定平面势流中，流速势函数和流函数均满足连续性方程，都是调和的共轭函数，具有互换性。

10.1.3 实验仪器和设备

10.1.3.1 已知原型参数

①建筑物的上游水位 H_1、下游水位 H_2，上、下游水位差 $H = H_1 - H_2$、渗透系数 k。

②建筑物的设计尺寸，如建筑物长度 L、建筑物厚度、建筑物形状、板桩位置和深度 S 等。

③闸基底板下面的透水层厚度 T 等。

10.1.3.2 模型几何比尺和模型尺寸

模型的几何比尺 λ 根据实验精度的必要性和设备条件的可能性选择。当已知原型透水层厚度 T，可按式（10.1.30）计算水工建筑物上、下游透水河床应取的长度 l。实验范围确定以后，即可按照几何比尺确定模型的长度、宽度以及闸基尺寸，模型外框高度根据需要制作，一般高为 3~5cm。

10.1.3.3 实验设备

（1）闸基渗流实验设备

闸基渗流实验设备如图 10.1.6 所示。由图中可以看出，实验设备由外框、实验盘、电源和量测设备组成。

外框架用铝合金或木头制作。在框架的上面设一张玻璃板，玻璃板的上面铺一张带刻度的坐标纸，如图 10.1.6 中的 x 坐标和 y 坐标。坐标纸的上面为实验盘。实验盘用绝缘材料制作，最简单方便的是有机玻璃。为了校平实验盘和框架，在框架的一侧设水准泡，框架的下方设 3 个可调节的底脚螺栓。实验盘中设闸基底部轮廓和地基的模型，模型的上、下游各设一 0.2~1.0mm 的黄铜或紫铜板，表示透水边界。模型的不透水边界为有机玻璃。对于均质各向同性的土壤，其渗透系数 k 为一常数，模型中可用深度均一的导电液来模拟，导电液厚度可用 1~2cm 的自来水或其他导电材料。量测设备为电模拟实验仪。

实验时将电源与实验盘相连接，用探针测量等电位线，就是所要求的渗流等势线。

有了等势线，即可根据流网的性质绘出流线。

根据流函数与势函数的互换性可知，在同一模型上用实验的方法也可以测量流线。其方法为将原来的不透水边界改为透水边界，透水边界改为不透水边界，而导电铜板上保持原来的电位不变，如图 10.1.7 所示，可以测量出在新的边界条件下的等势线，该等势线与前面所测量的等势线相垂直，根据流速势函数和流函数的互换性可知，在新的边界条件下所测得的等势线就相当于所研究区域的流线。

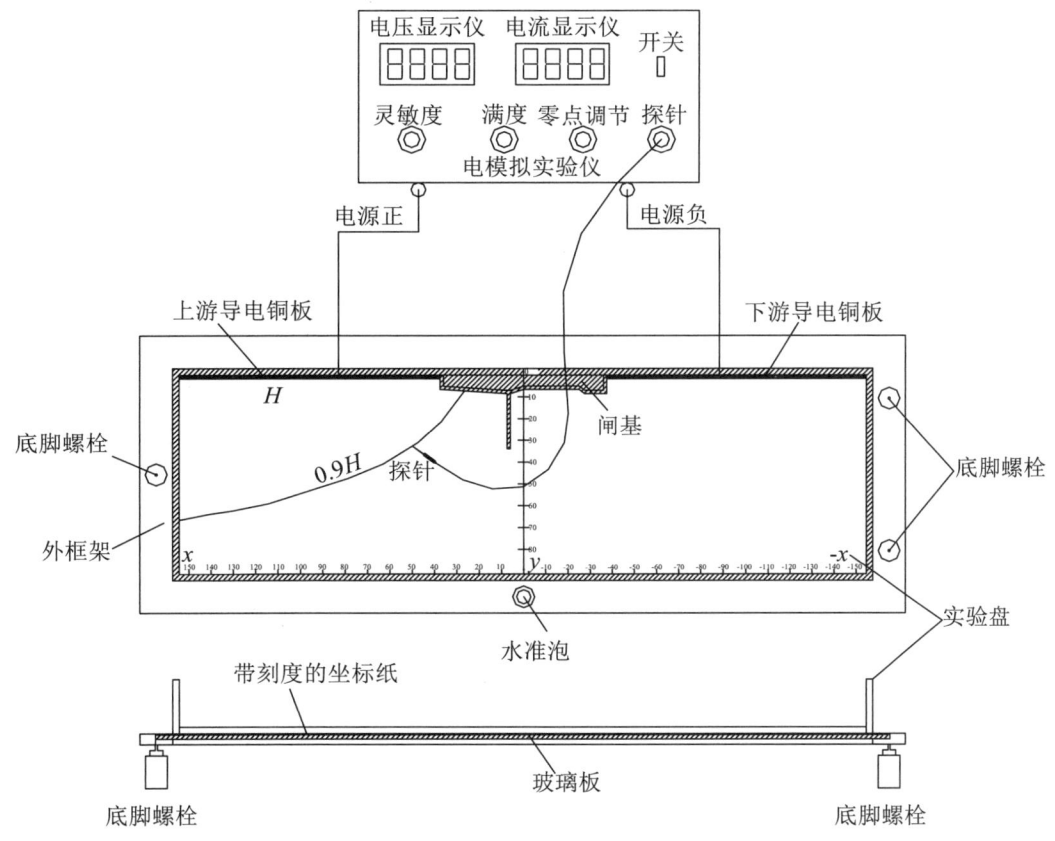

图 10.1.6 闸基渗流实验等势线量测设备

(2) 均质土坝渗流实验设备

均质土坝渗流实验设备如图 10.1.8 所示。由图中可以看出，实验设备除土坝部分外，其余部分与闸基渗流实验设备相同。

土坝上游水位以下的坝坡面 AB 和上游透水河床 BC 设置导电铜板，下游水位以下的坝坡面 DE 和下游透水河床 EF、排水体 GH 也设置导电铜板，地基的不透水层 IJ、排水体不透水层 HE 以及边界面 IC 和 FJ 均为绝缘面，故用非导电的绝缘材料制作。模型中灌注 1cm 厚的导电液（自来水），以代替透水的坝体和坝基。

对于具有自由液面的均质土坝的电模拟模型，首先要确定坝体内浸润线的位置，然后通过实验来修正。

浸润线是渗流场的边界面，需用绝缘材料制作，模拟时可用石蜡或橡皮泥。由于浸润线的势能是已知的，在实验时可选定几个点（如 $0.9H$、$0.8H$、$0.7H$ ……），用探针在计算或估算的浸润线周围探测，当探针指到某一位置，显示器的读数正好等于所需的电位值时，该点位置即为所求位置。

也可以用同一模型测量均质土坝的流线，其方法与闸基渗流实验相同。将透水边界

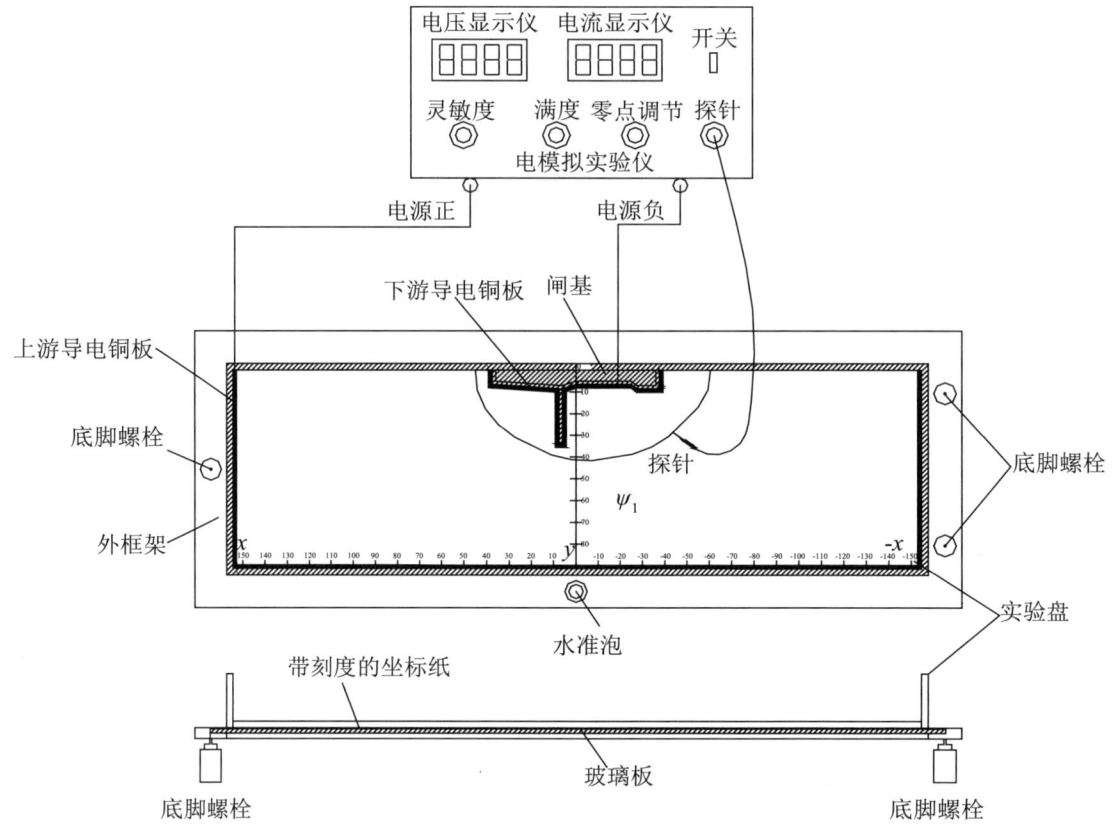

图 10.1.7 闸基渗流实验流线量测设备

ABC、DH 和 EF 改为不透水边界,将不透水边界 CIJF、AC 和 HE 改为透水边界,将其连接在电路两端,保持原电压不变,这时所测得的等势线即为流线。

10.1.4 实验方法和步骤

①利用底脚螺栓将实验盘调整水平。

②在电模拟盘中放入自来水,自来水的厚度一般为 1~2cm。

③连接仪器线路,经检验接线正确方可接上电源,调节供给电压为 0~10V。

由于在上游河底处无水头损失,故势能为 100%,而在下游河底处水头损失为 100%。此时上、下河底面处的电位差 $V_1 - V_2$ 代表原型的上、下游水位差 $H = H_1 - H_2$。当电流接通后,电流在电位差 $V_1 - V_2$ 的作用下从上游面的铜板通过导电溶液流向下游的铜板,沿途的电位损失就等于原型的水头损失。

④当调节好电模拟仪内电桥一个支路的电阻比例[也就是确定了某一电位(势)值]后,用探针在实验盘中寻找另一支路与其电位相等的点,将所有电位相等的点连起来即得到某电位(势)的等势线。同样方法,可测绘出其他等势线。

⑤测出等势线后,根据流线与等势线正交的性质,可绘出流线。

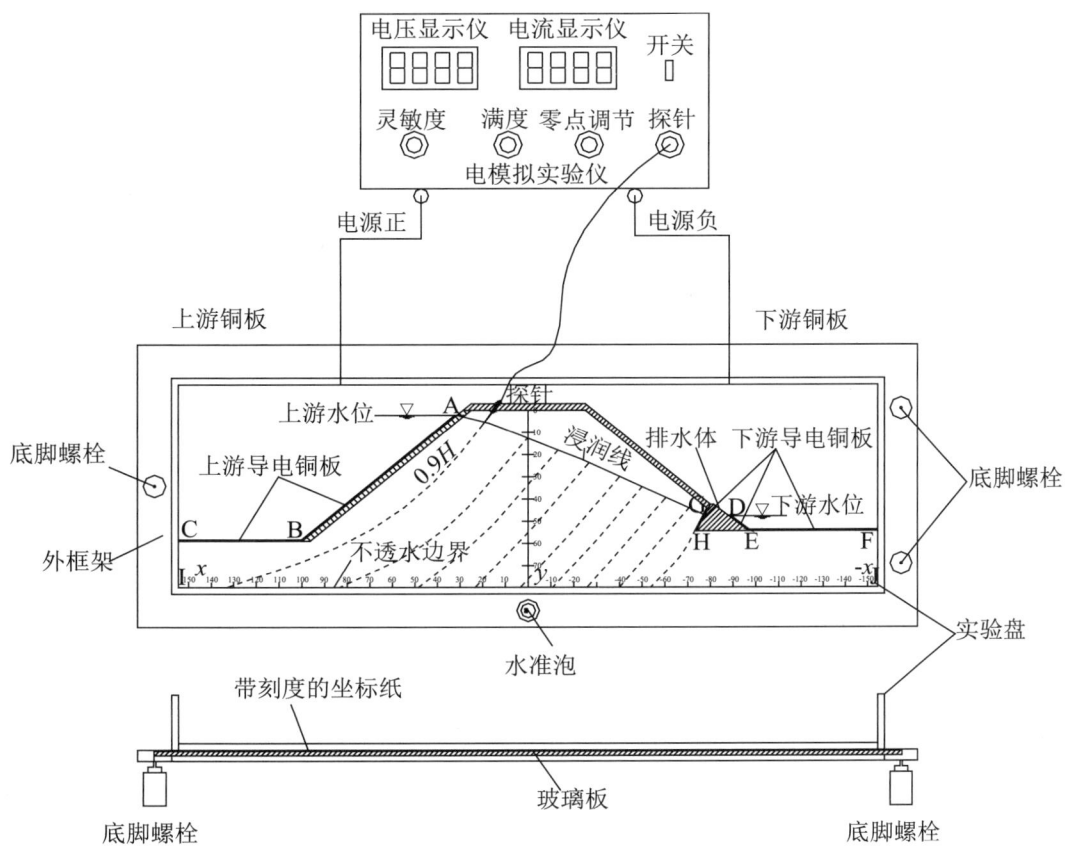

图 10.1.8　均值土坝渗流实验量测设备

⑥一般地，在模型渗流边界上、下游所施加的某电压条件下，测出流过模型的电流，即可根据模型的流量比尺以及导电液厚度计算出渗流场相应宽度的流量。

⑦实验结束后将仪器恢复原状。

10.1.5　数据处理和分析

实验设备名称：＿＿＿＿＿＿＿＿＿＿；仪器编号＿＿＿＿＿＿＿＿＿＿。

同组学生姓名：＿＿＿＿＿＿＿＿＿＿。

10.1.5.1　实验数据记录及计算（表 10.1.2）

表 10.1.2　实验数据记录及计算表

等势线	测点											
	坐标/cm	1	2	3	4	5	6	7	8	9	10	11
0.1H	x											
	y											

(续表)

等势线	坐标/cm	测点										
		1	2	3	4	5	6	7	8	9	10	11
0.2H	x											
	y											
0.3H	x											
	y											
0.4H	x											
	y											
0.5H	x											
	y											
0.6H	x											
	y											
0.7H	x											
	y											
0.8H	x											
	y											
0.9H	x											
	y											

学生签名： 教师签名： 实验日期：

10.1.5.2 结果分析

①根据所测得的等势线绘制流线和流网。

②根据流网计算渗透损失和渗透压强。

③根据比尺体系，计算实际坝体相应宽度的渗流量。

10.1.6 实验注意事项

①使用仪表时应注意其量程及其测试档。

②测试探针要求保持铅垂，以免接触电阻造成误差。

③做实验前需将实验盘调平，否则实验盘中水体的电阻不均匀，不能保证均质各向同性。

10.2 地下水非均匀渗流模拟实验

10.2.1 实验目的

① 掌握测量地下水渐变渗流单宽流量的方法。

② 掌握测量地下水渐变渗流浸润曲线的方法,并将测量结果与计算结果进行比较,分析其变化规律。

③ 确定水流通过沙体的渗透系数。

10.2.2 实验原理

10.2.2.1 地下水非均匀渐变渗流的裘布依公式和微分方程

位于不透水地基上的孔隙区域内具有自由表面的渗流,称为地下水渗流。该渗流为无压渗流,渗流与大气相接触的自由表面称为浸润面。地下水渗流与地面明槽流类似,可分为棱柱体地下水和非棱柱体地下水;也可以分为顺坡地下水、平坡地下水和逆坡地下水;渗流可分为恒定均匀渗流和恒定非均匀渐变渗流。本节主要研究恒定非均匀渐变渗流浸润曲线问题。

(1) 非均匀渐变渗流的裘布依公式

如图 10.2.1 所示为一恒定非均匀渐变渗流,在相距为 ds 的断面 1—1 和断面 2—2 之间任意取微小流束 ab,在 a 点的测压管水头设为 $H_1 = z_1 + p_1/\gamma$,b 点的测压管水头为 $H_2 = z_2 + p_2/\gamma$,其中 z_1 和 z_2 为断面 1—1 和断面 2—2 的位置水头,p_1/γ 和 p_2/γ 为断面 1—1 和断面 2—2 的压强水头。从 a 点至 b 点的测压管水头差或水头损失为 $dh_w = H_1 - H_2 = -(H_2 - H_1) = -dH$,水力坡度为 $J = dh_w/ds = -dH/ds$,根据达西定律,微小流束的 a 点处流速为:

$$u = kJ = -k\frac{dH}{ds} \tag{10.2.1}$$

因为沿水流方向单位势能的增量 dH 恒为负值,为使 J 为正值,故在公式前加一负号。

断面 1—1 上的断面平均流速为:

$$v = \frac{1}{A}\int_A u dA = \frac{1}{A}\int_A -k\frac{dH}{ds}dA \tag{10.2.2}$$

式中,u 为 a 点处的流速;v 为断面 1—1 的平均流速;k 为渗透系数;A 为断面 1—1 上的过水断面面积。

对于恒定非均匀渐变渗流,同一横断面上各点的测压管水头为常数,对于任何微小流束,渗流从断面 1—1 流至断面 2—2,其测压管水头差 dH 相同,断面 1—1 和断

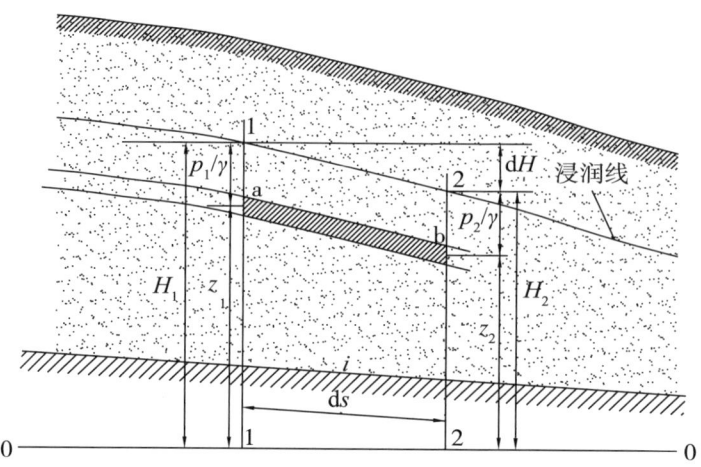

图 10.2.1　非均匀渐变渗流流束分析简图

面 2—2 之间各流线的长度 ds 近似相等,所以不同微小流束的水力坡度 dH/ds 为一常数,故式(10.2.2)可写成:

$$v = -k \frac{dH}{ds} \qquad (10.2.3)$$

式(10.2.3)即为著名的裘布依公式,是由法国学者裘布依于 1857 年提出来的。裘布依公式表明,在非均匀渐变渗流中,过水断面上各点的流速相等,并等于断面平均流速,流速分布图为矩形,但对不同的过水断面,水力坡度 J 不相等,因而流速也不相等。裘布依公式在形式上与达西定律相同,不同的是水力坡度 J 随断面位置而变,而达西定律的 J 对各断面均相同。

(2)恒定非均匀渐变渗流的基本微分方程

上面已经说明,恒定非均匀渐变渗流的基本关系式是裘布依公式(10.2.3),下面利用这个基本关系式研究非均匀渐变渗流的基本微分方程。

设有一恒定非均匀渐变渗流如图 10.2.2 所示。不透水地基的渠底坡度为 i,取基准面为 0—0 及任意两个相距为 ds 的过水断面 1—1 和断面 2—2,由图中可以看出,水头 H 为渗流水深 h 与不透水层面至基准面之间的铅直距离 z_0 之和,即:

$$H = h + z_0$$

对上式求导得:

$$\frac{dH}{ds} = \frac{d}{ds}(h + z_0) = \frac{dh}{ds} + \frac{dz_0}{ds}$$

由于地下水的底坡 $i = \frac{z_{01} - z_{02}}{ds} = -\frac{z_{02} - z_{01}}{ds} = -\frac{dz_0}{ds}$,所以 $\frac{dH}{ds} = \frac{dh}{ds} - i$,代入裘布依公式(10.2.3)得:

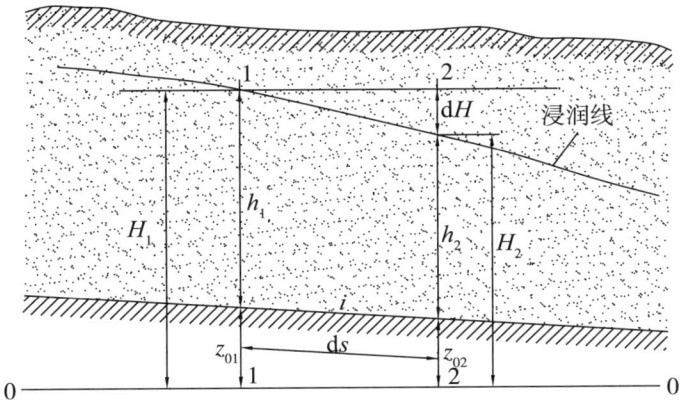

图 10.2.2 非均匀渐变渗流的基本微分方程分析简图

$$v = -k\left(\frac{dh}{ds} - i\right) = k\left(i - \frac{dh}{ds}\right) \quad (10.2.4)$$

$$Q = vA = kA\left(i - \frac{dh}{ds}\right) \quad (10.2.5)$$

设地下水宽度为 b，通过地下水的单宽渗流量为 q，因为过水断面的面积 $A = bh$，单宽渗流量为 $q = Q/b$，代入式（10.2.5）得：

$$q = kh\left(i - \frac{dh}{ds}\right) \quad (10.2.6)$$

式（10.2.5）和式（10.2.6）即为恒定非均匀渐变渗流的基本微分方程式。

当地下水渗流为恒定均匀渗流时，水深沿程不变，$dh/ds = 0$，水深 h 为正常水深 h_0，则由式（10.2.6）可得单宽渗流量 q 与正常水位 h_0、渗透系数 k 以及底坡 i 的关系为：

$$q = kh_0 i \quad (10.2.7)$$

由水力学已知，渗流的流速水头 $\alpha v^2/(2g)$ 非常小，与渗流水深相比可以忽略不计，所以渗流中没有临界水深，也不存在缓坡、陡坡和临界坡以及急流、缓流和临界流的概念，这样，在地下水中只有正坡、平坡和逆坡 3 种底坡类型。下面用式（10.2.6）和式（10.2.7）分析正坡、平坡和逆坡地下水渗流浸润线的计算方法。

10.2.2.2　正坡、平坡和逆坡地下水渗流浸润线的计算

（1）正坡（$i > 0$）地下水浸润曲线的计算

正坡地下水的浸润曲线如图 10.2.3 所示。同分析明槽水面曲线的方法一样，对于正坡地下水，由于底坡 $i > 0$，如果渗流为均匀渗流，流线是一系列的平行直线，渗流水深为正常水深 h_0，浸润曲线为与地下水底坡相平行的直线，如图 10.2.3 中的 $N—N$ 线；如果渗流为恒定非均匀渐变渗流，以渗流的正常水深线 $N—N$ 为界可以将渗流分为两个区域，在渗流的正常水深 $N—N$ 线以上的为 a 区，渗流的正常水深 $N—N$ 线以下的为 b

区,如图10.2.3所示。在渗流浸润曲线的分析中,为了分析浸润曲线的变化规律,通常用渗流的正常水深 h_0 与实际渗流水深 h 的比值来分析水面曲线的变化情况,如果在正坡地下水中发生均匀渗流,则令式(10.2.7)与式(10.2.6)相等,由此可得:

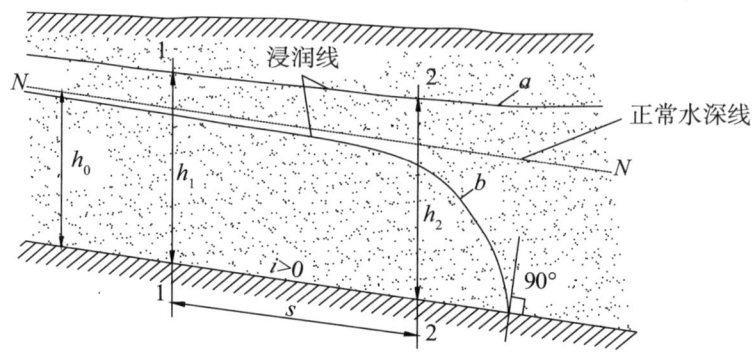

图 10.2.3 $i>0$ 正坡地下水的浸润曲线

$$\frac{\mathrm{d}h}{\mathrm{d}s} = i\left(1 - \frac{h_0}{h}\right) \tag{10.2.8}$$

由式(10.2.8)可以分析正坡地下水的浸润曲线的变化情况。

当地下水中发生均匀渗流时,$h=h_0$,则 $\mathrm{d}h/\mathrm{d}s=0$,表明渗流的水深沿程不发生变化,为均匀渗流。

当地下水的渗流水深发生在 a 区,由于渗流的正常水深 h_0 小于渗流的实际水深 h,即 $h_0<h$,由式(10.2.8)可得 $\mathrm{d}h/\mathrm{d}s>0$,渗流水深沿程增加,浸润曲线为壅水浸润曲线。在浸润曲线的上游,当 $h \to h_0$ 时,$\mathrm{d}h/\mathrm{d}s \to 0$,浸润曲线以渗流的正常水深 $N-N$ 线为渐近线;在浸润曲线的下游,当 $h \to \infty$ 时,$\mathrm{d}h/\mathrm{d}s \to i$,浸润曲线将以水平线为渐近线,所以 a 区渗流的浸润曲线为下凹的曲线,称为 a_1 型壅水浸润曲线。

当地下水的渗流水深发生在 b 区,渗流的正常水深 h_0 大于渗流的实际水深 h,即 $h_0>h$,$\mathrm{d}h/\mathrm{d}s<0$,渗流水深沿程减小,浸润曲线为降水浸润曲线。在浸润曲线的上游,当 $h \to h_0$ 时,$\mathrm{d}h/\mathrm{d}s \to 0$,浸润曲线仍以渗流的正常水深 $N-N$ 线为渐近线;在浸润曲线的下游,$h \to 0$,$\mathrm{d}h/\mathrm{d}s \to -\infty$,浸润曲线将与底坡相垂直,所以 b 区的浸润曲线是上凸的降水曲线,称为 b_1 型降水浸润曲线。

在正坡渠道中,$i>0$,恒定非均匀渐变渗流的基本微分方程(10.2.6)可以写成:

$$\frac{\mathrm{d}h}{\mathrm{d}s} = i - \frac{q}{kh} \tag{10.2.9}$$

对式(10.2.9)分离变量得:

$$\frac{kh}{kih-q}\mathrm{d}h = \mathrm{d}s$$

对上式左边整理：

$$\frac{kh}{kih-q}\mathrm{d}h = \frac{kih}{i(kih-q)}\mathrm{d}h = \frac{1}{i}\left(1+\frac{q}{kih-q}\right)\mathrm{d}h = \frac{1}{i}\left[\mathrm{d}h + \frac{q}{ki}\frac{\mathrm{d}(kih-q)}{kih-q}\right]$$

由以上两式得：

$$\frac{1}{i}\left[\mathrm{d}h + \frac{q}{ki}\frac{\mathrm{d}(kih-q)}{kih-q}\right] = \mathrm{d}s \qquad (10.2.10)$$

如图 10.2.3 所示，对式（10.2.10）的左面从断面 1—1 的渗流水深 h_1 到断面 2—2 的渗流水深 h_2 积分，右面的积分结果为 s，则：

$$s = \frac{1}{i}\left[(h_2 - h_1) + \frac{q}{ki}\ln\frac{kih_2-q}{kih_1-q}\right] \qquad (10.2.11)$$

式中，s 为断面 1—1 与断面 2—2 之间的斜距离。

由式（10.2.11）可得单宽渗流量 q 的隐函数关系为：

$$q = \frac{ki(si - h_2 + h_1)}{\ln[(kih_2-q)/(kih_1-q)]} \qquad (10.2.12)$$

对任意断面 x，设其水深为 h，这时 $s = x$，$h_2 = h$，代入式（10.2.11）得：

$$x = \frac{1}{i}\left(h - h_1 + \frac{q}{ki}\ln\frac{kih-q}{kih_1-q}\right) \qquad (10.2.13)$$

用式（10.2.13）可以计算正坡地下水任意断面的水深，计算时，单宽渗流量 q、断面 1—1 的渗流水深 h_1、渗透系数 k 和底坡 i 均已知，可以假设一个 h，求得一个 x，直到用假设的 h 求得的 $x = s$，由此确定的浸润曲线即为所求的浸润曲线。

（2）平坡（$i = 0$）地下水的浸润曲线

在平坡上渗流没有正常水深，所以在平坡上浸润曲线只有一个区域，如图 10.2.4 所示。

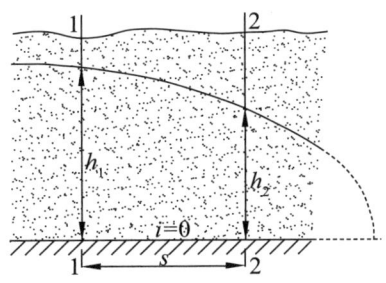

图 10.2.4 $i = 0$ 平坡地下水浸润曲线

将 $i = 0$ 代入式（10.2.6）可得：

$$\frac{\mathrm{d}h}{\mathrm{d}s} = -\frac{q}{kh} \qquad (10.2.14)$$

由式（10.2.14）可知，$dh/ds<0$，渗流水深沿程减小，浸润曲线为降水浸润曲线。在浸润曲线的上游，$h\to\infty$，$dh/ds\to 0$，浸润曲线将以水平线为渐近线；在浸润曲线的下游，$h\to 0$，$dh/ds\to -\infty$，浸润曲线的切线将与底坡相垂直，称为 b_0 型降水浸润曲线。

对式（10.2.14）分离变量并积分可得平底地下水的单宽渗流量与断面1—1水深 h_1、断面2—2水深 h_2 和渗流距离 s 以及渗透系数 k 的关系为：

$$q = \frac{k}{2s}(h_1^2 - h_2^2) \tag{10.2.15}$$

如果在断面1—1和断面2—2之间任取一断面，设其水深为 h，距断面1—1的距离为 x，代入式（10.2.14）积分得：

$$q = \frac{k}{2x}(h_1^2 - h^2) \tag{10.2.16}$$

由式（10.2.15）和式（10.2.16）得平底地下水渗流的浸润曲线方程为：

$$h = \sqrt{h_1^2 - \frac{x}{s}(h_1^2 - h_2^2)} \tag{10.2.17}$$

式（10.2.17）表明，平底地下水的浸润曲线是二次抛物线。

10.2.2.3 逆坡（$i<0$）地下水的浸润曲线

逆坡地下水的浸润曲线如图10.2.5所示。逆坡地下水也没有渗流的正常水深线，因此没有均匀渗流。为了分析方便，假设有一个正坡的底坡 $i'=|i|$，对于这个假设的正坡，与研究逆坡明渠水面线一样，认为虚拟的正坡 i' 在地下水中会发生均匀渗流，其单宽渗流量 q 和在底坡为 i 的逆坡河槽中的非均匀渐变渗流的单宽渗流量相等，则虚拟的地下水中的均匀渗流可表示为：

$$q = k h'_0 i' \tag{10.2.18}$$

式中，h'_0 为虚拟的地下水的正常水深。

将 $i'=|i|$ 代入式（10.2.6）可得：

$$q = kh\left(-i' - \frac{dh}{ds}\right) = -kh\left(i' + \frac{dh}{ds}\right) \tag{10.2.19}$$

比较式（10.2.18）和式（10.2.19）得：

$$\frac{dh}{ds} = -i'\left(1 + \frac{h'_0}{h}\right) \tag{10.2.20}$$

因为 i'、h'_0 和 h 均为正值，所以 $dh/ds<0$，渗流水深沿程减小，浸润曲线为降水浸润曲线。在曲线的上游，$h\to\infty$，$dh/ds\to -i'=i$，浸润曲线将以水平线为渐近线；在浸润曲线的下游，$h\to 0$，$dh/ds\to -\infty$，浸润曲线趋向于与底坡相垂直，浸润曲线是一条上凸的曲线，称为 b' 型降水浸润曲线。

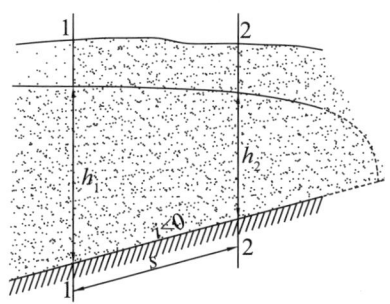

图 10.2.5 逆坡地下水浸润曲线

式（10.2.19）可以写成：

$$\frac{kh}{khi'+q}\mathrm{d}h = \left(1 - \frac{q}{khi'+q}\right)\mathrm{d}h = -\mathrm{d}s \tag{10.2.21}$$

对式（10.2.21）从断面 1—1 至断面 2—2 积分得：

$$s = \frac{1}{i'}\left[(h_1 - h_2) + \frac{q}{ki'}\ln\frac{ki'h_2 + q}{ki'h_1 + q}\right] \tag{10.2.22}$$

如果在断面 1—1 和断面 2—2 之间任取一断面，设其水深为 h，距断面 1—1 的距离为 x，则式（10.2.22）可以写成：

$$x = \frac{1}{i'}\left[(h_1 - h) + \frac{q}{ki'}\ln\frac{ki'h + q}{ki'h_1 + q}\right] \tag{10.2.23}$$

式（10.2.23）的计算过程与式（10.2.13）相同。

由式（10.2.23）可得逆坡地下水单宽渗流量的隐函数关系为：

$$q = \frac{ki'(Li' + h_2 - h_1)}{\ln[(ki'h_2 + q)/(ki'h_1 + q)]} \tag{10.2.24}$$

式（10.2.22）、式（10.2.23）和式（10.2.24）是计算逆坡地下水单宽渗流量和浸润曲线的基本公式。

10.2.3 实验仪器和设备

实验设备为自循环实验系统，如图 10.2.6 所示。

测量仪器为量筒、秒表、测尺和洗耳球。

10.2.4 实验方法和步骤

①在渗流实验槽中装入实验沙，沙的顶部表面为水平，沙面低于渗流实验槽顶部 5~10cm。在装实验沙时，边装沙边用温水浸泡，以便密实并将沙中的空气排出。

②实验前一天将实验沙浸泡湿润。

③记录已知数据，如渗流实验槽两个滤网之间的实验段长度 s、活动铰与升降机之

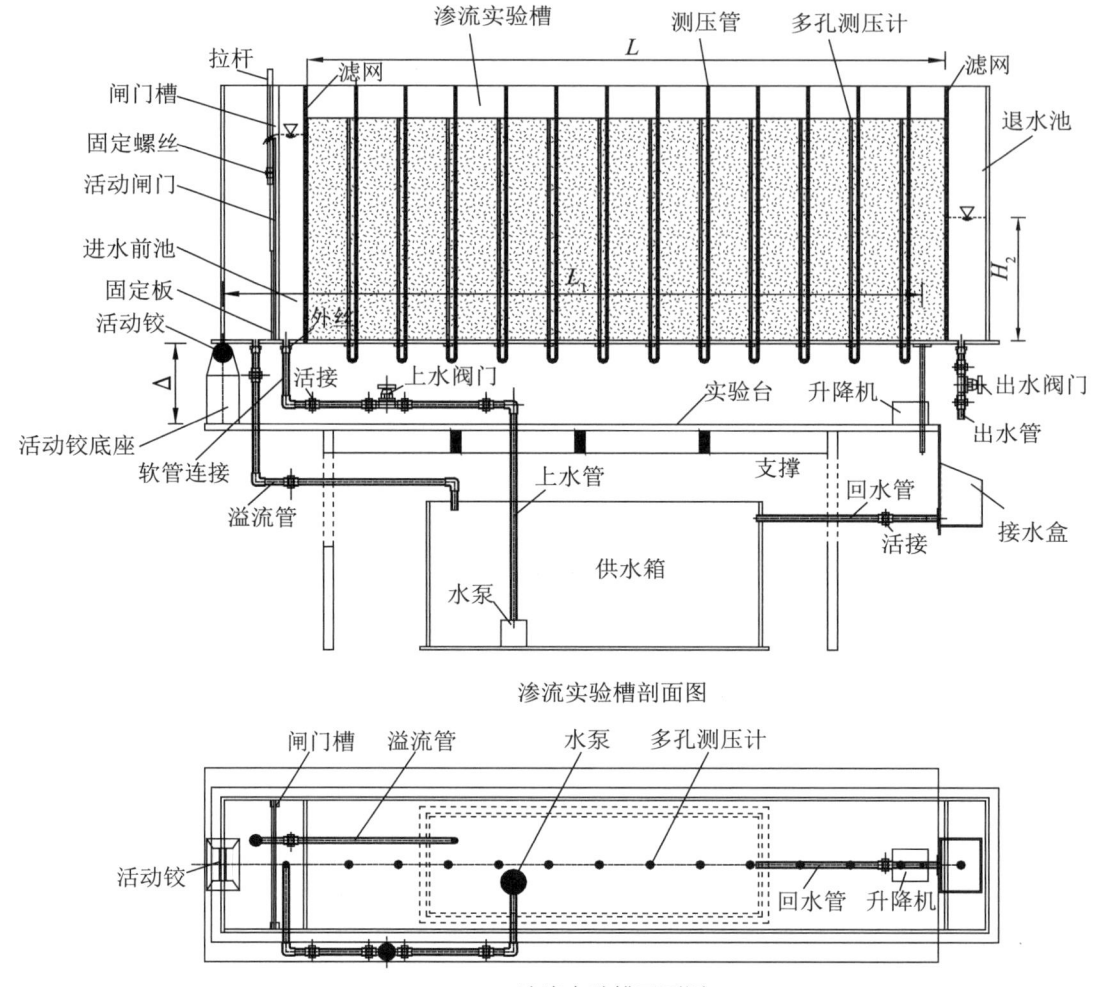

图 10.2.6 地下水非均匀渐变渗流浸润曲线实验设备

间的距离 L_1、活动铰顶部与实验台面之间的距离 Δ、渗流实验槽宽度 b、测压孔间距。

④确定渗流实验槽的底坡为平坡。打开升降机,当升降机顶部距实验台面的距离为 Δ 时,渗流实验槽处于水平状态。

⑤打开水泵,逐渐打开上水阀门,使进水前池充满水,并保持溢流状态。

⑥将出水阀门打开一部分,使水流通过沙体,当水流将实验沙全部浸泡时,关闭出水阀门,用洗耳球将测压管中的空气排出,并检验空气是否排完,检验的方法是出水阀门关闭时,各测压管的液面应水平。

⑦打开出水管上的出水阀门为合适开度,调节退水池中的水深为 30cm 左右,待水流稳定后,用测尺读取各测压管的水面读数,用量杯和秒表从出水管处测量流量。

⑧调节出水阀门,改变退水池中的水深,重复第 7 步 1~2 次。

⑨改变渗流实验槽的底坡。设活动铰距升降机之间的距离为 L_1，调节升降机，使渗流实验槽的一端下降或上升某一距离 Δ_i，则坡度的计算公式为

$$\alpha = \arctan(\Delta_i/L_1) \qquad (10.2.25)$$

式中，Δ_i 可以直接用测尺测量。当渗流实验槽上升时，升降机处渗流实验槽底部距实验台面的距离减去 Δ 即为上升的高度 Δ_i；当渗流实验槽下降时，用 Δ 减去渗流实验槽底部距实验台面的距离即为下降的高度 Δ_i。

⑩渗流实验槽底坡改变后，重复第 4 步至第 8 步的实验步骤，测量各底坡情况下的测压管水面读数和流量。

⑪实验结束后将仪器恢复原状。

10.2.5 数据处理和分析

实验设备名称：_____；仪器编号_____。

同组学生姓名：_____。

已知数据：渗流实验槽实验段长度 $s =$ ____ cm；渗流实验槽宽度 $b =$ ____ cm，活动铰底部距实验槽台面的距离为 $\Delta =$ ____ cm。

10.2.5.1 流量和测压管读数测量（表 10.2.1、表 10.2.2）

表 10.2.1　流量测量表

测次	底坡 i	进水前池水深 /cm	退水池中水深 /cm	体积 /cm³	时间 /s	Q /(cm³/s)	q /[cm³/(s·cm)]

学生签名：　　　　　指导教师签名：　　　　　　　　　试验日期：

表 10.2.2 测压管读数测量表

x_i/cm	$i=$, $q=$____ cm³/(s·cm)		$i=$, $q=$____ cm³/(s·cm)			$i=$, $q=$____ cm³/(s·cm)		
	测压管读数/cm	计算浸润曲线/cm	测压管编号	测压管读数/cm	计算浸润曲线/cm	测压管编号	测压管读数/cm	计算浸润曲线/cm
学生签名：			指导教师签名：				试验日期：	

注：第一根测压管读数为进水前池的水面读数，最后一根测压管读数为退水池的水面读数。

10.2.5.2 结果分析

①单宽流量 $q = Q/b$。

②根据实测的流量、h_2、h_1 和已知的 s 和 i 计算渗透系数 k，对于正坡地下水用式（10.2.11）计算；对于平坡地下水用式（10.2.15）计算；对于逆坡地下水用式（10.2.22）计算。

③水面线计算可以根据坡度选用公式。对于正坡地下水用式（10.2.13）计算；对于平坡地下水用式（10.2.17）计算；对于逆坡地下水用式（10.2.23）计算。

④根据各测压管水面读数及计算的水面线在方格纸或计算机上绘出浸润曲线，对结

果进行对比分析。

⑤将实验测量的浸润曲线和单宽流量换算成原型值。

10.2.6 实验注意事项

①实验时要逐渐开启上水阀门,流量不能过大,流量过大可能会使沙土浮动,也可能使雷诺数较大而超出达西定律的实验范围。

②要始终保持活动闸门顶部有水流溢出,以保证进水前池的水头为恒定水头。

③退水池中的水深可根据实际情况任意控制。

10.3 有压渗流模拟实验

10.3.1 实验目的

①掌握测量有压渗流流量的方法。

②掌握测量有压渗流阻力系数和水头损失的方法,并将测量结果与计算结果进行比较,分析其变化规律。

③确定有压渗流的渗透系数、扬压力和水工建筑物出口的水力坡度。

10.3.2 实验原理

在透水地基上修建闸、坝、河岸溢洪道等水工建筑物后,上游水位因受闸、坝等水工建筑物的影响而抬高,在水工建筑物的上、下游形成水位差,在此水位差的作用下,水工建筑物透水地基中产生渗流,此种渗流因受建筑物基础的限制,一般无自由表面,故称为有压渗流。有压渗流对水工建筑物基础产生渗透压力,通常称为扬压力,扬压力直接影响水工建筑物的稳定和安全。图10.3.1为一闸基渗流,工程上需要确定通过闸基透水地基上的渗流量、渗流作用于闸基的扬压力以及渗流区的渗流速度等。

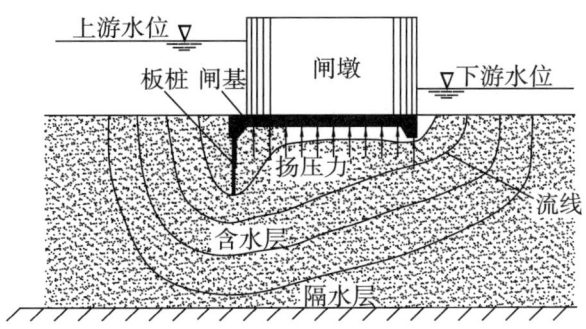

图 10.3.1 有压渗流示意图

水工建筑物地基有压渗流的计算,有多种方法。对于地下轮廓较简单的地基有压渗流计算通常采用复变函数法、直线法和流网法。对于复杂轮廓地基的有压渗流的计算主要有流网法、柯斯拉的独立系数法、巴甫洛夫斯基的分段法、丘加耶夫的阻力系数法以及毛昶熙和周保中改进的阻力系数法。

1936年，柯斯拉提出了计算有压渗流的独立系数法，该方法将闸坝不透水底板的复杂地下轮廓分解成几个简单的基本部件，而这些简单轮廓的地基渗流是各有其理论解的，柯斯拉的独立系数法是根据无限深地基的解析解得到的，所以适用于较深透水地基情况。

1936年，巴甫洛夫斯基提出用分段法计算有压渗流，该方法的基本思想是沿着各板桩画铅直线，由铅垂线把复杂地基分成几段简单的部分，每一段的渗流可以利用已有的理论公式或比较简单的计算方法求其水头损失，然后按照叠加原理将各段的水头损失相加即得整个渗流区的水头损失；分段法适用于有限深的透水地基，优点是计算简单，缺点是不能直接从联立方程解出关键的角点水头。

1957年，丘加耶夫根据巴甫洛夫斯基的分段法原理和努麦罗夫渐进线法对急变渗流区计算的理论提出了阻力系数法，分段位置取在板桩前后的角点，把沿着地下轮廓线的地基渗流分成垂直的和水平的几个段单独处理。丘加耶夫的阻力系数法是根据有限深地基的分段解得到的，但也可以适用于无限地基的渗流计算。

1980年，毛昶熙和周保中在巴甫洛夫斯基的分段法和丘加耶夫的阻力系数法的基础上提出了改进的阻力系数法，改进的阻力系数法与巴甫洛夫斯基的分段法和丘加耶夫的阻力系数法不同之处在于渗流区域划分的更多，能够计算板桩或截墙底部角点的水头，同时对地下轮廓中的斜坡和短截墙凸起部分给出了局部修正方法，阻力系数的计算公式也有所不同，计算精度有所提高，所以在国内得到了广泛的应用。

10.3.2.1 改进的阻力系数法的理论基础

下面以图10.3.2简单的矩形断面渗流分析改进的阻力系数法的计算公式。

图10.3.2为一简单的矩形断面的有压渗流区，设渗流段的水平长度为L，地基深度为T，两断面之间的测压管水头差为h，根据达西定律，通过该渗流区的单宽渗流量为：

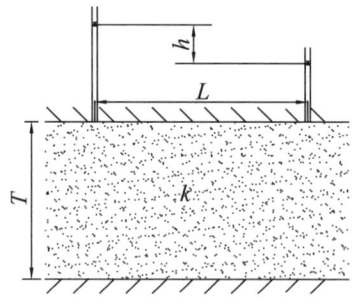

图10.3.2　矩形断面渗流分析图

$$q = kJT = kT\frac{h}{L} \quad (10.3.1)$$

式中，q 为单宽流量；k 为渗透系数；h 为渗流区的上游和下游的测压管水头差，也即水头损失；L 为渗流段的水平长度。$J=h/L$ 为渗流区的水力坡降。

对式 (10.3.1) 变形为：

$$h = \frac{L}{T}\frac{q}{k} \tag{10.3.2}$$

令 $\xi = L/T$，则得：

$$h = \xi \frac{q}{k} \tag{10.3.3}$$

式中，ξ 为阻力系数。

式 (10.3.3) 中，ξ 仅与渗流区的几何形状有关，是边界条件的函数。对于比较复杂的地下轮廓，须把整个渗流区大致按等势线位置分成几个典型的渗流段，每个典型渗流段都可利用理论解法或实验法求得阻力系数 ξ，对每一渗流段，渗流水头损失的计算式 (10.3.3) 可以写成：

$$h_i = \xi_i \frac{q}{k} \tag{10.3.4}$$

总水头损失为：

$$H = \sum h_i = \frac{q}{k}\sum \xi_i \tag{10.3.5}$$

式 (10.3.4) 和式 (10.3.5) 即为阻力系数法的理论公式。由式 (10.3.4) 可以看出，要求得各分段的水头损失，就要知道各分段的阻力系数 ξ_i、渗流的单宽流量 q 和渗透系数 k。

10.3.2.2 改进的阻力系数法的阻力系数

(1) 阻力系数的基本公式

改进的阻力系数法在求各分段的阻力系数时，首先将地基轮廓进行分段，根据对水工建筑物地基轮廓的研究，一般有 3 种基本型式，即进出口段、内部垂直段和内部水平段，如图 10.3.3 所示。

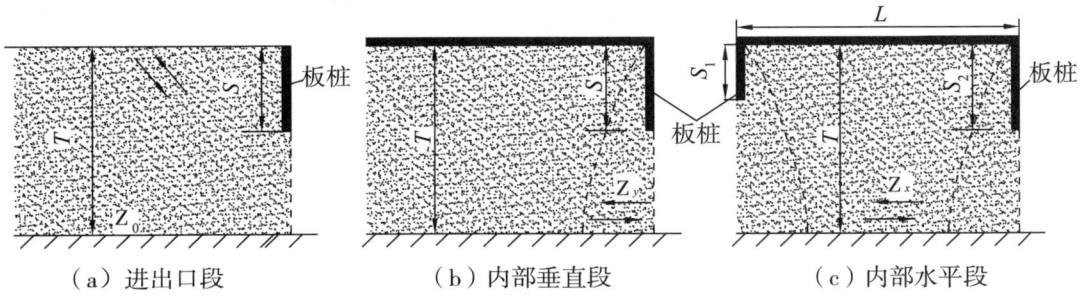

图 10.3.3 水工建筑物地基轮廓的 3 种基本型式

图 10.3.3 中，(a) 为水工建筑物的进出口段，设该段的阻力系数为 ξ_0，(b) 为水工建筑物的内部垂直段，该段的阻力系数设为 ξ_y，(c) 为水工建筑物的内部水平段，该段的阻力系数设为 ξ_x。

毛昶熙和周保中给出3种基本型式的阻力系数的经验公式如下：

进口和出口段的阻力系数为：

$$\xi_0 = 1.5\left(\frac{S}{T}\right)^{1.5} + 0.441 \tag{10.3.6}$$

内部垂直段的阻力系数为：

$$\xi_y = 1.466 \lg \operatorname{ctan}\left[\frac{\pi}{4}\left(1 - \frac{S}{T}\right)\right] \tag{10.3.7}$$

内部水平段的阻力系数为：

$$\xi_x = \frac{L}{T} - 0.7\left(\frac{S_1}{T} + \frac{S_2}{T}\right) \tag{10.3.8}$$

当求得的 $\xi_x \leqslant 0$，取 $\xi_x = 0$。

式中，S 为板桩的垂直高度；T 为地基深度；S_1 和 S_2 分别为水平段两端板桩的长度。

(2) 几种特殊情况的处理

1) 内部水平段的地基轮廓倾斜时

如图 10.3.4 所示，则阻力系数计算过程为：

$$\overline{T} = \frac{T_1 + T_2}{2} \tag{10.3.9}$$

$$\xi_x = \frac{L}{\overline{T}} - 0.7\left(\frac{S_1}{T_1} + \frac{S_2}{T_2}\right) \tag{10.3.10}$$

$$\alpha = 1.15 \frac{T_1 + T_2}{T_2 - T_1} \lg \frac{T_2}{T_1} \tag{10.3.11}$$

$$\xi_s = \alpha \xi_x = 2.3 \left[\frac{L - 0.35(T_2 + T_1)(S_1/T_1 + S_2/T_2)}{T_2 - T_1}\right] \lg \frac{T_2}{T_1} \tag{10.3.12}$$

式中，T_1 和 T_2 分别为板桩长度小的一端和大的一端的地基深度；$\overline{T}$ 为平均地基深度；ξ_s 为地基轮廓倾斜时计算段的阻力系数；S_1 和 S_2 分别为倾斜段两端板桩的高度。

2) 进出口段板桩或截墙很短时

该处的渗流为急变渗流，在这种情况下，由式（10.3.6）计算的水工建筑物进出口处的阻力系数有较大的误差，需进行修正，修正过程如下：

设进出口段未修正的水头损失为 h_0，修正后的水头损失为 h'_0，则：

$$h'_0 = \beta h_0 \tag{10.3.13}$$

式中，β 为修正系数；h_0 为未修正前用式（10.3.4）计算的进出口处的水头损失。

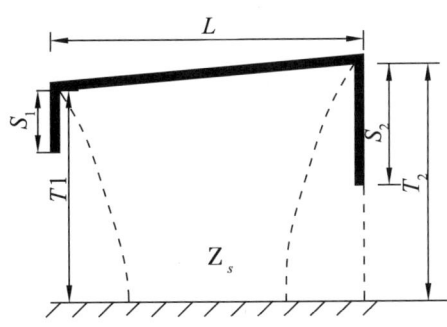

图 10.3.4 内部水平段的地板倾斜段

修正系数 β 可用式（10.3.14）计算，即：

$$\beta = 1.21 - \frac{1}{[12(T'/T)^2 + 2](S/T + 0.059)} \qquad (10.3.14)$$

式中，T 仍为进出口段的地基深度；T' 为另一侧的地基深度。

在用式（10.3.14）计算 β 时，T' 可参照图 10.3.5 表示的方法取值。

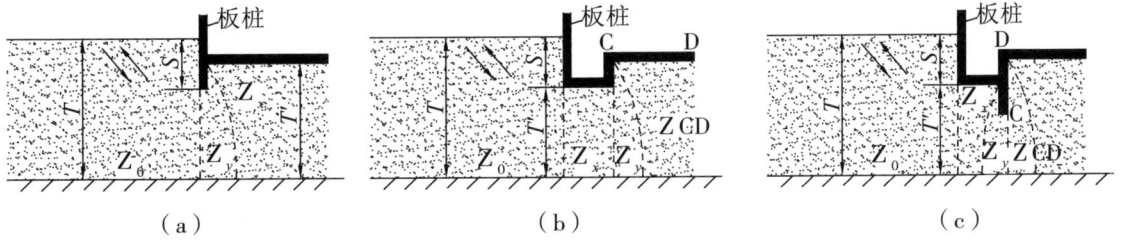

图 10.3.5 水工建筑物进出口段示意图

当求得的 $\beta > 1.0$ 时，取 $\beta = 1.0$，即不需要修正；求得的 $\beta < 1.0$ 时，需要修正。用修正后的系数 β 代入式（10.3.13）计算 h'_0。则进出口段的水头损失减小值为：

$$\Delta h = h_0 - h'_0 = (1 - \beta) h_0 \qquad (10.3.15)$$

式中，Δh 为水头损失减小值。

求得了水头损失减小值 Δh 后，还需将 Δh 按照下面的方法调整到相邻的水头损失值中去，具体步骤如下。

①如图 10.3.5（a）所示，如果 $\Delta h < h_x$，此时，与板桩相邻的水平段的水头应修正为：

$$h'_x = h_x + \Delta h = h_x + (1 - \beta) h_0 \qquad (10.3.16)$$

式中，h_x 为与进出口板桩相邻的水平段的水头损失；h'_x 为修正后的水平段的水头损失。

②如图 10.3.5（b）和（c）所示，如果 $h_x + h_y \geq \Delta h > h_x$，则相邻水平段的水头损失应修正为：

$$h'_x = 2h_x \qquad (10.3.17)$$

相邻的垂直段的水头损失应修正为：

$$h'_y = h_y - h_x + \Delta h \qquad (10.3.18)$$

式中，h_y 为与 h_x 相邻的垂直段的水头损失；h'_y 为修正后的垂直段的水头损失。

③如图 10.3.5（b）和（c）所示，如果 $\Delta h > h_x + h_y$，相邻水平段的水头损失修正后的计算式为式（10.3.17）。

相邻的垂直段的水头损失应修正为：

$$h'_y = 2h_y \qquad (10.3.19)$$

相邻 CD 段（水平段或垂直段）的水头损失修正为：

$$h'_{CD} = h_{CD} + \Delta h - (h_x + h_y) \qquad (10.3.20)$$

10.3.2.3 透水地基深度的处理

当地基深度为有限深度时，地基深度 T 直接取其有限深度。当地基深度较大时，可化为有限深度计算，含水层计算的有限深度用 T_0 表示。设水工建筑物的地下轮廓的水平投影长度为 L_0，地下轮廓的垂直投影长度为 S_0，一般情况下，当 $L_0/S_0 \geq 1.0$ 时，含水层计算的有限深度 T_0 为：

$$T_0 = 0.5L_0 \qquad (10.3.21)$$

或

$$T_0 = 1.5S_0 \qquad (10.3.22)$$

在取值时，应按式（10.3.21）和式（10.3.22）的计算结果取大值。

如果计算的地基有限深度 T_0 大于实际的地基深度 T 时，计算时仍采用实际地基深度 T；如果实际地基深度大于计算的地基有效深度 T_0 时，计算时地基深度则取为 T_0。

地基有限深度的计算公式为：

当 $L_0/S_0 \geq 5.0$ 时，T_0 仍用式（10.3.21）计算。

当 $L_0/S_0 < 5.0$ 时：

$$T_0 = \frac{5L_0}{1.6L_0/S_0 + 2} \qquad (10.3.23)$$

算例：图 10.3.6 所示（图中单位为 cm）为某实验室的闸基渗流实验模型，已知闸基总长度为 150cm，以闸基面为基准面，上游水深 $H_1 = 37.5$cm，下游水深 $H_2 = 0$，上下游水位差 $H = H_1 - H_2 = 37.5$cm，地基深度 $T = 37.5$cm，在闸基底部设齿墙和板桩，具体尺寸见图 10.3.6，试求闸基各角点和沿程的水头损失。计算方法如下。

（1）分段

将闸基按照图 10.3.6 分为 15 段，即图中的 0—1、1—2、2—3、3—4、4—5、5—6、6—7、7—8、8—9、9—10、10—11、11—12、12—13、13—14、14—15。

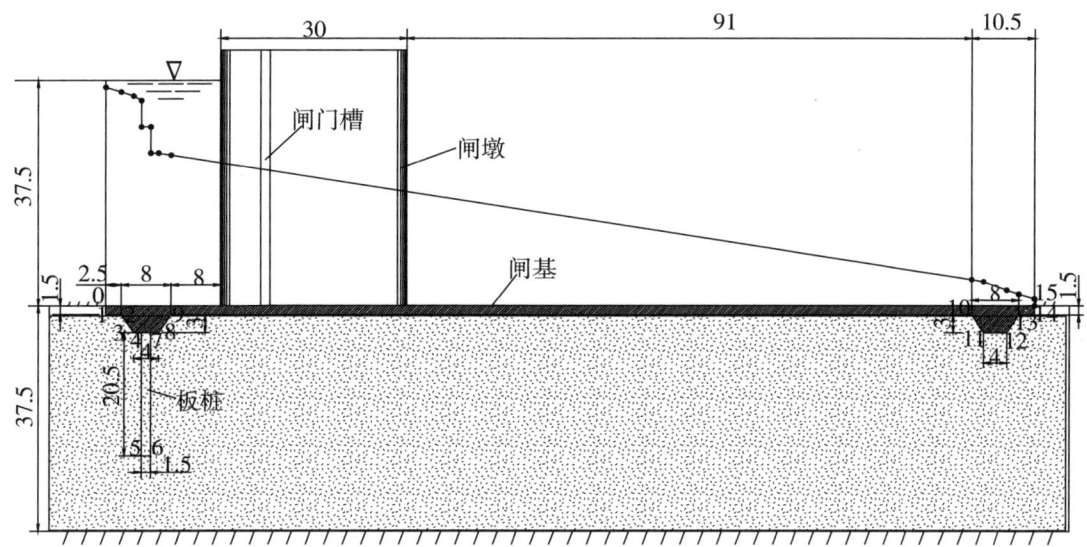

图 10.3.6 例题计算

（2）计算地基有效深度 T_0

由图 10.3.6 可以看出，闸基的水平投影长度为 $L_0 = (2.5+8+8+30+91+10.5) = 150\text{cm}$，垂直投影长度 $S_0 = (20.5+3+1.5) = 25\text{cm}$，$L_0/S_0 = 150/25 = 6 > 1.0$，用式（10.3.21）和式（10.3.22）求有效地基深度为：

$$T_0 = 0.5L_0 = 0.5 \times 150 = 75\text{cm}$$
$$T_0 = 1.5S_0 = 1.5 \times 25 = 37.5\text{cm}$$

根据要求，要取计算的大值作为取值，但计算的大值 75cm 已超过了实际的地基深度 37.5cm，所以按实际的地基深度作为计算值。

（3）各段水头损失计算

①进口垂直段 0—1，由图 10.3.6 可以看出，垂直段深度 $S = 1.5\text{cm}$，$T = 37.5\text{cm}$，进口阻力系数为：

$$\xi_{01} = 1.5\left(\frac{S}{T}\right)^{1.5} + 0.441 = 1.5 \times \left(\frac{1.5}{37.5}\right)^{1.5} + 0.441 = 0.453$$

②水平段 1—2，水平段长度 $L = 2.5\text{cm}$，$S_1 = 0$，$S_2 = 0$，$T = 37.5\text{cm}$，水平段阻力系数为：

$$\xi_{x1} = \frac{L}{T} - 0.7\left(\frac{S_1}{T} + \frac{S_2}{T}\right) = \frac{2.5}{37.5} - 0.7 \times \left(\frac{0}{37.5} + \frac{0}{37.5}\right) = 0.067$$

③倾斜段 2—3，长度 $L = 2.0\text{cm}$，$T_1 = 33\text{cm}$，$T_2 = 36\text{cm}$，$S_1 = 0$，$S_2 = 0$

$$\overline{T} = \frac{33 + 36}{2} = 34.5\text{cm}$$

$$\xi_x = \frac{L}{\overline{T}} - 0.7(\frac{S_1}{\overline{T}} + \frac{S_2}{\overline{T}}) = \frac{2.0}{34.5} - 0.7 \times (\frac{0}{34.5} + \frac{0}{34.5}) = 0.058$$

$$\alpha = 1.15 \frac{T_1 + T_2}{T_2 - T_1} \lg \frac{T_2}{T_1} = 1.15 \times \frac{33 + 36}{36 - 33} \lg \frac{36}{33} = 1$$

$$\xi_{s1} = \alpha \xi_x = 0.058$$

④水平段3—4，长度 $L = 1.25\text{cm}$，$S_1 = 0$，$S_2 = 20.5$，$T = 33\text{cm}$，水平段阻力系数为：

$$\xi_{x2} = \frac{L}{T} - 0.7(\frac{S_1}{T} + \frac{S_2}{T}) = \frac{1.25}{33} - 0.7 \times (\frac{0}{33} + \frac{20.5}{33}) = -0.397$$

ξ_{x2} 取 0。

⑤内部垂直段4—5，垂直高度 $S = 20.5\text{cm}$，$T = 33\text{cm}$

$$\xi_{y1} = 1.466 \lg \text{ctan}[\frac{\pi}{4}(1 - \frac{S}{T})] = 1.466 \lg \text{ctan}[\frac{\pi}{4}(1 - \frac{20.5}{33})] = 0.753$$

⑥水平段5—6，长度 $L = 1.5\text{cm}$，$S_1 = 20.5$，$S_2 = 20.5$，$T = 12.5\text{cm}$，水平段阻力系数为：

$$\xi_{x3} = \frac{L}{T} - 0.7(\frac{S_1}{T} + \frac{S_2}{T}) = \frac{1.5}{12.5} - 0.7 \times (\frac{20.5}{12.5} + \frac{20.5}{12.5}) = -2.176$$

ξ_{x3} 取 0。

⑦内部垂直段6—7，垂直高度 $S = 20.5\text{cm}$，$T = 33\text{cm}$

$$\xi_{y2} = 1.466 \lg \text{ctan}[\frac{\pi}{4}(1 - \frac{S}{T})] = 1.466 \lg \text{ctan}[\frac{\pi}{4}(1 - \frac{20.5}{33})] = 0.753$$

⑧水平段7—8，长度 $L = 1.25\text{cm}$，$S_1 = 20.5$，$S_2 = 0$，$T = 33\text{cm}$，水平段阻力系数为：

$$\xi_{x4} = \frac{L}{T} - 0.7(\frac{S_1}{T} + \frac{S_2}{T}) = \frac{1.25}{33} - 0.7 \times (\frac{20.5}{33} + \frac{0}{33}) = -0.389$$

ξ_{x4} 取 0。

⑨倾斜段8—9，$L = 2.0\text{cm}$，$T_1 = 33\text{cm}$，$T_2 = 36$，$S_1 = 0$，$S_2 = 0$

$$\overline{T} = \frac{36 + 33}{2} = 34.5$$

$$\xi_x = \frac{L}{\overline{T}} - 0.7(\frac{S_1}{\overline{T}} + \frac{S_2}{\overline{T}}) = \frac{2.0}{34.5} - 0.7 \times (\frac{0}{34.5} + \frac{0}{34.5}) = 0.058$$

$$\alpha = 1.15 \frac{T_1 + T_2}{T_2 - T_1} \lg \frac{T_2}{T_1} = 1.15 \times \frac{33 + 36}{36 - 33} \lg \frac{36}{33} = 1$$

$$\xi_{s2} = \alpha \xi_x = 0.058$$

⑩水平段9—10，长度 $L = 129.0\text{cm}$，$S_1 = 0\text{cm}$，$S_2 = 0\text{cm}$，$T = 36\text{cm}$，水平段阻力系数为：

$$\xi_{x5} = \frac{L}{T} - 0.7\left(\frac{S_1}{T} + \frac{S_2}{T}\right) = \frac{129}{36} - 0.7 \times \left(\frac{0}{36} + \frac{0}{36}\right) = 3.583$$

⑪倾斜段 10—11，$L = 2.0\text{cm}$，$T_1 = 33\text{cm}$，$T_2 = 36\text{cm}$，$S_1 = 0$，$S_2 = 0$

$$\overline{T} = \frac{33 + 36}{2} = 34.5$$

$$\xi_x = \frac{L}{\overline{T}} - 0.7\left(\frac{S_1}{\overline{T}} + \frac{S_2}{\overline{T}}\right) = \frac{2.0}{34.5} - 0.7 \times \left(\frac{0}{34.5} + \frac{0}{34.5}\right) = 0.058$$

$$\alpha = 1.15\frac{T_1 + T_2}{T_2 - T_1}\lg\frac{T_2}{T_1} = 1.15 \times \frac{33 + 36}{36 - 33}\lg\frac{36}{33} = 1$$

$$\xi_{s3} = \alpha\xi_x = 0.058$$

⑫水平段 11—12，长度 $L = 4.0\text{cm}$，$S_1 = 0$，$S_2 = 0$，$T = 33\text{cm}$，水平段阻力系数为：

$$\xi_{x6} = \frac{L}{T} - 0.7\left(\frac{S_1}{T} + \frac{S_2}{T}\right) = \frac{4.0}{33} - 0.7 \times \left(\frac{0}{33} + \frac{0}{33}\right) = 0.121$$

⑬倾斜段 12—13，$L = 2.0\text{cm}$，$T_1 = 33\text{cm}$，$T_2 = 36\text{cm}$，$S_1 = 0$，$S_2 = 0$

$$\overline{T} = \frac{36 + 33}{2} = 34.5$$

$$\xi_x = \frac{L}{\overline{T}} - 0.7\left(\frac{S_1}{\overline{T}} + \frac{S_2}{\overline{T}}\right) = \frac{2.0}{34.5} - 0.7 \times \left(\frac{0}{34.5} + \frac{0}{34.5}\right) = 0.058$$

$$\alpha = 1.15\frac{T_1 + T_2}{T_2 - T_1}\lg\frac{T_2}{T_1} = 1.15 \times \frac{33 + 36}{36 - 33}\lg\frac{36}{33} = 1$$

$$\xi_{s4} = \alpha\xi_x = 0.058$$

⑭水平段 13—14，长度 $L = 2.5\text{cm}$，$S_1 = 0$，$S_2 = 0$，$T = 37.5\text{cm}$，水平段阻力系数为：

$$\xi_{x7} = \frac{L}{T} - 0.7\left(\frac{S_1}{T} + \frac{S_2}{T}\right) = \frac{2.5}{37.5} - 0.7 \times \left(\frac{0}{37.5} + \frac{0}{37.5}\right) = 0.067$$

⑮出口垂直段 14—15，深度为 $S = 1.5\text{cm}$，$T = 37.5\text{cm}$，出口阻力系数为

$$\xi_{02} = 1.5\left(\frac{S}{T}\right)^{1.5} + 0.441 = 1.5 \times \left(\frac{1.5}{37.5}\right)^{1.5} + 0.441 = 0.453$$

各段阻力系数之和为：

$$\sum\xi_i = (0.453 + 0.067 + 0.058 + 0.000 + 0.753 + 0.000 + 0.753$$
$$+ 0.000 + 0.058 + 3.583 + 0.058 + 0.121 + 0.058 + 0.067 + 0.453) = 6.482$$

由式（10.3.5）计算单宽渗流量与渗透系数的比值为：

$$q/k = H/\sum\xi_i = 37.5/6.482 = 5.7853$$

（4）计算各段水头损失

各段的水头损失用式（10.3.4）计算，即各段的阻力系数乘以 q/k，计算结果见

表 10.3.1。

（5）进出口水头损失的修正

1) 进口段

修正系数按式 (10.3.14) 计算，由图 10.3.6 可以看出，出口段 $T=37.5\text{cm}$，$T'=37.5-1.5=36\text{cm}$，$S=1.5\text{cm}$，则：

$$\beta = 1.21 - \frac{1}{[12(T'/T)^2 + 2](S/T + 0.059)}$$

$$= 1.21 - \frac{1}{[12 \times (36/37.5)^2 + 2](1.5/37.5 + 0.059)} = 0.4365$$

因为 $\beta < 1.0$，所以需对进口段的水头损失进行修正。

进口段修正后的水头损失用式 (10.3.13) 计算，即：

$$h'_{0-1} = \beta h_{0-1} = 0.4365 \times 2.6207 = 1.1439\text{cm}$$

进口段的水头损失减小值用式 (10.3.15) 计算，即：

$$\Delta h = (1-\beta)h_{0-1} = (1-0.4365) \times 2.6207 = 1.4768\text{cm}$$

与进口段相邻的水平段和斜坡段的水头损失和为 $h_{1-2} + h_{2-3} = 0.3876 + 0.3355 = 0.7231\text{cm} < \Delta h = 1.4768\text{cm}$，所以相邻水平段 1—2 的水头损失用式 (10.3.17) 修正为：

$$h'_{1-2} = 2h_{1-2} = 2 \times 0.3876 = 0.7752\text{cm}$$

与 1—2 段相邻的垂直段 2—3 的水头损失用式 (10.3.18) 修正为：

$$h'_{2-3} = 2h_{2-3} = 2 \times 0.3355 = 0.671\text{cm}$$

相邻水平段 3—4 的水头损失用式 (10.3.20) 修正为

$$h'_{3-4} = h_{3-4} + \Delta h - (h_{1-2} + h_{2-3}) = 0 + 1.4768 - (0.3876 + 0.3355) = 0.7537\text{cm}$$

2) 出口段

修正系数仍按式 (10.3.14) 计算，由图 10.3.6 可以看出，出口段 $T=37.5\text{cm}$，$T'=37.5-1.5=36\text{cm}$，$S=1.5\text{cm}$，所以由式 (10.3.14) 计算的 β 仍等于 0.4365。因为 $\beta < 1.0$，所以需对出口段的水头损失进行修正。

出口段修正后的水头损失用式 (10.3.13) 计算，即：

$$h'_{14-15} = \beta h_{14-51} = 0.4365 \times 2.6207 = 1.1439\text{cm}$$

$$\Delta h = (1-\beta)h_{14-15} = (1-0.4365) \times 2.6207 = 1.4768\text{cm}$$

与出口段相邻的斜坡段和水平段的水头损失和为 $h_{13-14} + h_{12-13} = 0.3876 + 0.3355 = 0.7231\text{cm}$。

因为 $\Delta h > h_{13-14} + h_{12-13}$，所以相邻水平段 13—14 的水头损失用式 (10.3.17) 修正为：

$$h'_{13-14} = 2h_{13-14} = 2 \times 0.3876 = 0.7752\text{cm}$$

与 13—14 段相邻的垂直段 12—13 的水头损失用式 (10.3.19) 修正为：

$$h'_{12-13} = 2h_{12-13} = 2 \times 0.3355 = 0.671\text{cm}$$

相邻斜坡段的水平段 11—12 的水头损失用式（10.3.20）修正为：

$$h'_{11-12} = h_{11-12} + \Delta h - (h_{12-13} + h_{13-14}) = 0.7000 + 1.4768 - (0.3876 + 0.3355) = 1.4537 \text{cm}$$

现将计算结果列入表 10.3.1。表 10.3.1 中计算各段末端闸基上的总水头是用总水头 37.5cm 减去各段水头损失之和，例如 0—1 段末端的总水头为 37.5 - 1.1439 = 36.3561cm，1—2 段末端的总水头为 37.5 - (1.1439 + 0.7752) = 35.5809cm，2—3 段末端的总水头为 37.5 - (1.1439 + 0.7752 + 0.671) = 34.9099cm，……，以此类推。

表 10.3.1　算例中各段阻力系数和各段水头损失计算

闸基地下轮廓分段号	各段阻力系数 ξ_i	修正前各段水头损失（h_i）/cm	修正后各段水头损失（h_i）/cm	各计算段末端闸基上的总水头/cm
0—1	0.453	2.6207	1.1439	36.3561
1—2	0.067	0.3876	0.7752	35.5809
2—3	0.058	0.3355	0.6710	34.9099
3—4	0.000	0.0000	0.7537	34.1562
4—5	0.753	4.3563	4.3563	29.7999
5—6	0.000	0.0000	0.0000	29.7999
6—7	0.753	4.3563	4.3563	25.4436
7—8	0.000	0.0000	0.0000	25.4436
8—9	0.058	0.3355	0.3355	25.1081
9—10	3.583	20.7286	20.7286	4.3795
10—11	0.058	0.3355	0.3355	4.044
11—12	0.121	0.7000	1.4537	2.5903
12—13	0.058	0.3355	0.671	1.9193
13—14	0.067	0.3876	0.7752	1.1441
14—15	0.453	2.6207	1.1439	0.0000
合计	6.482	37.5000	37.5000	

10.3.2.4　绘制扬压力图和计算闸基出口段的水力坡度

（1）绘制扬压力图

根据表中计算的各计算段末端闸基上的总水头绘扬压力图，由水头线、地下轮廓线和地下轮廓线上下游端点作的铅垂线所包围的图形面积，即为扬压力图。由扬压力图即可计算出作用在单位宽度闸基上的扬压力，扬压力的计算公式为：

$$P = \gamma A \tag{10.3.24}$$

式中，P 为扬压力；γ 为水的重度；A 为头线、地下轮廓线和地下轮廓线上下游端点作的铅垂线所包围的图形面积。

面积计算一般用梯形法，计算比较简单，这里不再赘述。

（2）计算闸基出口渗流的平均水力坡降

闸基出口渗流平均水力坡降为出口段修正后的水头损失除以出口段地下轮廓的垂直高度，即：

$$J = h'_{14-15}/S \quad (10.3.25)$$

由表 10.3.1 可以看出，修正后的闸基出口段的水头损失为 1.143 9cm，地下轮廓的垂直高度为 1.5cm，所以

$$J = h'_{14-15}/S = 1.143\ 9/1.5 = 0.762\ 6$$

10.3.3 实验仪器和设备

实验设备为自循环实验系统，如图 10.3.7 所示。可以看出，实验设备由渗流实验槽系统、水工建筑物、供水和测量系统组成。

渗流实验槽系统由实验台、支墩、渗流实验槽、渗流实验槽左端的进水前池组成。支墩设在渗流实验槽底部的两端，支墩底部固定在实验台上。水工建筑物由闸基组成，装在渗流实验槽的透水地基上；闸基由不透水材料制作，在闸基的底部设齿槽和板桩，以减轻闸基的扬压力；在闸基的上部设闸墩和闸门，起挡水作用。在渗流实验槽底部的透水地基上设置多孔测压计，多孔测压计设置的原则是在闸基进口处、板桩前后、闸基出口前适当位置等设多孔测压计，并将其与测压管相连接。为了固定水工建筑物，在渗流实验槽中还设置了横梁，横梁用固定螺栓与渗流实验槽连接，以保证闸基的稳定性。

供水和测量系统由供水箱、水泵、上水管、上水阀门、出水阀门、出水管、进水前池中的水位调节系统组成。上水阀门用以调节进入渗流实验槽左端进水前池的流量。在进水前池中设活动溢流闸门，活动溢流闸门可以上下调节，以控制进水前池的水位和稳定水位。出水阀门可以调节流量和控制下游水位。出水阀门下方装出水管，出水管下方设接水盒，水流通过接水盒后面的回水管流入供水箱。

测量仪器为量筒、秒表、测尺和洗耳球。

10.3.4 实验方法和步骤

①在渗流实验槽中装入实验沙，实验沙的顶部为渗流实验槽高度的 50% 左右，实验沙表面为水平。

②在实验沙的上面装入水工建筑物（闸基），水工建筑物（闸基）需与渗流实验槽牢固连结。

③记录已知数据，如闸基长度、齿墙高度、长度、板桩高度和长度、渗流实验槽宽

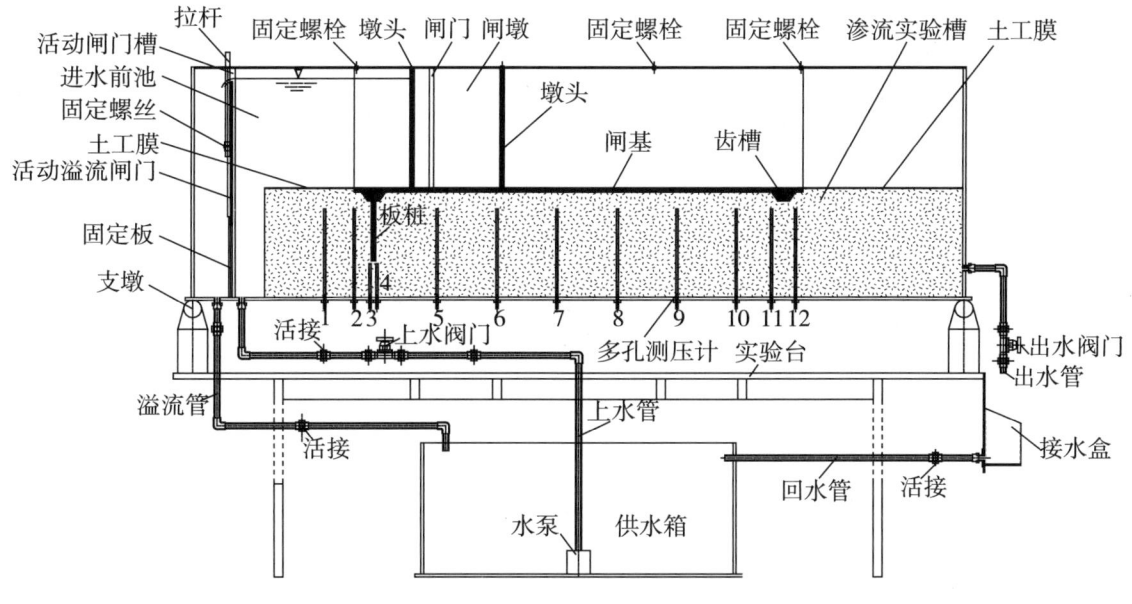

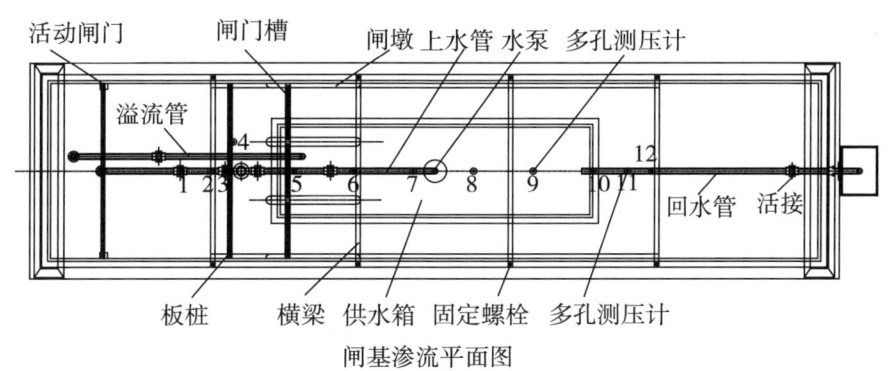

图 10.3.7 闸基渗流模拟实验装置

度 b、测压孔布置位置及间距。

④将进水前池中的活动溢流闸门调节到适当位置,并用固定螺丝固定,关闭出水阀门。

⑤打开水泵,打开上水阀门,使进水前池充满水,并保持活动溢流闸门顶部为溢流状态。

⑥调节出水阀门,使水流渗入整个实验沙,并使下游水位保持在适当位置,测量上下游水位差。

⑦用洗耳球将测压管中的空气排出。

⑧待水流稳定后,用测尺读取各测压管的水面读数,用量杯和秒表从出水阀门下面

的出水管中测量流量 Q，流量除以渗流实验槽宽度即为单宽流量 q。

⑨用出水阀门调节下游水位，重复第 8 步 N 次。

⑩实验结束后将仪器恢复原状。

10.3.5 数据处理和分析

实验设备名称：_____；仪器编号_____。

同组学生姓名：_____。

已知数据：闸基长度 L = ____ cm；齿槽深度 = ____ cm；齿槽长度 = ____ cm；板桩高度 = ____ cm；板桩长度 = ____ cm；渗流实验槽宽度 b = ____ cm。

10.3.5.1 测压管读数和渗流量测量

测压管读数和渗流量测量结果见表 10.3.2。

表 10.3.2　测压管读数和渗流量测量结果记录表

测压管编号	测压管距闸基进口距离 (x_i) / cm	上游水位 = ____ cm 下游水位 = ____ cm 流量 Q = ____ cm³/s	上游水位 = ____ cm 下游水位 = ____ cm 流量 Q = ____ cm³/s
		闸基以上测压管读数 /cm	闸基以上测压管读数 /cm
学生签名：		教师签名：	实验日期：

10.3.5.2 结果分析

①根据实测的渗流量 Q 和实验渗流槽的宽度 b，计算单宽流量 $q = Q/b$。

②根据实测的上下游水位差，计算闸基渗流各段的阻力系数、水头损失和各计算段末端闸基上的总水头，计算过程参照算例，计算列表见表 10.3.3。

表 10.3.3　闸基渗流计算表

闸基地下轮廓分段号	各段阻力系数 (ξ_i)	修正前各段水头损失 (h_i)/cm	修正后各段水头损失 (h_i)/cm	各计算段末端闸基上的总水头/cm

学生签名：　　　　　教师签名：　　　　　实验日期：

③确定渗流的渗透系数。渗透系数可以根据第 4 章的达西渗透实验确定。也可以由本试验直接确定，方法是测出闸门上下游的水位差和流量，渗透系数式（4.2.22）计算，对式（4.2.22）变形为：

$$k = \frac{QL}{AH} \tag{10.3.26}$$

式中，A 为过水断面的面积，为实验沙的厚度乘以渗流实验槽的宽度；H 为水流从闸基起点流到闸基末端的水头损失，即上下游水位差，可以直接由上下游水位相减而得。

④绘制闸基上的扬压力图。将计算的各段末端闸基上的总水头和测压管水头一同点绘在闸基上，分析水头线的沿程变化规律，检验计算的正确性。用式（10.3.24）求出作用在闸基上的扬压力。

⑤由式（10.3.25）计算出口段渗流的平均水力坡降，验证闸基的稳定性。

10.3.6　实验注意事项

①实验时要逐渐开启上水阀门，流量不宜过大。

②在实验时要始终保持活动溢流闸门顶部上有水流溢出，以保证进水前池的水头为稳定水头。

③在实验时要保持闸门下游水位稳定。

④调节流量时需缓慢调整，并需等水流稳定后才能进行参数的测量。

10.4　潜水完整井渗流模拟实验

10.4.1　实验目的

①掌握测量潜水完整井流量的方法。

②掌握测量潜水完整井浸润曲线的方法，并将测量结果与理论计算结果进行比较，分析其变化规律。

③确定潜水完整井的渗透系数。

10.4.2　实验原理

具有自由液面的地下水称为无压地下水或潜水。在潜水中修建的井称为潜水井或无压井。潜水井分为两类，井底深达不透水层的井称为完整井，井底未达不透水层的井称为非完整井。本书只讨论潜水完整井的渗流模拟实验。

根据井的用途不同，潜水井又分为潜水抽水井与潜水注水井。潜水抽水井主要用于农田灌溉、生活、工业用水或进行渗流的渗透系数等参数的测量，如图 10.4.1 所示。潜水注水井也是进行渗流的渗透系数等参数测量的另一种方法，还用于涵养地下水资源和防止地面沉降等，如图 10.4.2 所示。

设有潜水抽水完整井如图 10.4.1 所示。设含水层厚度为 H_0，当不从井中抽水时，井中的水面与原含水层厚度一样，如图 10.4.1 中的虚线所示。当从井中抽水时，井中水位开始下降，含水层中四周的地下水汇流入井，周围地下水面逐渐下降而形成降落漏斗形的浸润面。假定含水层体积很大，在抽水过程中流量保持不变，含水层可以无限制的供给一定的流量，经过一段时间后，井四周的渗流可认为达到了稳定状态，此时井中水位下降值 S_w 和降落漏斗所形成的浸润面的形状均保持不变，井中的水深 h_w 也保持不变，而在井轴距离含水层边界很远处的含水层厚度 H_0 亦保持不变。

假设含水层均质且各向同性，渗流对井轴是对称的，各径向断面上的渗流情况相同，除井四周附近地区外，浸润曲线的曲率很小，可以近似地认为是渐变渗流，且渗流符合

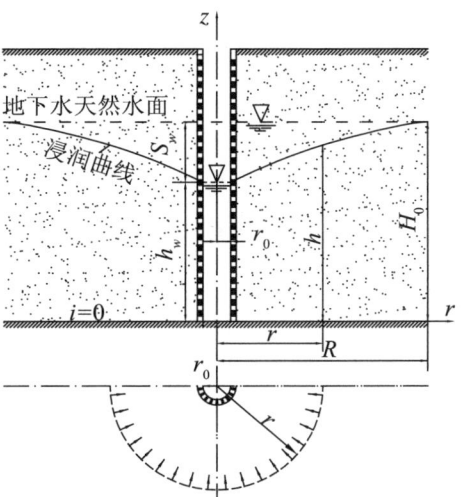

图 10.4.1　潜水抽水井

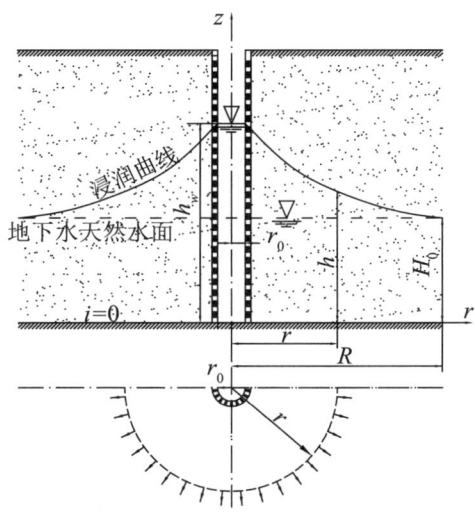

10.4.2　潜水注水井

达西定律。

对于潜水井渗流的研究，仍然可以采用 Boussinesq 方程进行分析：

$$\frac{\partial}{\partial x}\left(h\frac{\partial H}{\partial x}\right) + \frac{\omega}{k} = \frac{S_v}{k}\frac{\partial H}{\partial t} \tag{10.4.1}$$

对于隔水底板水平的情况，式（10.4.1）可以写成：

$$\frac{\partial}{\partial x}(h\frac{\partial h}{\partial x}) + \frac{\omega}{k} = \frac{S_v}{k}\frac{\partial h}{\partial t} \tag{10.4.2}$$

式（10.4.2）是针对一维渗流推导出来的，将其扩展到空间渗流，则式（10.4.2）可以写成：

$$\frac{\partial}{\partial x}(h\frac{\partial h}{\partial x}) + \frac{\partial}{\partial y}(h\frac{\partial h}{\partial y}) + \frac{\partial}{\partial z}(h\frac{\partial h}{\partial z}) + \frac{\omega}{k} = \frac{S_v}{k}\frac{\partial h}{\partial t} \tag{10.4.3}$$

当没有入渗补给时，$\omega = 0$，由于是稳定流动，$\partial h / \partial t = 0$，所以式（10.4.3）可以写成：

$$\frac{\partial}{\partial x}(h\frac{\partial h}{\partial x}) + \frac{\partial}{\partial y}(h\frac{\partial h}{\partial y}) + \frac{\partial}{\partial z}(h\frac{\partial h}{\partial z}) = 0 \tag{10.4.4}$$

式（10.4.4）可进一步写成：

$$\frac{\partial^2(h^2)}{\partial x^2} + \frac{\partial^2(h^2)}{\partial y^2} + \frac{\partial^2(h^2)}{\partial z^2} = 0 \tag{10.4.5}$$

式（10.4.5）为二阶偏微分方程，其特点是将水头的非线性问题化为 h^2 的线性问题。尽管如此，直接求解式（10.4.5）仍有一定的困难。实用上，一般将式（10.4.5）化为柱坐标或极坐标方程来进行分析。现以图10.4.3所示的坐标系分析如下：

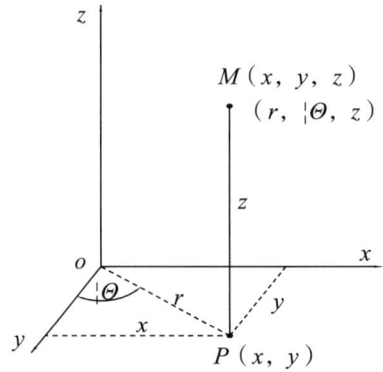

图10.4.3 直角坐标与极坐标关系

设：

$$\begin{aligned} x &= r\cos\theta \\ y &= r\sin\theta \\ z &= z \end{aligned} \tag{10.4.6}$$

由式（10.4.6）得：

$$r = \sqrt{x^2 + y^2}$$
$$\tan\theta = y/x \tag{10.4.7}$$
$$\theta = \arctan(y/x)$$

将式（10.4.5）写成：

$$\frac{\partial}{\partial x}\left(\frac{\partial h^2}{\partial x}\right) + \frac{\partial}{\partial y}\left(\frac{\partial h^2}{\partial y}\right) + \frac{\partial}{\partial z}\left(\frac{\partial h^2}{\partial z}\right) = 0 \tag{10.4.8}$$

将式（10.4.8）改用柱坐标系表示，水头函数的变换关系为：

$$h(r, \theta, z) = h[r(x, y), \theta(x, y), z] \tag{10.4.9}$$

根据偏微分法则，在 xoy 平面上，有：

$$\frac{\partial h^2}{\partial x} = \frac{\partial h^2}{\partial r}\frac{\partial r}{\partial x} + \frac{\partial h^2}{\partial \theta}\frac{\partial \theta}{\partial x}$$
$$\frac{\partial h^2}{\partial y} = \frac{\partial h^2}{\partial r}\frac{\partial r}{\partial y} + \frac{\partial h^2}{\partial \theta}\frac{\partial \theta}{\partial y} \tag{10.4.10}$$

由式（10.4.7）对有关参数求微分如下：

$$\frac{\partial r}{\partial x} = \frac{\partial}{\partial x}\left(\sqrt{x^2 + y^2}\right) = \frac{x}{\sqrt{x^2 + y^2}} = \frac{x}{r}$$

$$\frac{\partial \theta}{\partial x} = \frac{\partial}{\partial x}\left(\arctan\frac{y}{x}\right) = -\frac{y}{x^2 + y^2} = -\frac{y}{r^2}$$

$$\frac{\partial r}{\partial y} = \frac{\partial}{\partial y}\left(\sqrt{x^2 + y^2}\right) = \frac{y}{\sqrt{x^2 + y^2}} = \frac{y}{r} \tag{10.4.11}$$

$$\frac{\partial \theta}{\partial y} = \frac{\partial}{\partial y}\left(\arctan\frac{y}{x}\right) = \frac{x}{x^2 + y^2} = \frac{x}{r^2}$$

将式（10.4.11）代入式（10.4.10）得：

$$\frac{\partial h^2}{\partial x} = \frac{x}{r}\frac{\partial h^2}{\partial r} - \frac{y}{r^2}\frac{\partial h^2}{\partial \theta}$$
$$\frac{\partial h^2}{\partial y} = \frac{y}{r}\frac{\partial h^2}{\partial r} + \frac{x}{r^2}\frac{\partial h^2}{\partial \theta} \tag{10.4.12}$$

将式（10.4.12）代入式（10.4.8）得：

$$\frac{\partial}{\partial x}\left(\frac{\partial h^2}{\partial x}\right) = \frac{\partial}{\partial x}\left[\frac{x}{r}\frac{\partial h^2}{\partial r} - \frac{y}{r^2}\frac{\partial h^2}{\partial \theta}\right]$$
$$\frac{\partial}{\partial y}\left(\frac{\partial h^2}{\partial y}\right) = \frac{\partial}{\partial y}\left[\frac{y}{r}\frac{\partial h^2}{\partial r} + \frac{x}{r^2}\frac{\partial h^2}{\partial \theta}\right] \tag{10.4.13}$$

式（10.4.13）可以写成：

$$\frac{\partial}{\partial x}(\frac{\partial h^2}{\partial x}) = \frac{x}{r}\frac{\partial^2 h^2}{\partial x \partial r} + \frac{\partial}{\partial x}(\frac{x}{r})\frac{\partial h^2}{\partial r} - \frac{y}{r^2}\frac{\partial^2 h^2}{\partial x \partial \theta} - \frac{\partial}{\partial x}(\frac{y}{r^2})\frac{\partial h^2}{\partial \theta}$$

$$\frac{\partial}{\partial y}(\frac{\partial h^2}{\partial y}) = \frac{y}{r}\frac{\partial^2 h^2}{\partial y \partial r} + \frac{\partial}{\partial y}(\frac{y}{r})\frac{\partial h^2}{\partial r} + \frac{x}{r^2}\frac{\partial^2 h^2}{\partial y \partial \theta} + \frac{\partial}{\partial y}(\frac{x}{r^2})\frac{\partial h^2}{\partial \theta}$$

(10.4.14)

$$\frac{\partial}{\partial x}(\frac{x}{r}) = \frac{\partial}{\partial x}(\frac{x}{\sqrt{x^2+y^2}}) = \frac{y^2}{(x^2+y^2)\sqrt{x^2+y^2}} = \frac{y^2}{r^3}$$

$$\frac{\partial}{\partial x}(\frac{y}{r^2}) = \frac{\partial}{\partial x}(\frac{y}{x^2+y^2}) = \frac{-2xy}{(x^2+y^2)^2} = -\frac{2xy}{r^4}$$

$$\frac{\partial}{\partial y}(\frac{y}{r}) = \frac{\partial}{\partial y}(\frac{y}{\sqrt{x^2+y^2}}) = \frac{x^2}{(x^2+y^2)\sqrt{x^2+y^2}} = \frac{x^2}{r^3}$$

$$\frac{\partial}{\partial y}(\frac{x}{r^2}) = \frac{\partial}{\partial y}(\frac{x}{x^2+y^2}) = \frac{-2xy}{(x^2+y^2)^2} = \frac{-2xy}{r^4}$$

(10.4.15)

将式（10.4.15）代入式（10.4.14）得：

$$\frac{\partial}{\partial x}(\frac{\partial h^2}{\partial x}) = \frac{x}{r}\frac{\partial^2 h^2}{\partial x \partial r} + \frac{y^2}{r^3}\frac{\partial h^2}{\partial r} - \frac{y}{r^2}\frac{\partial^2 h^2}{\partial x \partial \theta} + \frac{2xy}{r^4}\frac{\partial h^2}{\partial \theta}$$

$$\frac{\partial}{\partial y}(\frac{\partial h^2}{\partial y}) = \frac{y}{r}\frac{\partial^2 h^2}{\partial y \partial r} + \frac{x^2}{r^3}\frac{\partial h^2}{\partial r} + \frac{x}{r^2}\frac{\partial^2 h^2}{\partial y \partial \theta} - \frac{2xy}{r^4}\frac{\partial h^2}{\partial \theta}$$

(10.4.16)

将式（10.4.16）的两式相加得：

$$\frac{\partial}{\partial x}(\frac{\partial h^2}{\partial x}) + \frac{\partial}{\partial y}(\frac{\partial h^2}{\partial y}) = \frac{x}{r}\frac{\partial^2 h^2}{\partial x \partial r} + \frac{y}{r}\frac{\partial^2 h^2}{\partial y \partial r} + \frac{x^2+y^2}{r^3}\frac{\partial h^2}{\partial r} - \frac{y}{r^2}\frac{\partial^2 h^2}{\partial x \partial \theta} + \frac{x}{r^2}\frac{\partial^2 h^2}{\partial y \partial \theta}$$

(10.4.17)

因为

$$\frac{\partial^2 h^2}{\partial x \partial r} = \frac{\partial^2 h^2}{\partial x \partial r^2}\partial r = \frac{\partial^2 h^2}{\partial r^2}\frac{\partial r}{\partial x} = \frac{x}{r}\frac{\partial^2 h^2}{\partial r^2}$$

$$\frac{\partial^2 h^2}{\partial y \partial r} = \frac{\partial^2 h^2}{\partial y \partial r^2}\partial r = \frac{\partial^2 h^2}{\partial r^2}\frac{\partial r}{\partial y} = \frac{y}{r}\frac{\partial^2 h^2}{\partial r^2}$$

$$\frac{\partial^2 h^2}{\partial x \partial \theta} = \frac{\partial^2 h^2}{\partial x \partial \theta^2}\partial \theta = \frac{\partial^2 h^2}{\partial \theta^2}\frac{\partial \theta}{\partial x} = -\frac{y}{r^2}\frac{\partial^2 h^2}{\partial \theta^2}$$

$$\frac{\partial^2 h^2}{\partial y \partial \theta} = \frac{\partial^2 h^2}{\partial y \partial \theta^2}\partial \theta = \frac{\partial^2 h^2}{\partial \theta^2}\frac{\partial \theta}{\partial y} = \frac{x}{r^2}\frac{\partial^2 h^2}{\partial \theta^2}$$

(10.4.18)

将式（10.4.18）代入式（10.4.17），并注意到式（10.4.8）得：

$$\frac{\partial}{\partial x}(\frac{\partial h^2}{\partial x}) + \frac{\partial}{\partial y}(\frac{\partial h^2}{\partial y}) + \frac{\partial}{\partial z}(\frac{\partial h^2}{\partial z})$$

$$= \frac{x^2}{r^2}\frac{\partial^2 h^2}{\partial r^2} + \frac{y^2}{r^2}\frac{\partial^2 h^2}{\partial r^2} + \frac{r^2}{r^3}\frac{\partial h^2}{\partial r} + \frac{y^2}{r^4}\frac{\partial^2 h^2}{\partial \theta^2} + \frac{x^2}{r^4}\frac{\partial^2 h^2}{\partial \theta^2} + \frac{\partial}{\partial z}(\frac{\partial h^2}{\partial z}) = 0$$

(10.4.19)

式（10.4.19）可以进一步写成：

$$\frac{\partial}{\partial x}\left(\frac{\partial h^2}{\partial x}\right) + \frac{\partial}{\partial y}\left(\frac{\partial h^2}{\partial y}\right) + \frac{\partial}{\partial z}\left(\frac{\partial h^2}{\partial z}\right) = \frac{\partial^2 h^2}{\partial r^2} + \frac{1}{r}\frac{\partial h^2}{\partial r} + \frac{1}{r^2}\frac{\partial^2 h^2}{\partial \theta^2} + \frac{\partial}{\partial z}\left(\frac{\partial h^2}{\partial z}\right) = 0 \qquad (10.4.20)$$

将 $\dfrac{\partial^2 h^2}{\partial r^2} + \dfrac{1}{r}\dfrac{\partial h^2}{\partial r} = \dfrac{1}{r}\dfrac{\partial}{\partial r}\left(r\dfrac{\partial h^2}{\partial r}\right)$ 代入式（10.4.20 得）：

$$\frac{\partial}{\partial x}\left(\frac{\partial h^2}{\partial x}\right) + \frac{\partial}{\partial y}\left(\frac{\partial h^2}{\partial y}\right) + \frac{\partial}{\partial z}\left(\frac{\partial h^2}{\partial z}\right) = \frac{1}{r}\frac{\partial}{\partial r}\left(r\frac{\partial h^2}{\partial r}\right) + \frac{1}{r^2}\frac{\partial^2 h^2}{\partial \theta^2} + \frac{\partial}{\partial z}\left(\frac{\partial h^2}{\partial z}\right) = 0 \qquad (10.4.21)$$

在直角坐标系和柱坐标系下，z 是相同的，即式（10.4.21）中的最后一项不管是在直角坐标系下还是在柱坐标系下，其形式保持不变。

Dupuit 假定井流的水流是水平的，井流的过水断面为同心圆柱面，通过不同过水断面的流量处处相等，水头对于井轴是对称的，和 θ 角无关，即 $(\partial^2 h^2/\partial \theta^2)/r^2 = 0$，同时，$h$ 随深度 z 的变化也可以忽略不计，即 $\partial h^2/\partial z = 0$，所以式（10.4.21）中的最后一项等于零，$h$ 仅仅是径向距离 r 的函数，所以式（10.4.21）进一步简化为：

$$\frac{\partial}{\partial x}\left(\frac{\partial h^2}{\partial x}\right) + \frac{\partial}{\partial y}\left(\frac{\partial h^2}{\partial y}\right) = \frac{1}{r}\frac{\partial}{\partial r}\left(r\frac{\partial h^2}{\partial r}\right) = 0 \qquad (10.4.22)$$

式（10.4.22）即为计算潜水井渗流的柱坐标表达式，因为公式中 h 只与 r 有关，所以可以写成常微分方程为：

$$\frac{1}{r}\frac{\mathrm{d}}{\mathrm{d}r}\left(r\frac{\mathrm{d}h^2}{\mathrm{d}r}\right) = 0 \qquad (10.4.23)$$

如图 10.4.1 所示的潜水井，其边界条件为，当 $r = r_w$ 时，$h = h_w$，当 $r = R$ 时，$z = H_0$，其中 r_w 为井的半径，R 为井的影响半径。

对式（10.4.23）积分一次得：

$$r\frac{\mathrm{d}h^2}{\mathrm{d}r} = c_1 \qquad (10.4.24)$$

渗流通过任意断面的流量公式为：

$$Q = 2\pi krh\frac{\mathrm{d}h}{\mathrm{d}r} = \frac{2\pi kr}{2}\frac{\mathrm{d}h^2}{\mathrm{d}r} = \pi kr\frac{\mathrm{d}h^2}{\mathrm{d}r} \qquad (10.4.25)$$

由式（10.4.25）得：

$$r\frac{\mathrm{d}h^2}{\mathrm{d}r} = \frac{Q}{\pi k} \qquad (10.4.26)$$

将式（10.4.26）代入式（10.4.24）得 $c_1 = \dfrac{Q}{\pi k}$，将其代入式（10.4.24）得：

$$\frac{\mathrm{d}h^2}{\mathrm{d}r} = \frac{Q}{\pi kr} \qquad (10.4.27)$$

对式（10.4.27）积分得：

$$h^2 = \frac{Q}{\pi k}\ln r + c_2 \qquad (10.4.28)$$

将边界条件 $r = r_w$ 时，$h = h_w$，当 $r = R$ 时，$z = H_0$ 代入式（10.4.28）得：

$$H_0^2 - h_w^2 = \frac{Q}{\pi k}\ln\frac{R}{r_w} \qquad (10.4.29)$$

因为 $H_0^2 - h_w^2 = (H_0 - h_w)(H_0 + h_w) = S_w(H_0 + H_0 - (H_0 - h_w)) = (2H_0 - S_w)S_w$，将其代入式（10.4.29）解出流量得：

$$Q = \pi k\frac{(2H_0 - S_w)S_w}{\ln(R/r_w)} \qquad (10.4.30)$$

式中，$S_w = H_0 - h_w$ 为井水位降深。

式（10.4.30）称为潜水井的 Dupuit 公式。式中，R 为井的影响半径；r_w 为井的半径；k 为渗透系数；H_0 为潜水含水层厚度；h_w 为井中的水深。

设距井轴为 r 处的含水层厚度为 h，则由式（10.4.29）可得：

$$h^2 - h_w^2 = \frac{Q}{\pi k}\ln\frac{r}{r_w} \qquad (10.4.31)$$

由此得潜水井流的浸润曲线方程为：

$$h = \sqrt{h_w^2 + \frac{Q}{\pi k}\ln\frac{r}{r_w}} \qquad (10.4.32)$$

将式（10.4.29）与式（10.4.31）相减，可得潜水井流浸润曲线的另一方程为：

$$h = \sqrt{H_0^2 - \frac{Q}{\pi k}\ln\frac{R}{r}} \qquad (10.4.33)$$

将水注入潜水完整井，称为潜水注水井，用于回灌地下水和测量水文地质参数。注水井中的水深 h_w 大于含水层的水深 H_0。如图 10.4.2 所示。此时出水量为负值，则公式（10.4.29）变为：

$$Q = \frac{\pi k}{\ln R/r_w}(h_w^2 - H_0^2) \qquad (10.4.34)$$

注水完整井的浸润曲线用式（10.4.35）计算，即：

$$h = \sqrt{h_w^2 - \frac{Q}{\pi k}\ln\frac{r}{r_w}} \qquad (10.4.35)$$

Dupuit 公式的第一个问题是影响半径 R 的确定。Dupuit 在推导单井流量公式时，假定含水层是一个以井轴为中心的圆柱体，在这个圆柱体以外含水层的水头保持不变，水位降深 $S_w = 0$，而在这个圆柱体的内部水头发生变化，$S_w > 0$，所以井的影响半径 R 为井轴距圆柱体外面水头保持不变处的距离。Dupuit 的影响半径有明确的物理意义。从理论上讲，抽水会涉及整个含水层，不可能存在一个水位降深 $S_w=0$ 的位置，Dupuit 假定的影响半径在自然界中也很难找到，所以影响半径的概念是有缺陷的。但在很多情况下，抽水影响到一定距离以后，水位下降值变化很小，以至于很难被观测出来，为了应用 Dupuit 公式，1870 年，德国工程师 Adolph Thiem 定义影响半径为从抽水井起至实际上已观察不到水位降深的点的水平距离。或者说，在某个区域以外，水位降落值近似于零，降落曲线近似于静止水位，而在这个区域以内，可以观察出来降落漏斗，从抽水井中心到这个可以观察出来的降落漏斗的外部边界的距离称为影响半径。如果水位降深不大，只有几米时，影响半径通常根据经验估算，对于细沙，$R=25\sim200\text{m}$；对于中沙，$R=100\sim500\text{m}$；对于粗沙，$R=400\sim1\,000\text{m}$。

Dupuit 公式的第二个问题是没有考虑渗出面。所谓渗出面，是指井在抽水时，井内水位和井壁水位并不一样高，而是存在一个水位差（井壁水位高于井内水位），水位差随着水位降深而增大，这个水位差称为渗出面，也叫水跃。И. А. Чарный 在 1951 年曾作过严格的数学证明，认为用 Dupuit 公式计算流量时，用井内水位 h_w 是完全正确的，如果用井壁水位来代替井内水位，计算结果是不正确的。对于浸润曲线，杨式德在 1949 年曾对一潜水井的例子用张驰法求得精确解，结果表明，当 $r>0.9H_0$ 时，Dupuit 公式计算与精确解的曲线完全一致，当 $r<0.9H_0$ 时，二者计算结果开始偏离，到井壁处，实际的浸润曲线高于用 Dupuit 公式计算的浸润曲线。一般认为，当 $r\leqslant H_0$ 时，用 Dupuit 公式计算浸润曲线是不正确的。

10.4.3 实验仪器和设备

10.4.3.1 潜水完整井抽水实验设备和仪器

潜水完整井抽水实验设备为自循环实验系统，如图 10.4.4 所示。由图 10.4.4 可以看出，实验设备由两部分组成。一部分为渗流实验槽系统，另一部分为供水和测量系统。

渗流实验槽由隔水和溢流孔板、进水前池、多孔板、潜水井、多孔测压计、多孔井壁、支腿和支撑组成。渗流实验槽为 1/4 圆弧，潜水井亦为 1/4 圆弧，圆弧的半径根据需要制作。进水前池的左面为隔水和溢流孔板，右面为多孔板，在多孔板和潜水井之间装填实验沙，潜水井的井壁用有机玻璃或塑料材料制作，为了使井壁透水，在井壁上打孔形成多孔透水井管。隔水和溢流孔板实际上是在隔水板上不同的位置设置溢流孔，其作用一为挡水，作用二为当进水前池的水位达到某一溢流孔位置时，溢流孔将多余的水通过软管排放到渗流实验槽下面的供水箱中，以使进水前池水位保持稳定。多孔板的作用是阻挡实验沙进入进水前池，同时可使水流通过多孔板进入实验沙，进入实验沙的水流经过多孔井壁进入潜水井。从潜水井的中心位置开始，在渗流实验槽的底部沿某两个方向每隔 10~15cm 设置多孔测压计，但在井的中间、井外壁处必须各设一根多孔测压计，以测量渗出面，多孔测压计与测压管相连接。在渗流实验槽底部设支腿和支撑，以

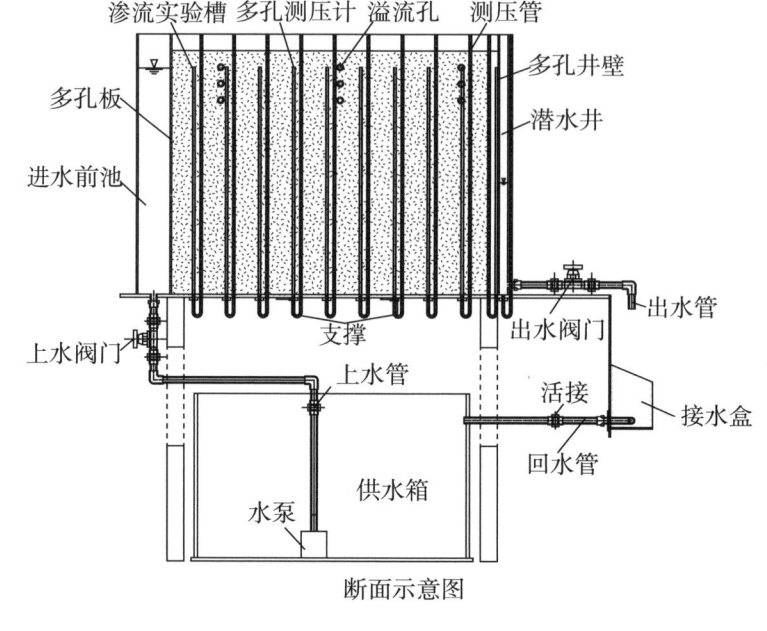

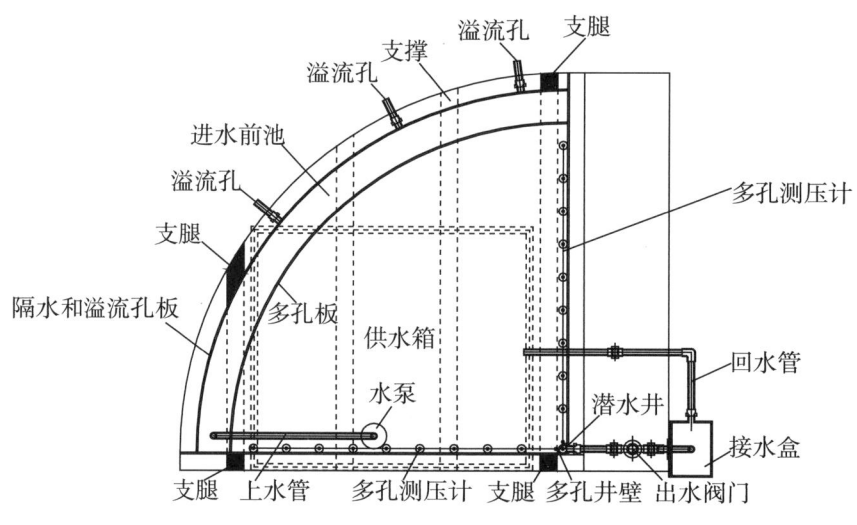

图 10.4.4 潜水完整井抽水实验装置

固定渗流实验槽。

供水和测量系统由供水箱、水泵、上水管、上水阀门、出水阀门、出水管、接水盒和回水管组成。水泵将水打入上水管,通过上水管上的上水阀门进入进水前池,再经过多孔板和多孔井壁进入潜水井,然后通过出水阀门和出水管进入下方的接水盒,再通过接水盒后面的回水管流入供水箱。

测量仪器为量筒、秒表、测尺和洗耳球。

10.4.3.2 潜水注水井实验设备和仪器

潜水注水井的实验设备如图 10.4.5 所示。与潜水完整井抽水实验设备不同点在于水泵直接将水送入潜水注水井,原来的进水前池变成了出水池。在出水池的侧面设出水阀门和出水管,以控制出水池的水位,水流从出水管流入下方的接水盒,再通过回水管流入供水箱。

测量仪器仍为量筒、秒表、测尺和洗耳球。

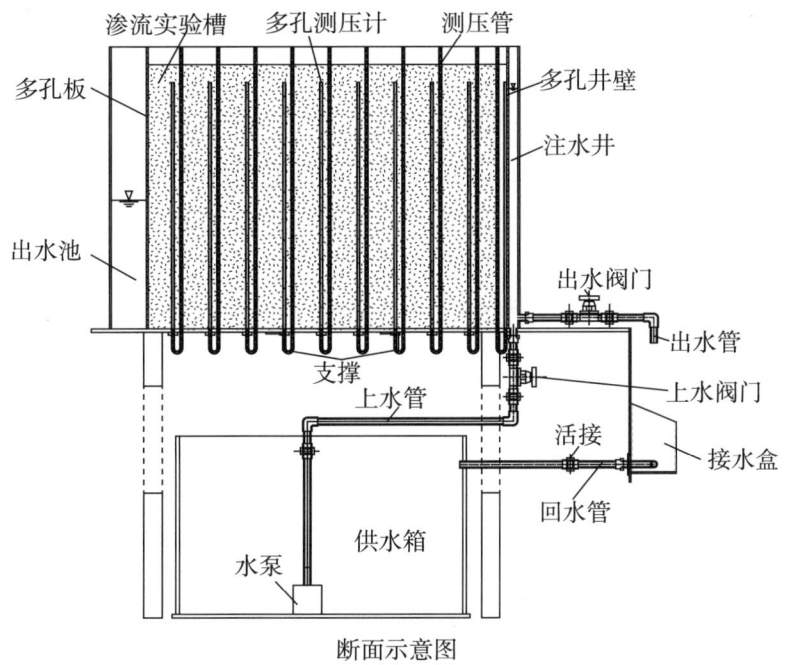

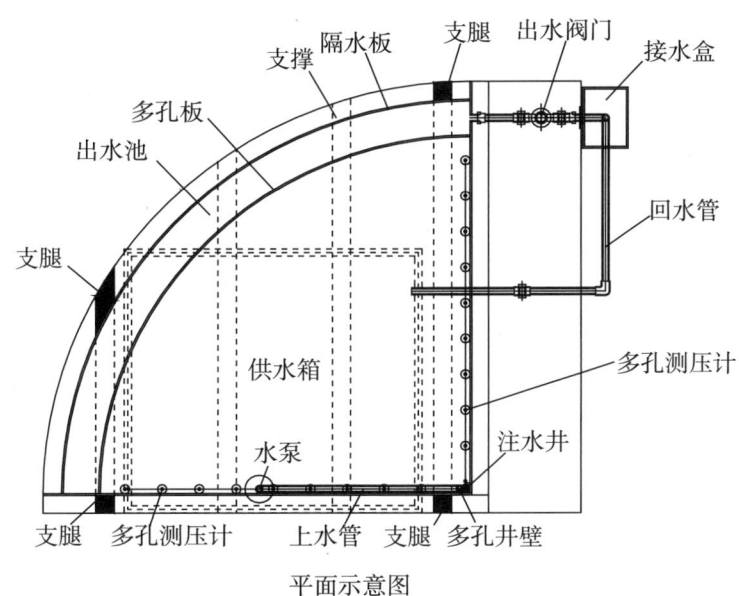

图 10.4.5 潜水完整井注水实验装置

10.4.4 实验方法和步骤

10.4.4.1 潜水完整井抽水实验方法和步骤

①在渗流实验槽中装入实验沙,沙的顶部表面为水平,沙面低于渗流实验槽顶部 5~10cm。

②记录已知数据,如井的影响半径 R、潜水井的内径 r_w,测压计的间距。

③打开水泵,打开上水阀门,使进水前池充水到设计高度,并保持溢流状态(溢出水量从溢流孔流回供水箱)。

④用洗耳球将测压管中的空气排出。

⑤打开出水阀门,调节阀门开度,控制潜水完整井中的水深保持某高度,待井中水位稳定后,用测尺读取各测压管、潜水井中的水面读数,用量杯和秒表在出水阀门下面的出水管中测量流量。

⑥调整出水阀门开度,使潜水完整井中的水深为另一高度,重复第5步 N 次。

⑦实验结束后将仪器恢复原状。

10.4.4.2 潜水完整井注水实验方法和步骤

①在渗流实验槽中装入实验沙,沙的顶部表面为水平,沙面低于渗流实验槽顶部 5~10cm。

②记录已知数据,如井的影响半径 R、注水井的内径 r_w,多孔测压计的间距。

③打开水泵,打开上水管上的上水阀门,调节潜水注水井中的水位在适当位置,使水流从注水井向沙层渗透,同时调节出水池中的出水阀门使出水池中保持一定的水位,此水位需低于注水井中的水位。

④用洗耳球将测压管中的空气排出。

⑤待水流稳定后,用测尺读取各测压管、潜水注水井中的水面读数,用量杯和秒表从出水阀门下面的出水管中测量流量。

⑥用上水阀门调节潜水注水井中的水深,或用出水阀门改变出水池中的水深,重复第6步 N 次。

⑦实验结束后将仪器恢复原状。

10.4.5 数据处理和分析

实验设备名称:＿＿＿＿＿＿＿＿＿＿;仪器编号＿＿＿＿＿＿＿＿＿＿。

同组学生姓名:＿＿＿＿＿＿＿＿＿＿。

已知数据:影响半径 $R=$＿＿ cm;井半径 $r_w=$＿＿ cm。

10.4.5.1　潜水完整井抽水实验记录（表10.4.1）

表10.4.1　潜水抽水完整井测压管读数、井中水深和流量测量记录表

测压管编号	x_i /cm	$H=$____cm $h_w=$____cm $q=$____cm^2/s		$H=$____cm $h_w=$____cm $q=$____cm^2/s		$H=$____cm $h_w=$____cm $q=$____cm^2/s		$H=$____cm $h_w=$____cm $q=$____cm^2/s	
		测压管读数 /cm	计算水面线 /cm	测压管读数 /cm	计算水面线 /cm	测压管读数 /cm	计算水面线 /cm	测压管读数 /cm	计算水面线 /cm

学生签名：　　　　　教师签名：　　　　　试验日期：

10.4.5.2 潜水注水井实验记录（表10.4.2）

表10.4.2　潜水注水井实验测压管读数、井中水深和流量测量记录表

测压管编号	x_i /cm	$H=$____ cm $h_w=$____ cm $q=$____ cm²/s		$H=$____ cm $h_w=$____ cm $q=$____ cm²/s		$H=$____ cm $h_w=$____ cm $q=$____ cm²/s		$H=$____ cm $h_w=$____ cm $q=$____ cm²/s	
		测压管读数/cm	计算水面线/cm	测压管读数/cm	计算水面线/cm	测压管读数/cm	计算水面线/cm	测压管读数/cm	计算水面线/cm

学生签名：　　　　　　　教师签名：　　　　　　　试验日期：

10.4.5.3 成果分析

①根据实测的流量Q、水头H_0、井中水深h_w和已知的影响半径R、井半径r_w，计算渗透系数k。对于潜水完整井抽水试验，用式（10.4.29）反求渗透系数，对于潜水注水井实验，用式（10.4.34）反求渗透系数。

②根据实测的井中水深h_w、井半径r_w、流量Q和计算的渗透系数k，计算潜水含水

层的浸润曲线。对于潜水完整井，用式（10.4.32）计算浸润曲线，对于潜水注水井，用式（10.4.35）计算浸润曲线。

③根据各测压管水面读数及计算的浸润曲线，在方格纸上或计算机中绘出浸润曲线，并对计算和实测结果进行对比分析。

10.4.6 实验注意事项

①实验时要逐渐开启上水阀门，流量不能过大。

②在进行潜水完整井抽水实验时，要始终保持溢流孔中有水流溢出，以保证潜水完整井的进水前池中的水头为稳定水头。

③在进行潜水井注水实验时，注意调节出水阀门，使注水实验时出水池中的水位保持在稳定水位。注水井中的水位始终高于出水池中的水位并且保持在某设定高度。

④不管是抽水实验还是注水实验，在调节流量时，均需缓慢调整，并需等水流稳定后才能进行参数的测量。

10.5 承压井渗流模拟实验

10.5.1 实验目的

①掌握测量承压水完整井流量的方法。

②掌握测量承压水完整井浸润曲线的方法，并将测量结果与理论计算结果进行比较，分析其变化规律。

③确定承压水完整井的渗透系数。

10.5.2 实验原理

当含水层位于两个不透水层之间且为含水层供水的水源水位高于含水层顶板的高度，含水层中的地下水处于承压状态，当井穿过上面的不透水层直达另一不透水层，则称为承压含水井。

设有承压水完整井如图10.5.1所示。当未从井中抽水时，井中水面为原承压水的压力面。抽水后，井中水面下降，四周地下水汇流入井，周围地下水面逐步下降而形成降落漏斗状的浸润面。随着抽水的延续，降落漏斗不断扩展以供给井的抽水量。经过一段时间后，当补给量等于抽水量时，地下水的运动达到稳定状态，井中水位比原水位下降S_w，称为水位降深。

对承压水完整井的流量和浸润曲线的计算，可以采用拉普拉斯方程进行柱坐标变换，即可得到承压抽水完整井的流量和浸润曲线的计算公式，推导过程采用Dupuit公式进行推导。

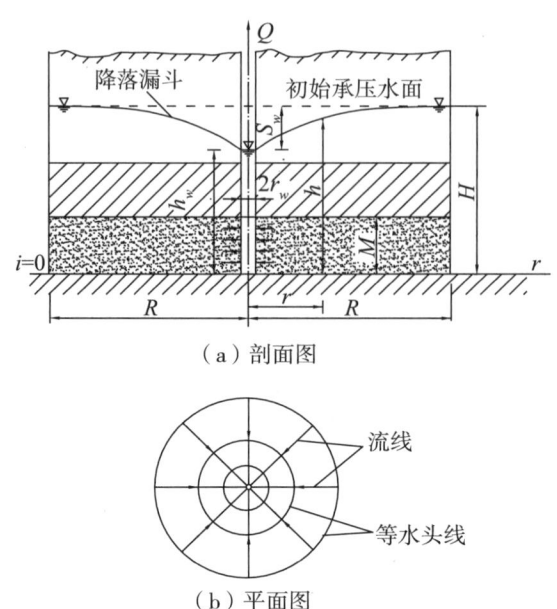

(a)剖面图

(b)平面图

图 10.5.1 承压抽水完整井示意图

取距水井中心为 r 的渗流过水断面，当承压水完整井为稳定流时，由渐变渗流的特性知断面上各点的水力坡度相同，即 $J=\mathrm{d}z/\mathrm{d}r$，根据 Dupuit 公式，过水断面的平均流速为 $v=kJ=k\mathrm{d}h/\mathrm{d}r$，该断面的面积为 $A=2\pi rM$，因此得：

$$Q = 2\pi rkM \frac{\mathrm{d}h}{\mathrm{d}r} \tag{10.5.1}$$

式中，r 为距井中心的距离；k 为渗透系数；M 为含水层厚度；h 为任一断面的水头；Q 为流量。

对式（10.5.1）变形为：

$$\mathrm{d}h = \frac{Q}{2\pi rkM}\mathrm{d}r \tag{10.5.2}$$

对式（10.5.2）积分得：

$$h = \frac{Q}{2\pi kM}\ln r + c \tag{10.5.3}$$

式中，c 为积分常数，由边界条件确定。当 $r=R$ 时，$h=H$，当 $r=r_w$ 时，$h=h_w$，将边界条件代入式（10.5.3）得：

$$H = \frac{Q}{2\pi kM}\ln R + c \tag{10.5.4}$$

$$h_w = \frac{Q}{2\pi kM}\ln r_w + c \tag{10.5.5}$$

由式（10.5.5）解出 c，代入式（10.5.3）可得承压水井的浸润曲线方程为：

$$h = h_w + \frac{Q}{2\pi kM}\ln\frac{r}{r_w} \qquad (10.5.6)$$

由式（10.5.4）和式（10.5.5）相减消去 c 得：

$$S_w = H - h_w = \frac{Q}{2\pi kM}\ln\frac{R}{r_w} \qquad (10.5.7)$$

式中，S_w 为井水位降深；R 仍为影响半径。由式（10.5.7）解出流量 Q 为：

$$Q = \frac{2\pi kMS_w}{\ln R/r_w} \qquad (10.5.8)$$

式（10.5.8）称为承压抽水完整井的 Dupuit 公式。

10.5.3 实验仪器和设备

承压水完整井抽水实验设备为自循环实验系统，如图 10.5.2 所示。可以看出，实验设备仍与潜水完整井抽水实验的图 10.4.4 基本相同，不同点在于渗流实验槽内有两层隔水层，即上隔水层和下隔水层，在两层隔水层之间为承压含水层，在上隔水层的上面为潜水含水层，承压含水层的左端设多孔板，右端为多孔井壁。

测量仪器仍为量筒、秒表、测尺和洗耳球。

10.5.4 实验方法和步骤

①在实验渗流槽的承压含水层中装入实验沙，沙的顶部表面为水平，在实验沙的上部和下部用不透水的材料做成隔水层，上隔水层的上部为潜水含水层，潜水含水上层的顶面低于渗流实验槽顶部 5~10cm。

②记录已知数据，如井的影响半径 R、井的内径 r_w、测压孔间距。

③打开水泵，打开上水阀门，使进水前池充满水，并使水从溢流孔溢出，保持进水前池水位稳定。

④用洗耳球将测压管中的空气排出。

⑤调节出水阀门，控制承压完整井中的水深在承压含水层上隔水层以上适当位置，待水流稳定后，用测尺读取各测压管的水面读数和井中水深，用量杯和秒表从出水阀门下面的出水管中测量出水流量。

⑥用出水阀门调节承压完整井中的水深（水深需高于承压含水层上面的上隔水层），重复第 5 步 N 次。

⑦实验结束后将仪器恢复原状。

10.5.5 数据处理和分析

实验设备名称：_____；仪器编号_____。

同组学生姓名：_____。

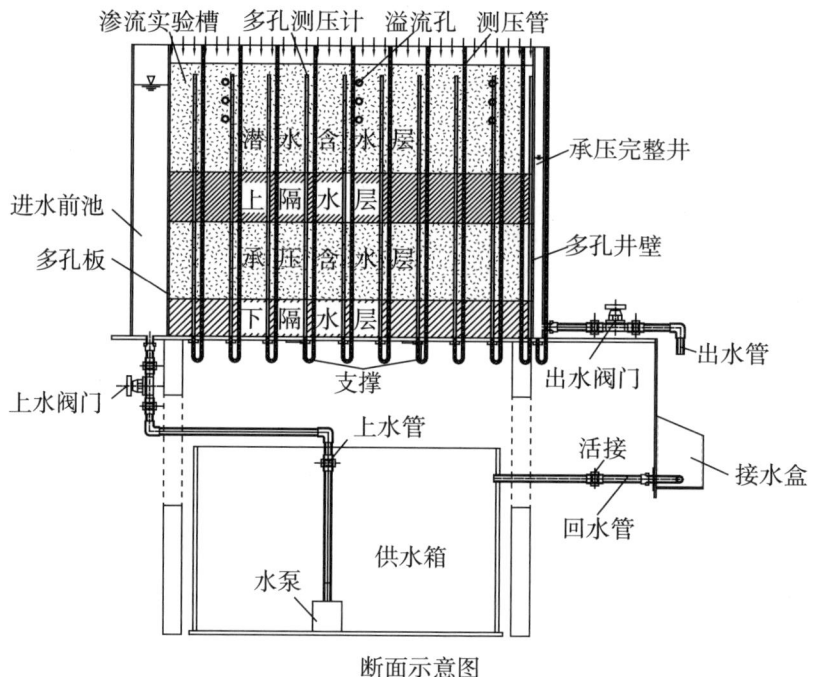

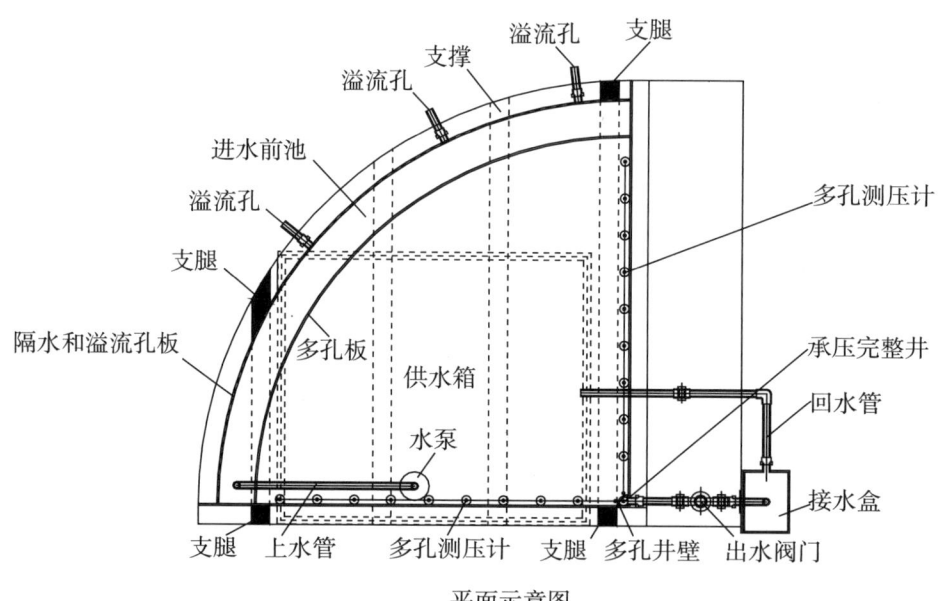

图 10.5.2 承压完整井抽水实验装置

已知数据：井的影响半径（R）=____ cm；井半径 r_w =____ cm。
含水层厚度 M =____ cm。

10.5.5.1 承压完整井实验记录（表 10.5.1）

表 10.5.1　承压完整井中的测压管读数、井中水深和流量测量记录表

测压管编号	x_i /cm	$H=$＿＿cm $h_w=$＿＿cm $q=$＿＿cm²/s		$H=$＿＿cm $h_w=$＿＿cm $q=$＿＿cm²/s		$H=$＿＿cm $h_w=$＿＿cm $q=$＿＿cm²/s		$H=$＿＿cm $h_w=$＿＿cm $q=$＿＿cm²/s	
		测压管读数 /cm	计算水面线 /cm	测压管读数 /cm	计算水面线 /cm	测压管读数 /cm	计算水面线 /cm	测压管读数 /cm	计算水面线 /cm
学生签名：			教师签名：				试验日期：		

10.5.5.2　成果分析

①根据实测的流量 Q、水头 H、井中水深 h_w 和已知的影响半径 R、井半径 r_w，承压含水层厚度 M，用式（10.5.7）或式（10.5.8）计算渗透系数 k。

②根据实测的井中水深 h_w、井半径 r_w、流量 Q 和计算的渗透系数 k，用式（10.5.6）计算承压完整井的浸润曲线。

③根据各测压管水面读数及计算的浸润曲线，在方格纸上或计算机中绘出浸润曲线，并对计算和实测结果进行对比分析。

10.5.6　实验注意事项

①实验时要逐渐开启上水阀门，流量不能过大。

②在实验时要始终保持溢流孔中有水流溢出，以保证进水前池的水头为稳定水头。

③在调节流量时需缓慢调节，并需等水流稳定后才能进行参数的测量。

拓展阅读

世界灌溉工程遗产之都江堰

中国水利名人——李仪祉

思考题

1. 电模拟测量渗流的原理是什么？
2. 流网的性质是什么？如何根据测出的等势线绘制流网？
3. 用电模拟实验仪测量渗流参数时，为了正确反映实际渗流，设计模型应满足什么条件？
4. 实验时为什么要将实验盘调平，不调平对实验有什么影响？
5. 地下水渗流与地面明槽流有何相似之处？
6. 在地下河槽渗流中存在缓坡、陡坡、临界坡、急流、缓流、临界流吗？为什么？
7. 渗流的浸润曲线与明渠水面曲线有何区别？
8. 在实验中如何确定地下水中的渗透系数？
9. 什么叫有压渗流，有压渗流与无压渗流有什么不同？
10. 计算闸基渗流水头损失的目的是什么？
11. 除阻力系数法外，还有什么方法可以计算有压渗流复杂地基的水头损失？
12. 潜水完整井抽水实验与潜水完整井注水实验在用途上有何不同？
13. 试用 Dupuit 公式推导潜水完整井注水过程的流量和水面曲线的计算公式。
14. 潜水完整井抽水实验的浸润曲线与潜水完整井注水实验的浸润曲线有何不同？
15. Dupuit 公式在计算流量时有什么缺陷？
16. 承压完整井与潜水完整井有何不同？
17. 试用拉普拉斯方程推导承压完整井的流量和浸润曲线的计算公式。
18. 通过实验和计算，简述承压完整井计算公式的误差，并分析产生误差的原因。

主要参考文献

高安泽，刘俊辉，2004. 中国水利百科全书：著名水利工程分册［M］. 北京：中国水利水电出版社.

顾慰慈，2000. 渗流计算原理及应用［M］. 北京：中国建材工业出版社.

郭东屏，1994. 地下水动力学［M］. 西安：陕西科学技术出版社.

郭元裕，1986. 农田水利学［M］. 2版. 北京：水利电力出版社.

何俊仕，林洪孝，2006. 水资源概论［M］. 北京：中国农业大学出版社.

康绍忠，2023. 农业水利学［M］. 北京：中国水利水电出版社.

雷志栋，杨诗秀，谢森传，1988. 土壤水动力学［M］. 北京：清华大学出版社.

林继镛，2006. 水工建筑物［M］. 4版. 北京：中国水利水电出版社.

刘润生，李家星，王培莉，1992. 水力学（下册）［M］. 南京：河海大学出版社.

毛昶熙，2003. 渗流计算分析与控制［M］. 2版. 北京：中国水利水电出版社.

倪福全，卢修元，杨敏，等，2011. 农业水利工程概论［M］. 北京：中国水利水电出版社.

潘镛，1987. 隋唐时期的运河和漕运［M］. 西安：三秦出版社.

彭斌，迟道才，2008. 水法规与水政管理教程［M］. 郑州：黄河水利出版社.

邵明安，王全九，黄明斌，2006. 土壤物理学［M］. 北京：高等教育出版社.

水利部国际合作与科技司，2006. 当代水利科技前沿［M］. 北京：中国水利水电出版社.

田士豪，陈新元，2006. 水利水电工程概论［M］. 北京：中国电力出版社.

吴持恭，2006. 水力学（下册）［M］. 3版. 北京：高等教育出版社.

吴国盛，2002. 科学的历程［M］. 北京：北京大学出版社.

薛禹群，朱学愚，1979. 地下水动力学［M］. 北京：地质出版社.

杨维，张戈，张平，2008. 水文学与水文地质学［M］. 北京：机械工业出版社.

俞衍升，岳元璋，2004. 中国水利百科全书：水利管理分册［M］. 北京：中国水利水电出版社.

张伯平，党进谦，2006. 土力学与地基基础［M］. 北京：中国水利水电出版社.

张建丰，张志昌，李涛，2020. 土壤水动力过程物理模拟［M］. 北京：中国水利水电出版社.

张明炷，黎庆淮，石秀兰，2007. 土壤学与农作学［M］. 北京：高等教育出版社.

张蔚榛，1996. 地下水与土壤水动力学［M］. 北京：中国水利水电出版社.

张志昌，魏炳乾，郝瑞霞，2016. 水力学（下册）［M］. 2版. 北京：中国水利水电出版社.

中国水利百科全书编辑委员会，1991. 中国水利百科全书［M］. 北京：水利电力出版社.